Jutta Kreyenberg

HANDBUCH
Konflikt-Management

*Konfliktdiagnose,
-definition und -analyse*

*Konfliktebenen,
Konflikt- und Führungsstile*

*Interventions- und
Lösungsstrategien,
Beherrschung der Folgen*

2. Auflage

Cornelsen

Die Internet-Adressen und -Dateien, die in diesem Buch angegeben sind, wurden vor
Drucklegung geprüft (Stand: Jan. 05). Der Verlag übernimmt keine Gewähr für
die Aktualität und den Inhalt dieser Adressen und Dateien und solcher, die mit ihnen
verlinkt sind.

Verlagsredaktion: Ralf Boden
Abbildungen: Holger Stoldt, Düsseldorf
Umschlaggestaltung: Knut Waisznor, Berlin

 http://www.cornelsen-berufskompetenz.de

2. Auflage   Druck 4 3 2 1   Jahr 08 07 06 05

© 2005 Cornelsen Verlag Scriptor GmbH & Co KG, Berlin

Das Werk und seine Teile sind urheberrechtlich geschützt.
Jede Nutzung in anderen als den gesetzlich zugelassenen Fällen bedarf
der vorherigen schriftlichen Einwilligung des Verlages.
Hinweis zu § 52 a UrhG: Weder das Werk noch seine Teile dürfen ohne eine
solche Einwilligung eingescannt und in ein Netzwerk eingestellt werden.
Dies gilt auch für Intranets von Schulen und sonstigen Bildungseinrichtungen.

Druck: Stürtz GmbH, Würzburg

ISBN 3-589-23604-3

Bestellnummer 236043

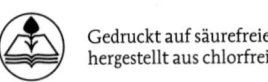 Gedruckt auf säurefreiem Papier, umweltschonend
hergestellt aus chlorfrei gebleichten Faserstoffen.

Vorwort

Der Betriebsalltag stellt oft hohe Anforderungen an Führungskräfte. Es wird von ihnen verlangt, kleinere und größere Konflikte, Spannungen, Auseinandersetzungen und Ärger zu bewältigen. Aufgrund der wachsenden Komplexität von Unternehmen wird ein konstruktiver Umgang mit Meinungsverschiedenheiten, zwischenmenschlichen Differenzen oder Interessensunterschieden immer notwendiger. Durch Maßnahmen wie Personalabbau, Outplacement, Zentralisierung und Dezentralisierung, Firmenan- und -verkäufe geraten Firmen und die Menschen in den Firmen in vielfältige persönliche, sachliche, organisatorische und professionelle Spannungsfelder.

Dieses inzwischen in zweiter Auflage vorliegende Handbuch versorgt Führungskräfte, Personalleiter und Managementberater mit Informationen und Handwerkszeug über das Erkennen, Verstehen, Vermeiden und Bewältigen verschiedener Konfliktsituationen, die mithilfe von typischen, anschaulichen Fallbeispielen verdeutlicht werden.

Dabei folgt der Aufbau des Buches der inneren Logik des Konfliktverlaufs: In Teil A geht es zunächst darum, Konflikte zu erkennen und zu verstehen. Teil B konzentriert sich auf die Prävention von Konflikten und Teil C schließlich auf die Bewältigung vorhandener Konflikte. Das zentrale Motto des Buches ist:

Unnötigen Konflikten vorbeugen und konstruktive Konflikte pflegen.

Ausgehend vom persönlichen Erleben von Konflikten erhält der Leser in Teil A im Rahmen der Konfliktdiagnose Hinweise und Checklisten für das Erkennen von Konfliktsymptomen. Nach einer Konfliktdefinition und der Ableitung verschiedener Konfliktarten folgt in der weiteren Konfliktanalyse ein Überblick über den Konfliktverlauf und mögliche Eskalationsdynamiken. Für das grundsätzliche Verständnis von Konflikten ist das Erkennen ihrer Unvermeidbarkeit für Entwicklung und Veränderung wichtig. Insofern können Konflikte als Chance für Aufbruch, Entwicklung und Verbesserung gesehen werden.

In Teil B liegt der Schwerpunkt auf der Prävention von Konflikten. Hier geht es in erster Linie darum, Konfliktpotenzial zu reduzieren, also die geeigneten persönlichen, zwischenmenschlichen und organisatorischen Rahmenbedingungen zu schaffen. Die Unterscheidung von inneren Konflikten, Konflikten zwischen Menschen und Systemkonflikten sorgt für ein vertieftes Verständnis von Konflikten und bildet die Grundlage für die frühzeitige Verhütung von unnötigen Konflikten. Bei den inneren Konflikten erfolgt dies durch eine Überprüfung eigener Einstellungen. Je nach Grundeinstellung entstehen verschiedene bevorzugte Konfliktstile, denen bestimmte Verhaltenstendenzen innewohnen. Zentral für die Konfliktprävention ist die Arbeit an der eigenen Persönlichkeit im Sinne von Persönlichkeitsentwicklung. Konflikte zwischen Menschen können so zum Teil schon im Vorfeld abgefangen werden. Außerdem werden weitere Präventionsmöglichkeiten besprochen wie Beziehungspflege, bewusste Führung und Teamhygiene. Die anschließende Systembetrachtung konzentriert sich auf die beiden interdependenten Seiten von Systemen: strukturelle Spannungsfelder und (inter-)kulturelle Konflikte. Hilfreich für die systemorientierte Konfliktvermeidung ist es, die aufgezeigten Widersprüchlichkeiten zu erkennen und auszubalancieren und ein Bewusstsein sowohl für das Funktionieren von Systemen als auch für unterschiedliche Kulturen zu erlangen.

Teil C schließlich geht auf die Lösung vorhandener Konflikte ein. Grundlegend ist dabei das Vier-Felder-Schema der Gewinner-Verlierer-Strategien, von dem sechs Grundmuster der Konfliktlösung abgeleitet werden können. Die Wahl der Konfliktlösungsstrategie ist außerdem abhängig vom Eskalationsgrad des Konfliktes. Dementsprechend werden vier Leitverfahren der Konfliktlösung vorgestellt: das Konfliktlösungsgespräch oder Verhandlungen zwischen den beteiligten Konfliktparteien, die Zuhilfenahme externer Moderation oder Mediation, Schlichtungsverfahren und schließlich der Machteingriff durch unternehmensinterne oder gerichtliche Instanzen, wenn der Konflikt so weit fortgeschritten ist, dass eine einvernehmliche Lösung unmöglich erscheint. Anschließend werden verschiedene Interventionsmethoden konkretisiert: angefangen vom Emotionsmanagement über grundlegende und weiterführende Kommunikationsmethoden bis hin zu systemischen Interventionen. Den Abschluss bilden Systemlösungen für die Handhabung von Konflikten.

Danken möchte ich an dieser Stelle für ihre tatkräftige Mithilfe meinen Kolleginnen Sandra Kuhn-Krainick und Anja Diemer für die strukturellen Anregungen und Rückmeldungen zum Buch, meinem zurzeit in Korea arbeitenden Kollegen Carsten Härtl für die wertvollen Tipps zum Thema interkulturelle Konflikte sowie meiner Mitarbeiterin Ramona Autsch für ihre redaktionelle Unterstützung.

Grünstadt, im Frühjahr 2005 *Jutta Kreyenberg*

Die Autorin

Jutta Kreyenberg (Jg. 1960) ist Diplom-Psychologin und lehrende Transaktionsanalytikerin (zertifiziert von der europäischen und der internationalen Gesellschaft für Transaktionsanalyse, EATA und ITAA).

Als ganzheitlich orientierter Mensch hat sie Erfahrungen zum Thema Konfliktmanagement nicht nur beruflich, sondern auch privat im Umgang mit ihrem Mann und ihren Töchtern gewonnen.

Ihre professionelle Kompetenz in der Materie hat sie seit 1986 als interne und externe Managementtrainerin und als Führungskraft in einem Großkonzern erworben.

Seit 1995 arbeitet sie freiberuflich als Beraterin, Organisationsentwicklerin und Trainerin und gründete 1999 das INSTITUT FÜR COACHING & SUPERVISION.

Neben der Bewältigung von Konflikten in Großunternehmen weitete sie damit ihre Tätigkeit auf regionale Beratungsangebote für Mittelständler, Non-Profitunternehmen, Führungskräfte und Privatpersonen aus. Im Rahmen wirtschaftlich schwieriger Zeiten kommt insbesondere der auf die spezifischen Bedürfnisse von mittelständischen Unternehmen zugeschnittenen Beratung erhöhte Bedeutung zu.

Inhaltliche Tätigkeitsschwerpunkte sind neben verschiedenen Methoden des Konfliktmanagements und der systemischen Mediation die Themen Coaching, Führung, Persönlichkeits- und Teamentwicklung.

Inhalt

Teil A Konflikte erkennen und verstehen
Konfliktdiagnose, Konfliktdefinition, Konfliktanalyse 11

1 Konfliktdiagnose: Woran lassen sich Konflikte erkennen? 13
1.1 Konfliktsymptome: Durch welche Anzeichen bahnt sich ein Konflikt an? 14
1.1.1 Verbale oder nonverbale Anzeichen für einen Konflikt? 14
1.1.2 Offene oder verdeckte Anzeichen für einen Konflikt? 15
1.1.3 Aktive oder passive Anzeichen für einen Konflikt? 15
1.1.4 Bewusste oder nicht bewusste Anzeichen für einen Konflikt? 15
1.1.5 Zusammenfassung der Symptomdimensionen 16
1.1.6 Killerphrasen 18
1.1.7 Rolle von Gefühlen und Intuition 19
1.2 Konfliktdefinition: Was ist ein sozialer Konflikt? 20
1.3 Konfliktarten: Welche Arten von Konflikten gibt es? 25
1.3.1 Zielkonflikte 27
1.3.2 Bewertungskonflikte 27
1.3.3 Verteilungskonflikte 29
1.3.4 Persönliche Konflikte 30
1.3.5 Beziehungskonflikte 31
1.3.6 Rollenkonflikte 42
1.3.7 Heiße und kalte Konflikte 45

2 Konfliktanalyse: Wie entstehen Konflikte? 48
2.1 Exkurs: Konflikte in komplexen Systemen 49
2.2 Analyse des Konfliktpotenzials 52
2.2.1 Konfliktrahmen 55
2.2.2 Konfliktthemen 56
2.2.3 Konfliktparteien 59
2.2.4 Beziehungen der Konfliktparteien 60
2.3 Konfliktverlauf 61
2.3.1 Vergangenheits- oder zukunftsorientierte Konfliktanalyse? 61
2.3.2 Phasen in der Konfliktentwicklung 64
2.3.3 Muster in der Konfliktentwicklung 66
2.3.4 Konfliktgeschichte 67
2.4 Eskalationsdynamiken 68
2.4.1 Teufelskreisläufe 69
2.4.2 Grundlegende Eskalationsmechanismen 69
2.4.3 Psychologische Spiele und Machtspiele 75
2.4.4 Das Phänomen „Mobbing" 83
2.4.5 Phasenmodell der Konflikteskalation 88
2.4.6 Rolle des Konfliktkontexts 95

3 Konfliktnutzen: Welche Chancen birgt der Konflikt? 96
3.1 Notwendigkeit von Konflikten in Entwicklungsprozessen 97
3.1.1 Widerstand in Veränderungsprozessen 97
3.1.2 Funktion von Konflikten im Change Management 101
3.2 Konflikte stabilisieren Beziehungen 103

Zusammenfassung von Teil A 104

Teil B Konflikten vorbeugen
Konfliktebenen, Konfliktstile, Führungsstile und Kulturbewusstsein 107

1 Innere Konflikte 109
1.1 Das Lebensskript 112
1.1.1 Elterliche Botschaften 112
1.1.2 Glaubenssätze und Lebensentscheidungen 114
1.2 Entscheidungskonflikte 118

1.2.1	Persönlichkeit als Ich-Zustandssystem	118
1.2.2	Innere Sackgassen	120
1.2.3	Zwickmühlen	121
1.3	**Konfliktstile**	**125**
1.3.1	Einstellungen zu Konflikten: Das Gewinner-Gewinner-Modell	126
1.3.2	Die Jungschen Persönlichkeitsfunktionen (MBTI)	132
1.3.3	Grundfunktionen nach Riemann	137
1.3.4	Kommunikationsstile: Antreiber	139
1.3.5	Psychologische Rollen: Das Dramadreieck	145
1.4	**Konfliktprävention durch Persönlichkeitsentwicklung**	**146**
1.4.1	Die Arbeit mit dem inneren Team	146
1.4.2	Selbstbewusstsein und -sicherheit	152
1.4.3	Die eigenen Lebensziele bestimmen	153
1.4.4	Selbst- und Stressmanagement	158
1.4.5	Zusammenfassung: Konfliktprävention durch Persönlichkeitsentwicklung	163
2	**Konflikte in Beziehungen**	**164**
2.1	**Paar- und Dreieckskonflikte**	**164**
2.1.1	Paarkonflikte (Diade)	165
2.1.2	Dreieckskonflikte: Konflikte zwischen drei Menschen (Triade)	165
2.2	**Konfliktprävention in Beziehungen**	**167**
2.2.1	Beziehungspflege	167
2.2.2	Der Dialog: Blockaden vermeiden	168
2.2.3	Rollenmanagement und Contracting	170
2.2.4	Überblick: Konfliktprävention in Beziehungen	172
3	**Gruppenkonflikte**	**173**
3.1	**Konflikte in Arbeitsgruppen oder Teams**	**173**
3.1.1	Zugehörigkeits- und Subgruppenkonflikte	176
3.1.2	Normen-, Bewertungs- und Statuskonflikte	178
3.1.3	Führungskonflikte	180
3.2	**Konfliktprävention in Gruppen**	**181**
3.2.1	Wirksam führen	181
3.2.2	Metakommunikation und Führungs-Feedback	185
3.2.3	Teamentwicklung	186
3.2.4	Überblick: Konfliktprävention in Gruppen	188
4	**Systemkonflikte**	**188**
4.1	**Strukturelle Konflikte**	**190**
4.1.1	Gruppe – Gruppe	190
4.1.2	Zentrale – Dezentrale	191
4.1.3	Projekt – Linie	192
4.1.4	Mitarbeiter – Unternehmen	193
4.1.5	Informelle – formale Strukturen	194
4.1.6	Sozialstruktur – Technik	195
4.2	**Strukturelle Konfliktprävention**	**196**
4.2.1	Spannungsfelder ausbalancieren	196
4.2.2	Bewusstsein für die Systemlogik und organisatorische Selbstreflexion	197
4.2.3	Schaffung struktureller Bedingungen	198
4.3	**Kulturelle und interkulturelle Konflikte**	**200**
4.3.1	Gesellschaftlich-wirtschaftliche Entwicklung	201
4.3.2	Entscheidungen und Meinungsbildungsprozesse	201
4.3.3	Der Unternehmensgründer	202
4.3.4	Systemkulturen als Nährboden für Konflikte	204
4.3.5	Konfliktträchtige Kulturen und Konfliktkultur	207
4.3.6	Interkulturelle Konflikte	209
4.4	**(Inter-)Kulturelle Konfliktprävention**	**215**
4.4.1	Kulturbewusstsein	215
4.4.2	Pflege der Unternehmenskultur	217
4.4.3	(Inter-)Kulturelle Kompetenz	218
4.5	**Überblick: Konfliktprävention in Systemen**	**221**
Zusammenfassung von Teil B		**222**

Teil C Konflikte bewältigen
Grundmuster der Konfliktlösung, Lösungsverfahren und Interventionen 225

1 Grundmuster der Konfliktlösung 226
1.1 Überblick: Das Gewinner-Gewinner-Modell und abgeleitete Konfliktlösungsmuster... 226
- 1.1.1 Konfliktlösung Vermeiden und Fliehen 227
- 1.1.2 Konfliktlösung Konkurrieren und Vernichten..................... 228
- 1.1.3 Konfliktlösung Nachgeben und Unterwerfen 230
- 1.1.4 Konfliktlösung Feilschen und Kompromiss 232
- 1.1.5 Konfliktlösung Integrieren und Konsens 233

1.2 Konfliktlösungsmuster unter Hinzuziehung einer dritten Partei 235
- 1.2.1 Richten und Schlichten 236
- 1.2.2 Vermitteln und Moderieren 237

1.3 Lösungen zweiter Ordnung: Der Prozess der Konsensfindung 238

2 Konfliktlösungsverfahren nach Eskalationsgrad......... 244
2.1 Konfliktlösungsverfahren zwischen den Beteiligten........ 246
- 2.1.1 Konfliktlösungsgespräche 247
- 2.1.2 Sachgerechtes Verhandeln....... 253

2.2 Vermittlungsverfahren.......... 265
- 2.2.1 Konfliktmoderation 266
- 2.2.2 Mediation 271

2.3 Externe Beratung einschalten?.. 282
2.4 Schlichtungsverfahren 284
2.5 Machteingriff: Konfliktfolgen beherrschen................... 286
- 2.5.1 Faires Trennungsmanagement ... 288
- 2.5.2 Rechtsgrundlagen zu Abmahnung und Kündigung 290
- 2.5.3 Rechtsgrundlagen zu Mobbing ... 293

2.6 Überblick: Entscheidungshilfe für die Wahl der Lösungsstrategie .. 295

3 Interventionen zur Konfliktlösung und Konsensfindung .. 296
3.1 Emotionsmanagement und emotionale Kompetenz......... 296
- 3.1.1 Wutmanagement 300
- 3.1.2 Überbringen unangenehmer Botschaften 302

3.2 Grundlegende Kommunikationsmethoden 305
- 3.2.1 Beziehung herstellen und Körpersprache einsetzen......... 307
- 3.2.2 Aktives Zuhören und Spiegeln ... 308
- 3.2.3 Ich-Botschaften und Feedback geben 310
- 3.2.4 Fragen stellen 312
- 3.2.5 Metakommunikation 314

3.3 Weiterführende Interventionen 315
- 3.3.1 Methoden der gewaltfreien Kommunikation................ 315
- 3.3.2 „Psychospiele" und unfaire Vorgehensweisen abwehren 319
- 3.3.3 Einsatz von Humor 323

3.4 Systemische Interventionen: Unterschiedsmanagement...... 325
- 3.4.1 Change-Portfolio 326
- 3.4.2 Systemische Fragen 327
- 3.4.3 Umdeuten 330
- 3.4.4 Paradoxe Interventionen 323
- 3.4.5 Arbeit mit Metaphern........... 335
- 3.4.6 Aufstellungsarbeit 337

3.5 Systemlösungen 340
- 3.5.1 Organisations- und Personalentwicklung 341
- 3.5.2 Anti-Mobbing-Systeme 344
- 3.5.3 Einführung von Wirtschaftsmediation..................... 345
- 3.5.4 Implementierung von kollegialer Beratung............. 346

3.6 Überblick: Konfliktlösungsinterventionen 347

Zusammenfassung von Teil C 349

Anhang 351

1 Zum Thema Mobbing 351
2 Umfrage bei 20 Unternehmen zu Konfliktthemen, Konfliktpotenzialen und Beteiligten............... 357
3 Adressen......................... 357
4 Literatur......................... 359

Stichwortverzeichnis 363

Meiner Schwester,
die mich das Streiten lehrte,

meinen Eltern,
die mich die Versöhnung lehrten,

meinem Mann,
der mich Geduld lehrte,

meinen Kindern,
die mich die Kraft der Entwürfe lehrten.

Teil A

Konflikte erkennen und verstehen

Konfliktdiagnose
Konfliktdefinition
Konfliktanalyse

In diesem Teil des Buches geht es darum, Konflikte zu erkennen und zu verstehen. Er will dazu anregen, eine Pause zwischen Auftreten des Konflikts und seiner Lösung einzulegen. Wozu ist das wichtig? Wenn in Organisationen Konflikte auftreten besteht normalerweise die Tendenz, diese ganz schnell lösen oder abzustellen zu wollen. Das ist ja auch sowohl logisch als auch emotional nachvollziehbar. Gleichzeitig jedoch ist man in einer Stresssituation, die so ein Konflikt darstellt, alleine schon aus physiologischen Gründen nicht in der Lage, wirklich überlegt und rational eine Lösung zu finden. Die im Volksmund viel gerühmte „Nacht darüber zu schlafen" hat genau den Zweck, die bewegten Gemüter zu beruhigen, den Hormonausstoß abzubauen und so wieder überlegte Handlungen zu ermöglichen. Deshalb ist es gut, beim Auftreten eines Konflikts erst einmal Abstand zu gewinnen und zu verstehen versuchen, was überhaupt los ist. Teil A bietet hierzu das Instrumentarium.

Instrumentarium, um beim Auftreten eines Konflikts erst einmal Abstand zu gewinnen

Um die verschiedenen Arten von Konflikten zu erkennen, gibt es in der Literatur verschiedene Ansatzpunkte. Einige Modelle gehen von ursachenorientierten Sichtweisen aus, andere strukturieren nach äußeren Verhaltensweisen oder nach systemimmanenten Dynamiken von Konflikten, nach Themen oder nach der Anzahl der beteiligten Personen.

verschiedene Arten von Konflikten erkennen

Es gibt im komplexen Konfliktgeschehen keine „richtige" Diagnose. Die Frage ist eher, was Diagnose, Analyse und Verständnis von Konflikten zum Management von Konflikten beitragen. Einerseits ist oft die Frage nach den Ursachen nicht hilfreich, weil im komplexen Konfliktgeschehen andere Regeln gelten als in linearen Ursache-Wirkungssystemen. Kleine Anlässe haben große Wirkungen und umgekehrt. Oft stabilisiert sogar die Suche nach Ursachen den Konflikt.

Es gibt im komplexen Konfliktgeschehen keine „richtige" Diagnose

Andererseits haben viele Manager kein Bewusstsein für die Konfliktursachen und die daraus folgenden verschiedenen Konfliktebenen. Dann versuchen sie, scheinbare Sachprobleme durch klare Ziele und fachliche Problemlösung zu bewältigen und übersehen den schwelenden zwischenmenschlichen Konflikt. Oder sie bemühen sich umgekehrt um eine gute Atmosphäre, führen Gespräche, richten Teamentwicklungsworkshops aus und verzichten auf die notwendige Umstrukturierung. Erschwert wird dies noch dadurch, dass auch bei einer bewussten Analyse häufig erst im zweiten oder dritten Anlauf die wahren Konfliktursachen ans Tageslicht kommen. Wie wichtig die Rolle von Führungskräften für das Konfliktgeschehen ist, zeigen auch Befragungen.

Die Darstellung folgt der Logik des Konfliktgeschehens in der Praxis

Die Darstellung folgt der Logik des Konfliktgeschehens in der Praxis. Wenn etwas nicht stimmt, kann man sich also fragen:
- Was ist los? Woran erkenne ich Konflikte und was ist überhaupt ein Konflikt (Kap. 1. Konfliktdiagnose)?
- Wie ist der Konflikt eigentlich entstanden (Kap. 2. Konfliktanalyse)?
- Wozu ist der Konflikt nützlich, welche Chance birgt er (Kap. 3: Konfliktnutzen)?
- Eine Checkliste (Kap. 4. Zusammenfassung) rundet den Teil A ab.

1 Konfliktdiagnose: Woran lassen sich Konflikte erkennen?

Markus G., der Geschäftsführer von Firma A, fährt von einem Führungsmeeting nach Hause. Er hat ein ungutes Gefühl und ist sich nicht ganz sicher, wo das herkommt. Wieder und wieder geht er die Sitzung durch. Es ging um die Einführung eines Qualitätsmanagement(QM)-Systems. Zwei Mitglieder seiner fünfköpfigen Führungscrew hatten kurzfristig abgesagt, beim Produktionsleiter Karsten P. gab es eine Produktionsstörung, beim Vertriebsleiter Philipp V. eine dringende Kundenanfrage. Von den anderen dreien hat sich nur Anette M., seine Marketingleiterin, intensiv an der Diskussion beteiligt. Hans H., der Personalleiter und Lukas L., der Logistikleiter hielten sich sehr zurück. Zuerst war Markus G. froh, dass man zügig voran kam, im Nachhinein jedoch ist er sich nicht sicher, ob jetzt wirklich alle das neue System mittragen und das Schweigen der anderen kommt ihm seltsam vor. Ist es Desinteresse? Ist es Blockade?

Oft geht es Führungskräften wie Markus G. Da muss etwas erledigt werden, da ist keine Zeit für lange Diskussionen, aber da schwelt vielleicht etwas, vor dem man so lange die Augen verschließt, bis es manifest wird. Denn vielleicht ist ja auch nichts und man hat ja schließlich keine Zeit, sich zu allen Anforderungen auch da noch Probleme zu machen, wo ja (noch) keine sind.

Eine berechtigte Einstellung. Doch insbesondere für Führungskräfte ist es gut, schon „das Knistern im Gebälk" zu hören, bevor der Dachstuhl in Flammen steht, also früh genug die Warnsignale mitzubekommen. Eine aktive Steuerung von Konflikten heißt auch, die Augen offen zu halten und die Symptome zu erkennen, die eventuell zu einem Konflikt führen könnten. Schauen wir, wie es bei Markus G. weitergeht.

Für Führungskräfte ist es gut, schon früh Konfliktsymptome wahrzunehmen

Einige Wochen später, kurz vor Ablauf der terminierten Abgabe, fragt Markus G. bei seinen Führungskräften nach, wie weit die Datenerfassung für das QM-System fortgeschritten ist. Von allen, bis auf Anette M., erhält er die Antwort, dass „man dazu noch nicht gekommen sei und schließlich Wichtigeres anstehen würde". Karsten P. verweist auf Produktionsstörungen, Lukas L. auf dringende Liefertermine, Philipp V. kommt mit den Kundenreklamationen nicht nach und da Hans H. auf einer Konferenz ist, erhält Markus G. von einer Mitarbeiterin die Mitteilung, dass sie von dieser Datenerfassung nichts wüsste – was ihn überrascht, denn die Erfassung erfordert eine Einbeziehung aller Mitarbeiter von Anfang an. Er hat jetzt den Eindruck, das QM Thema wird „ausgesessen" und er merkt, dass er ärgerlich wird.

Spätestens jetzt wird deutlich, dass hier ein Konflikt vorliegt. Bevor Sie weiterlesen halten Sie einen Moment inne und überlegen Sie selbst: Welche Symptome können Sie erkennen?

In unserem Fallbeispiel sind folgende Anzeichen für einen Konflikt erkennbar:
- Flucht: Nichterscheinen zur Sitzung
- Vermeiden von Auseinandersetzung in der Sitzung
- „Aussitzen", ignorieren der wohl unangenehmen Aufgabe
- Keine Information der Mitarbeiter
- Widerspruch („es gibt schließlich Wichtigeres")
- Ausreden (Produktionsstörungen, Liefertermine)
- Ungute Gefühle (bei Markus G.: Unsicherheit, Ärger – bei den anderen ist Ähnliches zu vermuten)

Viele Menschen berichten darüber, dass ihnen erst im Nachhinein klar wurde, dass sich ein Konflikt angebahnt hat.

WENN EIN LATENTER KONFLIKT MANIFEST GEWORDEN IST, GEWINNEN IM NACHHINEIN VIELE SCHEINBAR UNBEDEUTENDE SYMPTOME, DIE MAN ZUNÄCHST EHER WIE KLEINIGKEITEN ODER NEBENSÄCHLICHKEITEN WAHRGENOMMEN HAT, UNGEAHNTE BEDEUTUNG, BEKOMMEN GEWICHT UND FÜGEN SICH WIE BEI EINEM PUZZLE ZUSAMMEN.

1.1 Konfliktsymptome: Durch welche Anzeichen kündigt sich ein Konflikt an?

Konfliktsymptome auf verschiedenen Ebenen

Konflikte lassen sich an ganz verschiedenen Symptomen erkennen. Diese Anzeichen für einen sich anbahnenden Konflikt finden sich auf verschiedenen Ebenen:
- verbal – nonverbal
- offen – verdeckt
- aktiv – passiv
- bewusst – nicht bewusst

1.1.1 Verbale oder nonverbale Anzeichen für einen Konflikt?

Viele Menschen glauben, nur verbale Anzeichen wie offener Widerspruch, Drohungen, Beschimpfungen etc. sind Kennzeichen eines Konflikts. Doch oft sind es die kleinen nonverbalen Gesten, ein Schweigen, ein Blick, eine abschätzige Handbewegung, die einen Konflikt deutlich machen. Gerade in der nicht-sprachlichen Ebene liegt oft mehr Schärfe als in den Worten an sich. Der Volksmund sagt „Der Ton macht die Musik". Durch den Ton und die Begleitung der Sprache, nämlich Gestik, Mimik, Ausdruck, Haltung und die Verhaltensweisen des faktischen Tuns werden oft mehr Informationen transportiert als durch den reinen Inhalt einer Kommunikation.

Oft sind es die kleinen nonverbalen Gesten, die einen Konflikt deutlich machen

So hätte Markus G. im Meeting wahrscheinlich viel an den Gesichtern (z.B. Stirnrunzeln), der Gestik (z.B. demonstrativ verschränkte Arme) und der Körperhaltung seiner Gesprächspartner erkennen können.

1.1.2 Offene oder verdeckte Anzeichen für einen Konflikt?

In vielen Fällen ist es schwierig, den Stier bei den Hörnern zu packen, weil gewissermaßen erst die unter dem Gras verborgenen Kuhfladen seine Anwesenheit vermuten lassen. Viele Konflikte sind nicht offensichtlich, sondern dokumentieren sich im Vorfeld eher durch ungute Gefühle, eine gewisse Unruhe und Unzufriedenheit oder das ganz unspezifische Gefühl „Hier stimmt etwas nicht". Da hält jemand pedantisch die Vorschriften ein, lässt Sie in einem Meeting „auflaufen" oder kommt ständig zu spät. Offener Widerstand oder Widerspruch ist für viele Menschen einfacher zu erkennen. Im Fallbeispiel wird viel auf der verdeckten indirekten Ebene deutlich gemacht: nicht zu erscheinen, keine Stellung zu beziehen, Aufgaben nicht zu erledigen etc. – wenig wird dort direkt angesprochen.

Viele Konflikte sind nicht offensichtlich, sondern dokumentieren sich im Vorfeld eher unterschwellig

1.1.3 Aktive oder passive Anzeichen für einen Konflikt?

Aktive Anzeichen für einen Konflikt sind zum Beispiel ein Streik, ein offener Streit, ein Angriff oder ein offener Vorwurf. Viele Menschen jedoch verhalten sich lieber passiv in Konflikten, sie schweigen, beschwichtigen, werden müde oder krank oder ziehen sich zurück. Insbesondere Mitarbeiter billigen sich oft nicht selbst das Recht zu, Unliebsames direkt anzusprechen, viele denken dann „Nun, wenn der Chef das so will, wird er sich schon etwas dabei gedacht haben" oder „Nun, dann machen wir das mal, er wird schon sehen, was dabei herauskommt" oder Ähnliches.

Viele Menschen verhalten sich in Konflikten lieber passiv

1.1.4 Bewusste oder nicht bewusste Anzeichen für einen Konflikt?

Einen Unterschied macht es, welchen der beteiligten Parteien der Konflikt bewusst ist. Wie im bekannten Beispiel des Ehemanns, dem „Hörner" aufgesetzt wurden und alle wissen es außer ihm selbst, gibt es in Konfliktsituationen oft ein „Gerede hinter dem Rücken". Im obigen Fallbeispiel ist vorstellbar, dass die Mitarbeiter untereinander durchaus offen über das „lästige" Qualitätsmanagement sprechen und sich dabei z.B. äußern wie „So ein Unsinn, als wenn wir nicht schon genug zu tun hätten" oder „Heißt das etwa, wir haben bisher schlechte Arbeit geleistet?!" oder „Was soll das eigentlich? Bevor uns das nicht jemand erklärt, machen wir erst mal gar nichts". Diese verbalen und mehr oder weniger offenen Äußerungen bekommt der Geschäftsführer Markus G. jedoch nicht mit und ist sich des Konflikts daher auch nicht bewusst.

Welche der Konfliktparteien ist sich welcher Symptome bewusst?

Hätte er mehr Erfahrung in diesen Dingen, so wüsste er, dass in jedem Veränderungsprozess Konflikte auftauchen, so unvermeidbar wie das Amen in der Kirche. Bewusstheit über Konflikte und das bestimmten Handlungen innewohnende Konfliktpotenzial ist oft eine Frage der Erfahrung, jedoch auch der Aufmerksamkeit und des Trainings in Beobachtungsfähigkeiten sowie eine Frage des Interesses.

Von außen ist oft schlecht zu erkennen, ob jemand z.B. bewusst provoziert oder unabsichtlich. Eine bewusste Provokation zu unterstellen, *den eigenen Bewusst-heitsraum und die Sensibilität erweitern*

wenn dies gar nicht so gemeint war, führt oft erst zu Konflikten. Insofern ist eine Zuschreibung von außen oft nicht hilfreich und auch erst im Nachhinein zu erkennen. Nützlich ist es jedoch, den eigenen Bewusstheitsraum und die Sensibilität zu erweitern.

1.1.5 Zusammenfassung der Symptomdimensionen

Übung: Bitte überlegen Sie in Bezug auf folgende Symptome, auf welcher Dimension Sie die folgenden Äußerungen und Verhaltensweisen ansiedeln würden:

verbal/ nonverbal	offen/ verdeckt	aktiv/ passiv	bewusst/ nicht bewusst

1. *„Wenn Sie sich das mal richtig überlegt haben!"*
2. Ein Mitarbeiter grüßt Sie nicht.
3. Auf einen Verbesserungsvorschlag von Ihnen antwortet ein Kollege: *„Das geht nicht, das haben wir vor ein paar Jahren schon ausprobiert."*
4. Ein Mitarbeiter antwortet stets übereifrig *„Klar Chef, machen wir, Chef."*
5. *„Haben Sie das auch wirklich durchdacht!?"*
6. *„Das können Sie mit mir nicht machen!"*
7. *„Ich weiß auch nicht, wie das passieren konnte."*

Aus den vier Dimensionen lassen sich Kombinationen bilden. Die folgende Checkliste gibt einen Überblick über die häufigsten Konfliktsymptome, wobei die Kategorien „Offen – Verdeckt und „Aktiv – Passiv" zusammengefasst werden. Die andere Achse bildet die Schiene „Verbal – Nonverbal". Da von außen der Grad der Bewusstheit der Beteiligten nur schwer erkennbar ist, wird diese Dimension hier nicht berücksichtigt.

Sie können die Checkliste für die Analyse eines sich anbahnenden Konflikts nutzen oder auch im Nachhinein, um das Zustandekommen eines Konfliktes nachzuvollziehen und zu verstehen.

Checkliste 1: Die häufigsten Konfliktsymptome		
	offen und aktiv	**verdeckt und passiv**
verbal	**Verbaler Angriff** • Andere Meinung äußern • Kritik • Beleidigungen, Beschimpfungen • Vorwürfe • Killerphrasen (siehe Kap. 1.1.6) • „Herunterputzen" einer Person	**Ablenken** • Sarkasmus, Ironie, Galgenhumor • Nebenkriegsschauplätze aufmachen • Vom Thema ablenken • Zeitdruck vorschieben • Von „man" und „wir" sprechen, statt persönlich Stellung zu beziehen

	• Streiten • (Genereller) Widerspruch • „Ich will aber …" • Gegenargumentation • Differenzen lautstark aufbauschen • Starres Festhalten an Gewohnheiten und Standpunkten	• Verunsicherungstaktik • Herabsetzende Bemerkungen • Subtile Anspielungen • Leugnen • „Ja, aber …" (defensiv) • Anzüglichkeiten • Genereller Zuspruch • Sprüche klopfen • Bagatellisieren • Blödeln, ins Lächerliche ziehen • „Verpfeifen" und Denunzieren • Distanzierte Höflichkeit
nonverbal	Aufregung, Unruhe • Demonstrativ ignorieren, nicht beachten • Beziehungsabbruch • Ausschluss von Personen • Drohgebärden • Abschätzige, abwertende Gestik und Mimik • Abweisende Haltung • Tätlicher Angriff • Inkongruenz im Verhalten oder zwischen Reden und Tun • Immer das Gegenteil tun • Gewalt • Sabotage • Auflaufen lassen • Trotzreaktionen, Querschießen • Streik	Rückzug, Lustlosigkeit • Unwohlsein • Humorlosigkeit • Schweigen • Sturer Formalismus • Nur das Notwendigste tun • Desinteresse • Humorlosigkeit • Verbesserungsvorschläge einstellen • Zu spät kommen • Nur noch schriftliche Kommunikation • Überformale Regelungen • (Innere) Kündigung • Hohe Fehlzeiten, Krankheit • Hohe Reklamationsquoten • Überstunden/Aktionismus • Gereiztheit • Vorweggenommener Gehorsam • Depression, Niedergeschlagenheit

Angesichts der Kenntnis von Konfliktsymptomen und -auslösern stellt sich nun die Frage: Und was ist am besten für die Konfliktlösung? Oder: Welche Verhaltensweisen sollte ich vermeiden und welche Symptome wahrnehmen, wenn ich Konflikten vorbeugen will? Diese Fragen sind schwierig zu beantworten. Sicherlich gibt es ethische Grenzen der Konfliktaustragung, unter die Gewalt, Intrigen, Denunziationen u.Ä. zu fassen wären. Eine Bewertung der anderen Verhaltensweisen ist abhängig von Persönlichkeitsstilen, Kulturen, dem Kontext, Vorerfahrungen, Erwartungen und vielem mehr.

1.1.6 Killerphrasen

Ein Konfliktsymptom sei hier herausgegriffen, weil es oft Auslöser und Verstärker von Konflikten ist: die so genannten Killerphrasen. Killerphrasen sind – oft leider weit verbreitete – Aussagen, die dem Anderen definitiv signalisieren: *„So geht es nicht".* Sie blockieren dadurch kreatives Denken und wirken oft demotivierend, da sie als Angriff oder Herabsetzung empfunden werden. Werden sie häufig geäußert, so beeinflussen sie das Betriebsklima negativ und hemmen das offene Austragen von Konflikten.

Killerphrasen blockieren kreatives Denken und wirken demotivierend

Insbesondere wenn Führungskräfte Killerphrasen benutzen, wirkt sich das auch bei seltenem Gebrauch ziemlich schnell negativ aus. Mitarbeiter ziehen sich zurück, äußern keine Ideen mehr und eventuelle Konflikte schmoren unterschwellig. Killerphrasen sind in der Regel verallgemeinernde Aussagen, oft auch abwertende Du-Botschaften an das Gegenüber.

Gebräuchliche Killerphrasen sind z.B.:

- „Das wird nicht gehen!"
- „Das haben wir schon probiert"
- „Wie lange sind Sie jetzt schon bei uns?"
- „Das versuchen Sie mal bei unseren Kunden!"
- „Sie haben ja gar keine Ahnung, was hier abgeht!"
- „Das kann doch wohl nicht Ihr Ernst sein!"
- „Ihnen kann man auch wirklich nichts anvertrauen!"
- „Das ist zu teuer, zu aufwändig, zu langwierig, zu lang, zu kurz..."
- „Das ist nicht gut genug, nicht ausgereift, nicht durchdacht, nicht strukturiert genug, nicht..."
- „Alles graue Theorie, in der Praxis sieht das ganz anders aus."
- „Davon finde ich nichts interessant."
- „In unserer Abteilung ist alles ganz anders, da funktioniert das nicht."
- „Sie denken wohl, Sie haben die Weisheit mit Löffeln gegessen."
- „Wissenschaftlich sieht das aber ganz anders aus."
- „Ach, Sie haben keinen Dr.-Titel?"

AUFGRUND IHRER MEIST KONFLIKTVERSCHÄRFENDEN UND OFT DEMOTIVIERENDEN WIRKUNG WIRD – INSBESONDERE FÜHRUNGSKRÄFTEN – EMPFOHLEN, KILLERPHRASEN ODER ÄHNLICH ABWERTENDE ÄUSSERUNGEN ZU VERMEIDEN.

Übung: *Überlegen Sie sich an dieser Stelle, welche „Killerphrasen" Sie aus ihrem Umfeld kennen und welche Sie eventuell selbst benutzen.*

1.1.7 Rolle von Gefühlen und Intuition

Bei der Diagnose von Konflikten gibt es verschiedene Herangehensweisen. Es gibt Menschen, die Konflikte erst sehr spät wahrnehmen, weil sie nur für deutliche, klare Signale empfänglich sind und alles „zwischen den Zeilen" befindliche nicht für sie existiert. Oft sind Konflikte jedoch nur durch ein „komisches Gefühl", die Ahnung, „dass da etwas nicht stimmt" oder ähnliche nicht begründbare Intuitionen zu beschreiben.

Intuition bedeutet, etwas zu wissen ohne zu wissen, warum man es weiß. Viel über das Phänomen Intuition hat C.G. Jung (1986) geschrieben. Er unterscheidet zwei psychische Funktionen, die Wahrnehmung und Beurteilung, die Menschen unterschiedlich ausfüllen können. Je nach Ausprägung lassen sich verschiedene Konfliktstile unterscheiden, auf die ich beim Thema Konfliktprävention noch eingehen werde (siehe Teil B, Kap. 1).

Was wird wahrgenommen und wie wird es beurteilt?

Vorerst möchte ich zwei unterschiedliche oft beobachtete Vorgehensweisen beschreiben, die für die Diagnose bzw. das Erkennen von Konflikten wichtig sind:

zwei für die die Diagnose bzw. das Erkennen von Konflikten unterschiedliche Vorgehensweisen

1. **Die digitale Vorgehensweise:** Hier steht die wissenschaftliche objektive Analyse mit dem Einsatz von Checklisten, Diagnoseinstrumenten, Fragebögen und möglichst objektiven Beobachtungen im Vordergrund. Menschen, die in diese Richtung tendieren, können gut analysieren und strukturieren, sie sehen jedoch manchmal „den Wald vor lauter Bäumen" nicht, vernachlässigen also übergreifende Sichtweisen wie Sinn, Prioritäten und Visionen.

Einsatz von Checklisten, Diagnoseinstrumenten, Fragebögen und möglichst objektiven Beobachtungen

2. **Die analoge Vorgehensweise:** Im Fokus steht hier eine gefühlsmäßige, intuitive und ganzheitliche Erfassung von Konflikten. Es geht darum, mitzubekommen, ob eine Antwort, eine Zusammenarbeit, ein Meeting oder eine einfache Begegnung „stimmen", „stimmig" sind. Von den bei Goleman (1995, 2002) beschriebenen Fähigkeiten der emotionalen Intelligenz (siehe auch Teil C, Kap. 3.1) sind hier hauptsächlich emotionale Wahrnehmungsfähigkeiten gefordert wie:

gefühlsmäßige, intuitive und ganzheitliche Erfassung von Konflikten

- Selbstwahrnehmung: Diese Fähigkeit beinhaltet, die eigenen Emotionen zu erkennen und eigene Gefühle und Fähigkeiten realistisch einzuschätzen, aber auch Selbstvertrauen und Selbstwertgefühl.
- Soziale Wahrnehmung: Hier finden sich Begriffe wie Empathie, Einfühlungsvermögen, aber auch Verbundenheit, das Denken in sozialen Netzwerken sowie die Fähigkeit, die Wirkung eigener Verhaltensweisen abschätzen zu können.

Menschen, die zu der analogen Herangehensweise neigen, haben das Ganze im Blick und ein „gutes Feeling" für die Dinge. Sie können jedoch oft ihre Meinung, ihr „Bauchgefühl" nicht mit Tatsachen, Fakten und konkreten Wahrnehmungen begründen.

In westlichen Kulturen wird die rationale, objektive Zugangsweise bevorzugt

In der westlichen Kultur wird häufig die rationale, objektive Zugangsweise bevorzugt. Sie hat in Wissenschaft und Technik eine wichtige Bedeutung erhalten und viele Vorteile. Der intuitive, gefühlsmäßige Zugangskanal wird oft leider eher vernachlässigt, abgewertet oder ausgeblendet. Er ist jedoch sehr bedeutsam für die Früherkennung von Konflikten – denn wenn wissenschaftlich belegbare, objektive Kriterien für das Vorhandensein eines Konflikts sprechen, ist dieser oft schon weit fortgeschritten.

Konflikte sind eben nicht immer rational erkennbar und analysierbar wie ein Motorschaden, den man von außen betrachten und nüchtern beheben kann. Bei einem Konflikt spielt immer auch eine Rolle, wie Sie ihn wahrnehmen und bewerten, wie Sie die Lage einschätzen, wie und in welcher Funktion Sie sich einbringen wollen.

Kombination intuitiver und rationaler Vorgehensweisen

Insofern ist eine Kombination der beiden Zugangsweisen von Vorteil. Je nachdem, wozu Sie selbst neigen, ist es wichtig, den vernachlässigten Teil zu stärken. Schulen Sie also Ihre genaue Beobachtung (dazu sind die vielen Checklisten im Buch geeignet), wenn Sie mehr intuitiv an die Dinge herangehen. Wenn Sie jedoch mehr digital analysieren, empfehle ich Ihnen, Ihre Intuition zu stärken.

Übung zur Schulung der Intuition: Richten Sie in einem Gespräch Ihrer Wahl Ihre Aufmerksamkeit auf Ihre Gefühle, Intuitionen, Stimmungen (Selbstwahrnehmung) und/oder die des Gesprächspartners (soziale Wahrnehmung). Folgende Fragen können Ihnen dabei helfen:
- *Wie geht es mir, wie fühle ich mich?*
- *Wozu fühle ich mich durch das, was A mitteilt, angeregt oder aufgefordert? Welche Impulse löst A bei mir aus?*
- *Was ist meine Phantasie, wie das Gespräch enden wird?*
- *Was kommt bei mir an, außer dem, was A in Worten mitteilt?*
- *Welche Stimmungen kommen bei mir an?*

Wenn Sie zu Beginn der Schulung Ihrer intuitiven gefühlsmäßigen Wahrnehmung stehen, können Sie diese Übung auch als Beobachter eines Films ohne Ton durchführen oder bei einem Gespräch, bei dem Sie Beobachter sein können, z.B. wenn Sie in einem Meeting nicht involviert sind oder auf einer Party. Weiterhin ist es dabei hilfreich, nach der Wahrnehmung die Augen zu schließen (wenn möglich) und sich darauf zu konzentrieren, welche Bilder und Phantasien in Ihnen hochsteigen.

1.2 Konfliktdefinition: Was ist ein sozialer Konflikt?

Wie zuvor deutlich wurde, gibt es ganz verschiedene Anzeichen von Konflikten. Je nach Erfahrung und Kontext werden Menschen deshalb auch ganz unterschiedliche Symptome als Konflikt definieren. Deshalb sei hier eine übergreifende Definition von Konflikten angeboten, aus der sich verschiedene Konfliktarten (Kap. 1.3) ableiten.

Konflikt kommt von „Confligere" (lateinisch) und heißt wörtlich übersetzt „zusammenbeugen" oder „anspannen". In diesem Sinne sind Konflikte Spannungen. Spannungen entstehen, wann immer Widersprüchliches zusammengefügt werden soll, Unterschiede nicht vereinbar sind oder Gegensätze aufeinander prallen. Mit dem Wort „Spannung" sind auch Gefühle verbunden, unangenehme, angespannte Gefühle. Deshalb wird landläufig nicht als Konflikt bezeichnet, was rational lösbar und nicht von unangenehmen Gefühlen begleitet wird – kurz, wo die Spannung fehlt liegt kein Konflikt vor, z.B. wenn eine Maschine umgerüstet werden soll und die Mitarbeiter die verschiedenen Möglichkeiten sachbezogen diskutieren. Hier würde man von Meinungsunterschieden sprechen bzw. von einem Problem, das es zu lösen gilt. Zum Konflikt wird dies häufig erst dann, wenn mit den verschiedenen Möglichkeiten persönliche Bedeutungen verbunden sind oder Spannungen zwischen den Menschen einer Arbeitsgruppe vorhanden sind.

Konflkte sind Spannungen, die von unangenehmen Gefühlen begleitet werden

NICHT DIE MEINUNGSUNTERSCHIEDE AN UND FÜR SICH SIND DAS PROBLEM, SONDERN KONFLIKTTRÄCHTIG IST DIE ART UND WEISE, WIE MENSCHEN DIESE UNTERSCHIEDE ERLEBEN UND DAMIT UMGEHEN.

Von Konflikten sind auch Missverständnisse zu unterscheiden, die sich auflösen lassen. Beispielsweise hatte ich einer neuen, räumlich entfernten Kollegin eine E-Mail mit wichtigen Informationen gesandt und keinerlei Reaktion auf die darin enthaltenen Fragen erhalten. Als wir uns dann persönlich kennen lernten, stellte sich heraus, dass ich eine falsche Adresse angemailt hatte. Auch hier kann sich, z.B. bei einer Häufung solcher „Vorfälle", persönliche Reizbarkeit oder bei negativen Vorerfahrungen ein Konflikt entwickeln.

Um diesen vielseitig und oft sehr unterschiedlich verwendeten Begriff „Konflikt" auf die Organisations- und Unternehmenswirklichkeit anzuwenden, sei er zunächst anhand des schon im ersten Kapitel angeführten Fallbeispiels veranschaulicht, das ich hier in seinem größeren Rahmen darstellen möchte und das uns anschließend Grundlage für die weitere Konfliktanalyse sein wird.

Der Begriff „Konflikt" auf die Unternehmenswirklichkeit angewendet

Das Unternehmen A kauft Teile eines anderen Unternehmens B auf. Auf vorläufigen Beschluss der Konzernleitung der fusionierten und nach A benannten Firma sollen zunächst nur die Aufbau- und Ablauforganisation geändert werden, die Firmengebäude bleiben unverändert. Leider zieht sich die Umstrukturierung schon zwei Jahre hin.

In einem der Standorte der ehemaligen Firma B, dem ländlich gelegenen Standort „Hausen", scheidet der Geschäftsführer aus und man setzt Mar-

Fallbeispiel

kus G. als Nachfolger ein. Als junger dynamischer Mann wird von ihm viel Veränderung erwartet.

Im Mittelpunkt stehen dabei die Umstellung auf ein neues Lager- und Logistiksystem, die Integration der Personalarbeit in die Systeme der Firma A und die Umsetzung von Kostenreduktionsplänen. Bei der Planung der Änderungen denkt Markus G. daher vor allem darüber nach, wie er sein Führungsteam steuern will. Seine insgesamt fünf Abteilungsleiter erlebt er als gemischten „Haufen", der in verschiedene Richtungen marschiert.

Anette M., die Marketingleiterin, ist schon vor einem Jahr nach Hausen gekommen und steht Markus Gs neuen Ideen sehr aufgeschlossen gegenüber.

Philipp V., der Vertriebsleiter, kam vor ein paar Monaten aus einem anderen Teil von Firma B dazu und hat bisher nicht eindeutig Stellung bezogen. Oft erstaunt er Markus G. durch ungewöhnliche Ideen und scheint in völlig andere als von ihm angedachte Richtungen gehen zu wollen.

Hans H., der Personalleiter und Karsten P., der Produktionsleiter, waren ursprünglich langjährige Mitarbeiter der Firma B und sind der Meinung, dass dort gute Arbeit geleistet wurde. Sie halten die neue Richtung von Markus G. nicht für ideal. Da sie jedoch zentrale Know-how-Träger sind und ihre Mitarbeiter ähnlicher Meinung sind, will Markus G.nicht so ohne weiteres auf sie verzichten.

Lukas L., der Lager- und Logistikleiter, arbeitet ebenfalls schon lange bei Firma B. Er und sein Team scheinen eher Außenseiter zu sein, die sich nach Möglichkeit aus Diskussionen heraushalten. Momentan sind die Mitarbeiter durch die Ankündigung des neuen Systems beunruhigt und Lukas L. kämpft für die Erhaltung des seiner Meinung nach guten bisherigen Systems.

Außerdem gestaltet sich die Zusammenarbeit mit Kalle B., dem Betriebsrat schwierig, da er oft und scheinbar auch aus Prinzip gegen die Meinung der Geschäftsführung hält. Kalle B. kandidiert außerdem als Gesamtbetriebsrat für den Konzern.

Als ich Markus G. nach seinem Bild von der Situation befrage und ihn bitte, dieses zu visualisieren, stellt er die Situation wie folgt dar:

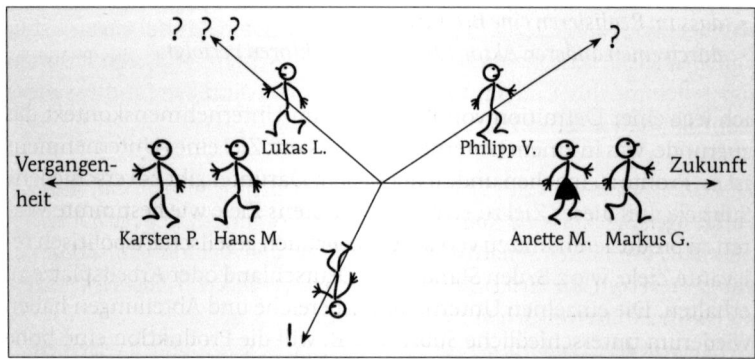

Abb. 1: Die Visualisierung eines konkreten Konflikts (Fallbeispiel)

Ein ungewöhnlicher Fall? Nein, das ist eine eher normale Herausforderung für Führungskräfte der heutigen Zeit. Viele Führungskräfte und Mitarbeiter sind teilweise gegensätzlichen Zielen, Interessen und Meinungen ausgesetzt. Unternehmen haben Strukturen und Kulturen, die Konflikte eher hervorrufen oder eher vermeiden. Doch selbst im idealen Unternehmen mit der idealen Konfliktlösungs- und Konfliktpräventionskultur würden Konflikte nicht völlig verschwinden. Und wenn sie es täten, so wäre das Friedhofsruhe.

Konflikte sind im menschlichen Zusammenleben etwas Normales, Alltägliches, Unvermeidbares. Leben ohne Spannungsfelder, die auch letztlich immer auch Entwicklung bedeuten, ist nicht denkbar. Und dennoch erleben Menschen Konflikte meist eher als etwas Belastendes, Unangenehmes, Ärgerliches. Deshalb zielt Konfliktmanagement auch häufig auf die rasche Auflösung von Spannung. Häufig kann es jedoch günstig sein, erst einmal innezuhalten und zu überlegen, welches Verständnis von Konflikt jeweils vorliegt.

Konflikte sind normal, alltäglich und unvermeidbar

Es gibt mehr oder weniger weitreichende Definitionen von Konflikten. Oft werden Konflikte im Allgemeinen, die sich auch innerhalb einer Person abspielen können, unterschieden von sozialen Konflikten, bei der mindestens zwei Personen beteiligt sind.

Definitionen von Konflikten

Eine knappe Definition findet sich bei Rosenstiel (1980). Er beschreibt Konflikte als unvereinbare Handlungstendenzen zwischen Konfliktparteien, die jeweils zumindest aus einer Person bestehen.

Eine ausführliche und umfassende Definition findet sich bei Glasl (2002, S. 24): „*Sozialer Konflikt ist eine Interaktion*
- *zwischen Aktoren (Individuen, Gruppen, Organisationen etc.)*
- *wobei wenigstens ein Aktor*
- *Differenzen (Unterschiede, Widersprüche, Unvereinbarkeiten)*
  - *im Wahrnehmen*
  - *und im Denken/Vorstellen/Interpretieren*
  - *und im Fühlen*
  - *und im Wollen*
- *mit dem anderen Aktor (den anderen Aktoren) in der Art erlebt,*
- *dass im Realisieren eine Beeinträchtigung*
- *durch einen anderen Aktor (die anderen Aktoren) erfolgt.*"

Ich lege einer Definition von Konflikten im Unternehmenskontext das zugrunde, was in einem Unternehmen passiert: Ziel eines Unternehmens ist es, Profite zu machen und zu überleben. Darunter gibt es verschiedene Subziele, um dieses Ziel zu erreichen, meistens Ziele wie bestimmte Waren zu produzieren und zu verkaufen, aber auch gesellschaftspolitisch relevante Ziele, wie z.B. den Standort in Deutschland oder Arbeitsplätze zu erhalten. Die einzelnen Unternehmensbereiche und Abteilungen haben wiederum unterschiedliche Subziele, z.B. will die Produktion eine hohe Auslastung, was etwa durch die Entwicklung gestört werden kann, die

Definition aufgrund dessen, was im Unternehmenskontext passiert

neue Produkte auf den gleichen Maschinen ausprobieren will. Oder der Vertrieb hat neue Kunden für ein neues Produkt gewonnen, das aber in diesen Mengen noch nicht produziert werden kann.

Unternehmens- oder Abteilungsinteressen kollidieren mit persönlichen Interessen

Nicht für alle Menschen und Interessensgruppen im Unternehmen sind alle Ziele gleich oder gleich wichtig. Neben Unternehmensinteressen sind außerdem persönliche Interessen vorhanden. Und für die Erreichung dieser Ziele nehmen Menschen jeweils aus ihrem Blickwinkel unterschiedliche Wege und Strategien wahr, wollen möglicherweise unterschiedliche Handlungswege realisieren (vgl. Schütz 2003). Sie nutzen dabei unterschiedliche Ressourcen und nehmen verschiedene Rollen ein – private und berufliche Rollen. Diese Rollen widersprechen einander möglicherweise oder die Rollenerwartungen verschiedener Gruppen sind widersprüchlich. In der Zusammenarbeit kommen Menschen gut miteinander aus, sie können sich „riechen" oder nicht, sie stimmen in ihren Ansichten, Überzeugungen, Richtungen, Vorlieben überein oder nicht. Letztlich beeinflussen Personen mit ihrer Persönlichkeit das Geschehen, insbesondere wenn es sich dabei um Führungskräfte handelt.

Konflikte können an jeder Stelle einer Organisation auftreten. Sie sind Unstimmigkeiten über Ziele, Wege der Zielerreichung, die Verteilung von Ressourcen, die Zusammenarbeit oder Rollen. Ich beziehe dabei bewusst auch internale Konflikte mit ein, weil oft die eigene Person Ursache von sozialen Konflikten ist, sei es durch eigene innere Zerrissenheiten, Einstellungen, das eigene Entscheidungsverhalten oder die Art und Weise des Umgangs miteinander.

Ein Konflikt findet immer innerhalb eines Spannungsfeldes statt

Halten wir fest: Konflikt kann auch als Spannungsfeld übersetzt werden.

Unabdingbare Bestandteile eines Konflikts sind:

1. Es sind **mindestens zwei unterschiedliche Konfliktparteien** beteiligt. Diese Konstellation kann sich innerhalb einer Person abspielen oder zwischen zwei oder mehr Personen.
2. Es besteht eine **Abhängigkeit** in Form eines gemeinsamen Themas, Ziels, Anliegens oder Kontextes. Zum Beispiel arbeiten Menschen in der gleichen Abteilung und sind dort aufeinander angewiesen. Durch Kündigung wäre der Konflikt verschwunden.
3. Es sind **Gefühle** im Spiel. Die beteiligten Menschen fühlen sich unwohl. Das kann von einer leichten Anspannung über Ärger, Angst oder ähnlichen starken Gefühlen bis hin zu körperlichen Symptomen und Krankheit gehen.
4. Es besteht ein **Spannungsfeld**. Dieses Spannungsfeld kann in verschiedenen Bereichen liegen. So kann es sein, dass ...
   - Beteiligte **unterschiedliche Ziele oder Handlungsabsichten** haben. Beispielsweise will die eine Abteilung eine Marktausweitung und die andere eine Konzentration auf Kernkompetenzen.

- eine unterschiedliche **Einschätzung oder Wahrnehmung** der Situation vorliegt. Zum Beispiel haben Mitglieder eines Teams oft ein unterschiedliches Bild davon, was Teamarbeit bedeutet: Schwächen mittragen oder gemeinsam mehr leisten, alles gemeinsam machen oder eine gute Aufgabenteilung vornehmen.
- knappe oder vermeintlich **knappe Ressourcen** vorhanden sind.
- die **Funktionen oder Rollen** der Menschen in diesem Geschehen entweder unklar, zu vielfältig oder zu begrenzt sind.
- die **Beziehung gestört** ist und die beteiligten Menschen sich unterschiedlich erleben oder sich buchstäblich „nicht riechen" können. Wie wir später sehen werden, kann ein Konflikt in der Beziehung zwischen Menschen ziemlich unterschiedlich geartet sein. Oft liegt auch eine Verschiebung vor und ein nicht gelöster Sachkonflikt wird als Beziehungskonflikt ausgetragen oder umgekehrt wird ein Beziehungskonflikt unterdrückt und Menschen streiten sich (scheinbar) nur um die Sache.
- dass **persönliche Konflikte** vorliegen. Menschen verspüren in sich Konflikte, sei es durch anstehende Entscheidungen, unterdrückte bzw. verdrängte Wünsche oder widersprüchliche Anforderungen. Außerdem wird durch die eigene Art, sich in der Welt zu befinden, durch Einstellungen oder Verhaltenstendenzen das soziale Konfliktgeschehen beeinflusst.

Für die Definition von Konflikten im Unternehmen heißt das auf den Punkt gebracht:

> KONFLIKTE SIND SPANNUNGSSITUATIONEN, IN DER VONEINANDER ABHÄNGIGE MENSCHEN VERSUCHEN, UNVEREINBARE ZIELE ZU ERREICHEN ODER GEGENSÄTZLICHE HANDLUNGSPLÄNE ZU VERWIRKLICHEN.

1.3 Konfliktarten: Welche Arten von Konflikten gibt es?

Aus dieser Betrachtungsweise von Konflikten in Unternehmen und Organisationen können sechs Konfliktarten abgeleitet werden.

Handeln im Unternehmen heißt:	Daraus resultierende Konfliktarten:
1. Ziele zu setzen oder zu vereinbaren,	➡ **Zielkonflikte**
2. sie auf bestimmten Wegen zu erreichen,	➡ **Bewertungskonflikte**

3. mit den erforderlichen Ressourcen, ➡ **Verteilungskonflikte**
4. von und mit unterschiedlichen Menschen, die nicht immer mit sich selbst im Reinen sind und die ➡ **Persönliche Konflikte**
5. miteinander in Kontakt treten, dabei eine Beziehung aufbauen und ➡ **Beziehungskonflikte**
6. die bestimmte Funktionen bzw. Rollen innehaben ➡ **Rollenkonflikte**

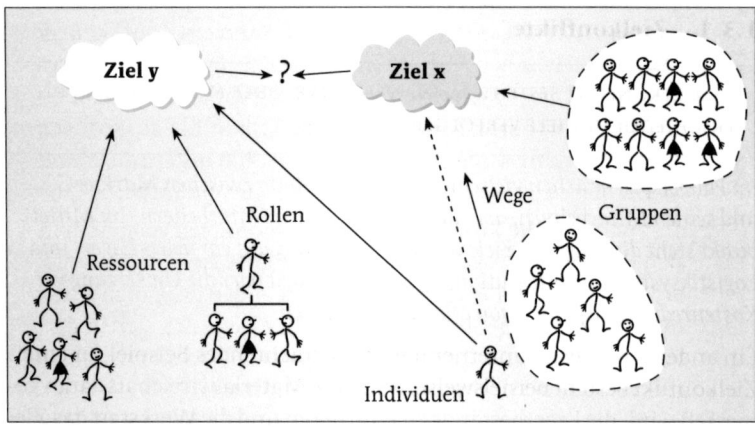

Abb. 2: *Konflikte im Organisationskontext*

Konfliktursachen

Wenn man beispielsweise zwei Parteien, Partei A und Partei B, betrachtet, so verfolgen beide Ziele, nehmen verschiedene Wege oder Methoden wahr, nutzen Ressourcen, sind in unterschiedlichem Ausmaß in Beziehung, nehmen Rollen ein und haben bestimmte Persönlichkeiten. Teilweise handeln Partei A und B unabhängig voneinander, teilweise betreffen die Handlungen der einen Partei jedoch auch die andere Partei. Wenn die beiden Parteien aufeinander treffen, kann es zu Übereinstimmung oder zu Unterschiedlichkeiten und somit zu Spannungsfeldern und Konflikten kommen.

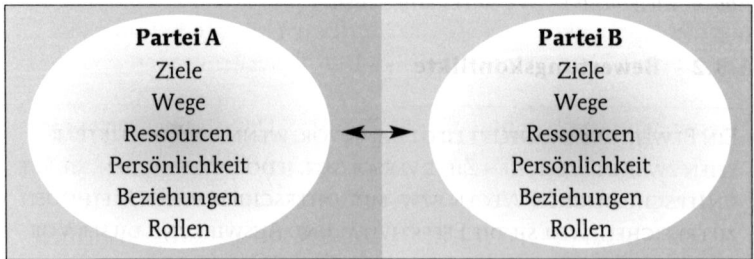

Abb. 3: *Konflikte entstehen aufgrund unterschiedlicher Spannungsfelder*

Auf der rationalen Ebene, wenn es um Ziele, Wege oder Ressourcen geht, sind Konflikte in der Regel zu lösen oder zu befrieden, wenn die menschliche Ebene stimmt. Unangenehm und schwierig wird es, wenn emotional gefärbte Beziehungs- oder Rollenkonflikte die anderen Konfliktarten überdecken oder begleiten oder wenn persönliche Konflikte eine Konfliktlösung negativ beeinflussen. Insbesondere für die Konfliktprävention ist es notwendig, diese verschiedenen Konfliktarten auseinander zu halten (siehe Teil B). Darüber hinaus betrifft eine wichtige Konfliktart die Unterscheidung zwischen heißen und kalten Konflikten, die am Ende des Kapitels erläutert wird.

Konflikte um Ziele, Wege oder Ressourcen können in der Regel objektiviert werden

Persönliche, Beziehungs- und Rollenkonflikte bilden emotionale Störfelder

1.3.1 Zielkonflikte

> EIN ZIELKONFLIKT BESTEHT DANN, WENN ZWEI ODER MEHR PARTEIEN UNTERSCHIEDLICHE ZIELE VERFOLGEN.

Im Fallbeispiel bestehen vielschichtige Zielkonflikte zwischen Markus G. und seinen Mitarbeitern, aber auch zwischen den Mitarbeitern. Im Mittelpunkt steht die Frage, ob Ziele wie die Umstellung auf ein neues Lager- und Logistiksystem, die Integration der Personalarbeit oder die Umsetzung von Kostenreduktionsplänen von allen geteilt werden.

Ein anderes häufig in Unternehmen zu betrachtendes Beispiel für einen Zielkonflikt besteht beisielsweise, wenn die Materialwirtschaft daran gemessen wird, die Lagerbestände zu reduzieren und die Werkstatt das Ziel hat, sofort Ersatzteile zur Hand zu haben.

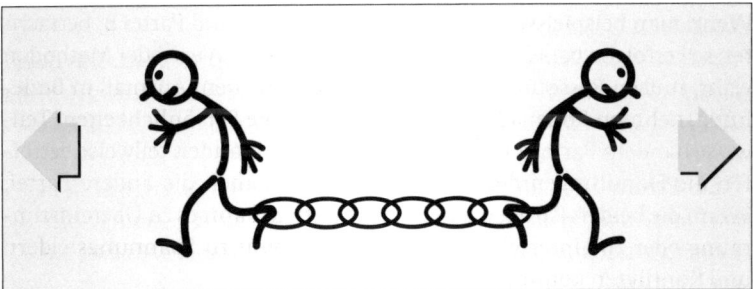

Abb. 4: Zielkonflikte: Wo soll es lang gehen?

1.3.2 Bewertungskonflikte

> EIN BEWERTUNGSKONFLIKT LIEGT DANN VOR, WENN DIE KONFLIKTPARTEIEN ZWAR DIE GLEICHEN ZIELE VERFOLGEN, JEDOCH VERSUCHEN, SIE AUF UNTERSCHIEDLICHEN WEGEN BZW. MIT UNTERSCHIEDLICHEN METHODEN ZU ERREICHEN, WEIL SIE DIE EFFEKTIVITÄT UND AUSWIRKUNG DIESER VORGEHENSWEISEN UNTERSCHIEDLICH EINSCHÄTZEN.

Im Fallbeispiel könnte es sein, dass Philipp V. und Markus G. zwar ähnliche Ziele verfolgen, jedoch unterschiedlicher Meinung sind, was der beste Ansatz ist.

Ebenfalls um einen Bewertungskonflikt handelt es sich beispielsweise, wenn sich zwei Mitarbeiter der Marketingabteilung zwar über eine Produktkampagne einig sind, nicht aber darüber, welche Zeitschrift sich für Anzeigenschaltungen besser eignet.

unterschiedliche Informiertheit der Beteiligten

Bewertungskonflikte gehen in der Regel auf eine unterschiedliche Informiertheit der Beteiligten zurück, die von mehreren Bedingungen abhängt. Wenn z.B. unterschiedliche Menschen oder Gruppen zu einer geplanten Veränderung unterschiedliche Standpunkte einnehmen, so kann das sein, weil:

- sie unterschiedliche Vorerfahrungen mit ähnlichen Veränderungen gemacht haben,
- sie einen unterschiedlichen Wissensstand haben, z.B. über Publikationen oder persönliche Kontakte,
- sie die bekannten vorliegenden Tatbestände unterschiedlich einschätzen, weil sie sie aus einer anderen Perspektive wahrnehmen, z.B. lässt die Angst vor Arbeitsplatzverlust oder vor einer Umstrukturierung kleine Anzeichen in diese Richtung viel gewichtiger erscheinen, als wenn einen die Sache nicht betrifft,
- die Kommunikationsstruktur der Firma eingeschränkt ist und damit leicht Gerüchte und unterschiedliche Interpretationen der gleichen Vorgänge zur Folge hat.

Sehr gut demonstriert werden Bewertungskonflikte durch folgende überlieferte Geschichte:

Erzählt wird die Geschichte eines Dorfes, das sich zerstritten hat. Das Dorf wendet sich an einen weisen Berater, der die Dorfbewohner bittet, sich in der nächsten Nacht auf dem Dorfplatz einzufinden. Alle kommen, es ist stockdunkel.

Der Berater bittet die Dorfbewohner, sorgfältig zu ertasten, was sie auf dem Platz entdecken können. Am nächsten Morgen bittet er dann wieder alle zu einer Versammlung und fragt, was denn ihrer Meinung nach dort auf dem Platz war.

„Es war etwas wie ein Baumstamm" sagte der eine. „Nein, eine Art Quaste, wie ein Pinsel," der andere. „So ein Blödsinn, es war ein Speer" widersprach der nächste. „Ihr habt´s alle nicht erfasst", meinte listig noch einer, der so raffiniert gewesen war, auf einen Baumstamm zu steigen. „Es war ein Pergament oder ein Zelttuch." Und wieder der nächste meinte: „Ihr habt alle Unrecht, es war ein Schlauch."

So gingen die Meinungen weiter und das Dorf geriet, wie immer, heftig in Streit. „Seht" rief da der Berater und zeigte ihnen den Elefanten, der auf dem Dorfplatz stand, „ihr habt alle Recht. Ihr habt das Bein, den Schwanz, das Elfenbein, das Ohr und den Rüssel gefühlt."

Abb. 5: Bewertungskonflikte beruhen auf unterschiedlicher Informiertheit

1.3.3 Verteilungskonflikte

> IN VERTEILUNGSKONFLIKTEN KÖNNEN SICH DIE PARTEIEN NICHT ÜBER DIE VERTEILUNG VON PERSÖNLICHEN, FINANZIELLEN ODER TECHNISCHEN RESSOURCEN EINIGEN.

Verteilungskonflikte spielen in Kämpfen, Streits und Kriegen seit Menschengedenken eine wichtige Rolle. Es ging und geht immer noch z.B. um Land, in Scheidungskonflikten um Möbel und Kinder etc. In Firmen, beispielsweise bei Fusionen geht es um Positionen und Funktionen, es wird um Mitarbeiter, Standorte und Symbole der Macht gekämpft.

Um einen Verteilungskonflikt handelt es sich auch bei der Aufteilung von Budgets, der Absprache über Urlaubszeiten in den Ferien oder der Vergabe von Parkplätzen.

Verteilungskonflikte drehen sich oft nur vordergründig um das Streitobjekt, oft geht es hintergründig darum, nicht das Gesicht zu verlieren, an Macht zu gewinnen, dem anderen eins auszuwischen (Rache oder Wiedergutmachung) oder um Nebenkriegsschauplätze. So werden z.B. oft Beziehungskonflikte auf der Ressourcenebene ausgetragen, nicht nur in Scheidungen. Andererseits verlagern sich Ressourcenkonflikte auf die Beziehungs- und persönliche Ebene, wenn es um existenzielle Dinge geht, z.B. um den Erhalt eines Arbeitsplatzes, im Extremfall, wenn es ums Überleben geht.

Verteilungskonflikte drehen sich oft nur vordergründig um das Streitobjekt

Abb. 6: Verteilungskonflikt: Nicht alle haben Platz im Boot

1.3.4 Persönliche Konflikte

> VON PERSÖNLICHEN KONFLIKTEN SPRECHEN WIR, WENN MENSCHEN IN SICH VERSCHIEDENE ENTSCHEIDUNGS- ODER VERHALTENSTENDENZEN VERSPÜREN ODER WENN SIE DURCH IHR PERSÖNLICHES VERHALTEN ZUM KONFLIKTAUSLÖSER WERDEN.

Persönlichkeitsanteile im Sinne unterschiedlicher Erlebens- und Erfahrungszustände

„Zwei Seelen wohnen, ach, in meiner Brust", sagte schon der alte Goethe. In der modernen Psychologie werden diese „Seelen" als verschiedene Persönlichkeitsanteile im Sinne von innerlich unterschiedlichen Erlebens- und Erfahrungszuständen vielfältig thematisiert. Berne spricht hier beispielsweise von Ich-Zustands-Systemen (abgekürzt Ich-Zustände) und meint damit die Erlebenssysteme, die Menschen von sich und anderen als Kind, als Erwachsener und als Elternfigur kennen. Dargestellt werden diese drei Ich-Zustände als drei Kreise, bei denen von **Eltern-Ich (EL), Erwachsenen-Ich (ER)** und **Kind-Ich (K)** gesprochen wird (siehe Abb. 7).

letztlich innere Entscheidungskonflikte

Persönliche Konflikte kann man dann als Entscheidungskonflikte begreifen, wenn ein Individuum in sich verschiedene Gefühls-, Gedanken- und Verhaltenstendenzen verspürt, die aus verschiedenen Persönlichkeitsanteilen stammen. Vertieft wird dieses Modell im Rahmen der individuellen Präventionsmaßnahmen (Teil B, Kap. 1.2.1).

Abb. 7: Persönliche Konflikte entstehen aus verschiedenen Ich-Zuständen

verschiedene innere Personen

Diese Persönlichkeitsanteile sind von Goulding (1991) auch als verschiedene innere Personen, als **„Kopfbewohner"** karikiert beschrieben worden, z.B. als „Schurken", „Tyrannen", „Alleswisser" „Mäkler", „Jammerer" etc. Schulz von Thun (1998) greift diese Bilder in seinem **Modell vom inneren Team** auf, indem er gestalttherapeutisches Gedankengut damit verbindet und sich auf die unvollendeten Lebensthemen bezieht, die sich dann immer wieder als innere Stimmen (hier innere Teammitglieder) oft störend zu Wort melden.

Modell vom inneren Team

Außerdem wird manchmal von Persönlichkeitskonflikten gesprochen, wenn Menschen durch ihr persönliches Verhalten Konflikte hervorrufen, z.B. durch Schreien, Aussitzen, Ungeschicklichkeit oder anderes destruktives Verhalten. Der Volksmund spricht dann von einer „konfliktträchtigen Persönlichkeit". Aus systemisch-psychologischer Sicht handelt es sich dabei jedoch um ein nicht haltbares Konzept, da „schwierig" immer nur in Beziehung zu jemandem, der dieses Verhalten als „schwierig" erlebt, zu sehen ist.

Der Begriff der „konfliktträchtigen Persönlichkeit" ist problematisch

EIN VERHALTEN MACHT IMMER NUR IN SEINEM KONTEXT SINN!

Beispiel dafür ist der Witz, in dem ein angehender Psychiater gefragt wird:
„Sagen Sie, was ist das, wenn jemand in einem Moment freudig jauchzend auf- und abhüpfend herumläuft, in die Hände klatscht, die Arme hochreißt und im nächsten Moment in sich zusammensackt, die Hände vorm Gesicht, den Tränen nahe?" „Nun," sagt der Psychiateranwärter, „es kann sich um ein manisch-depressives Syndrom handeln." „Nein", antwortet der Andere. „Das ist ein Fußballtrainer."

Oft auch liegt die Ursache für das problematische Verhalten z.B. in unklaren Rollen. Oder jemand übernimmt eine bisher nicht ausgefüllte und vom Rest des Teams weitergereichte unbeliebte Tätigkeit und wird damit zum Sündenbock, z.B. ist das manchmal der Fall bei Buchhaltungstätigkeiten in einer Marketingeinheit. Durch voreilige Schuldzuweisung und das Auffinden von „Sündenböcken" werden dann Konflikte nur zusätzlich geschürt.

unklare Rollenzuschreibung

1.3.5 Beziehungskonflikte

> BEZIEHUNGSKONFLIKTE WERDEN OFT AUCH BEDÜRFNISKONFLIKTE ODER KOMMUNIKATIONSKONFLIKTE GENANNT UND LIEGEN VOR, WENN ES IN DER BEZIEHUNG ZU UNTERSCHWELLIGEN ODER OFFENEN STÖRUNGEN KOMMT.

Beziehungskonflikte haben vielfältige Ursachen und Erscheinungsformen. Wann immer die Beziehung nicht stimmt, es kriselt oder Streit da ist, kann man von Beziehungskonflikten sprechen.

Im oben angeführten Fallbeispiel ist ein solcher Beziehungskonflikt nur angedeutet. Es gibt sachliche Unstimmigkeiten zwischen Markus G. und einigen seiner Mitarbeiter, die sich möglicherweise auf die Beziehungsebene auswirken.

Beispielsweise fühlt sich Markus G. in seinen Bemühungen den Standort zu reorganisieren durch Bemerkungen wie „Was der für unsinnige Entscheidungen trifft" abgewertet. Umgekehrt erfahren auch die betroffenen Mitarbeiter eine Irritation ihrer bisherigen Arbeitsweise, wenn Markus G. viel verändert bzw. im Erleben der Mitarbeiter „Alles auf den Kopf stellt".

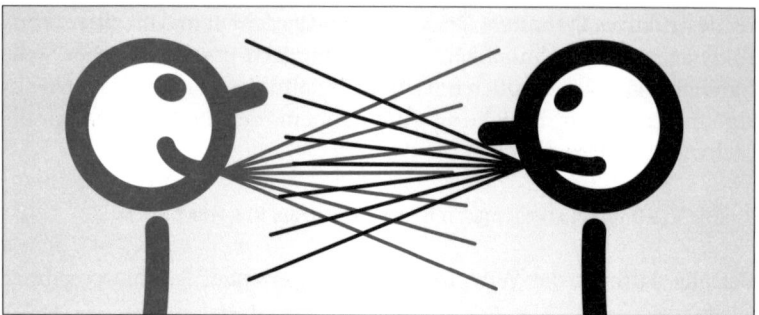

Abb. 8: Beziehungskonflikte liegen vor, wenn die Kommunikation gestört ist oder Bedürfnisse nicht befriedigt werden

Erscheinungsformen von Beziehungskonflikten

Es werden folgende Erscheinungsformen von Beziehungskonflikten unterschieden:

- **Bedürfniskonflikte** liegen vor, wenn Menschen sich in ihrem Grundbedürfnis nach Akzeptanz und Anerkennung verletzt fühlen. Wenn Menschen sich nicht einbezogen oder abgelehnt erleben, empfinden sie sich als unterlegen. Sie versuchen dann entweder den Kontakt zu vermeiden oder werden ärgerlich oder versuchen auf anderen, vielfach konfliktträchtigen Wegen die Beziehung wieder herzustellen. Oft wird in der Auswirkung von Beziehungskonflikten von Antipathie oder dem sog. „Nasenfaktor" gesprochen: „Die Chemie stimmt nicht."
- Um **Kommunikationskonflikte** handelt es sich, wenn Störungen in der Kommunikation vorliegen. In Kap. 1.1.6 wurden z.B. die „Killerphrasen" als einer der wesentlichen Auslöser von Kommunikationskonflikten genannt. Oft auch eskalieren unbeabsichtigt Missverständnisse zu einem Streit, wenn sie nicht aufgeklärt werden.

Ursachen für Beziehungskonflikte

Ursachen für Beziehungskonflikte liegen in verschiedenen Bereichen. Die wichtigsten sind: Symptomverschiebung, Unklare Verantwortungsbereiche, Kommunikationsdichte, Persönlichkeit, Übertragungen, Symbiosen und passive Verhaltensweisen.

Symptomverschiebung:

Verlagerungen von einer Ebene auf die andere

Das Besondere an Beziehungskonflikten ist, dass hier die meisten Verlagerungen von einer Ebene auf die andere stattfinden. Oft werden Konflikte von der Sachebene – also Ziel-, Bewertungs-, Ressourcen- oder insbesondere auch Rollenkonflikte – auf die Beziehungsebene verlagert. Da kann man z.B. jemanden nicht leiden, weil er bestimmte Entscheidungen trifft. Wie sich auch im Fallbeispiel andeutete, fühlen Menschen sich von scheinbaren Fachthemen sehr häufig, ja normalerweise fast zwangsläufig persönlich betroffen; sie erleben die Auswirkungen fachlich-sachlicher Entscheidungen bis hinein in ihr Privatleben.

Andererseits werden oft umgekehrt Beziehungskonflikte nicht offen auf der Beziehungsebene ausgetragen, sondern auf anderen Ebenen, beispielsweise streiten zwei Kollegen sich um die besten Vorgehensweisen in einem Projekt und tragen darüber einen unterschwelligen Beziehungskonflikt aus, etwa einen Konkurrenzkampf.

Beziehungskonflikte werden oft nicht offen ausgetragen

EINERSEITS SIND URSACHEN VON BEZIEHUNGSKONFLIKTEN OFT AUF ANDEREN EBENEN (Z.B. STRUKTUREN) ZU SUCHEN UND ANDERERSEITS WERDEN BEZIEHUNGSKONFLIKTE OFT NICHT DIREKT, SONDERN ÜBER ANDERE KANÄLE (Z.B. SACHTHEMEN) AUSGETRAGEN.

Unklare Verantwortungsbereiche

Das Gefühl, nicht informiert, übergangen, nicht zu Rate gezogen oder nicht akzeptiert zu sein, entsteht z.B. durch verbale Herabsetzungen und Nichtbeachtung oder auch, wenn jemand sich in seinen Rechten, seinen Kompetenzen angegriffen oder eingeschränkt sieht. Dabei ist nicht ausschlaggebend, ob das tatsächlich der Fall ist oder ob der Betreffende sich diese Kompetenzübergriffe einbildet. Ausschlaggebend für den Konflikt ist das subjektive Erleben. Ein häufiger Grund für Beziehungskonflikte sind deswegen tatsächliche oder vermeintliche Übergriffe in andere Kompetenzbereiche. Das ist häufig dann der Fall, wenn Verantwortlichkeiten nicht klar abgegrenzt oder auf viele Personen verteilt sind.

subjektives Erleben von Kompetenzübergriffen

JE UNSICHERER UND UNKLARER DIE RAHMENBEDINGUNGEN (STRUKTUREN, KOMPETENZEN, VERANTWORTUNGSBEREICHE, FUNKTIONEN, ROLLEN) IN DENEN MENSCHEN ARBEITEN SIND, DESTO EHER KOMMT ES ZU BEZIEHUNGSKONFLIKTEN.

Kommunikationsdichte

Konflikte entstehen aufgrund von zu viel oder zu wenig Kontakt. Wenn Menschen entweder räumlich voneinander entfernt sind, wie das z.B. bei virtuellen Teams der Fall ist oder vertikal (hierarchisch) bzw. horizontal (unterschiedliche Abteilungen) weit voneinander entfernt sind, ist es wahrscheinlicher, dass Missverständnisse auftreten. Wenn weniger Kontakt besteht, ist die Wahrscheinlichkeit höher, dass negative Vorfälle stärker gewichtet werden: Wenn der andere sich (in der subjektiven Wahrnehmung) einmal unfair verhält, macht es für die Bewertung dieses Vorfalls einen Unterschied, ob man insgesamt fünfzigmal oder nur zweimal einen guten Kontakt hatte. Negatives und Belastendes kann weniger gut ausgeglichen werden und für ein direktes Aufklären fehlt dann eben auch oft die unmittelbare Nähe. Wenn hier nicht aktiv gegengesteuert wird, wachsen möglicherweise Missverständnisse und Vorurteile.

Zu viel oder zu wenig Kontakt?

JE WEITER MENSCHEN VONEINANDER ENTFERNT SIND, DESTO STÖRUNGS-
ANFÄLLIGER IST IHRE KOMMUNIKATION.

zu viel Nähe ist konfliktträchtig

Andererseits ist zu viel Nähe auch konfliktträchtig. Wenn z.B. in Großraumbüros kein Sichtschutz oder Ausweichmöglichkeiten bestehen, sinkt das Betriebsklima rapide. Auch die Frage von Intimitäts- bzw. Sozialdistanz bei zwischenmenschlichen Begegnungen führt möglicherweise zu Missverständnissen. Hier kommt es nicht nur interkulturell zu seltsamen Situationen, wie sie z.B. Baumer (2002, S. 27 f.) beschreibt: *„In Brasilien werden Gespräche oftmals nur dann als angenehm empfunden, wenn sich ein Westeuropäer oder Nordamerikaner schon äußerst irritiert fühlt ... und fortlaufend zurückweicht oder sich gar hinter Stühlen oder Tischen ‚verbarrikadiert', während der Brasilianer immer wieder nachrückt und über diese Gegenstände hinwegsteigt, um die ihm angenehme Nähe zu finden."* Auch innerhalb einer Kultur, z.B. zwischen verschiedenen Unternehmensgruppen existieren unterschiedliche Bedürfnisse und es ist entscheidend, ob Menschen sich „riechen" können.

gut ausbalanciertes Verhältnis zwischen Nähe und Distanz

Im Sinne guter Beziehungen ist langfristig ein gut ausbalanciertes Verhältnis zwischen Nähe und Distanz notwendig. Arthur Schopenhauer erzählte dazu die bekannte Geschichte von den Stachelschweinen: *Eine Gesellschaft Stachelschweine drängte sich an einem kalten Wintertage recht nah zusammen, um durch die gegenseitige Wärme sich vor dem Erfrieren zu schützen. Jedoch bald empfanden sie die gegenseitigen Stacheln, welches sie dann wieder voneinander entfernte. Wann nun das Bedürfnis der Erwärmung sie wieder näher zusammenbrachte, wiederholte sich jenes zweite Übel; sodass sie zwischen beiden Leiden hin und her geworfen wurden, bis sie eine mäßige Entfernung voneinander herausgefunden hatten, in der sie es am besten aushalten konnten. ...*

Persönlichkeit

Manchmal stoßen zwei Persönlichkeiten gegeneinander, sei es, dass beide Recht haben wollen, sei es, dass sie eine unterschiedliche Sprache sprechen. Das Gefühl, sich „nicht riechen" zu können, Antipathie oder Sympathie entsteht oft zu Beginn einer Beziehung und ist eher irrational und unbewusst. Denken die Beteiligten darüber nach oder können darüber sprechen, lässt sich dies oft leicht aufklären. Wenn jedoch jemand z.B. die Einstellung hat, *„Das ist halt so, daran kann man nichts ändern"*, ist eher keine Beziehungsbesserung zu erwarten.

Die eigene Erwartungshaltung in Bezug auf Beziehungen beeinflusst die tatsächliche Beziehung

Außerdem strahlt die eigene Person und die eigene Erwartungshaltung in Bezug auf Beziehungen stark auf die tatsächliche Beziehung aus. Im Sinne einer selbsterfüllenden Prophezeiung ruft z.B. eine innerlich empfundene Minderwertigkeit oft entweder Helfer auf den Plan und bestärkt die eigene Entmündigung. Oder die Annahme, alle anderen sind unfähig, führt zu dominantem Verhalten und zu einer Verunfähigung der anderen Beteiligten.

DAS VERTRAUEN IN DIE EIGENE PERSON UND EIGENEN FÄHIGKEITEN
WIRKT SICH ENTSCHEIDEND AUF DAS KOMMUNIKATIONSVERHALTEN
AUS.

Übertragungen

Wenn Menschen aufeinander treffen, finden unbewusst und automatisch Übertragungen alter Bilder statt.

Übung: Wenn Sie einem unbekannten Menschen begegnen, können Sie folgendes Experiment machen: In einer Kommunikationspause ziehen Sie sich zurück und überlegen Sie: An wen erinnert mich dieser Mensch? In welchen Eigenschaften, Verhaltensweisen, Eigenarten oder äußeren Erscheinungszügen ähnelt er einem Menschen, den ich von früher kenne? Was mag ich an diesem Menschen, was stößt mich spontan ab?

Dieses Experiment gelingt nicht notwendig mit allen Menschen, jedoch sehr häufig. Unser Gehirn funktioniert so, dass es alles „Neue" sofort mit bekannten Mustern abgleicht und damit verknüpft. Das passiert unterhalb unserer Bewusstseinsschwelle. So kommt es dann, dass Menschen sich sogleich mögen oder sich unsympathisch sind. Sie begegnen sich gewissermaßen nicht zum ersten Mal. Extreme Aversionen oder Sympathievorteile sind fast immer auf diesen Effekt des unbewussten Abgleichs und der Verknüpfung mit bekannten Personen zurückzuführen. Übertragungen haben negative oder positive Effekte. So kann es z.B auch sein, dass mich eine neue Kollegin an eine geliebte Schwester erinnert und sie hat dann bei mir „einen Stein im Brett". Oder ein Mitarbeiter hat „Narrenfreiheit", weil er für den Chef unbewusst an Stelle seines Sohnes steht. Wichtig ist hier zu sehen, dass alle Realitätsverzerrungen, auch die anfangs positiven, auf Dauer im Gesamtsystem zu Konflikten führen können.

Neue Kontakte werden unbewusst mit bekannten Personen abgeglichen und verknüpft

Oft übertragen Mitarbeiter unbewusst familiäre Strukturen auf die Chef-Mitarbeiter-Beziehung. Sie erwarten dann väterliche bzw. mütterliche Aufgaben von Vorgesetzten, die diese, die sich mehr im System Organisation (Buchinger 1997) befinden, nicht erfüllen können.

Übertragung familiärer Strukturen in die Berufswelt

Es kann auch sein, dass eigene verdrängte und unbewusste Eigenschaften auf andere Menschen projiziert werden. Dieser Projektionsmechanismus führt dann zu einem Schwarz-Weiß-Denken und eskalierenden Konfliktkreisläufen.

*Wenn du einen Würdigeren triffst als du selbst, eifere ihm nach.
Wenn du einen Unwürdigeren triffst, prüfe dich in deinem Inneren.*
LAO-TSE

Symbiosen und passive Verhaltensweisen

Symbiosen liegen vor, wenn der Identitätskonflikt zugunsten einer engen Verschmelzung gelöst wurde und die Beteiligten ihre eigene Identität teil-

teilweise Aufgabe der eigenen Identität

Zwei Menschen verhalten sich nach außen so, als seien sie ein Mensch

weise aufgegeben haben. Beschrieben wurde dieses Phänomen insbesondere in Mann-Frau-Beziehungen (vgl. Willi 1975 oder English 1988). Sie finden jedoch häufig auch in Arbeitsbeziehungen statt. Definiert sind Symbiosen in der Transaktionsanalyse dadurch, dass sich zwei Menschen nach außen so verhalten, als seien sie ein Mensch (Schiff 1975).

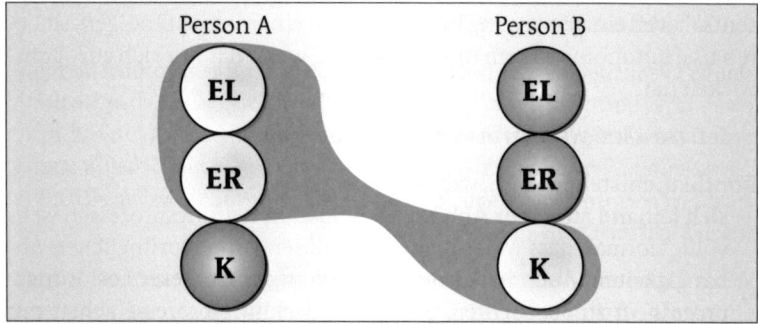

Abb. 9: Symbiosen

drei Persönlichkeitsanteile: Eltern-Ich (EL), Erwachsenen-Ich (ER), Kind-Ich (K)

Man geht dabei davon aus, dass Menschen prinzipiell über drei Persönlichkeitsanteile verfügen: Das Eltern-Ich-System oder Eltern-Ich (EL), das Erwachsenen-Ich-System oder Erwachsenen-Ich (ER) und das Kind-Ich-System oder Kind-Ich (K). Der eine Part benutzt eher Eltern- und Erwachsenen-Ich-Energien und Ausdrucksformen, der andere eher Kind-Energien und Verhaltensweisen. Wenngleich natürlich keiner der beiden Beteiligten einen Ich-Zustand völlig ausschließen kann (dunkle Kreise), so besteht doch eine deutliche Tendenz der Verantwortungsübergabe bzw. -übernahme. Derjenige, der eher Eltern- und Erwachsenenfunktionen übernimmt, wirkt in der Regel selbstsicher, er kann in der Führung eigene Unsicherheiten überspielen, ja nimmt sie in der Regel gar nicht wahr. Dieser Typus wird auch Typ II / „Übersicher" genannt (English 1988). Der andere Part, Typ I, „Untersicher", wirkt eher unsicherer, als er es seiner Kompetenz nach sein müsste, stützt sich lieber auf den Anderen und nimmt die eigenen Fähigkeiten und Kenntnisse nicht als so bedeutsam wahr.

gesunde und ungesunde Symbiosen

Es werden gesunde und ungesunde Symbiosen unterschieden. Die ursprüngliche, gesunde Symbiose besteht zwischen Mutter und Kind. Die Mutter/der Vater ist der versorgende Teil, das Kind ist ganz in seinem Kind-Ich und kann nicht für sich selbst sorgen. Auch neue Mitarbeiter oder wenn jemand von einem anderen eine neue Aufgabe übernimmt, z.B. in Ausbildungsverhältnissen, befinden sich vorrübergehend in einer großen Abhängigkeit. Ebenfalls natürlich und gesund ist Abhängigkeit an und für sich, denn ohne Abhängigkeit ist kein gesellschaftliches und erfülltes Leben denkbar. Wir alle sind von unserem Arbeitgeber, von Menschen, die wir lieben, von Freunden, Familie emotional oder materiell in einer gewissen Weise abhängig. Geborgenheit ist ebenfalls ein Zustand der Abhängigkeit, in dem wir deutlich spüren, dass wir ihn auch verlieren könnten. Auch hier geht es um eine Frage der Balance. In der heutigen Ich-zentrierten Gesellschaft gibt es oft auch Probleme wegen zu großer Isolation und trennender Unabhängigkeit.

Die folgenden Beschreibungen beziehen sich zunächst auf zu große Abhängigkeit, die zur Aufgabe der eigenen Person führt. Das ist deshalb zentral, weil eine Bewegung hin zum Du in einer selbstständigen, sicheren und autonomen Form nur möglich ist, wenn das Ich sich zuvor entwickelt hat.

Zu große Abhängigkeit führt zur Aufgabe der eigenen Person

ICH MUSS ICH WERDEN UM DU SAGEN ZU KÖNNEN.

Konflikte entstehen dann, wenn
- **sich jemand aus einer Abhängigkeit löst.** In Reifungsprozessen ist es völlig normal, dass Menschen sich loslösen von ursprünglichen Abhängigkeiten. Auch in Autoritätsbeziehungen ist dieser Loslösungsprozess oft zu beobachten. Solche Entwicklungsprozesse gehen mit Auseinandersetzungen und Reibungen einher.
- **jemand zu lange in einer Abhängigkeit bleibt.** „Stickig" wird die Luft, wenn jemand den gesunden Prozess der Loslösung nicht unternimmt, sondern weiterhin in der Abhängigkeit lebt. Ungesunde Symbiosen sind dadurch gekennzeichnet, dass
  - die darin befindlichen Personen sich nicht weiterentwickeln,
  - die Symbiose überwiegend unbewusst ist, d.h., es sind keine zeitlich begrenzten Lernverträge geschlossen worden,
  - Sache und Person nicht getrennt werden,
  - übergreifende Probleme, auch fachliche Themen, nicht zielgerichtet und sachgerecht gelöst, sondern stattdessen passive Verhaltensweisen aktiviert werden, die auf eine Aufrechterhaltung der Symbiose aus sind.

Konfliktträchtig sind ...
... Lösung aus der Abhängigkeit

... Verharren in der Abhängigkeit

Nach Schiff (1975) unterscheidet man vier passive Verhaltensweisen:
1. **Nichtstun:** Beispielsweise warten Mitarbeiter auf Anweisungen, tun lieber erst gar nichts, bevor sie etwas Falsches tun. Ein Stichwort ist hier auch „*Dienst nach Vorschrift*".
2. **Überanpassung:** Hier findet eine übermäßige Anpassung an phantasierte Erwartungen statt. Dieses Phänomen wird auch „vorweggenommener Gehorsam" genannt.
   Beispiel: Steffen U., eine neue Führungskraft, kommt zu Beginn seiner Tätigkeit schon um sechs Uhr ins Büro, um in aller Ruhe lesen und den Tag strukturieren zu können. Unter anderem verschickt er Tagesaufträge an die Mitarbeiter per E-Mail. Nach der ersten Woche merkt er, dass auch seine Mitarbeiter statt gegen halb acht, schon eine Stunde und noch früher kommen. Als er sie darauf anspricht, erfährt er, dass man gedacht habe, er würde dies von ihnen erwarten, da er doch schon so früh E-Mails verschickt habe.

passive Verhaltensweisen zementieren eine ungesunde Symbiose

3. **Agitation:** Nach dem Motto „operative Hektik und geistige Windstille" wird hier ganz viel getan und das bis zu zwölf, vierzehn oder noch mehr Stunden am Tag.
4. **Selbstbeeinträchtigung oder Gewalt:** Andere werden entweder gewaltsam in die Symbiose gezwungen, es findet Sachbeschädigung statt oder Menschen schaden sich selbst, indem sie krank werden oder gar im Extremfall Suizid begehen.

Die Intensität der passiven Verhaltensweisen steigert sich von 1 bis 4. Je gravierender eine Verhaltensweise die Problemlösung verhindert, desto höher die Eskalationsstufe.

manche Organisationskulturen fördern ungesunde Symbiosen

Ungesunde Symbiosen können persönliche Gründe haben, weil jemand aufgrund seiner Persönlichkeit wenig Selbstständigkeit oder Streben nach Autonomie und eine hohe Symbioseneigung besitzt. Sie können jedoch auch kulturelle Gründe haben, z.B. fördern manche Organisationskulturen ungesunde Symbiosen. Das ist erfahrungsgemäß häufig dann der Fall, wenn stark hierarchie-orientierte Strukturen vorherrschen, die Elternübertragungen fördern und Rollenverteilungen auch auf der psychologischen Ebene fixieren. Von Führungskräften, die sowohl Mitarbeiter, als auch Führungskräfte sind, wird eine hohe Flexibilität und Anpassungsleistung verlangt. Wir sprechen dann von Rollensymbiosen, in denen in der Führungsfunktion die überverantwortliche und in der Mitarbeiterfunktion die unterverantwortliche Position eingenommen wird.

Rollensymbiosen

Autonomieentwicklung in vier Phasen

In der Auseinandersetzung mit Autorität und der damit einhergehenden Entwicklung von Autonomie gibt es vier Phasen, die Individuen in der Zweierbeziehung (Diade) und auch in Gruppen durchlaufen.

Das „Wir" wird ohne Distanz gelebt

- **Abhängigkeit:** Hiermit ist die ursprüngliche Symbiose gemeint. Menschen fügen sich bis zur Unterwerfung. Sie haben ein hohes Gefühl von Miteinander, Zugehörigkeit. Das „Wir" wird ohne Distanz gelebt, die Trennung von „Ich" und „Du" ist nicht vollzogen. In Kulturen, in denen Rollensymbiosen in dieser Form gelebt werden, ist das Hervortreten Einzelner verpönt.

Phase der Rebellion

- **Gegenabhängigkeit:** In der zweiten Phase entsteht Rebellion. Wie bei Kindern in der Trotzphase oder Pubertät steht das „Nein" aus Prinzip, das „Dagegen-Sein" im Vordergrund. Es wird alles infrage gestellt. Die eigene Identität ist noch nicht klar – man weiß nicht wirklich *wofür* man kämpft, nur sehr deutlich, was man *nicht* will. Die Gefahr dieser Phase besteht darin, dass Menschen aus Lust an der Rebellion in dieser Phase stecken bleiben. Wie Leonhard Schlegel einmal sagte: „*Menschen, die sich ständig in der Rebellion befinden, glauben immer noch, den Eltern gehorchen zu müssen*", ist die Gegenabhängigkeit nämlich nichts als eine Kehrseite der Abhängigkeit. Wirkliche Selbstständigkeit ist hier noch nicht möglich.

Für Führungskräfte ist es schwierig, mit diesem Stadium umzugehen. Ein Mitarbeiter in dieser Phase ist unbequem und als Führungskraft besteht die Versuchung, entweder den Aufstand im Keim zu ersticken, nachzugeben oder ihn zu manipulieren, weil das Nein-Sagen oft auch etwas berechenbares hat. Gefordert ist hier eine echte Auseinandersetzung. Die Führungskraft ist gefragt, eine Reibungsfläche zu bieten, Spannungen auszuhalten und dieses Verhalten in seiner Motivation her von Führungs- oder Konkurrenzkonflikten (Schwarz 1997) zu unterscheiden. Um Autonomie zu entwickeln, ist es notwendig, sich durchsetzen zu lernen.

- **Unabhängigkeit:** Hier ist die Loslösung erfolgt. Um sich wirklich selbst entwickeln zu können, ist es für viele Menschen erforderlich, eine Zeitlang Abstand zu halten. In dieser Phase ist die Trennung im Vordergrund. So wie die „flüggen" Kinder in die Welt ziehen, zieht der Mitarbeiter in eine andere Abteilung. „Röhrenaufstiege" in der gleichen Linie sind deshalb so schwer, weil hier immer noch die psychologischen Bilder des „neuen Mitarbeiters" wirken, den man wie einen Sohn unterstützt oder sich als Kollegen eingeprägt hat.

Die Loslösung ist erfolgt

- **Wechselseitige Abhängigkeit:** Die absolute Unabhängigkeit ist genauso eine Illusion wie die vorherige Abhängigkeit. Wir sind alle abhängig, von Chefs, Kunden, der Wirtschaft, dem Ehepartner ... In der letzten Phase wird das deutlich und ist aushaltbar. Die Partner können sich auf gleicher Höhe in die Augen schauen. Das ist der Fall bei Kollegen, die gut miteinander, aber auch unabhängig voneinander arbeiten können. In reifen Führungsbeziehungen besteht auch zwischen Mitarbeiter und Chef eine solche Beziehung, wenn z.B. der Mitarbeiter von den Fähigkeiten des Chefs profitiert und der Chef die Expertise des Mitarbeiters anerkennt. Hier ist jeder ein Teil des Ganzen und doch für sich. Es besteht Einsicht in die Abhängigkeit und Selbstständigkeit in Bezogenheit.

Abhängigkeit auf gleicher Augenhöhe

Kommunikation verläuft in Form von Transaktionen

Wenn zwei sich nicht verstehen, wird ihre Kommunikation wahrscheinlich auch eher ungünstig verlaufen. Die Ursache dafür kann in den vorher behandelten Themenbereichen liegen und z.B. in Übertragungen, symbiotischen Beziehungen, passiven Verhaltensweisen oder unklaren Rollen liegen. Das muss aber nicht sein. Kommunikation kann sich auch durch Zufälle, persönliche oder gemeinsame Gewohnheiten oder situative Bedingungen ergeben.

Transaktionsanalyse

Eine sinnvolle Möglichkeit, Kommunikation zu analysieren, bietet die Transaktionsanalyse. Eine Transaktion besteht aus einem Stimulus und einer Antwort und ist damit die kleinste Kommunikationseinheit.

Transaktion als kleinste Kommunikationseinheit

drei Qualitäten von Kommunikation

Wenn zwei Personen mit ihren jeweiligen Ich-Zustandssystemen zusammenkommen, kann die Kommunikation prinzipiell drei unterschiedliche Qualitäten einnehmen (vgl. Stewart u. Joines 1990):

reibungslose Kommunikation ohne Brüche

- **Die Transaktion verläuft parallel,** d.h. es sind nur zwei Ich-Zustände beteiligt: Die Antwort erfolgt aus dem angesprochenen Ich-Zustand (Abb. 10a). Hier verläuft die Kommunikation ohne Brüche und reibungslos. Solche parallelen Transaktionen finden auf der Erwachsenenebene statt oder von Kind zu Eltern. Weitere Möglichkeiten für parallele Transaktionen sind solche zwischen Eltern-Ich-Zuständen (man tauscht dann z.B. Werte und Meinungen aus oder schimpft auf andere) oder zwischen Kind-Ich-Zuständen (man hat dann z.B. Spaß miteinander). Die Regel für parallele Transaktionen lautet: Die Kommunikation kann unbegrenzt weitergehen.

Es kommt zu offenen Differenzen

- **Die Transaktion verläuft gekreuzt,** d.h. es sind mehr als zwei Ich-Zustände beteiligt, die Antwort kommt nicht aus dem angesprochenen Ich-Zustand (Abb. 10b). Hier kommt es zu offenen Differenzen. In der Regel verursachen gekreuzte Transaktionen, insbesondere wenn sie aus negativen Eltern-Ich-Zuständen kommen, Konflikte und führen zur Eskalation. Oft werden deshalb gekreuzte Transaktionen auch als misslungene Kommunikation bezeichnet.

    Gekreuzte Transaktionen können aber auch konstruktiv verlaufen. Sie unterbrechen dann eine ungute, z.B. jammernde oder kritisierende Kommunikation. Die Regel für gekreuzte Transaktionen lautet: Die Kommunikation bricht vorübergehend zusammen.

Botschaften auf einer verdeckten, psychologischen Ebene

- **Die Transaktion verläuft auf zwei Ebenen.** Auch hier sind mehr als zwei Ich-Zustände beteiligt. Die Kommunikation findet auf einer offenen, sozialen Ebene statt und gleichzeitig werden Botschaften auf der verdeckten, psychologischen Ebene gesendet (Abb. 10c). Die Regel für verdeckte Transaktionen lautet: Wirksam ist die verdeckte Ebene.

    Man unterscheidet zwei Formen: Bei der **angulären Transaktion** sendet der Sender auf zwei Ebenen und der Empfänger antwortet auf der verdeckten Ebene. Der Sender „angelt" sich sozusagen seinen Empfänger. Das ist oft der Fall bei Werbung. Anguläre Transaktionen nennt man auch Manipulationstransaktionen.

Manipulationstransaktionen

Die **Duplex-Transaktion** ist eine doppeldeutige Transaktion, bei der auf beiden Seiten doppelte Botschaften stattfinden. Dabei geht die offene Botschaft von einem anderen Ich-Zustand aus als die verdeckte. Das ist beim Flirten der Fall aber auch in der Konflikteskalation, spätestens ab Eskalationsstufe 3, in der das gezeigte Verhalten nicht mehr den wahren Absichten entspricht.

Modell der vier Seiten

Bei allen Transaktionsformen spielen neben dem Inhalt auch nonverbale Signale (Mimik, Gestik) ebenso eine wichtige Rolle wie paraverbale (Tonfall, Tonhöhe). Die verschiedenen Manifestationen der verdeckten Ebene hat Schulz von Thun (1981) in seinem Modell der vier Seiten ei-

a) Mit parallelen Transaktionen kann die Kommunikation unbegrenzt weitergehen

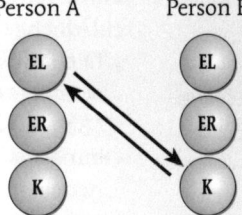

A: „Wie gestalten wir das kommende Meeting?"
B: „Ich würde vorschlagen ..."

A: „Sind Sie immer noch nicht fertig!?!"
B: „Ich beeil mich ja schon."

b) Bei gekreuzten Transaktionen bricht die Kommunikation vorübergehend zusammen

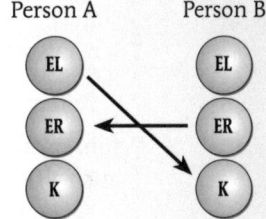

A: „Sind Sie immer noch nicht fertig!?!"
B: „Haben Sie nichts Besseres zu tun, als mich zu schikanieren!?!"

A: „Sind Sie immer noch nicht fertig!?!"
B: „Welche Unterlage meinen Sie?"

c) Bei doppelbödigen bzw. verdeckten Transaktionen wird die Kommunikation von der verdeckten Ebene bestimmt

Anguläre Transaktion

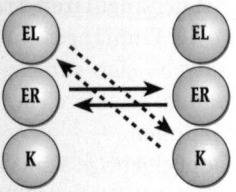

Duplex-Transaktion

A: „Dieses Auto habe ich letztens noch Ihrem Nachbarn verkauft. Es ist allerdings leider nicht ganz billig.
(verdeckt: „Ob Sie sich das leisten können")
B: „Ich nehme es."
(verdeckt: „Ihnen werde ich´s zeigen!")

A: „Als ich letztens auf dem Nachwuchsförderungsseminar war, habe ich eine recht interessante Führungskraft kennen gelernt."
(verdeckt will er angeben: „Ich bin im Förderkreis und kenne wichtige Leute.")
B: „Ja, das ist eine gute Sache. In der zweiten Stufe geht es erst so richtig los."
(verdeckt: „Ich bin mindestens genauso wichtig wie Sie, ich bin nämlich noch weiter.")

Abb. 10: Formen von Transaktionen mit Beispielen

Störgrößen auf verdeckten Ebenen

ner Nachricht erläutert. Neben der Sachebene (der offenen inhaltlichen Nachricht) beinhalten Informationen Aussagen über die Beziehung (*„Das halte ich von dir"*), über den Sender selbst als Selbstausdruck (*„So geht es mir"*) und einen Appell (*„Das erwarte oder will ich von dir"*). Da diese drei weiteren Botschaften nur selten bewusst und deutlich ausgedrückt werden, nennt man diese Ebenen auch Störgrößen. Sie verursachen dann Vieldeutigkeit und Missverständnisse.

Der Bereich der Beziehungskonflikte (Zusammenfassung siehe Checkliste 2) macht einen Schwerpunkt dieses Buches aus und wird auch noch an anderen Stellen vertieft, wenn es um Prävention (Teil B) oder Konfliktlösungsstrategien (Teil C) geht.

Checkliste 2: Ursachen für Beziehungskonflikte

- Verletzung von Grundbedürfnissen nach Akzeptanz und Wertschätzung
- Kommunikationskonflikte, z.B. Killerphrasen
- Symptomverschiebungen: Verlagerung des Konflikts von der Sach- auf die Beziehungsebene
- Unklare Verantwortungsbereiche
- Zu geringe oder zu hohe Kommunikationsdichte
- Gegensätzliche Persönlichkeiten
- Übertragung früherer Beziehungen auf die aktuelle
- Symbiotische Abhängigkeit oder die Loslösung daraus
- passive Verhaltensweisen (Nichtstun, Überanpassung, Agitation, Gewalt)
- Gekreuzte oder verdeckte Transaktionen

1.3.6 Rollenkonflikte

UM EINEN ROLLENKONFLIKT HANDELT ES SICH, WENN MENSCHEN ENTWEDER WIDERSPRÜCHLICHEN ROLLENERWARTUNGEN ODER WIDERSPRÜCHLICHEN ROLLEN AUSGESETZT SIND.

Rolle als Summe der Erwartungen an eine bestimmte soziale Funktion

Rollen werden verstanden als die Summe der Erwartungen (sowohl eigene als auch fremde) an eine bestimmte soziale Funktion, in Bezug auf Denken, Fühlen, Verhalten und eine entsprechende Beziehungsgestaltung.

Wie Schmid (1994) aufzeigt, entspringen Rollen drei Welten (Abb. 11) – innerhalb und zwischen diesen identitätsstiftenden Lebensbereichen kann es zu Reibungs- und Spannungsfeldern kommen.

Konfliktarten: Welche Arten von Konflikten gibt es?

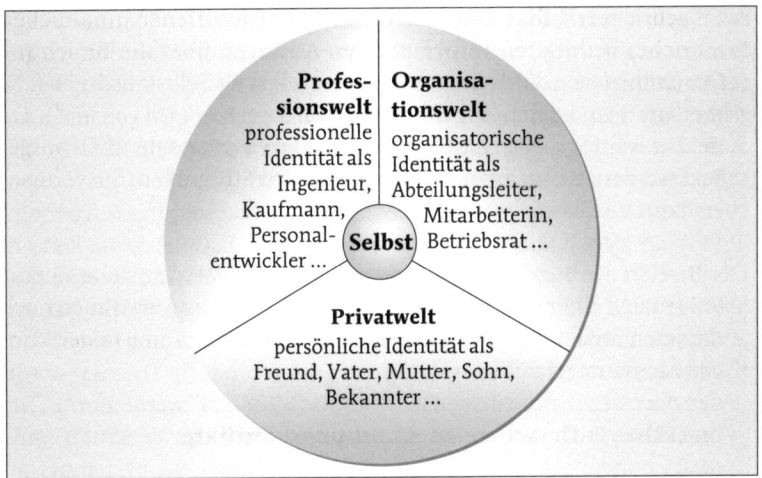

Abb. 11: Drei Rollenwelten

Ein Rollenkonflikt zwischen der privaten und der beruflichen Welt liegt beispielsweise vor, wenn der Meister gleichzeitig der beste Freund des Mitarbeiters ist, dem er eine Abmahnung erteilen muss. In einem anderen Fall wurde von zwei Teamleitern, die als ehemalige Kommilitonen befreundet waren, einer Abteilungsleiter. Als es zu einer Verwerfung im Berufsleben kam, hegte die ehemalige Kollegin die Erwartung, dass ihr neuer Abteilungsleiter auf der freundschaftlichen Ebene zu ihr hielte. Der saß nun zwischen den Stühlen: Sollte er die langjährige Freundin im Unternehmensinteresse zu einer unliebsamen Versetzung bewegen oder sie auf eigenen Wunsch hin auf ihrem bisherigen Arbeitsplatz behalten, obwohl sie dort falsch eingesetzt war?

So jongliert so mancher mit den vielen verschiedenen „Hüten", den vielfältigen Rollen, die er innehat.

Rollenkonflikte zwischen der privaten und der beruflichen Welt

Abb. 12: Rollenkonflikte – Jonglage mit vielen verschiedenen Hüten

Aber auch zwischen der professionellen und der Organisationswelt gibt es vielfältiges Konfliktpotenzial.

Konflikte zwischen der professionellen und der Organisationswelt

Brüche zwischen Professions- und Organisationswelt sind immer wieder dann zu beobachten, wenn sich die Rollenerwartungen der Umwelt ändern, nämlich beim Übergang von:

Rollenübergänge sind konfliktträchtig, da sich die Rollenerwartungen ändern

- Studierenden oder Lehrlingen zu Fachkräften: hier geht es um Fragen der Integration in die Organisation und der Verbindung des eigenen Professionsverständnisses mit den Erfordernissen der Organisation. Im besten Falle können sich diese Impulse wechselseitig befruchten. Es kann jedoch auch zu Konflikten kommen. Beispielsweise kann es sein, dass ein Ingenieur in seinem Professionsverständnis eine sehr kluge neue Maschine austüftelt, diese jedoch keinen Markt hat, sodass die Firma die fachlich sehr interessante Entwicklung stoppt.

vom Studierenden oder Lehrling zur Fachkräft

- der Fachkraft zu Führungskraft: hier werden häufig Themen wie in den oben genannten Beispielen relevant. „Kumpel" werden zum Chef und fühlen sich von „Feinden" umgeben. Der beste Verkäufer muss nicht notwendig auch der beste Verkaufsleiter sein und muss als Führungskraft ein völlig neues Professions- und Selbstverständnis entwickeln.

von der Fachkraft zu Führungskraft

- der unteren Führungskraft zur oberen Führungskraft, die selbst schwerpunktmäßig Führungskräfte führt. Hier gewinnt häufig die so genannte „politische Ebene" an Bedeutung, d.h., die Führungskraft muss mit indirekter Kommunikation umgehen können, z.B. mit Gerüchten und Hörensagen und sie muss einen größeren Weitblick für das gesamte System und dessen Wechselwirkungen haben. Sowohl auf der persönlichen Ebene als auch in Bezug auf die Zielerreichung hat das häufig große Auswirkungen.

von der unteren zur oberen Führungskraft

So klagte beispielsweise einmal eine Führungskraft: *„Wie soll ich nur diesen Spagat bewältigen, einerseits mich zu verstellen, zu lügen und diplomatisch zu sein und andererseits mich morgens noch im Spiegel anschauen zu können?"*

Ursachen von Rollenkonflikten

Menschen geraten sich in Organisationen gerade auch dann „in die Wolle", wenn nicht so sehr persönliche sondern Rollenthemen Konfliktanlass sind. Zu Konflikten kommt es dann,

- **wenn Rollen unklar sind.** Dann erlebt ein Mitarbeiter die Tätigkeit eines anderen als „Einmischung". Dies kann auch wechselseitig der Fall sein.
- **wenn unterschiedliche Rollenerwartungen oder Ansichten über die Ziele, die Rolle an und für sich oder das Ausfüllen der Rolle bestehen.**
  Beispielsweise besteht solch ein Rollenkonflikt zwischen dem Leiter der Technik Günter F. und Mitarbeiter Alexander M. Günter F. ist der Ansicht, Alexander M. soll in der Rolle des Technikmanagers eine interne Schnittstelle zwischen Kundenanforderungen und externen Lieferanten sein. Alexander M. jedoch sieht seine Aufgabe eher darin, die technischen Lösungen mit den Kunden selbst zu entwickeln.

Unterschiedliche Auffassungen über Rollen können bedingt sein in fachlichen Hintergründen, oder in persönlichen, z.B. fühlt man sich über- oder unterfordert.
- **wenn die Rolle sich verändert.** Es kann sein, dass die Ausfüllung der Rolle sich verändert oder die Rollen zueinander, im Extremfall wird dann der ehemalige Kollege oder Mitarbeiter zum Chef. Oder ein neuer Vorgesetzter hat andere Erwartungen an die zuvor stabilen Rollen.

Unterschieden werden können auch Inter- und Intrarollenkonflikte (Schulz von Thun 1998, S. 163 ff.):
- **Interrollenkonflikte** liegen dann vor, wenn jemand mehrere Rollen innehat, die sich teilweise widersprechen, z.B. wenn jemand gleichzeitig Führungskraft und Vertrauensmann ist, Projektleiter und Linienmitarbeiter oder Mutter, Führungskraft und Sportlerin. In mehr oder weniger großem Ausmaße kann dann zeitlich oder inhaltlich eine Unvereinbarkeit der Rollen entstehen.

mehrere sich widersprechende Rollen

- **Intrarollenkonflikte** sind Konflikte, die aufgrund der verschiedenen Erwartungen unterschiedlicher Gruppen an eine Rolle entstehen. Das beste Beispiel dafür sind „Sandwich"-Führungskräfte, die zwischen Mitarbeitererwartungen und Unternehmenserwartungen eingespannt sind.

unterschiedliche Erwartungshaltungen an eine Rolle

1.3.7 Heiße und kalte Konflikte

Eine weitere Unterscheidung der Konfliktart betrifft die zwischen heißen und kalten Konflikten. Nicht jeder Konflikt ist direkt als offene Auseinandersetzung spürbar. Häufig gären Konflikte eher unterschwellig, man denkt, es funktioniert noch alles. Wie bei einem geschlossenen Dampfkochtopf, so sieht, hört und fühlt man die Hitze erst, wenn es kocht oder wenn man den Deckel öffnet.

Häufig gären Konflikte eher unterschwellig

Solche unterschwelligen Konflikte werden auch als kalte Konflikte bezeichnet. Wie im kalten Krieg gibt es keine Kampfhandlungen, jedoch Abgrenzungen, Beschränkungen und eine Reduktion der Kommunikation. Nach außen kann man sich vormachen, dass alles in Ordnung ist.

Das Gefährliche an kalten Konflikten ist, dass vieles im Hintergrund läuft, z.B. schaukeln sich Feindbilder hoch oder es werden Aggressionen angesammelt. Das kann bis zu Verschwörungen und der Planung von feindlichen Handlungen gehen.

Kalten Konflikten liegen oft folgende entweder persönliche oder kulturelle Grundannahmen zugrunde:
- **Grundannahme der Konfliktvermeidung:** Konflikte dürfen oder können nicht sein. Wir müssen die Harmonie bewahren.
- **Grundannahme der Unlösbarkeit:** Mit der anderen Seite kann man nicht reden bzw. sie hat Schlechtes im Sinn.

Einschränkung der offenen Bewältigung von Konflikten

Kalte Konflikte als Konfliktvermeidung

Im Fallbeispiel von Firma A mit Geschäftsführer Markus G. (Kap. 1.2) liegt zunächst noch ein kalter Konflikt vor.

Konfliktanzeichen werden ignoriert

Bei kalten Konflikten werden erste Anzeichen von Konflikten (wie oben beschrieben) lange ignoriert. Sowohl die eigenen Gefühle als auch äußere Anzeichen werden nicht beachtet. Wenn dann „*der Kragen platzt*", oder „*es jetzt aber reicht*", haben die Menschen das Gefühl, vom Konflikt überrollt und zum Opfer zu werden.

Deshalb sollte bei kalten Konflikten das Hauptaugenmerk darauf liegen, diese verharmlosten, verdeckten Themen offen zu machen und das heißt oft, den Konflikt erst einmal zu verschärfen und nicht zu lange zu warten. Denn wenn erst einmal „*das Fass übergelaufen*" ist, ist es oft zu spät für eine geregelte Konfliktlösung. Menschen, die eher dazu neigen, die Dinge in sich hineinzufressen und zu verharmlosen, ist deshalb zu empfehlen, die empfundenen Ärgernisse, Kränkungen, Irritationen etc. bereits früher auszudrücken und weniger lange zu warten.

Kalte Konflikte sind manchmal der Vorläufer von heißen Konflikten. Man spricht dann davon, dass ein Konflikt von der kalten in die heiße Phase eintritt, also von der Rationalisierung in die Emotionalisierung (vgl. Kap. 2.3.2). Sie müssen jedoch nicht zwangsläufig zu Beginn eines Konfliktes auftauchen.

Kalte Konflikte als Zeichen von Blockade und Unlösbarkeit

verhärtete Fronten

Häufiger und schwer wiegender sind kalte Konflikte zu beobachten als „eisiges Schweigen" bei Blockaden in der Konfliktlösung oder als Blockadestrategie bei fortgeschrittenen, früher heißen und ungelösten Konflikten. Dann liegen diesen Konflikten Enttäuschungen und Frustrationen zugrunde. Man spricht nicht mehr miteinander, Erwartungen werden nicht mehr artikuliert. Man geht einander aus dem Weg. Die Parteien fühlen sich oft hoffnungslos, Selbstwertgefühl, Selbstsicherheit und Selbstbewusstsein schwinden, was manchmal durch Sarkasmus und Ironie überspielt wird. Hier geht es oft erst einmal darum, den Konflikt offensichtlich zu machen, indem er verschärft wird.

Konflikt offensichtlich machen, indem er verschärft wird

Heiße Konflikte

Bei heißen Konflikten ist dann „*der Geduldsfaden gerissen*", es steht eine offene, meist verbale, aktive Auseinandersetzung an. Die Parteien fühlen sich von heftigen Gefühlen überschwemmt, die sie kaum unter Kontrolle haben, es herrscht ein Klima der Überemotionalität und Aktivität.

Oft prallen Meinungen aufeinander, mit denen sich die jeweilige Seite so identifiziert, dass eine Revision und rationales Denken und Handeln unmöglich erscheinen. Man will den Anderen „über"zeugen, ihm die eigene Meinung überstülpen, glaubt an die Richtigkeit und Legitimität der eigenen Wünsche und Vorstellungen, will es dem Anderen zeigen.

Heiße Konflikte bergen die Chance einer Klärung in sich. Auch wenn sie emotional von den meisten Menschen als unangenehm erlebt werden, bieten sie die Möglichkeit eines *„reinigenden Gewitters"*, wenn sie ernst und als Anlass für Klärungsgespräche genommen werden.

Heiße Konflikte bergen die Chance einer Klärung in sich

Bei heißen Konflikten geht es in erster Linie darum, die „heißen", aufgebrachten Gemüter wieder abzukühlen, einen klaren Kopf zu gewinnen, z.B. *„eine Nacht darüber zu schlafen"* etc., also den Konflikt zu entschärfen (mehr dazu in Teil C Konfliktbewältigungsstrategien).

In Checkliste 3 sind die Unterscheidungskriterien aufgrund der Symptomkategorien sowie Anzeichen und Interventionsstrategien zur Übersicht dargestellt (nach Berkel 2002). Dabei handelt es sich eher um Tendenzen, z.B. kann ein heißer Konflikt bewusst, aber sehr wohl auch unbewusst ablaufen.

Checkliste 3: Symptome für kalte und heiße Konflikte	
Kalte Konflikte	**Heiße Konflikte**
Symptomkategorie: tendenziell nonverbal, verdeckt, passiv, unbewusst	**Symptomkategorie:** tendenziell verbal, offen, aktiv, bewusst
Anzeichen: • Geringe äußere Emotionalität • Überengagement • Überzeugungsversuche • Enttäuschung, Selbstzweifel • Blockaden • Glaube an Unlösbarkeit • Tiefe Aversionen gegeneinander • Kontaktvermeidung • Formalisierung	**Anzeichen:** • Hohe Emotionalität • Direkte Konfrontation • Keine Trennung von Mensch und Sache • Überlegenheitsdünkel • Aufgeheizte Atmosphäre • Verfechten eigener Ziele • Ignorieren von Regeln und Vereinbarungen
Strategie: • Verschärfen • bewusst und besprechbar machen • Visionen für die Zukunft entwickeln • zur Zusammenarbeit strukturell „zwingen"	**Strategie:** • Entschärfen • Abstand gewinnen • Beziehungen vor Sachthemen klären • Offene Aussprache

2 Konfliktanalyse: Wie entstehen Konflikte?

In komplexen Gebilden lassen sichKonflikte niemals ausschließen

Lebende Systeme wie Menschen und Unternehmen sind komplexe Gebilde. Wenn Sie sich eine Organisation oder Firma vorstellen, woran denken Sie da? Sicherlich fällt Ihnen eine Vielzahl von Faktoren ein: die Gebäude und Produktionsstätten, Menschen, die darin als Mitarbeiter oder Führungskräfte arbeiten, Produkte oder Dienstleistungen, Kunden, Lieferanten, das gesellschaftliche und politische Umfeld ... Kurz: Unternehmen und Organisationen werden von so vielen Faktoren bestimmt und beeinflusst, dass es kaum möglich ist, alle diese Einflüsse gleichzeitig im Blick, geschweige denn unter Kontrolle zu behalten. Konflikte sind insofern ganz natürlich, weil aufgrund der verschiedenen Wechselwirkungen Unklarheiten, Spannungen, Gegensätze etc. niemals völlig ausgeräumt werden können.

Wie Glasl (1990) erläutert, hat die Konflikttheorie lange Zeit die Gründe für Konflikte in kausal-deterministischen Ursachenzuschreibungen gesucht. In sozialtheoretischen Ansätzen wurden dagegen eher die externen Umstände als eigentliche Konfliktursachen beschrieben – was durch den bekannten Marxschen Ausspruch *„Das Sein bestimmt das Bewusstsein"* prägnant auf den Punkt gebracht wird. In der Psychologie wurden die Hauptkonfliktursachen wiederum eher in der Subjektivität, in Haltungen, Denken und Verhalten gesehen. Auch viele Management-Theorien (z.B. Planungs- oder Strategiemodelle, beschrieben in Minzberg 1994, der ebenso die Fallen strategischer Kontrollillusionen beschreibt) versuchen über Ursache-Wirkungs-Beziehungen eine unkontrollierbare Realität oder Zukunft zu beherrschen.

Mechanistisches Kausalitätsdenken wird der Komplexität lebender Systeme nicht gerecht

Die verschiedenen Richtungen mechanistischen Kausalitätsdenkens tragen jedoch der Komplexität lebender Systeme und deren Wechselwirkungen, Möglichkeiten und Spielräumen nicht ausreichend Rechnung.

Viele Faktoren sind nicht zwangsläufig Konfliktursachen, sondern eher als begünstigende Faktoren zu sehen, die erst im Zusammenspiel verschiedener Faktoren im Nachhinein als Konfliktquellen attribuiert werden.

So kann z.B. eine unklare Arbeitsanweisung oder die Zusammenlegung zweier Gruppen einen Konflikt hervorrufen, muss es aber nicht zwangsläufig. Andere Einflussfaktoren erst führen zusammengenommen zu einem Konflikt, wie z.B. die psychische und kommunikative Bereitschaft der Mitarbeiter, die Strukturen des Unternehmens, bisherige Vorfälle, die vielleicht eine kritische Masse erreicht haben etc.

Statt von Konfliktursachen spricht man besser von Konfliktpotenzialen

Ich spreche deshalb mit Glasl (1990) nicht von Konfliktursachen, sondern von Konfliktpotenzialen. Um die Vielfalt der Konfliktpotenziale zu verstehen und die hier im Buch zur Verfügung gestellten Checklisten nicht eindimensional linear-kausalistisch einzusetzen, will ich im nächsten Abschnitt dem interessierten Leser einen kurzen praktischen Einblick in die Funktionsweise von Systemen geben.

2.1 Exkurs: Konflikte in komplexen Systemen

Systemisches Denken zielt darauf, Mitgliedern einer Organisation die dieser Organisation innewohnenden Wechselwirkungskräfte bewusst zu machen und sie damit in die Lage zu versetzen, besser mit den Wirkungen ihres Verhaltens und dem Verhalten anderer umzugehen.

Komplexe Systeme sind nicht berechenbar in Newton'schen Gleichungen. Stattdessen ähnelt die Arbeit in oder mit Unternehmen oft eher einem Dschungel. Man weiß niemals wirklich, was als Nächstes passieren wird und hinter welchem Busch ein Tiger lauert. Eine Metapher über die Funktionsweise lebender Systeme (Balling 1991) verdeutlicht dies:

Der Unterschied zwischen mechanischen und lebenden Systemen ist damit vergleichbar, ob man einen Stein oder einen Hund tritt. Die Flugbahn des Steines lässt sich exakt berechnen, wenn man die Variablen kennt (z.B. Schubkraft, Gewicht des Steines etc.). Beim Hund kann man, auch unter Einbezug aller bekannten Variablen, nicht wissen, ob er beißt, bellt, wegrennt oder sich völlig anders verhält. Es lassen sich höchstens Wahrscheinlichkeiten berechnen, wenn man den aktuellen Gemütszustand des Hundes kennt, z.B. dass er wahrscheinlich eher beißen wird, wenn er hungrig ist und jemanden nicht kennt.

Unterschied zwischen mechanischen und lebenden Systemen

Lebendige Systeme sind als komplexe Systeme bei Vester (1989) oder Dörner (1997) beschrieben (vgl. auch Kreyenberg 2003). Zusammengefasst haben sie folgende Charakteristika:

Charakteristika lebender Systeme

- **Unvorhersagbarkeit:** Die Datenmenge ist zu groß, um exakte Prognosen zu treffen. So ist z.B. die Wettervorhersage aufgrund der immens gestiegenen Computerkapazitäten wesentlich genauer geworden, hat aber immer noch einen Zeithorizont der Kalkulierbarkeit.
- **Vernetzung:** Alles ist mit allem verbunden. Der Ursprung des Wortes „System" ist griechisch und bedeutet „zusammenstehen". Dabei ist klar, dass der Beobachter Teil des Systems ist und nur begrenzt außen vor stehen kann, wie folgende Übung veranschaulicht:

Der Beobachter ist Teil des Systems

Übung: Stellen Sie sich vor, Sie stehen in einer Menschenansammlung und jeder zupft an seinem Nachbarn. Was passiert? Es ist, als hätten Sie an sich selbst gezupft.

Vernetzung bedeutet auch eine Verbundenheit, die nicht additiv ist. Wie der Spruch von Senge (1990), *„Wenn man einen Elefanten in zwei Teile teilt, erhält man nicht zwei kleine Elefanten"*, deutlich macht, ist die Teilung von Unternehmensbereichen, sind Fusionen und Zusammenführungen etc. nicht linear berechenbar. Wie Untersuchungen über Unternehmenskäufe und Merger zeigen, werden dann erhoffte Synergieeffekte oft zu den größten Konfliktquellen.

Systeme sind in ständigem Wandel begriffen

- **Dynamik:** Bevor man alle Teile des Systems verstanden und analysiert hat, hat sich das System schon verändert. Das ist oft bei groß angelegten Unternehmensanalysen oder Mitarbeiterbefragungen der Fall. Der für das Verständnis der Systemkomplexität notwendige Zeitaufwand ist so groß, dass bis zur Ergebnisfindung das beschriebene System schon ein anderes ist. Durch die Beschreibung des ehemaligen Zustandes wird dieser – oft negative oder veränderungsbedürftige – Zustand stabilisiert. So kann eine zu detaillierte Analyse von Konfliktursachen selbst mit zur Konfliktursache werden.

Das Ganze erschließt sich nicht notwendig durch eine detaillierte Betrachtung seiner Teile

- **Intransparenz:** Nicht alle Teile können gemessen werden, je nachdem, worauf die Aufmerksamkeit gerichtet wird, bleiben andere Teile im Dunkeln. In Anlehnung an die Heisenberg'sche Unschärferelation wird die Analyse eines Unternehmens immer ungenauer, je mehr man versucht, es detailliert durch seine Bestandteile zu beschreiben. Davis & Meyer (1998) greifen das in ihrem Buch „Das Prinzip Unschärfe" auf. Sie beschreiben, wie durch immer größere Geschwindigkeit (Kommunikation in Echtzeit), weltweite Vernetzung und die steigende Bedeutung nicht greifbarer Werte (wie z.B. Dienstleitungen) die Grenzen immer mehr verschwimmen.

Es gibt keine linearen kausalen Abhängigkeiten

- **Indeterminismus:** Es gibt keine linearen kausalen Abhängigkeiten bzw. Ursache-Wirkungsketten. Kleine Veränderungen können große Effekte haben. Im Rahmen der Chaostheorie wird hier oft der sog. „Schmetterlingseffekt" zitiert – ein Schmetterling, der in China mit den Flügeln schlägt, kann in den USA einen Tornado hervorrufen. Dies erfolgt aufgrund der Verkettung von Interdependenzen. Oft sind es solche kleinen unschuldigen und unscheinbaren Effekte, die eine große Hebelwirkung erzielen.

In einer Dienstleistungsfirma wollte der Firmenchef eine Betriebsanalyse und -entwicklung durchführen mit dem Ziel, die Kundenzufriedenheit und das Betriebsklima zu steigern. Unter anderem hatten viele Kundenbeschwerden in der Vergangenheit für Unruhe gesorgt. In einer Kundenbefragung stellte sich heraus, dass viele Kunden bemängelten, häufig auf einem zugigen Flur warten zu müssen. Es wurde also eine Zwischenwand eingebaut und ein Empfangstisch in den dadurch entstandenen Vorraum gestellt. So konnten die Kundenbeschwerden aufgefangen werden. Diese kleine kostengünstige Maßnahme wurde in allen internen Analysen übersehen, stellte jedoch ein Feld mit einer größeren Hebelwirkung als groß angelegte Kundenkampagnen oder Mitarbeiterschulungen dar.

„Schuld" ist ein relativer Begriff

In vernetzen Systemen gibt es keine Verursacher im Sinne von „Schuld", nur die Verantwortung für die (natürlicherweise nicht vollständig überschaubaren) Konsequenzen des eigenen Handelns. Auch das Kreieren von „Sündenböcken" wirkt eher konfliktstabilisierend oder sogar -verschärfend.

- **Selbstähnlichkeit:** Lebende Systeme lassen sich zwar nicht linear berechnen, jedoch hat die Chaostheorie sog. Fraktale gefunden – das sind Einzelteile eines Systems, die sich wiederholende Muster aufweisen. Direkt beobachtbar sind diese Muster in der Natur z.B. bei Farnen, Nadelhölzern oder Blumenkohl. Auch in Organisationen kann man sehen, dass sowohl Verhaltens- als auch kulturelle oder Systemmuster auf verschiedenen Ebenen oder in verschiedenen Unternehmensbereichen immer wieder auftreten. *„Der Fisch stinkt vom Kopf"* oder *„Wie oben so unten"* ist eine sprichwörtliche Metapher für diese Systemregel. Konfliktpotenziale liegen deshalb oft in der Unternehmenskultur, die das verbindende Element für die Unternehmens-„Fraktale" darstellt.

Einzelne Strukturen innerhalb lebender System ähneln einander und sind damit vergleichbar

- **Zirkularität:** Das Verhalten eines Systems erlangt Stabilität durch positive Feedback- oder Rückkopplungskreisläufe. Solche Kreisläufe werden auch als operational geschlossene Systeme bezeichnet (Luhmann 1992), in denen die Elemente des Systems miteinander rekursiv verkoppelt sind und zwischen denen Interaktionen durch strukturelle Koppelungen hergestellt werden – Wissen wird durch eine rekursive Konstruktion der Wirklichkeit durch den Prozess der Interaktion generiert (Maturana u. Varela 1998).

Systemstabilität durch positive Feedback- oder Rückkopplungs-Kreisläufe

In der Interaktion von Menschen oder Humansystemen und besonders bei Konflikten sind zirkuläre Rückkoppelungen häufig zu beobachten. Die Streitfrage *„Wer hat angefangen?"* wird dann hin- und hergespielt und rückbezüglich verstärkt.

Beispiel: Eine Führungskraft kontrolliert die Leistungen eines Mitarbeiters immer stärker. Dieser jedoch macht immer mehr Fehler. Im Zusammenspiel schaukelt sich das wie in Abb. 13 dargestellt auf.

Durch solche sich selbst stabilisierenden oder hochschaukelnden Feedbackmechanismen entstehen dann Teufelskreisläufe oder Dilemmasituationen. Oft werden die Lösungen von gestern zu den Problemen von heute. So führt z.B. der Versuch, schneller zu werden, oft zu einer Verlangsamung.

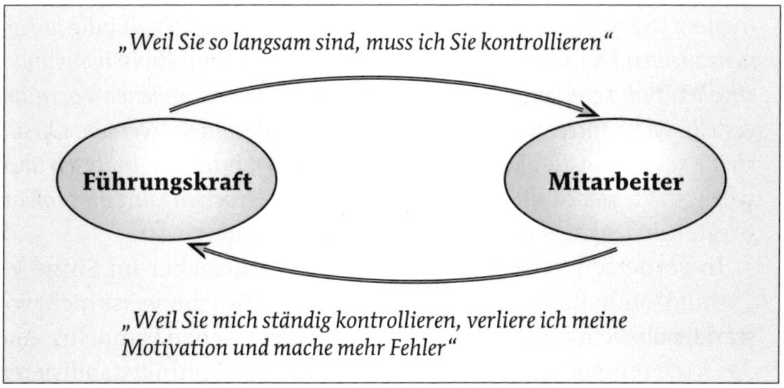

Abb. 13: Beispiel für einen Rückkopplungskreislauf

Es gibt keine absolute Wahrheit

- **Subjektive Wahrheiten:** Der radikale Konstruktivismus (z.B. von Foerster 2002) wird inzwischen bestätigt durch Ergebnisse der Wahrnehmungs- und Hirnforschung (z.B. Spitzer 2000): Es gibt keine absolute Wahrheit – wir können nicht einmal sichergehen, ob wir die gleichen Dinge wahrnehmen, geschweige denn erleben. Nicht nur für den interkulturellen Bereich gilt, dass bei Konflikten oft unterschiedliche WAHR-NEHMUNGEN und damit WAHR-HEITEN aufeinander prallen.

Die Berücksichtigung dieser Systemgesetze erweitert nicht nur die Perspektive in Bezug auf verschiedene Ebenen, sondern ermöglicht auch einen flexibleren Zugang zur effektiven Konfliktlösung.

2.2 Analyse des Konfliktpotenzials

Bei der Analyse und der Prävention von Konflikten ist die Frage nach Faktoren, die Konflikte begünstigen, ermöglichen oder stabilisieren, also dem Konfliktpotenzial, vorrangig.

KONFLIKTPOTENZIALE SIND BEGÜNSTIGENDE ODER STABILISIERENDE KONFLIKTFAKTOREN, KEINE LINEAR-KAUSALEN KONFLIKTURSACHEN!

Der Zugangsweg durch das verwendete Modell ist entscheidend

Wenn ein Unternehmen in Bezug auf sein Konfliktpotenzial analysiert wird, ist der Zugangsweg durch das verwendete Modell entscheidend. So entwickelte Glasl (1990) ein Modell von sieben Wesenselementen einer Organisation, das seiner Analyse des Konfliktpotenzials zugrunde liegt. Andere Unternehmensanalysen und -bewertungen setzen auf anderen Unternehmensmodellen auf und haben sich lange Zeit stark auf finanzwirtschaftliche und strukturelle Perspektiven konzentriert.

Aufgrund der daraus entstandenen einseitigen Bewertung haben Kaplan und Norton (1997) die Balanced Scorecard (BSC) entwickelt, die mit ihren vier Perspektiven (Finanzwirtschaftliche, Kunden-, Prozess- und Lern- und Entwicklungsperspektive) den Strategiefindungsprozess eines Unternehmens unterstützt.

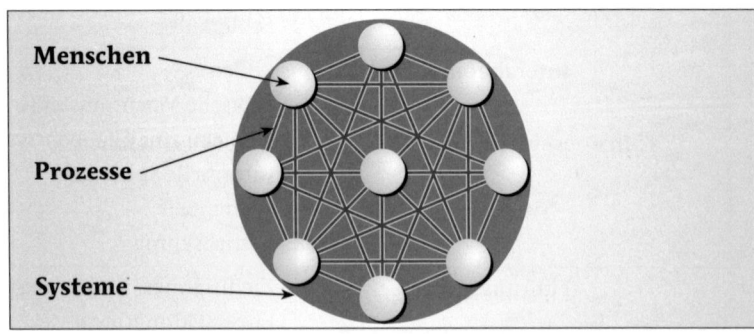

Abb. 14: Konstituierende Faktoren eines Unternehmens

Analyse des Konfliktpotenzials 53

Die Checkliste 4 ist entstanden auf Grundlage der drei von Kaplan und Norton (1997) genannten konstituierenden Faktoren eines Unternehmens: Menschen, Prozesse, Systeme. Aus systemischer, ganzheitlicher Sicht sind dies die wesentlichen vernetzten Ebenen einer Organisation: Die Personenebene, die Ebene der Prozesse und Interaktionen zwischen den Menschen und Subgruppen sowie das Gesamtsystem (Abb. 15).

Checkliste 4 kann als systematische Überprüfung für mögliche Konfliktbereiche dienen, lässt jedoch nicht automatisch eine Aussage über die Stärke des Konfliktpotenzials zu.

Checkliste 4: Konfliktpotenziale in einer Organisation		
Menschen	Individuelle Tendenzen	Bedürfnisse, Ziele, Visionen und Wünsche Interessen, Neigungen Kultureller und gesellschaftlicher Hintergrund Persönliche Konfliktgeschichte Fachliche Kompetenzen
	Persönliche Konfliktfähigkeiten	Erfahrungen mit Konfliktmanagement Wahrnehmungsfähigkeiten Analysefähigkeiten Kommunikationsfähigkeiten
	Einstellungen	Person- oder umfeldorientierte Zuschreibung von Konfliktursachen Haltungen gegenüber Konflikten (Gewinner, Verlierer)
Prozesse	Ausrichtung	Sinn und Zweck, Werte Visionen Kundenperspektive Aufgaben, Aufgabenverteilungen, Funktionen
	Organisationskulturen	Partizipationsmöglichkeiten Unternehmensidentität Glaubenssysteme Fehlerkultur
	Interaktionen	Rollen Typische Machtmuster (informell) Gemeinsame Glaubenssysteme und Werte Informelle Spielregeln Teamarbeit Betriebsklima
	Führungsprozesse	Zielfindungs- und Strategieprozesse Entscheidungsprozesse

		Gehaltsfindungssysteme Umsetzung von Policies in Programme Veränderungsmanagement
Systeme	**Strukturen**	Aufbauorganisation Zentral – dezentral Organisation Projekt-, Matrix-, Netzwerk-Organisation
	Physische Ressourcen	Maschinen, Gebäude, Technologien Umfeld Produkte
	Finanzen	Controlling Bilanzierung Planungssysteme
	Managementsysteme	Unternehmenspolitik Hierarchien Personalsysteme (Gehalt, Schulung ...) Kontrollsysteme

Für das Vorhandensein von Konflikten in einer Organisation scheinen zwei Faktoren beeinflussend zu wirken (vgl. Buchanan 2002): erstens Sicherheit und zweitens Übereinstimmung (Abb. 15).

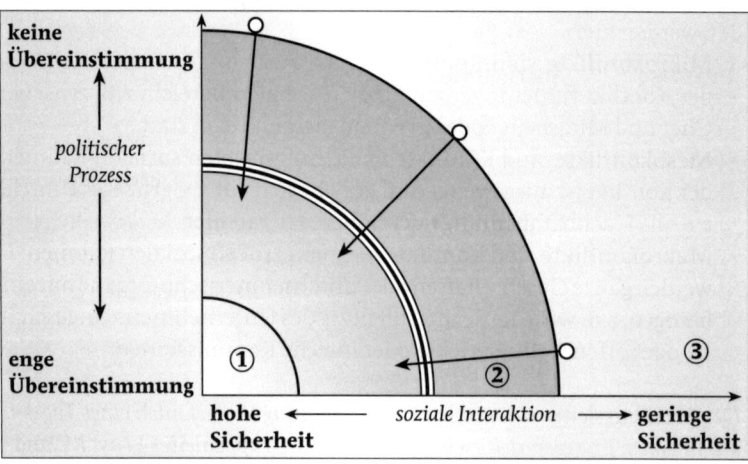

Abb. 15: Entwicklung zwischen Chaos und Unbeweglichkeit

Ursachen für Konfliktpotenzial

Konfliktpotenzial scheint häufig vorhanden zu sein, wenn entweder
- zu wenig oder zu viel klar, geregelt, transparent und sicher ist. Das kann sich auf Prozesse beziehen oder auf Strukturen, z.B. auf Stellenbeschreibungssysteme oder Regelungen wie z.B. Betriebsvereinbarungen.

- zu wenig oder zu viel Abstimmung stattfindet. So lädt eine sehr autoritäre, hierarchische Unternehmensstruktur und -kultur zu anderen Konflikten ein als eine partizipative, eine vernetzte oder eine chaotische. So fand z.B. schon 1957 Coleman (nach Glasl 1990, S. 89) heraus, dass partizipative Organisationsstrukturen wider Erwarten das Auftreten von Konflikten verstärken und nicht verhindern.

In Abbildung 15 bedeutet das mit ① bezeichnete Feld eine klare Führung und sichere Umgebung, ② das Feld der gebundenen Instabilität und ③ symbolisiert Chaos bzw. ein freies Spiel der Kräfte. Für eine gesunde Entwicklung ist eher ein mittleres Ausmaß an Sicherheit und an Übereinstimmung hilfreich.

Ein mittleres Ausmaß an Sicherheit und Übereinstimmung ist hilfreich

In den nächsten Abschnitten richtet sich die Konfliktdiagnose auf diejenigen Konfliktpotenziale, die von den Konfliktthemen, -parteien oder den Beziehungen zwischen den Parteien ausgehen.

2.2.1 Konfliktrahmen

Der Konfliktrahmen wird auch die **Arena** genannt (Glasl 1990) und bezieht sich darauf, in welchem Ausmaß Konfliktthemen und -parteien sich auf das soziale Umfeld beziehen. Entscheidend für die Bestimmung der Konfliktarena ist die Frage, inwieweit Konflikte innerhalb eines kleinen sozialen Rahmens ausgetragen werden oder ob sie sich auf größere soziale Bereiche ausdehnen und hier zu Störungen führen. Unterschieden werden hier:

In welchem Ausmaß beziehen sich Konfliktthemen und -parteien auf das soziale Umfeld

- **Mikrokonflikte** sind Konflikte in einem kleinen sozialen Rahmen: der Konflikt findet in einem kleinen sozialen Bereich, z.B. zwischen Chef und Mitarbeiter oder in einem kleinen Team statt.
- **Mesokonflikte** sind Konflikte in einem mittleren sozialen Rahmen: der Konflikt ist ausgeweitet und bezieht sich auf ein größeres Umfeld, z.B. die Nachbarabteilung oder höhere Hierarchien.
- **Makrokonflikte** sind Konflikte in einem großen sozialen Rahmen: Es werden ganze Gesellschaften oder unternehmerische Organe mit einbezogen, z.B. wird die Rechtsabteilung des Unternehmens eingeschaltet oder öffentliche Gerichte oder interne Kommissionen.

drei Konfliktebenen

Der Abteilungsleiter eine großen Firma, Henning V., rief mich eines Tages an. In einem Erstgespräch zwischen ihm, dem Gruppenleiter Ernst M. und dem Betriebsleiter Bernd L. wurde folgendes Problem genannt: Die Gruppe von Meister Werner Z. hat sich über ihn beschwert. Er schikaniere die Mitarbeiter. Diese hatten sich auch an den Vertrauensmann gewandt, der an den Betriebsrat und dieser an den Betriebsratsvorsitzenden. Der Betriebsratsvorsitzende war seinerseits an dem Fall interessiert, da er sich im Rahmen eines firmenübergreifenden Arbeitskreises mit dem Thema „Mobbing" beschäftigte. Nun wollten die Führungskräfte beratschlagen, wie sie einen Workshop zwischen sich und den Betriebsratsorganen durchführen könnten. Meine Deeskalationsstrategie bestand darin, wieder auf die Arbeitsebene zu lenken und ein Gespräch mit Meister Werner Z. und seiner Mannschaft zu führen.

Im Beispiel gelangt ein Mikrokonflikt (zwischen Meister und Mitarbeitern) auf den Mesobereich (Einbeziehung der Führungskräfte und Mitarbeitervertretungen) und von da aus drohte er auf eine Makroebene (Einschaltung interner Kommissionen und unternehmensexterner Arbeitskreise) zu eskalieren.

Das Feld der Konfliktbearbeitung ist nicht notwendig auch das der Konfliktentstehung

Dabei kann das Feld, in dem ein Konflikt bearbeitet wird, sich von dem verursachenden Feld unterscheiden. Im Beispiel war eine wesentliche Konfliktursache, dass der Meister neu in einer länger bestehenden Mannschaft eingesetzt wurde. Der vorhergehende Meister konnte sich nach Angaben der Führungskräfte nicht durchsetzen. Werner Z. nun sollte etwas mehr Disziplin, „Drive" und Leistungskraft in die Truppe bringen. Eine der Lösungsrichtungen bezog sich auch darauf, dass der Meister seinen Auftrag (was heißt „Drive" etc.?) genauer klärte.

In der Regel bedeutet eine Ausweitung des Konfliktrahmens eine Konflikteskalation (vgl. Kap. 2.4). Werden die Beteiligten in den Prozess der Diagnose von Konfliktebenen einbezogen, indem man sie beispielsweise fragt, auf welcher sozialen Ebene oder Arena der Konflikt ursprünglich oder derzeitig aus eigener Sicht oder aus Sicht von dritten Unbeteiligten liegt, so öffnet sich der Blick und damit der Lösungsrahmen.

2.2.2 Konfliktthemen

Konflikte auf sachlicher, emotionaler oder sich überlagernden Ebenen

Bei den Konfliktthemen oder -gegenständen kann es sich um Themen handeln, die auf der Sachebene liegen und als sachlich, rational oder objektiv bezeichnet werden, z.B. Aufgabenverteilungen, Ziele, Bewertungen der Zielerreichung. Oder das Konfliktthema liegt mehr auf der Beziehungsebene und es geht um menschliche, emotionale, subjektive Inhalte. Solche Konfliktthemen sind z.B. Zugehörigkeit, Bedeutung der eigenen Tätigkeit für das Unternehmen, Rollenerwartungen oder -zuschreibungen oder persönliche Enttäuschungen. Konfliktthemen können auch scheinbar sachlich und dahinter liegend emotional sein. Dies ist häufig der Fall, wenn Menschen glauben, durch Konflikthandlungen ihr Gesicht wahren zu können.

Eine ehemalige Führungskraft ist im Rahmen einer Umstrukturierung zurückgestuft worden. Nun blockiert sie in Meetings Entscheidungen, hat es immer besser gewusst und lässt sich nicht in die Karten schauen.

Solche Überlagerungen eigentlicher Konfliktmotive oder ursächlicher Konfliktthemen sind auch häufig zu beobachten, wenn es hinter Positionen bzw. geäußerten Wünschen eigentlich tiefer liegende Interessen und Bedürfnisse gibt.

Ein Mitarbeiter bittet um Gehaltserhöhung und steht damit im Konflikt mit seinem Chef, der die Meinung vertritt, dass der Mitarbeiter richtig eingestuft ist. Nicht ausgesprochen hat der Mitarbeiter aber sein Bedürfnis, für eine besonders schwierige Projektarbeit, in deren Rahmen er viele freiwillige Überstunden abgeleistet hat, anerkannt zu werden.

Insbesondere, wenn verschiedene Kulturen aufeinander treffen oder der Konflikt sich in einer längeren Geschichte verhakt hat, ist es notwendig, die verschiedenen Konfliktgegenstände zu erkennen und benennen. Dabei sind folgende Fragen hilfreich:

> **Fragen zur Analyse von Konfliktgegenständen**
> - Was sind die Konfliktthemen der unterschiedlichen Parteien?
> - Geht es um Sachthemen oder Beziehungsthemen?
> - Inwieweit gibt es feste Verknüpfungen von bestimmten Standpunkten bzw. Positionen und jeweils einer Partei?
> - Inwieweit sind die Parteien auf ihr Thema fixiert?
> - Inwieweit sind die gegenseitigen Konfliktthemen bekannt?
> - Inwieweit gibt es Übereinstimmungen oder Diskrepanzen zwischen den Konfliktthemen?

WENN DIE EIGENEN INTERESSEN UND ZIELE NICHT OFFEN GELEGT WERDEN ODER OFFEN GELEGT WERDEN KÖNNEN (Z.B. AUS STRATEGISCHEN VERHANDLUNGSERWÄGUNGEN), IST DIE WAHRSCHEINLICHKEIT VON MISSVERSTÄNDNISSEN ERHÖHT.

Zwischen einer deutschen und einer algerischen Firma gibt es eine Liefervereinbarung. Die algerische Firma ist jedoch immer wieder im Verzug. Für die deutsche Seite liegt das Hauptthema ganz eindeutig in der Einhaltung klarer Absprachen. Sie spricht das an, versucht aufzuklären und drängt auf Einhaltung der Zeiten. Bei einer offenen Aussprache stellt sich heraus, dass der Grund für die mangelnde Übereinstimmung aus algerischer Sicht darin liegt, dass man sich durch das direktive Auftreten der Deutschen in die Defensive gedrängt und in vielen inhaltlichen Themen zurechtgewiesen fühlte. Hauptthema der algerischen Firma ist es, eigene machbare Wege zu finden und mehr Zeit für die Umsetzung neuer Prozessschritte zu haben.

Um einen über die praktische Erfahrung in Mediationen und Konfliktmanagementmaßnahmen hinausgehenden Einblick in aktuelle Konfliktthemen in Unternehmen zu erhalten, haben wir im INSTITUT FÜR COACHING & SUPERVISION im Jahre 2003 (Mai bis Oktober) eine kleine

Umfrage zu Konfliktthemen in Organisationen

Umfrage durchgeführt. Befragt wurden deutschlandweit die Sozialberatungsstellen von 20 Unternehmen aus unterschiedlichen Branchen und unterschiedlicher Größe, sodass sowohl mittelständische als auch Großunternehmen vertreten waren.

Wir erheben dabei keinen Anspruch auf Absolutheit bzw. Verallgemeinerung, zumal in der Sozialberatung sicherlich nicht alle Themen repräsentativ für ein Unternehmen auflaufen. Dennoch verdichten sich durch die durchgeführten Gespräche einige Trends, die wir aus unserer Arbeit mit Organisationen und aus anderen Studien (z.B. BAuA 2003) kennen.

Gefragt haben wir nach Konfliktthemen und Beteiligten, nach Themen, die in Rechtsstreit oder Abmahnung münden, nach Mobbing, Mediation und nach Tendenzen des Konfliktpotenzials (Fragen siehe Anhang 2). So wurde auf die Frage *„Welche Konfliktthemen kommen in Ihrem Unternehmen am häufigsten vor?"* geantwortet (Mehrfachnennungen möglich, Unterpunkte in der Reihenfolge ihrer Häufigkeit):

„Welche Konfliktthemen kommen in Ihrem Unternehmen am häufigsten vor?"

1. **Konflikte zwischen Mitarbeitern und Führungskräften**   55 %
   - mangelnde Information, Offenheit und Kommunikation der Führungskräfte,
   - mangelnde Einbeziehung durch den Vorgesetzten,
   - mangelnde Gerechtigkeit des Vorgesetzten
   - Führungsschwäche im Sinne von fehlenden Anweisungen und Feedback/Kritik, unklare Aufgabenverteilung, unklare Kompetenzen und unklare Rollen
   - Leistungsmängel der Mitarbeiter, schwierige Mitarbeiter

2. **Konflikte zwischen Mitarbeitern**   40 %
   - Missverständnisse, gestörte Zusammenarbeit und Streitigkeiten
   - Konkurrenz
   - Persönliche Differenzen, Animositäten
   - Schlägereien, Beleidigung, sexuelle Belästigung, Sozialneid
   - sich gemobbt fühlen

3. **Konflikte aufgrund struktureller Veränderungen**   25 %
   - Versetzungen
   - Zukunftsangst
   - Leistungsdruck
   - Arbeitsplatzwechsel

Außerdem haben wir gefragt, ob die Tendenz des Konfliktpotenzials im Unternehmen eher zunehmend oder abnehmend wäre. Eine zunehmende Tendenz berichteten 75 Prozent (15 Nennungen), 15 Prozent konn-

Analyse des Konfliktpotenzials 59

ten einen nicht eindeutigen bzw. gleich bleibenden Trend feststellen und nur 10 Prozent gaben an, dass die Tendenz zu Konflikten abnehmend sei.

Als Hauptursachen für die steigende Tendenz von Konflikten im Unternehmen wurde angegeben (in Prozent, bezogen auf die Angaben mit zunehmender Tendenz, Mehrfachnennungen möglich):

steigende Tendenz von Konflikten im Unternehmen

- Personalabbau und die damit einhergehende Angst
  vor Arbeitsplatzverlust   73 %
- Umstrukturierungen, Rationalisierungen,
  technologischer Wandel   66 %
- Gestiegener Arbeits- und Leistungsdruck, Stress   60 %
- Mangelnde Information und Kommunikation   20 %
- Stress mit Kollegen   13 %
- Mangelnde Nachvollziehbarkeit von
  Führungsentscheidungen   6 %

Bei denjenigen, die die Konflikttendenz abnehmend einschätzten, wurde als Ursache dafür angegeben, dass Umstrukturierungsmaßnahmen mit eindeutigen Zuständigkeiten und weniger Bürokratie abgeschlossen wurden und ein moderner Führungsstil vorherrsche.

Diese Ergebnisse zeigen, was häufig der Fall ist: Zwar werden Konflikte oft überwiegend auf der zwischenmenschlichen Ebene, zwischen Führungskräften und Mitarbeitern oder zwischen Mitarbeitern erlebt und ausgetragen. Ursächlich dafür sind jedoch oft strukturelle Systembedingungen, die – wenn sie nicht geklärt sind – zu vielfältigen anderen Konflikten führen. Unter anderem wird hier die Hauptursache für Mobbing gesehen (siehe Mobbing-Ratgeber von der Bundesanstalt für Arbeitsschutz und Arbeitsmedizin, BAuA 2003, vgl. Teil C, Kap. 3.5.2).

Konflikte auf der zwischenmenschlichen Ebene haben oft strukturelle Ursachen

Ursachen auf der Systemebene sind deshalb auch zentraler Teil der Konfliktanalyse.

2.2.3 Konfliktparteien

Nicht immer ist sofort klar, wer eigentlich die Konfliktparteien sind bzw. mit welchen Menschen im System es notwendig ist zu arbeiten, um den Konflikt zu lösen.

Abteilungsleiter Manfred K. kommt auf mich zu, weil zwei seiner Mitarbeiter sich nicht verstehen. Thorsten B., Mitarbeiter der Werkstatt und Moritz E., Mitarbeiter des Lagers, liefern sich seit einiger Zeit einen heftigen Streit. Thorsten B. beschwert sich über die Unzuverlässigkeit von Moritz E., dass er viel zu lange warten müsse und nicht immer die qualitativ erwünschten Ersatzteile erhält. Moritz E. hält dagegen, dass Thorsten B. sich einfach schon Teile in seiner Abwesenheit geholt und im Lager Unordnung gestiftet habe.

Die Konfliktanalyse brachte folgendes ans Licht: Nicht nur die beiden Unfriedensstifter schlugen sich mit diesem Thema herum, es gab noch einige andere „Streithähne", sowohl früher, als auch aktuell. Am wenigsten verstanden sich Lagerleiter und Werkstattleiter, die kaum Absprachen trafen oder sich gegenseitig informierten. Auch das hatte schon lange Tradition und selbst der Abteilungsleiter verstand sich mit seinen Kollegen nicht. Die dann mögliche, d.h. auch vom System zugelassene Maßnahme mit der größten Hebelwirkung war ein Tandemcoaching mit Lager- und Werkstattleiter.

Unterscheidungskriterien der Konfliktparteien

Unterscheidungskriterien der Konfliktparteien sind:

- **Abgrenzungsgrad:** Konfliktparteien können klar oder unscharf abgegrenzt sein. Wer sind eigentlich die Parteien? Manchmal sind es einzelne Individuen, die sich nicht verstehen. Oder die Personen agieren einen Gruppenkonflikt aus oder sehen sich als Sprecher einer bestimmten Gruppe, wie das z.B. bei Vertrauensleuten oder Rechtsanwälten der Fall ist.
- **Formalisierungsgrad:** Sind die Konfliktparteien formell oder unorganisiert? Wenn beide Parteien eine formelle anerkannte Struktur aufweisen, verlaufen Konflikte häufig eher in geregelten Bahnen, als wenn beide oder eine der Parteien z.B. einen spontanen Aufstand beschließt. Genau das ist z.B. oft das Problem bei Bürgerkriegen oder Rebellenaufständen.
- **Macht:** Wie stark oder schwach sind die Konfliktparteien? Mit welchen Machtmitteln sind sie ausgerüstet? Stehen die Parteien gleichrangig nebeneinander oder in einem Herrschaftsverhältnis?
- **Anzahl der Beteiligten:** Wie groß sind die Parteien? Wie viele Personen sind beteiligt? Macht es mehr Sinn, eine Teilgruppe herauszunehmen und hier erst einmal eine Lösung zu suchen oder sollte das ganze System einbezogen werden? Sind die zentralen Konfliktträger eher die Leiter oder die Mitarbeiter?
- **Kernpersonen:** Wer hat das Sagen innerhalb der einzelnen Gruppen? Dies müssen nicht unbedingt die formellen Leiter sein, sondern es können auch respektierte anerkannte Mitglieder einer Gruppe sein. Die Frage ist hier: Wen sollte man auf keinen Fall übergehen? Wer vertritt die Gruppe nach außen?
- **Innere Kohäsion:** Wie ist der Zusammenhalt der Gruppe? Gibt es klare Rollenverteilungen? Üben die Mitglieder Druck aufeinander aus? Häufig ist der Grad der inneren Kohäsion verantwortlich, wie stark die Konfliktpartei sich von anderen abgrenzt bzw. abgrenzen lässt.

2.2.4 Beziehungen der Konfliktparteien

Wenn Konflikte innerhalb einer Organisation ausgetragen werden, besteht auf jeden Fall ein Zusammenhang zwischen den Beteiligten. Schon in der Konfliktdefinition ist deutlich geworden, dass Konflikte nur auftreten können, wenn voneinander abhängige Menschen einen Gegensatz oder eine Spannung, einen Unterschied miteinander haben. Völlig voneinander unabhängige Menschen können sich aus dem Weg gehen, wenn Unterschiede auftauchen.

Beziehungen zwischen den Konfliktpartnern kann man prinzipiell nach zwei Kriterien unterscheiden:

Kriterien für die Beurteilung der Beziehung von Konfliktpartnern

- **Grad und Art der Abhängigkeit:** Sind hierarchische Abhängigkeitsverhältnisse vorhanden (vertikale Abhängigkeit)? Oder ist eine enge Vernetzung zwischen Gleichgestellten vorhanden, z.B. in Projekten oder Teams (horizontale Abhängigkeit)?
- **Formelle oder informelle Beziehung:** Formelle Beziehungen sind durch Organigramme, Vorschriften oder Ablaufprozeduren geregelt. Informelle Beziehungen sind Beziehungen, die außerhalb der offiziellen Regelung laufen. Sie können Prozesse entweder fördern oder behindern und insofern eher Konfliktursache oder Konfliktlösung sein.

2.3 Konfliktverlauf

Im ersten Kapitel wurde deutlich, wie wichtig es ist, früh genug Konfliktsymptome zu erkennen. In der Analyse von Konflikten ist es sinnvoll, die Entstehung und Entwicklung von Konflikten in ihrem zeitlich-inhaltlichen Verlauf zu begreifen. Dies kann vergangenheits- oder zukunftsorientiert erfolgen.

Entstehung und Entwicklung von Konflikten in ihrem zeitlich-inhaltlichen Verlauf

Außerdem lassen sich einerseits bestimmte Konfliktphasen unterscheiden, die eine Betrachtung des Konfliktverlaufs von außen ermöglichen. Andererseits ist häufig auch die Konfliktgeschichte aus Sicht der Beteiligten bedeutsam für das Verständnis des spezifischen Konfliktes.

2.3.1 Vergangenheits- oder zukunftsorientierte Konfliktanalyse?

Die Konfliktanalyse umfasst sowohl Vergangenheits- als auch Zukunftsaspekte. Je nachdem, ob es sich um konkrete identifizierbare Konfliktursachen oder um diffuse zirkuläre Konfliktkreisläufe handelt, ist eine stärkere Focussierung entweder auf die vergangenheitsorientierte oder die gegenwarts- und zukunftsorientierte Analyse notwendig.

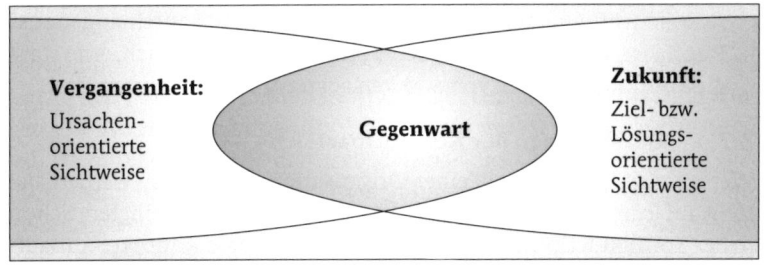

Abb. 16: Zeithorizont der Konfliktanalyse

auslösende Momente in der Konfliktentstehung

Oft ist es sehr hilfreich, auslösende Momente in der Konfliktentstehung zu identifizieren und von der Vergangenheit her ein neues Verständnis für Konfliktursachen zu entwickeln. Dies ist insbesondere dann der Fall, wenn ein Konflikt seit einem bestimmten Zeitpunkt besteht, an dem man einen verdeckten oder offenen Konfliktanlass rekonstruieren kann.

Zwischen einer Mitarbeiterin, Anke B., und ihrem Vorgesetzten, Michael F., ist dicke Luft. Seit über zwei Monaten verhält Anke B. sich distanziert, kühl und knapp in Gesprächen mit ihrem Vorgesetzten. Dieser macht sich Gedanken darüber und fragt sich, was los ist.

Bevor Sie jetzt weiterlesen: Welche Frage müsste sich Michael F. stellen, um herauszufinden, wie der Konflikt entstanden ist? Die Schlüsselfrage bezieht sich nicht auf das aktuelle Verhältnis, sondern darauf, was vor über zwei Monaten passiert ist.

Vor drei Monaten hatte Anke B. ihren Vorgesetzten mit dessen Frau zu sich nach Hause eingeladen und im Kreise ihrer eigenen Familie bewirtet. Weil sie schon lange Zeit im Unternehmen tätig und in der Region ansässig war, wollte sie Michael F., der als neu Hinzugezogener erst seit kurzer Zeit dem Unternehmen angehörte, Gelegenheit geben, im Umfeld Fuß zu fassen. Der Abend verlief für beide Seiten angenehm und freundschaftlich. Als Michael F. jedoch anschließend auch nach einem Monat noch keine Anstalten machte, sich für die Einladung zu revanchieren, nahm Anke B. dies übel und zog sich zurück.

> **Die vergangenheits- bzw. ursachenorientierte Analyse richtet sich auf Fragebereiche wie:**
> - Wann ist das Problem, der Konflikt entstanden?
> - Welche vergangenen Erfahrungen und Muster bedingen die aktuelle Konfliktsituation?
> - Wo, wie und wann wurde der Keim für die heutige Situation gelegt?
> - Wo in der Vergangenheit gab es Wendepunkte in der Konfliktentwicklung?
> - Wie wiederholt sich der Konflikt in unterschiedlichem Gewand?

Sündenbockfunktionen lenken von darunter liegenden strukturellen Themen ab

Die vergangenheitsorientierte Analyse bietet neben dem Verständnis oft auch Entlastung für die Beteiligten. Oft ist der Konflikt unter einem anderen Namen schon früher aufgetaucht und wurde verdrängt. Erst in der Vogelperspektive wird dann deutlich, dass sich Muster wiederholen, die oft wenig mit persönlicher Schuld oder Unfähigkeit zu tun haben. Oft werden so genannte Sündenbockfunktionen dann von wechselnden Mitarbeitern übernommen und lenken von darunter liegenden strukturellen Themen ab.

Ein Mitarbeiter ist Außenseiter im Arbeitsteam, wird häufig verspottet und oft auch angegriffen, wenn er in einer Sitzung Ergebnisse darstellen will. Die Teamsituation eskaliert und schließlich verlässt er das Team. Man stellt eine neue Mitarbeiterin für dieselbe Funktion ein. Nach einigen Monaten wiederholt sich die konflikthafte Form der Kommunikation auch mit der neuen Mitarbeiterin.

Was war passiert? Es handelte sich um eine „Außenseiter"-funktion: In einer Buchhaltungsabteilung sollte gruppenübergreifend eine Qualitätsstelle eingeführt werden, die sich mit Prozessen und Innovationspotenzialen beschäftigte. Dieser „Fremdkörper" wurde immer wieder vom Team verstoßen.

In anderen Fällen ist es günstiger, die Energie auf die Gegenwart und Zukunft zu richten. So z.B. dann, wenn die Beteiligten durch ein „Herumstochern" im Konflikt diesen immer wieder verschärfen und mit Sätzen wie „Als Sie damals ..." die negative Vergangenheit wieder und wieder heraufbeschwören. Auch hierzu ein Beispiel:

Die Energie auf die Gegenwart und Zukunft richten

Günter T. übernimmt als neuer Leiter die Abteilung M. Er stößt in kurzer Zeit auf einen Konflikt zwischen zwei Mitarbeiterinnen, Birgit H. und Veronika S., der sich in viel Streit und Unstimmigkeiten ausdrückt. Er führt Einzelgespräche mit den beiden, um die Ursache dafür herauszufinden. Auf die Frage, wann „es" angefangen habe, antworten beide: Vor mehr als zehn Jahren. Dann beginnen sie, unabhängig voneinander, zu berichten, was die andere ihr angetan habe. Birgit H. beschwert sich über die schlechte Stellvertretung und noch einige andere nicht ausreichende Leistungen von Veronika S., die wiederum bemängelt, dass Birgit H. als die Ältere sie schlecht eingearbeitet und dann auch noch beim damaligen Chef angeschwärzt habe. Seitdem versucht jede, der anderen zu beweisen, dass sie alles besser macht.

Nachdem sich die Anschuldigungen im Kreis drehen, beschließt Günter T., sein Augenmerk auf die Zukunft zu richten und einen Neuanfang zu starten.

Häufig ist in längeren, festgefahrenen Konflikten die wirkliche Ursache nicht mehr rekonstruierbar. Der Konflikt hat sich verselbstständigt und die Lösungen sind nicht in der Vergangenheit zu finden.

Zukunftsorientierung, wenn die Konfliktursache nicht mehr rekonstruierbar ist

Eine auf die Zukunft gerichtete Konfliktanalyse als Prognose des Konfliktverlaufs fragt:
- Durch welche Bedingungen wird das Problem in der Gegenwart und Zukunft stabilisiert?
- Wie wird es weitergehen, wenn nichts passiert?
- Wie wird das Ergebnis des Konflikts wohl aussehen?
- Was sind die Ziele, Wünsche und Bedürfnisse der Beteiligten?

> - Was müsste man (wer?) tun, um den Konflikt zu verschärfen?
> - Auf welcher Ebene (siehe auch Teil B, Kap. 4) sind Veränderungen möglich oder nötig?
> - Welche Wandlungsherausforderung steckt in dem Konflikt?
> - Welche Bilder entstehen über Potenziale und Entwicklungen?

2.3.2 Phasen in der Konfliktentwicklung

Eins sei vorweg geschickt: Je nach Individuum, Kultur, Vorerfahrung mit der Beziehung, Kontext, Konfliktlösungskompetenzen etc. verlaufen Konflikte unterschiedlich. Dennoch lassen sich im Konfliktverlauf verschiedene Phasen unterscheiden, die wichtig sind für die Wahl der Lösungsstrategie.

Konfliktverlauf in Form von Eskalationsdynamiken

Häufig wird der Konfliktverlauf in Form von Eskalationsdynamiken betrachtet (siehe Kap. 2.4). Thomann (2002) spricht auch von einer Fieberkurve des Konflikts. Jedoch verlaufen nicht alle Konflikte in ihrer Ausprägung hitzig – um in der Krankheitsmetapher zu bleiben, können sich Konflikte nicht nur in Fieber, sondern auch in chronischen Krankheiten niederschlagen – hier wäre z.B. ein Krebsgeschwür das passende Bild.

diagnostische Unterteilung des Konfliktverlaufs in vier grundlegende Stufen

In der Praxis bewährt hat sich die diagnostische Unterteilung des Konfliktverlaufs in vier grundlegende Stufen:

I. Die Anbahnung

ein erstes Unwohlsein ist spürbar

In der ersten Phase sind Konflikte in der Regel verborgen oder schwelen latent im Hintergrund. Da gibt es eine den Beteiligten zunächst nicht bewusste oder nur von einem Partner wahrgenommene Missstimmung zwischen Menschen oder strukturelle Unstimmigkeiten, die Konflikte quasi vorprogrammieren (z.B. die Einführung neuer Schnittstellen durch neue Abteilungen oder die Einführung einer neuen Teamstruktur ohne Vorbereitung der Beteiligten). Man denkt noch nicht in Konfliktbildern, aber es ist in der Regel ein erstes Unwohlsein spürbar.

II. Die Rationalisierung

In der nächsten Phase bewegt sich der Konflikt an der imaginären Grenze zwischen verdecktem und offenem Konflikt. Einem oder mehreren Beteiligten wird mehr oder weniger klar, dass irgendetwas nicht stimmt. Dennoch geben sie sich Mühe, gute Miene zum bösen Spiel zu machen, diskutieren weiterhin auf der Sachebene und versuchen das Thema inhaltlich zu lösen. In dieser Phase kommen sie jedoch kaum weiter, Diskussionen gibt es viele, doch der Prozess ist zäh. Hinter dem Rücken werden vielleicht spitze Bemerkungen gemacht, in Untergruppen regen sich die Menschen möglichweise auch auf, doch in der allgemeinen Konfliktlinie überwiegt der Austausch von Argumenten.

Der Austausch von Argumenten überwiegt noch

Manchmal wird die Phase der Rationalisierung auch übersprungen und es kommt gleich zu einer emotional geladenen Auseinandersetzung. Oder nach einem emotionalen Ausbruch kommt es zur Rationalisierung, Beschwichtigung und Unterdrückung von Gefühlen, z.B. sagt sich jemand *„Es wird nichts so heiß gegessen, wie es gekocht wird"* oder *„Schwamm drüber"* oder *„Ich hatte halt mal einen schlechten Tag."* Wenn die emotionale Phase übersprungen wird, kann es dann auch direkt zur Verhärtung weitergehen.

III. Die Emotionalisierung

Meistens sind Konflikte nicht nur durch rationale Argumentation lösbar. Wird die zu zugrunde liegende Konfliktursache – sei es strukturell, persönlich oder in den Beziehungen – nicht gefunden und geklärt, so steigt die Spannung, die sich auch für die Beteiligten in mehr Frustration oder gestautem Ärger bemerkbar macht. Wie bei einem Dampfkochtopf steigt der Druck, bis eine Explosion stattfindet wenn kein Ventil vorhanden ist. Es ist schwierig, ruhig über „die Sache" zu sprechen, Konfliktpartner werden entweder gemieden oder es „gehen die Wogen hoch". Auffällig ist, dass in dieser Phase eher „heiße" Konfliktbilder und eine emotionalisierte Sprache *(„Der kann mich mal ...", „Das ist ja unerträglich"...)* benutzt werden.

Frustration und angestauter Ärger entladen sich

IV. Offener Kampf oder Rückzug/Verhärtung

Am Ende der Emotionalisierungsphase kommt es zum „Ausbruch", zur offenen Konfrontation. Oft reicht dann schon ein kleiner Funke und die Beteiligten werden laut. So ein „Gewitter" kann oft die „Luft reinigen", wie ein Sprichwort sagt. Nicht in allen Situationen oder Beziehungen jedoch ist ein Gewitter möglich – z.B. in der Regel zwischen Mitarbeiter und Vorgesetztem nicht. Die eigentlich auf Explosion gerichtete Energie muss jedoch anders freigesetzt werden. Statt eines offenen Kampfes kann es dann auch zu einer Implosion oder Chronifizierung des Konfliktes kommen (vgl. Thomann 2002).

offene Konfrontation

Dabei bedeutet Implosion, dass sich einer der Konfliktpartner innerlich völlig zurückzieht. Eisiges Schweigen, Dienst nach Vorschrift oder ein überhöfliches *„Jawohl, Herr Direktor, aber sicher doch, Herr Direktor"* sind dann das Ergebnis. Innerlich sagt sich der Betroffene dann so etwas wie *„Der ist für mich gestorben"* und eine echte Zusammenarbeit ist nicht mehr möglich. Dieser tiefgefrorene Konflikt ist dann oft nur noch lösbar, wenn die andere Konfliktpartei deutlich positive Schritte macht oder ein anderes „erwärmendes" Ereignis stattfindet.

Implosion des Konfliktes

Wenn keine Implosion stattfindet, kann es auch sein, dass sich der Konflikt äußerlich so weiterentwickelt wie bisher. Man spricht hier von Verhärtung oder Chronifizierung. Man beißt die Zähne zusammen, unterdrückt Gefühle und macht seine Arbeit. Eine Kultur, in der Konflikte solchermaßen verhärtet sind und für die Beteiligten nicht grundsätzlich

Chronifizierung des Konfliktes

lösbar erscheinen, gewinnt nach außen oft zynische oder sarkastische Züge.

Mir ist beispielsweise eine solche Kultur begegnet, als ich in einer Abteilung einer großen Firma eine Führungsanalyse durchführen sollte. In einem ersten Treffen mit den Führungskräften der Abteilung (Gruppen- und Teamleiter) erntete ich auf die Frage „Wie findet hier Führung statt?" zuerst nur schallendes Gelächter und auf Nachfragen Bemerkungen wie „Na, das ist wirklich eine gute Frage" oder „Da fragen Sie die Richtigen". In der weiteren Analyse stellte sich heraus, dass der Bereich, dem die Abteilung angehörte, durch einen sehr autoritären Bereichsleiter geführt wurde, der jede Entscheidung selbst traf und sich auch in Detailthemen auf allen Ebenen einmischte. Die Führungskräfte reagierten auf meine Frage zynisch, weil sie jahrelang keine Spielräume für eigene Führung erlebt hatten.

Eine Verhärtung kann auch nach der Explosion stattfinden, wenn die Explosion nicht zur Erleichterung, Lösung und offenen Aussprache führt, sondern zu Verletzung und Kränkung führt. Auch für chronifizierte Konflikte ist ein „Auftauen" nötig – es gilt, die schwelenden Themen (wieder) besprechbar zu machen.

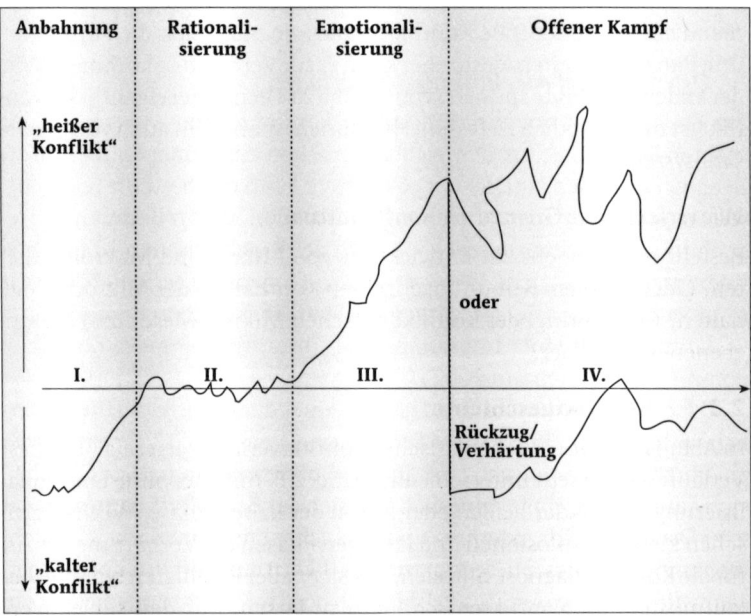

Abb. 17: Phasen der Konfliktentwicklung

2.3.3 Muster in der Konfliktentwicklung

Konfliktentwicklungen folgen verschiedenen Mustern, die neben der Frage nach den Phasen qualitativ von Interesse sind. Vier wesentliche Konfliktmuster seien hier genannt:

Ist der Konflikt stabil oder instabil?

Geht es eher um einen stabilen Konflikt, der z.B. strukturell bedingt und in den unterschiedlichen Interessen zweier verschieden ausgerichteter Abteilungen wie Vertrieb und Produktion oder Marketing und Logistik begründet ist? Hier ist dann oft die Frage, wie der Konflikt im Sinne des vorbehaltlosen Angehens von Sachthemen stabil erhalten bleiben kann und nicht wie er dauerhaft zu beseitigen ist. Allerdings können stabile Konflikte auch kalte Konflikte sein, die sich dauerhaft auf das Betriebsklima auswirken. Instabile Konflikte dagegen sind unberechenbar und möglicherweise schaukeln sich die Parteien weiter auf.

Kalte Konflikte, die sich stabilisieren, wirken sich dauerhaft auf das Betriebsklima aus

Entwickelt sich der Konflikt schleichend oder sprunghaft?

Schleichende Konflikte können sich lange Zeit unbemerkbar aufstauen. Oft sind dann sprunghafte Eskalationen beobachtbar, die sich den Beteiligten auf besondere Weise einprägen.

Ist eher ein ausweitendes, ein fokussierendes oder ein wechselhaftes Muster erkennbar?

Manche Konflikte dehnen sich aus und erfassen gleich einer Flut mehr und mehr Parteien. Andere Konflikte dagegen fokussieren sich zunehmend auf einige zentrale Konfliktthemen. Je mehr sich die Partner auf ihre Punkte versteifen, desto eher kann es zur Verhärtung kommen. Wieder andere Konflikte springen von Thema zu Thema, der eigentliche Konflikt ist nicht wirklich zu fassen. Hier spricht man dann auch von „Treibsandsystemen".

den Kern des Konfliktes erfassen

Wie verlaufen die Grenzen der Konfliktarena?

Besteht eine Tendenz zur Entwicklung von Mikro- und Makrokonflikten? Oder bestehen Bemühungen, einen Konflikt auf der Mikroebene zu halten? Oder springt der Konflikt zwischen Mikro-, Meso- und Makroebenen hin und her?

2.3.4 Konfliktgeschichte

In Abb. 17 wurde ein schematischer Konfliktverlauf aufgezeigt. Da diese Verläufe jedoch sehr unterschiedlich sind, z.B. mit oder ohne Emotionalisierung, nur in der heißen oder nur in der kalten Phase, Wechsel zwischen kleinen Explosionen und längeren Phasen der Verhärtung etc., ist für die Konfliktdiagnose hilfreich, aus Sicht aller Beteiligten typische Ablaufmuster von Konflikten schildern zu lassen. Aus den subjektiven, emotionalen Stellungnahmen wird dann deutlich, für wen welche Themen von Bedeutung sind, wer Einfluss hat, worin Konfliktursachen liegen etc.

typische Ablaufmuster von Konflikten aus subjektiver Sicht

Um die notwendigen Informationen zu erhalten, können Einzelinterviews geführt werden, wenn es sich um ziemlich verhärtete Konflikte oder unerfahrene Konfliktparteien handelt. Ist eine Bereitschaft zur Auseinandersetzung vorhanden, kann in Workshops die Konfliktgeschichte aus Sicht der beteiligten Konfliktgruppen erforscht werden.

Konfliktereignisse im Zeitverlauf visualisieren

Dies kann beispielsweise durch das Erstellen eines Plakates „Konfliktlinien" (Abb. 18) geschehen, bei dem auf der X-Achse die Konfliktereignisse im Zeitverlauf und auf der Y-Achse die jeweilige emotionale Stärke aufgetragen wird. So können die Beteiligten darüber sprechen, welche wichtigen Ereignisse (E1 – En) im vergangenen Zeitraum aufgetreten sind. Andere Möglichkeiten sind in den verschiedenen Interessensgruppen, Szenen der Konfliktgeschichte (vgl. Schwarz 1997) oder eine „Konfliktpartitur" bzw. einen „Konfliktatlas" (Glasl 1990) erstellen zu lassen. Diese Visualisierungen können im Rahmen der verschiedensten Methoden den Start für eine Verständigung darstellen.

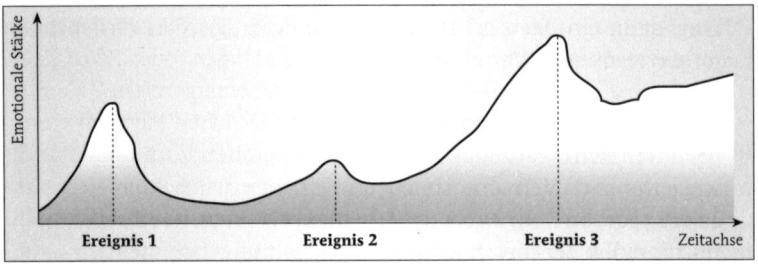

Abb. 18: Konfliktgeschichte als Linie

2.4 Eskalationsdynamiken

unkontrollierte Ausweitung und Steigerung des Konflikts

Der Prozess der Konflikteskalation bedeutet eine Ausweitung und Steigerung des Konflikts. Dabei gibt es verschiedene Eskalationsdynamiken, die größtenteils unbewusst ablaufen und nach einem gewissen Grad außerhalb der Steuerung liegen. Nach oft nicht mehr genau rekonstruierbaren Anfangssequenzen entwickeln sich Konflikte ungewollt weiter.

Insbesondere in der Erforschung von Kriegsdynamiken wurden Mechanismen gefunden, die für eine Steigerung des Konfliktausmaßes sorgten. Die extremste Angst vor einer ungewollten, unbeabsichtigten Eskalation bestand zur Zeit des Kalten Krieges, in der die höchste Eskalationsstufe ein Atomkrieg gewesen wäre. Die im Rahmen von Makrokonflikten zwischen Staaten oder militärischen Bündnissystemen entwickelten Modelle übertrug Glasl (1990) auf den mikro- und mesosozialen Bereich, in dem sich Organisationskonflikte in der Regel abspielen.

unterschiedliche Interventionsstrategien je nach Stufe der Eskalation

Die Analyse von Eskalationsdynamiken ist nicht nur für das Verständnis der Konfliktentstehung von entscheidender Bedeutung. Je nachdem auf welche Stufe der Eskalation sich ein Konflikt befindet, sind unterschiedliche Interventionsstrategien hilfreich. Das Verständnis der Eskalationsdynamik emöglicht ebenfalls eine Planung kurz- und langfristiger Konfliktbehandlung und/oder -prävention.

Eskalationsdynamiken erfolgen in Form von zirkulären Prozessen, man spricht auch von einem Teufelskreislauf (Circulus vitiosus), der die grundlegenden Mechanismen der Eskalationsdynamik gestaltet. Anschließend werden Eskalationsphasen beschrieben, die Anhaltspunkte für das Ausmaß der Eskalation geben.

Eskalationsdynamiken erfolgen in Form von zirkulären Prozessen

2.4.1 Teufelskreisläufe

Grundlage aller Eskalationsmechanismen sind sich gegenseitig verstärkende Kreisläufe. Diese Kreisläufe sind so miteinander verzahnt, dass sie einem gordischen Knoten gleichen. Sie sind entweder gleichartig (symmetrisch) oder gegenläufig (komplementär).

sich gegenseitig verstärkende Kreisläufe

- **Symmetrische Teufelskreisläufe** eskalieren dadurch, dass beide Seiten gewissermaßen Gleiches mit Gleichem vergelten. Beispielsweise reagiert die eine Seite genauso wie die andere: *„Weil Sie mich nicht informiert haben, spreche ich auch nicht mehr mit Ihnen"* oder *„Weil Sie arrogant sind, werde ich Ihnen ebenfalls die kalte Schulter zeigen"*.
- In **komplementären Teufelskreisläufen** versuchen Parteien einander durch sich ergänzende, fest ineinander greifende und sich ständig wiederholende Verhaltensmuster zu einem erwünschten Verhalten zu bewegen, erreichen aber im Gegenteil, dass sich die Situation völlig festfährt. Ein Beispiel ist in folgender Abbildung dargestellt.

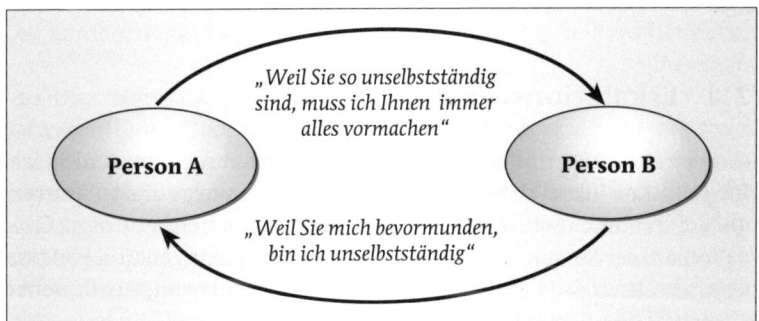

Abb. 19: Komplementärer Teufelskreislauf

Solche symmetrischen oder komplementären Teufelskreisläufe (Circulus vitiosus) sind bei jedem der im Weiteren dargestellten Eskalationsmechanismen wirksam.

2.4.2 Grundlegende Eskalationsmechanismen

Aufgrund der Komplexität lebender Systeme sind Konfliktmechanismen nicht eindimensional oder rational logisch ableitbar. Hier gelten die gleichen Spielregeln wie für komplexe Systeme: Unvorhersagbarkeit, Vernetzung, Dynamik, Intransparenz, Indeterminismus, Selbstähnlichkeit, Zirkularität und subjektive Wahrheiten (siehe Kap. 2.1). Diese allgemeinen Spielregeln bedingen in spezifischen Konflikten, dass:

- mehrere Konfliktmechanismen gleichzeitig wirksam sind.
- die Konfliktmechanismen in sich ein Spannungsfeld bilden, das miteinander verbunden und gegensätzlich wirkt. Die dadurch verursachte Vieldeutigkeit der Situation führt zu einem Aufschaukeln.
- die Beteiligten innerhalb des Konfliktbezugsrahmens die Situation nicht mehr unvoreingenommen erfassen können, sondern nur noch durch die Konfliktmechanismen verzerrt Lösungen wahrnehmen und dadurch durch ihre Lösungsversuche die Situation meistens verschlimmern.

grundlegende Bedingungen von Eskalationsmechanismen

Die zentralen Eskalationsmechanismen (nach Glasl 1990) sind zirkuläre, sich selbst verstärkende, rückgekoppelte Feedbackmechanismen, die im Folgenden als Spannungsfelder (Zusammenfassung siehe Checkliste 5 am Ende dieses Kapitels) beschrieben werden:

Spannungsfelder aus zirkulären, sich selbst verstärkenden, rückgekoppelten Feedbackmechanismen

Generalisierungsmechanismus:
Ausweitung versus Vereinfachung oder
„Aus der Mücke einen Elefanten machen"

Schon in frühen Stadien der Konfliktentwicklung suchen beide Parteien nach Informationen, Argumenten und Behauptungen, die ihre Position bestärken. Dies wiederum bewirkt, dass keine Partei der anderen richtig zuhört und selbst wiederum mit noch besseren Argumenten „aufrüstet". Oft werden auch schriftliche Argumente gesammelt, Beweisstücke, im Extremfall werden ganze Ordner angelegt, die die eigene Unschuld beweisen sollen.

In einigen Fällen erfolgt die Ausweitung der Konfliktthemen auch bewusst. Das übertriebene Auflisten oder gar die Erfindung von Themen ist in vielen Kulturen eine übliche Verhandlungsstrategie, durch die man sich taktische Vorteile erhofft. Indem man von wahren Zielen ablenkt und den Partner in die Irre führt, kann man dann als Scheinzugeständnis von den unwichtigen Standpunkten abrücken. Doch auch diese Strategie führt langfristig zu einer erhöhten Aufrüstungs- und Misstrauenskultur und damit zur Eskalation.

Ein Konflikt strahlt unbewusst auf die Stimmung und Wahrnehmung in andere Bereiche aus

Jedoch auch ohne bewusste Ausweitung strahlt der Konflikt unbewusst auf die Stimmung und Wahrnehmung in andere Bereiche aus. Da hat z.B. jemand eine stressige Krisensitzung hinter sich und geht mit angespannten Gesichtszügen und erhöhter Gereiztheit ins nächste Meeting. Oder man trifft einen Menschen, mit dem man das letzte Mal eine Auseinandersetzung hatte, nimmt jetzt selektiv eher problematische Seiten wahr („*Jetzt guckt er auch schon wieder so komisch*") und wartet förmlich darauf, dass es diesmal wieder schwierig wird.

Humorvoll übertreibt Watzlawick (1986) in seinem Buch „Anleitung zum Unglücklichsein" diesen Mechanismus in der „Geschichte mit dem Hammer".

Ein Mann beschließt sich von seinem Nachbarn einen Hammer zu leihen, um ein Bild aufzuhängen. Im Vorfeld weiterer Überlegungen interpretiert er dann aber bestimmte Verhaltensweisen seines Nachbarn dahingehend, dass dieser etwas gegen ihn habe und kommt zu dem Schluss, dass ihm der Nachbar den Hammer nicht leihen wird. Dergestalt in seine Wut über das lediglich subjektiv unterstellte unmögliche Verhalten des Nachbarn hineingesteigert, klingelt der Mann seinen völlig überraschten Nachbarn aus der Wohnung und wirft ihm an den Kopf, dass er seinen Hammer behalten könne.

Mit dieser Ausweitung der Konfliktthemen unmittelbar verbunden und entgegenstehend ist ein Mechanismus, der in der Psychologie „Komplexitätsreduktion durch selektive Wahrnehmung" genannt wird. Wahrnehmungspsychologisch ist unsere Aufnahmekapazität begrenzt und wir nehmen nur das wahr, was zu bisherigen Wahrnehmungen, also in unser Bezugssystem passt. Je höher die Reizüberflutung und je höher der Stress, desto mehr filtern Menschen Informationen und vereinfachen Zusammenhänge. In Konflikten, die solche Stresssituationen darstellen, müssen Menschen immer mehr Informationen in immer kürzerer Zeit sammeln, verarbeiten und überblicken, sind aber gleichzeitig immer weniger in der Lage dazu.

Unter Stress filtern Menschen Informationen und vereinfachen Zusammenhänge

Je mehr also die Konfliktthemen auf der Handlungsebene ausgeweitet werden, desto mehr versuchen Menschen in ihrer Wahrnehmung unbewusst durch den Mechanismus der Komplexitätsreduktion gegenzusteuern, verursachen jedoch dadurch weitere Missverständnisse und damit eine weitere Ausdehnung des Konfliktstoffs, was wiederum zu erhöhter Komplexitätsreduktion führt etc.

Interpunktionsmechanismus:
Vernetzung versus Entkoppelung oder
„Da beißt sich die Katze in den Schwanz"

In Konflikten haben die verschiedenen Konfliktparteien unterschiedliche Sichtweisen darüber, was wichtige Themen sind und was Ursache und Wirkung ist. Nicht nur die inhaltlichen Konfliktthemen sind dann der Konflikt, sondern es gibt einen Konflikt darüber, was denn eigentlich der Konflikt und erst recht, was mögliche Lösungen sind. In solchen vernetzten, zirkulären Prozessen findet dann eine Vereinfachung statt, in der diese Verknüpfung und Vernetzung „entkoppelt" wird. Jeweils eine Partei beschuldigt dann die jeweils Andere, Verursacher zu sein. Dabei geht es oft nur oberflächlich um die objektiven Ursachen, sondern eigentlich eher um das Auffinden von Schuldigen. Watzlawick (et.al. 1980) nennen die Streitfrage „Wer hat angefangen?" das Interpunktionsproblem. Wie die Frage „Wer war zuerst, die Henne oder das Ei?" führt sie die Konfliktparteien zu endlosen Diskussionen, in denen immer mehr Komplexität, Unüberschaubarkeit und Vernetzung zu bewältigen sind.

Es geht weniger um die Suche nach Konfliktursachen als um die Suche nach Schuldigen

In einem Konflikt zwischen zwei Abteilungen behauptet die eine Abteilung A, die andere Abteilung B, würde so unsystematische und schlecht aufbereitete

Ergebnisse liefern, dass sie wiederum mit ihren Produkten nicht rechtzeitig fertig werde. Abteilung B wiederum hält dagegen, dass Abteilung A so unpünktlich liefere, dass sie ihre Produkte nur noch in Hetze und Eile zusammenstellen könne.

Abb. 20: „Henne und Ei"

Projektionsmechanismus:
Unterdrückung versus Ausleben oder „Den Splitter im Auge des Anderen sehen, aber den Balken im eigenen nicht"

Eigene Schwächen werden geleugnet

Wenn Personen oder Gruppen einen inneren Konflikt haben, mit dem sie nicht zurechtkommen oder der ihnen gar nicht bewusst ist, so greifen sie zu einem Mechanismus, der ebenfalls unbewusst abläuft und Projektion genannt wird. Die eigene Schwäche oder die eigene Unzulänglichkeit wird geleugnet, die inneren Spannungen werden unterdrückt, der Konflikt wird abgespalten und Anzeichen bei anderen werden als Grund dafür genommen, heftig dagegen zu reagieren.

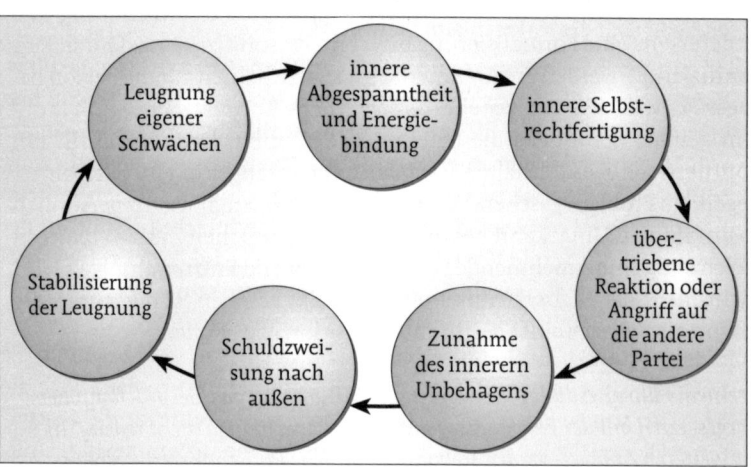

Abb. 21: Projektionskette

Unangenehme Eigenschaften bei anderen sind umso unangenehmer, je mehr sie auch bei sich selbst vorhanden, aber nicht wahrgenommen und geleugnet werden. Über eigene Schwächen, die man mit anderen teilt, zieht man schonungsloser her als über Schwächen, die man mit anderen nicht teilt. Die auf den Anderen projizierte eigene Schwäche liefert dann Munition für eigene übertriebene Reaktionsweisen. Anschließend wird dann dem Anderen die Schuld dafür zugeschrieben, dass man selbst so übertrieben reagiert hat. Vereinfacht funktioniert diese zirkuläre Kette dann wie in Abb. 21 gezeigt

Eigene Schwächen werden auf den Anderen projiziert

Der ursprünglich in der Psychoanalyse definierte Projektionsmechanismus gilt auch für Gruppen. So werden z.B. eigene Aggressionen oder eigene Fehler auf einen „Sündenbock" projiziert. Dieser Mechanismus ist einer der wesentlichen bei dem Symptom Mobbing (siehe Kap. 2.4.4).

Feindbildmechanismus:
Personifizierung versus Formalisierung oder
„Wer nicht für uns ist, ist gegen uns"

Wenn Konflikte stressiger werden und psychisch belastend sind, werden Vertraute eingeweiht, bei denen man sich noch „etwas von der Seele sprechen" kann und die dann unmerklich zu Koalitionspartnern werden. Häufig werden, ohne dass dies direkt beabsichtigt wird, sogar Berater aus diesem Grund hinzugezogen. Dieses ursprünglich gar nicht als „Kriegstaktik" gemeinte Verhalten wird oft von der anderen Partei als feindselige Handlung ausgelegt. Die andere Partei sucht dann ebenfalls, diesmal aber als vermeintliche Gegenreaktion aufgefasst, Koalitionspartner und Vertraute. Dieser Mechanismus hat nicht nur eine Ausweitung des Konfliktrahmens zur Folge, sondern oft auch eine Verhärtung der Fronten.

Die Konfliktparteien suchen Verbündete

Paradoxerweise verursacht dies einerseits eine Personifizierung und andererseits eine Formalisierung bzw. Ent-Personifizierung. Durch Personifizierung werden die Argumente und Sachthemen auf die Person bezogen. Es wird also nicht mehr das eigentliche Konfliktthema zum Problem gemacht, sondern die beteiligten Personen. Der Grund für ein konflikträchtiges Verhalten wird dann nicht länger in einem dahinter liegenden Problem gesehen, sondern darin, dass jemand ganz persönlich so unfähig ist. Umgekehrt bedingen diese persönlichen Zuschreibungen gleichzeitig eine zunehmende Formalisierung und Entfremdung. Es wird nicht mehr der Mensch hinter dem Konflikt gesehen, sondern nur die Person als Verteter einer bestimmten Position bzw. Rolle.

Verlagerung des Konflikts von der Sachebene auf die beteiligten Personen

In einem Führungsdialog verweigern die Mitarbeiter das Gespräch mit dem Vorgesetzten mit der Begründung „Mit dem kann man ja nicht reden." In der weiteren Analyse werden sowohl persönliche Pauschalisierungen wie „Der ist nicht kommunikativ", „Der ist nicht teamfähig" angeführt als auch generalisierende Argumente wie „Die (also alle Führungskräfte dieser Ebene) hindern uns an unserer Selbstständigkeit, mit denen kann man nicht klarkommen."

Mechanismus der „Sich-selbst-erfüllenden Prophezeiung":
Bremsen versus Beschleunigung oder
„Angriff ist die beste Verteidigung"

Glasl (1990) nennt diesen Mechanismus auch „pessimistische Antizipation". Hierbei handelt es sich um einen Mechanismus dysfunktionaler Kontrolle, der sich im Ringen um die eigene Position verselbstständigt und in der Sozialpsychologie auch als Reaktanz bekannt ist. Schmid (2004) spricht hier davon, dass jeder der Beteiligten sich in Notwehr gegen die Kontrolle durch den Anderen erlebt und sich dagegen mithilfe von Gegenkontrolle wehrt. Je weiter der Konflikt fortgeschritten ist und die zuvor genannten Mechanismen wirken, desto mehr glaubt man durch vorweggenommene Verteidigungen den Konflikt beenden zu können.

Glaube, dass vorweggenommene Verteidigungen den Konflikt beenden können

Fast alle militärischen Abschreckungsmanöver funktionieren auf diese Weise. Durch Stresseffekte, verzerrte Wahrnehmungen und steigende Ängste bis hin zu Gefühlen der Auswegslosigkeit kommt es dann zum „präventiven Erstschlag". Obwohl man keinen Krieg will, nimmt man ihn zur Absicherung der eigenen Position in Kauf. Im Zweifelsfall will man lieber nicht abwarten, bis die Gegenpartei etwas unternimmt und versucht durch eine Erhöhung der Gewaltandrohung „die Bremse einzulegen", also den Prozess abzukürzen und die Gegenpartei zum Nachgeben zu zwingen. Die andere Partei bekommt diese Anstrengungen jedoch zwangsläufig mit, erlebt sie ihrerseits als erhöhtes Drohpotenzial, das man bekämpfen muss und verhält sich dem Bild von Partei A entsprechend bedrohlich. Die als „Bremse" gemeinte Abschreckung erzeugt beim jeweils Anderen den Eindruck des „Gasgebens". Beide Parteien erzeugen somit erst das Szenario, das sie eigentlich abwehren wollen und beschleunigen so den Eskalationsprozess. In Konkurrenzsituationen ist dieser Mechanismus besonders wirksam.

Zwischen zwei Vertriebsabteilungen sind Zuständigkeiten nicht ausreichend geklärt. Insbesondere in Bezug auf ein viel versprechendes Marktsegment sehen beide Abteilungen eine Chance und halten sich für berechtigt einen Anspruch zu erheben. Eigentlich wollen sie der anderen Abteilung nicht schaden, haben aber wechselseitig den Eindruck, der Andere schränkt den eigenen Handlungsspielraum ein. Vorsichtshalber gibt daher eine Vertriebsabteilung keine Informationen mehr weiter und spielt auch – nach dem Motto „Der Zweck heiligt die Mittel" – andere Abteilungen gegen die „Gegen"-Partei aus. Diese sieht sich dadurch in ihrem Bewegungsfreiraum noch weiter eingeschränkt und greift ebenso präventiv zu blockierenden Maßnahmen.

Eskalationsprozess als sich selbst beschleunigende Spirale

Der Eskalationsprozess schaukelt sich in Form einer Spirale zirkulär auf und beschleunigt sich exponentiell. Partei A will mithalten und ihre Position absichern, Partei B will ebenfalls nur mithalten und ihre Position absichern, woraufhin Partei A noch einen Schritt weiter geht etc.

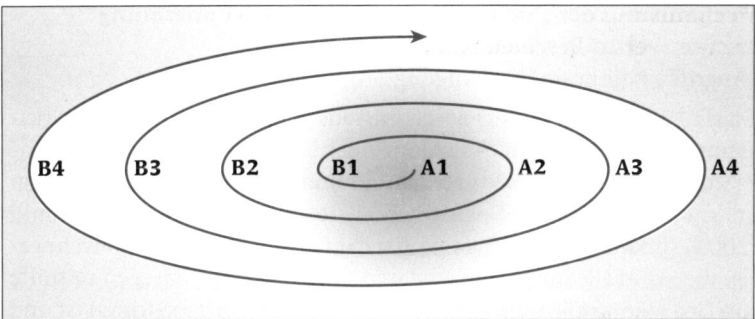

Abb. 22: *Konfliktspirale: Partei A will ihre Position absichern (A1), Partei B startet eine Gegenreaktion (B1), Partei A steuert wieder gegen (A2) etc.*

Checkliste 5: Eskalationsdynamiken		
Mechanismus	**Spannungsfeld**	**Methapher**
Generalisierung	Ausweitung versus Vereinfachung	„Aus der Mücke einen Elefanten machen"
Interpunktion	Vernetzung versus Entkoppelung	„Da beißt sich die Katze in den Schwanz"
Projektion	Unterdrückung versus Ausleben	„Den Splitter im Auge des Anderen sehen, aber den Balken im eigenen nicht"
Feindbild	Personifizierung versus Formalisierung	„Wer nicht für uns ist, ist gegen uns"
Self fullfilling prophecy	Bremsen versus Beschleunigung	„Angriff ist die beste Verteidigung"

2.4.3 Psychologische Spiele und Machtspiele

Psychologische Spiele

Psychologische Spiele werden in der Transaktionsanalyse als ungute Kommunikationsmuster bezeichnet, die durch ihren prinzipiellen Eskalationscharakter häufig die oben angeführten Eskalationsdynamiken aufweisen. Unter psychologischen Spielen versteht Berne (1967, vgl. S. 57 ff.) eine fortlaufende Abfolge sich häufig wiederholender verdeckter komplementärer Transaktionen, die mit der Abwertung eigener Fähigkeiten oder des Anderen beginnen (Spieleinladungen), zu einem ganz bestimmten, voraussagbaren Ergebnis führen und in der Regel von verborgenen Motiven beherrscht sind.

ungute Kommunikationsmuster mit prinzipiellem Eskalationscharakter

Der Spielablauf wird auch als wiederkehrendes Muster beschrieben. Berne (1967) spricht von einer Spielformel, die ich für die praktische Anwendung auf vier Prozessschritte vereinfacht habe (siehe Abb. 23).

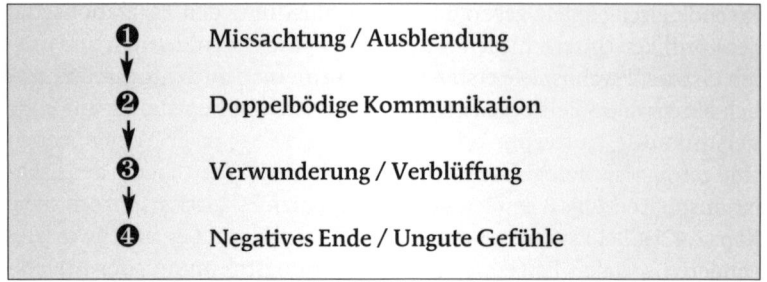

Abb. 23: Ungute Kommunikationsmuster (psychologische Spiele)

Dabei bedeutet Missachtung bzw. Ausblendung, dass für die Problemlösung wichtige Aspekte übersehen oder unterschätzt werden, so sagt jemand beispielsweise nicht, was sein Ziel ist o.Ä. Die dann folgende doppelbödige Kommunikation besteht aus zwei Ebenen, einer offenen sozialen, sichtbaren Ebene und einer verdeckten, psychologischen Ebene. Oft ist hier schon spürbar, was passiert: Irgendwann kippt die Kommunikation und die verdeckte Ebene wird offenbart. Die Beteiligten spüren einen Moment der Bloßstellung oder Verblüffung, Verwirrung. Das Ende ist für die Beteiligten nicht zufrieden stellend und besteht in unguten Gefühlen wie Ärger, Zerknirschung, Depression, Schadenfreude oder Hoffungslosigkeit, um nur einige zu nennen. Ein Beispiel möge diesen Ablauf verdeutlichen:

In Phase 1 sitzt Helga M. ihrer Kollegin Marianne S. mit wehleidigem Gesicht gegenüber und beklagt sich über den vermehrten Arbeitsanfall. Marianne S. versucht, ihr zu helfen.
In Phase 2 entwickelt sich folgendes Gespräch:
Marianne S.: Komm, ich nehme dir was ab!
Helga M.: Das ist lieb von dir, aber lass mal, ich muss das alleine hinkriegen, sonst verliere ich den Überblick.
Marianne S.: Du solltest dich mal wehren, das ist auch ungerecht, wie der Chef immer dir die meiste Arbeit gibt.
Helga M.: Das habe ich ja schon probiert, aber er lässt nicht mit sich reden.
Marianne S.: Dann geh doch mal zum Betriebsrat, das würde ich mir nicht bieten lassen!
Helga M.: Du bist gut, wenn das der Chef mitkriegt!
In Phase 3 kippt dann das Gespräch:
Marianne S.: Ja, irgendwas musst du schon unternehmen, das bringt ja auch nichts, wenn du hier immer nur rumjammerst!
Helga M.: Jetzt hackst du auch noch auf mir rum, keiner versteht mich.
Beide sind jetzt eingeschnappt (Phase 4), Marianne S. ist aufgebracht und fühlt sich in ihren Hilfsangeboten abgewiesen, Helga M. fühlt sich in ihrer unverstandenen Lage noch stärker allein gelassen.

Psychologische Spiele geben auch Aufschluss über den Eskalationsgrad des Konflikts: Unterschieden werden hier Spiele ersten, zweiten und dritten Grades. Psychospiele ersten Grades kann man auch als gesellschaftlich akzeptable Spiele bezeichnen. Schlimmstenfalls entstehen am Ende Verstimmung, Aufregung oder Verwirrung. Die sozialen Folgen jedoch sind gering. Psychologische Spiele ersten Grades werden eher in den Eskalationsphasen 1 bis 3 gespielt (zu den einzelnen Eskalationsphasen siehe Kap. 2.4.5). Bei Psychospielen zweiten Grades kommt es zu schwer wiegenderen sozialen Folgen, z.B. eine Beziehungstrennung oder Arbeitsplatzverlust – sie sind im Bereich der Eskalationsstufen 3 – 6 zu beobachten. Der „Spieler" dritten Grades schließlich landet in sozialer Isolation, im Gefängnis, in der Psychiatrie, im Krankenhaus oder auf dem Friedhof (Eskalationsstufen 6 – 8).

Bestimmte Arten psychologischer Spiele sind typisch für die verschiedenen Eskalationsgrade

Verschiedene Formen von psychologischen Spielen werden z.B. bei Schmidt (1998) oder Dehner (2001) beschrieben. Einige Beispiele seien hier erwähnt:

Verschiedene Formen von psychologischen Spielen

- **„Ja Aber"-Spiel:** Der Gesprächspartner findet auf jeden Vorschlag einen Einwand (wie im obigen Beispiel zwischen Helga M. und Marianne S.).
- **„Ach wie schrecklich"-Spiel:** Der Gesprächspartner jammert hartnäckig und will sein Gegenüber zu Mitleid oder Mitjammern bewegen.
- **„Gerichtssaal"-Spiel:** Beim Auftauchen von Problemen wird nicht nach einer Lösung, sondern nach Schuldigen gesucht. Die Kommunikation ist durch Anklage und Rechtfertigung geprägt.
- **„Makel"-Spiel:** Obwohl die Sache insgesamt gut gelaufen ist, mäkelt das Gegenüber an Details herum.
- **„Holzbein"-Spiel:** Aus Angst vor Veränderung werden triftige Gründe genannt, warum man ja gerne mitmachen würde, aber nun wirklich nicht kann.
- **„Wenn du nicht wärst"-Spiel:** Hier gilt das Motto: Wenn du nicht wärst wie du bist oder wenn dieser und jener Umstand nicht wäre, hätte ich längst schon dies und jenes machen können!
- **„Du wirst schon sehen, was dabei herauskommt"-Spiel:** Jemand äußert seine Bedenken nur indirekt und sagt am Ende etwas wie: *„Wenn du nur auf mich gehört hättest"*.
- **„Ich bin dumm"-Spiel:** Obwohl jemand durchaus selbst dazu in der Lage wäre, etwas zu begreifen oder zu tun, stellt er immer wieder etwas dumm wirkende Fragen.
- **„Jetzt hab ich dich erwischt"-Spiel:** Man schweigt lange zu etwas Störendem und schlägt dann umso härter zu. Hier wird auch von der Sammlung „schwarzer Rabattmarken" gesprochen: Gleich „Pay back"-Punkten werden ungute Gefühle in ein imaginäres Buch geklebt, die dann, wenn Zahltag ist, alle eingelöst werden.

Die persönlichen Hintergründe für psychologische Spiele sind häufig in individuellen Lebens- und Erfahrungsgeschichten begründet (vgl. Teil B, Kap. 1.1. „Lebensskript"). Oft jedoch entstehen in Firmen auch Dynamiken oder Kulturen, in denen immer wieder solche Muster auftauchen.

Machtspiele

Streben, eine andere Person den eigenen Zwecken entsprechend zu kontrollieren

Machtspiele versteht Steiner (1987, S. 80) als *„eine Transaktion oder eine Abfolge von Transaktionen, in der eine Person ganz bewusst danach strebt, das Verhalten einer anderen Person den eigenen Zwecken entsprechend zu kontrollieren."* Machtspiele kann man auch als Manöver verstehen, durch die ein Mensch einem anderen etwas zu entlocken versucht, statt direkt danach zu fragen.

Auch Machtspiele beginnen mit Abwertungen. Der Unterschied zu psychologischen Spielen besteht jedoch darin, dass es sich um mehr oder weniger bewusste Manipulationen handelt, z.B. wenn eine Firma eine andere aufkauft und erst einmal das obere Management austauscht, um sie besser kontrollieren zu können. Die Motive für Machtspiele sind ebenfalls nicht immer bewusst, sondern teilweise auch unterschwellig.

Machtspiele sind nutzenorientiert

Die Hauptunterschiede zwischen psychologischen und Machtspielen liegen meiner Ansicht nach in ihrer Funktion, im Nutzeffekt. Psychologische Spiele dienen (in der Regel unbewusst, nicht absichtlich) den Bedürfnissen nach Zuwendung, nach Zeitstrukturierung und der Bestätigung von Selbstbild und Lebensskript (siehe Teil B, Kap 1.1). Psychologische Spiele können auch als subtile, teilweise unbewusste Machtspiele um Zuwendung verstanden werden.

Machtspiele in konfliktträchtigen Kulturen

In konfliktträchtigen Kulturen finden verstärkt Phänomene statt, die ich hier unter dem Oberbegriff „Machtspiele" erläutern werde.

Unter Macht verstehe ich die *„Fähigkeit, Menschen, Ereignisse und sich selbst zu kontrollieren."* (Steiner 1987, S. 18). Dabei hat der Begriff „Kontrolle" verschiedene Bedeutungen: Einmal im Sinne von Prüfen, Überwachen, Beaufsichtigen und zum anderen im Sinne von Beherrschen. Ich möchte deshalb hier eindeutiger von der Fähigkeit, zu beeinflussen oder zu beherrschen sprechen. Dadurch wird sowohl die positive, als auch die negative Seite der Macht deutlich. Ich habe häufig erlebt, dass das Wort „Macht" oft eher negativ besetzt ist, dass es ein Tabu gibt, darüber zu sprechen. Dabei hat Macht als „power", als Kraft und Energie zunächst eine wichtige und wünschenswerte Bedeutung. Macht verströmt erst als Herrschermacht, als Kontrollmacht negative, zerstörerische Energie.

Die negative Kontrollmacht wird in der Handlung als Machtmissbrauch bzw. Machtspiel deutlich. Machtspiele bedienen sich immer Abwertungen, die offen oder subtil sein können. Die subtilsten Abwertungen sind diejenigen, bei denen zwischen verdeckter und offener Ebene ein Widerspruch besteht. Positive Macht dagegen ist wechselseitig, von persönlicher Wertschätzung begleitet und getragen von offenem Verhandeln, Dialog und Führung, es sind klare Rollen definiert.

Bei Machtspielen geht es in erster Linie mehr oder weniger bewusst darum, sich durchzusetzen, Macht zu erhalten, Einfluss zu nehmen, Recht zu haben und das Gesicht zu wahren. Bei Letzterem handelt es sich möglicherweise um ein sekundäres Bedürfnis, das als Kompensation von Scham, Ohnmacht, Hilflosigkeit und Unsicherheit jedoch auch sehr tief gehen kann. Häufig liegen hinter dem Bedürfnis, das Gesicht zu wahren, mangelnde Fähigkeiten zur direkten Kommunikation, zum direkten Ausdruck von Bedürfnissen und Zielen. Insofern dienen auch Machtspiele in Organisationen häufig dem Bedürfnis nach Bestätigung.

Bedürfnis nach Bestätigung

Machtspiele beinhalten immer auch personelle Faktoren (siehe auch Teil B, Kap. 1 „Innere Konflikte"), sie sind aber nicht ohne den Kontext zu verstehen. Die Hauptursache für strukturell bedingte Machtspiele liegt in der Komplexität lebender Systeme. Die beschriebenen Regeln von komplexen Systemen (siehe auch Kap. 2.1) führen dazu, dass organisatorischen Widersprüche nicht vollständig auflösbar sind (siehe auch Teil B, Kap. 4.1 „Strukturelle Konflikte"). Wenn solche Widersprüche nicht offen angesprochen oder gelöst werden, versuchen sich die unterschiedlichen Organisationsprinzipien gegeneinander durchzusetzen und verursachen Machtspiele.

strukturell bedingte Machtspiele in komplexen Systemen

Aber auch die strukturelle Macht der Hierarchie kann zu Machtspielen einladen. Führungskräfte haben per Definition den Auftrag, zu beeinflussen. Sie stehen dann im Spannungsfeld zwischen persönlichen Fähigkeiten und organisatorischen Widersprüchen. Momentan werden allerorts Führungsebenen abgebaut. Häufig ist das mit der Illusion verbunden: „Hier darf keiner Macht haben."

Macht der Hierarchie

In einem von mir beratenen Unternehmen hießen beispielsweise alle Führungskräfte „Einheitsleiter" und die offizielle Hierarchie wurde abgeschafft. Auf der manifesten Ebene waren die Unterschiede so zwar verwischt, aber unterschwellig hat doch jeder versucht, sich gegenüber dem Anderen abzusetzen.

Insbesondere im Zusammenhang mit der mit komplexen Organisationen einhergehenden Uneindeutigkeit in der Struktur fallen persönliche Fähigkeiten oder Unfähigkeiten klar zu sein, in Dialog zu treten und verhandeln zu können, besonders ins Gewicht. Denn Machtfreiheit im Sinne von Unschuld, fehlendem Machtmissbrauch und Gerechtigkeit ist eine Illusion. Eine kompetente Führungskraft erkennt, dass Hierarchie fast immer ungerecht ist und übernimmt Verantwortung für ihre Entscheidung und für mögliche Ungerechtigkeiten. Sie trägt Bedürfnissen der Mitglieder nach Besonderheit, Status und Macht Rechnung und hilft bei der Klärung von Aufgaben und Rollen (vgl. Teil B, Kap. 3.2.1).

In komplexen Organisationen fallen persönliche Fähigkeiten stark ins Gewicht

In der Kommunikation von Menschen stoßen unterschiedliche Bezugsrahmen, Kulturen und Weltbilder aufeinander, es gibt Meinungsunterschiede und Interessenkonflikte. Macht ist dann die Fähigkeit, den

Bezugsrahmen eines anderen Menschen zu beeinflussen. Beraterische Macht z.B. liegt hauptsächlich darin, den Bezugsrahmen zu erweitern. Machtspiele versuchen je nach Eskalationsstufe (siehe Kap. 2.4.5) den Bezugsrahmen des Anderen zu verengen oder zu vernichten.

Macht als Fähigkeit, den Bezugsrahmen eines Anderen zu beeinflussen

Es lassen sich verschiedene Arten von Machtspielen unterscheiden:

Verengung des Bezugsrahmens

Eine Beeinflussung über den Mechanismus „Verengung des Bezugsrahmens" funktioniert in der Regel durch eine (vorgeschützte) Verknappung von Ressourcen (Zeit, Geld, Produkten ...). Eine Verengung des Bezugsrahmens liegt immer dann vor, wenn Möglichkeiten reduziert, verborgen oder als nicht vorhanden erklärt werden. Man vermittelt dem Anderen den Eindruck, es gäbe keine Alternativen. Lässt man sich in ein solches Machtspiel hineinziehen, so tritt anstelle eines Nachdenkens das Gefühl von Unausweichlichkeit. Dieses drückt sich aus als Drang, etwas zu erhaschen oder als innerer Zwang, so und nicht anders handeln zu können, um nicht zu verlieren. Der Ausschnitt des Bezugsrahmens, in dem man sich bewegen kann, wird verkleinert. Fast alle Sonderangebote im Handel beruhen beispielsweise geplant und systematisch auf diesem Beeinflussungsmechanismus.

Möglichkeiten werden reduziert, verborgen oder als nicht vorhanden erklärt

Machtspiele dieses Typs sind beispielsweise Schwarz-Weiß-Spiele, Entweder-Oder-Spiele bzw. mehr oder weniger subtile Drohungen: *„Entweder Sie nehmen unser Angebot als Führungskraft im Land XY an oder Sie können Ihre Karriere vergessen. Sie werden nur einmal gefragt."* Eine Einengung von Optionen und Kreativität findet auch statt, wenn anstelle eines Verhandlungsangebotes ein „Wenn ... , dann ..." tritt: *„Wenn Sie das nicht tun, passiert dies und jenes ..."*

Oft dienen auch Regelungen im Unternehmen nicht rationalen, sondern Machtzwecken wie beispielsweise Unterschriftsregelungen, Budgetkürzungen, die den Spielraum eingrenzen und Optionen verringern. Diese Art von Beeinflussung produziert Verlierer, läuft auf Nullsummenspiele heraus, in denen der Gewinn des einen auf Kosten des anderen geht.

Regelungen in Unternehmen dienen vielfach nicht rationalen sondern Machtzwecken

Die Verengung des Bezugsrahmens kann nicht nur als Machtspiel, sondern umgekehrt auch als Ohnmachtspiel ausgeübt werden, zum Beispiel, wenn jemand seine Passivität folgendermaßen begründet: *„Wenn ich mehr Kompetenzen hätte, würde ich auch mehr Verantwortung übernehmen."* Diese Position eines Mitarbeiters ist dann ein Ohnmachtspiel, wenn die Behauptung realen Grundlagen entbehrt und die Führungskraft unter Druck setzt, wenn nicht geklärt wird, was Kompetenzen und was Verantwortung bedeutet.

Ohnmachtspiel

Zwang

Die „Macht der Mächtigen" hat in ihrer Auswirkung auf den Bezugsrahmen zwei Hauptformen: Einmal der Zwang, der darauf beruht, dem Bezugsrahmen des Anderen etwas wegzunehmen oder ihn zu zerstören. Neben diesem massiven offensichtlichen Eingriff in den Bezugsrahmen eines anderen lässt sich auch eine eher indirekte, nicht immer offensichtliche Beeinflussung feststellen: die Manipulation.

dem Bezugsrahmen des Anderen etwas wegnehmen oder ihn zerstören

Ausübung von Zwang kann zum Beispiel durch offene Lügen erfolgen, die so dick aufgetragen werden, dass keiner glaubt, dass es sich um eine Lüge handelt, z.B. wenn ein Verkäufer offen lügt „*Natürlich ist das echtes Gold.*" Um offene Ausübung von Zwang handelt es sich auch, wenn der Mächtige nicht in den Dialog treten will, also eine Aussprache verweigert und offen signalisiert: „*Ich lasse nicht mit mir reden*". Zum Beispiel erzählte mir eine Führungskraft in einem Beratungsgespräch von einem Konflikt mit ihrem Vorstand, der mit einer Handbewegung und der Bemerkung „*Wer hat denn diesen Quatsch geschrieben!*" ihre Ausarbeitungen auch verbal vom Tisch fegte.

Eine ebenso offene Abwertung ist auch die Strategie, jemandem den Faden abzuschneiden, ihn mitten im Satz zu unterbrechen, nicht zu Wort kommen zu lassen, die Stimme zu erheben bis hin zum Anbrüllen, zur offenen Bedrohung, zu Angriff und Gewalt. Hier ist dann die Machtausübung vielleicht am deutlichsten erkennbar.

Eine Unternehmenskultur, die sich hauptsächlich dieser Mittel bedient, wäre wohl am geeignetsten als Diktatur zu bezeichnen, deren Führungsstil autoritär und deren Mitarbeiter Sklaven sind. In Reinform gehört das sicher – zumindest in westlichen Kulturen – der Vergangenheit an. Dennoch sind noch Teile davon in modernen Unternehmen beobachtbar.

Eine Unternehmenskultur, die sich hauptsächlich offener Machtmittel bediente, wäre eine Diktatur

Manipulation

Häufiger bedient sich missbräuchliche Machtausübung der Manipulation. Die Manipulation beruht hauptsächlich darauf, die angebotene Wirklichkeitsdefinition einfach beiseite zu schieben (Redefinitionen nach Schiff 1975) und etwas Neues anzubieten (blockierende Transaktionen) oder zwar Teile aufzugreifen, aber den wesentlichen Inhalt zu verfälschen bzw. den Fokus zu verschieben (tangentiale Transaktionen). Häufigen Einsatz finden manipulative Manöver in Verhandlungen als Tricks und Argumentationstechniken.

eine Wirklichkeitsdefinition beseite schieben, verfälschen oder den Fokus verschieben

Manipulation ist ein weites Feld und ein Kernstück, in dem Machtspiele auf subtile Weise stattfinden. Manipulative Machtspiele sind am schwierigsten von allen Machtspielen zu bemerken und zu konfrontieren. Sie arbeiten mit verdeckten Botschaften, die sich einer Offenlegung in der Regel entziehen. Formen sind Auslassungslügen, zum Beispiel „verkauft" der Chef einem Mitarbeiter ein attraktives Projekt, verschweigt aber die damit einhergehende politische Problematik. Oder man verwendet Lockvögel wie z.B. „*Wenn du dich anstrengst, wirst du an der Firma beteiligt.*" Ohne klare Absprache (was heißt „anstrengen", in welcher Höhe ist wann die Beteiligung zu erwarten) können die Hinhal-

Manipulativen Machtspielen ist schwer zu begegnen

temanöver auf unbestimmte Zeit sein, die sich dann als motivationaler Ansporn so lange tarnen, bis der Mitarbeiter sein Vertrauen verloren hat.

indirekte (nonverbale) Beeinflussungen

Weitere manipulative Strategien sind indirekte (nonverbale) Beeinflussungen, zu denen die Wahl eines geeigneten Unterredungsortes (nach Steiner 1987, „Power Spot"), z.B. mit dem Rücken zum Licht, erhöht, hinter einem Schreibtisch etc., Mimik und Gestik (z.B. Schulterklopfen, Eindringen in die Intimsphäre) oder das Hervorrufen von Schuldgefühlen zählen. Zum Beispiel berichtete eine Mitarbeiterin davon, unter Druck gesetzt worden zu sein, nach dem Mutterschutz nur halbtags zu kommen, da sonst der Kollege XY, den sie doch auch kenne, keinen Arbeitsplatz bekomme.

Ablenkungsmanöver werten denjenigen ab, der versucht, die Machtspiele zu konfrontieren oder selbst Macht zu erlangen, z.B. durch *„Sind Sie aber empfindlich."*

Eine andere Strategie ist es, den Bezugsrahmen des Gesprächspartners schlichtweg für falsch zu erklären: *„Sie sehen das nicht richtig"*. Ich nenne das auch „ein X für ein U vormachen". Oft werden subtile Gleichnisse, Metaphern oder Wortspiele benutzt wie z.B. „das Herz brechen", „in den Rücken fallen", wird der Stempel „teamunfähig", „unkooperativ" oder Ähnliches aufgedrückt.

Hierarchiespiele von Führungskräften, um Macht nicht offen ausüben zu müssen

Eine besondere und ziemlich deutliche Art sind Hierarchiespiele, deren sich manche Führungskräfte bedienen, um Macht nicht offen z.B. durch Klarheit, Anweisungen und Befehle ausüben zu müssen. Beispielsweise jemanden warten lassen, nicht zuhören, während eines Mitarbeitergesprächs telefonieren, nicht zurückrufen, Termine willkürlich und kurzfristig verschieben, andere Prioritäten zu setzen.

In einer Verwaltung berichtete ein Personalleiter von Problemen mit dem Oberbürgermeister, der ständig seine Prioritäten verschob. Es mutete an wie „Hase und Igel". Immer wenn der Personalleiter mit dem Bürgermeister einen Vertrag machen wollte, hatte sich die politische Situation verändert. Für den Oberbürgermeister diente diese Art der manipulativen Strategie dem Machterhalt, sich nicht festlegen zu müssen und sich bei politischen Kurswechseln den Rücken frei zu halten.

Die Macht der Ohnmächtigen

Durch Passivität und Nichtstun kann auch Macht ausgeübt werden

Macht ist jedoch selten nur die Macht der Mächtigen. Auch die Macht der Ohnmächtigen soll hier Beachtung finden. Um gegen Mächtige anzukommen, können die Ohnmächtigen ebenfalls Machtspiele spielen, z.B. durch Passivität und Nichtstun.

Viele Mitarbeiter laufen mit der Haltung *„Ist was?"* herum – auch bekannt unter *„Nichts hören, nichts sehen, nichts sagen"* und lehnen damit eigene Verantwortung am Geschehen ab, z.B.: *„Wenn man mich nicht informiert..."*. Oder ein Mitarbeiter behauptet *„Ja, ich tue es..."*, leitet aber nichts Entsprechendes ein.

Humorvoll kommt diese Strategie als pfiffige Lösung im Witz über den Breitmaulfrosch zum Ausdruck:

Geht ein kleiner grüner Breitmaulfrosch spazieren. Trifft eine Kuh. Fragt: „Wer bist denn du?" Sagt die Kuh: „Ich bin eine Kuh". Der Frosch: „Was isst denn du?" „Grünes fettes Gras", sagt die Kuh, „und wer bist denn du?" „Ein kleiner grüner Breitmaulfrosch", sagt der Frosch und hüpft weiter. Trifft eine Ziege. Wieder fragt er „Wer bist denn du und was isst denn du?" „Ich bin eine Ziege und esse grünes Gras", sagt die Ziege, „und wer bist denn du?" „Ein kleiner grüner Breitmaulfrosch" sagt der Frosch und hüpft weiter. Trifft einen Storch. Fragt wieder seine Frage. Der Storch antwortet: „Ich bin ein Storch und esse kleine grüne Breitmaulfrösche. Und wer bist denn du?" „Oh", sagt der Frosch und spitzt dabei den Mund, „kleine grüne Breitmaulfrösche habe ich hier keine gesehen." Und hüpft schnell weg.

Auch als „schmollender Riese", der sich demonstrativ in einen Winkel setzt, den auf keinen Fall jemand übersehen kann (nach Steiner 1987) gelingt es manchmal, Druck auszuüben. Eine weitere Spielart lautet *„Ganz wie du willst"* und äußert sich z.B. im Dienst nach Vorschrift, bei dem der mit *„Nun mal langsam!"*, angesprochene Mitarbeiter fünf Stunden länger arbeitet als normal.

2.4.4 Das Phänomen Mobbing

Mobbing kommt ursprünglich vom englischen Wort „mob", einer Verkürzung des lateinischen Begrifs „mobile vulgus" (= aufgewiegelte Volksmenge, Pöbel). Zunächst im Tierreich verwendet von Konrad Lorenz, der damit den Angriff einer Gruppe von Tieren auf einen Eindringling bezeichnet, fand der Begriff seit den 60ger-Jahren Eingang in die Sozialforschung.

Die inzwischen in Unternehmen gebräuchlichste Definition für Mobbing findet sich bei Leymann (1995, S. 18): *Definitionen*
„Unter Mobbing wird eine konfliktbelastete Kommunikation am Arbeitsplatz unter Kollegen oder zwischen Vorgesetzten und Untergebenen verstanden, bei der die angegriffene Person unterlegen ist und
1. von einer oder einigen Personen systematisch,
2. oft und während längerer Zeit
3. mit dem Ziel und/oder dem Effekt des Ausstoßes aus dem Arbeitsverhältnis
4. direkt oder indirekt angegriffen wird und dies als Diskriminierung empfindet."

Die Bundesanstalt für Arbeitsschutz- und Arbeitsmedizin (BAuA 2003, S. 7) definiert Mobbing folgendermassen: *„Mobbing bedeutet, dass jemand am Arbeitsplatz systematisch und über einen längeren Zeitraum schikaniert, drangsaliert, benachteiligt und ausgegrenzt wird."*

Spezialfall von Machtspielen im Sinne von kollektiven Verfolgerspielen

Mobbing kann man begreifen als einen Spezialfall von Machtspielen im Sinne von kollektiven Verfolgerspielen (siehe auch Teil B, Kap. 1.3.5, die Erläuterungen der psychologischen Rollen im Dramadreieck). Am treffendsten finde ich die Definition von Oswald Neuberger (1995): *„Jemand spielt einem übel mit und man spielt wohl oder übel mit"* (S. 11 ff.). In der Mobbing-Literatur (z.B. BAuA 2003, Hirigoyen 2003, Klein 2002, Neuberger 1995,) finden sich viele der oben angeführten Machtspiele (Kap. 2.4.3) als Mobbing-Strategien wieder.

Mobbing ist in der Regel ein schwer wiegender Substitutionskonflikt., d.h. ein Konflikt bei dem verschiedene strukturelle oder kulturelle Themen auf der persönlichen und Beziehungsebene ausgetragen werden. Oft kumulieren im Vorfeld ungelöste Konflikte im Rahmen von Umstrukturierungen und Personalabbau.

Oft kumulieren im Vorfeld ungelöste strukturelle Konflikte

So stellt das BauA (2003, S. 4) einen Fall aus Japan dar, in dem Mitarbeiter ohne jegliche Büroausstattung und Aufgaben unter Redeverbot kaltgestellt sind. Das Ziel dieser Maßnahme ist es, dass diese Mitarbeiter von sich aus kündigen, denn in Japan ist es undenkbar, langjährigen Firmenangehörigen zu kündigen. Doch so etwas gibt es nicht nur in Japan.

Im Coaching berichtet mir eine Führungskraft, dass in ihrer Firma im Rahmen einer Fusion 800 Arbeitsplätze abgebaut werden sollen. Welche Mitarbeiter davon betroffen sind, wird nicht bekannt gegeben. Gleichzeitig werden 800 Mitarbeiter in ein neues Bürogebäude umgesetzt, das aus acht Etagen mit Großraumbüros für je 100 Menschen besteht. Dort sitzen die Mitarbeiter in Reihen hintereinander. Sie haben lediglich einen „virtuellen" Arbeitsplatz, was bedeutet, dass sie ihre Arbeitsmaterialien in Containern unterbringen und keinen festen Arbeitsort haben. Damit einhergehend dürfen nirgendwo persönliche Gegenstände (Bilder, Schreibutensilien, Pflanzen etc.) untergebracht werden. Nicht nur die Führungskraft zieht ihre Schlüsse aus diesen Ereignissen ...

Eskalationsmechanismen treten verdichtet auf

Beim Mobbing treten die in Kap. 2.4.2 beschriebenen Eskalationsmechanismen verdichtet auf. Mobbing ist wohl das derzeit schlimmste Phänomen im Rahmen der Konflikteskalation mit negativen Auswirkungen nicht nur für die betroffenen Einzelpersonen, sondern auch für die einzelnen Firmen und die Volkswirtschaft. So geht die BAuA (2003) in ihrem Bericht davon aus, dass in Deutschland von den derzeit rund 37 Millionen Erwerbstätigen derzeit über 1 Million Personen nach ihrer Definition gemobbt werden und schätzt den Produktionsausfall durch Mobbing auf rund 12,5 Mrd. Euro.

vier Phasen des Mobbing-Prozesses

Beschrieben werden kann der Mobbing-Prozess in vier Phasen (BAuA 2003, S. 9):

1. **Ungelöster Konflikt:** Wenn ein ungelöster Konflikt nicht besprochen wird, kommt es zu ersten Schuldzuweisungen und vereinzelten persönlichen Angriffen.

2. **Der Psychoterror beginnt:** Es entstehen chaotische Zustände. Die eigentliche Konfliktursache gerät in den Hintergrund, während die betroffene Person immer häufiger zur Zielschabe systematischer Schikanen wird. Damit einher gehen soziale Ausgrenzung und psychologische Folgen, wie z.B. der Verlust des Selbstwertgefühls.
3. **Arbeitsrechtliche Sanktionen:** In der Eskalation wird die gemobbte Person so stark verunsichert, dass sie sich schlecht konzentrieren kann und Fehler macht – sie gilt zunehmend als problematisch. Die Folgen sind dann arbeitsrechtliche Sanktionen wie Abmahnung, Versetzungen oder Androhung von Kündigung.
4. **Der Ausschluss:** Das Ziel der Mobber ist erreicht, wenn die betroffene Person ausgeschlossen wird, weil sie kündigt, in einen Auflösungsvertrag einwilligt oder ihr gekündigt wird.

Folgende Mobbing-Handlungen können im Durchschnitt bei den Betroffenen festgestellt werden (repräsentative Befragung des BAuA 2003, S. 10, Mehrfachnennungen der Beteiligten):

die häufigsten Mobbing-Handlungen

- Gerüchte/Unwahrheiten · 61,8 %
- Arbeitsleistung falsch bewertet · · · · · · · · · · · · · · · · · 57,2 %
- Ständige Sticheleien und Hänseleien · · · · · · · · · · · · · 55,9 %
- Wichtige Informationen werden verweigert · · · · · · · · 51,9 %
- Die Arbeit wird massiv und ungerecht kritisiert · · · · · 48,1 %
- Ausgrenzung/Isolierung · 39,7 %
- Als unfähig dargestellt · 38,1 %
- Beleidigungen · 36,0 %
- Arbeitsbehinderung · 26,5 %
- Arbeitsentzug · 18,1 %

Grundsätzlich lassen sich drei Kategorien von Mobbing-Handlungen unterscheiden:

drei Kategorien von Mobbing-Handlungen

1. **Mobbing auf der Arbeitsebene:** z.B. die Anordnung von sinnlosen Tätigkeiten, ständige massive Über- oder Unterforderungen durch dementsprechende Aufgaben, massive und unsachliche Kritik an der Arbeit des Mitarbeiters, Unterschlagung oder Manipulation von Arbeitsergebnissen, infrage stellen von Entscheidungen und Fähigkeiten der Mitarbeiter, Zurückhaltung von arbeitsrelevanten Informationen etc.
2. **Mobbing auf der sozialen Ebene:** z.B. üble Nachrede, Ausstreuen von Gerüchten, der Lächerlichkeit preisgeben und Sich-Lustig-Machen, Diffamierungen, Verunglimpfungen und Beschimpfungen, Entzug der Meinungsfreiheit, Ignorieren und demonstratives Schweigen, kollektives Verlassen des Raumes bei Erscheinen des Mitarbeiters etc.
3. **Mobbing auf gesundheitlicher Ebene:** z.B. Androhung oder Ausübung körperlicher Gewalt, Zwang zum Verrichten von gesundheitsschädigenden Arbeiten ohne ausreichenden Schutz, sexuelle Hand-

greiflichkeiten, Anrichten von Schäden am Arbeitsplatz oder im privaten Umfeld des Betroffenen etc.

wesentliche Ursache für Mobbing

Als wesentliche Ursache für Mobbing sieht die BAuA (2003) in ihrem Mobbing-Ratgeber vier zentrale strukturelle und kulturelle Faktoren:
- Eine **schlechte Arbeitsorganisation** mit ungeklärten Verantwortlichkeiten und diffusen Zuständigkeiten, die zu Überforderung, Stress und Leistungsdruck führt.
- Eine **mangelhafte Arbeitsgestaltung,** die monoton und wenig ansprechend ist und die Mitarbeiter nicht einbezieht oder unterfordert.
- Ein **autoritärer Führungsstil,** der zu einem Klima der Angst führt.
- Eine **fehlende Gesprächskultur,** in der statt Dialoge zu führen Schuldige gesucht werden.

Im Produktionsbereich eines Unternehmens werden Betriebe geschlossen und es müssen betriebsbedingt Entlassungen durchgeführt werden. Um die Fairness und Gerechtigkeit zu erhöhen, soll diese Maßnahme nicht nur mit Sozialkriterien, sondern auch mit Leistungsbeurteilungen verbunden werden.

Jede Führungskraft hat die Aufgabe, aus den eigenen Reihen Mitarbeiter zu identifizieren, auf die aus leistungsbedingten Gründen am ehesten verzichtet werden kann und die über Frühpensionierungs- und Abfindungsangebote möglicherweise zu einer Kündigung bewegt werden können. Als Alternative steht diesen Mitarbeitern der Transfer in eine Auffanggesellschaft zur Verfügung, die über Outplacement-Verfahren andere Beschäftigungsmöglichkeiten für diese Firmenangehörigen sucht.

So weit so gut. Von der strukturellen Basis sind gute Voraussetzungen gelegt. Es handelt sich auch um ein sehr mitarbeiterorientiertes Unternehmen, das in der Vergangenheit kaum zu harten Maßnahmen greifen musste. Die Firmenkultur bestand bis hierher überwiegend in der Vermeidung von Konflikten, Feedback wurde selten gegeben und auch Beurteilungssysteme erfuhren hohen Widerstand. Das Hauptargument dagegen war immer: „Und wenn jemand seine Leistung nicht bringt, habe ich ja doch keine Möglichkeiten, ihn loszuwerden." Mit dieser Haltung wurde oft jahrzehntelang schweigend der Ärger über Mitarbeiter angespart, die ihre Leistung aus Sicht der Vorgesetzten nicht erbrachten. Mit dem neuen System ergab sich nun „endlich" die Gelegenheit.

Denn was nun passierte, war von den Personalstrategen nicht eingeplant: Viele Führungskräfte nutzten die Gelegenheit, ihren angesparten Ärger loszuwerden und setzten den betroffenen Mitarbeitern „die Pistole auf die Brust". Diese waren nach schonungslosen Kritikäußerungen wie vor den Kopf gestoßen. Viele konnten diese Reaktion nicht verstehen, da sie in ihren Augen jahrelang und jahrzehntelang gute Arbeit geleistet hatten, schließlich hatte keine Führungskraft je etwas anderes gesagt.

So kam es zu zwei Reaktionsrichtungen: Viele Mitarbeiter sahen die Beurteilung als ungerecht und als reines Mittel zum Zweck an. Eine andere

Gruppe war tief in ihrem Selbstwertgefühl getroffen, in einem Fall kam es sogar zum Selbstmord, wodurch dann erst die Firmenleitung alarmiert wurde, dass etwas nicht stimmte. Es stellte sich heraus, dass die identifizierten „Sündenböcke" auch von den Kollegen gemieden und teilweise sogar gemobbt wurden. Oft fand schon im Vorfeld Mobbing statt, da man um seinen eigenen Arbeitsplatz fürchtete und gleichzeitig hoffte, unliebsame Kollegen loszuwerden. Nachdem die Unternehmensleitung die Vorgänge näher untersucht hatte, wurden Schulungen für die Führungskräfte über das Führen von Beurteilungs- und Konfliktgesprächen durchgeführt, eine offensive Anti-Mobbing-Kampagne durchgeführt und Beratungsstellen für betroffene Mitarbeiter eingerichtet.

Zusammenfassend stellt das BAuA (2003, S. 19) fest: „*Grundsätzlich sind Firmen überdurchschnittlich von Mobbing betroffen, die der Personalentwicklung und der Personalpflege wenig Aufmerksamkeit widmen und auch ansonsten eher schlechte Arbeitsbedingungen bieten.*"

In unserer eigenen kleinen Umfrage (siehe Kap. 2.2.2) gaben 35 Prozent der befragten Unternehmen an, dass Mobbing im Leymann´schen Sinne in ihrem Unternehmen selten existiert und 65 Prozent, dass eher isolierte Mobbing-Handlungen auftreten und Mitarbeiter sich gemobbt fühlen, aber die Leymann´sche Definition nicht erfüllt sei. Als Gründe für das Mobbing gaben die Befragten an:
- Personalabbau
- Umstrukturierung
- Kommunikationsprobleme
- Fehlende klare Absprachen innerhalb der Abteilung
- Fehlende Teamentwicklung

In der Ursachenanalyse hat man weiterhin festgestellt, dass es kein typisches „Gemobbten"-Profil gibt, jedoch Risikogruppen: Frauen, Auszubildende, ältere Beschäftigte sowie MitarbeiterInnen in Banken oder Pflegebereichen (BAuA 2003, S. 14). Anders als bei den Opfern ist allerdings das Täter-Profil klar umrissen – hier ein Ergebnis der BAuA-Umfrage (2003, S. 15 f.):

kein typisches „Gemobbten"-Profil, jedoch Risikogruppen

- 40 Prozent aller Mobbing-Opfer gehen auf das Konto von Vorgesetzten und weitere 10 Prozent verbünden sich mit Kollegen des ausgeguckten Opfers.
- In 20 Prozent der Fälle verbirgt sich hinter dem Psychoterror ein/e KollegIn und in weiteren 20 Prozent eine ganze Gruppe von KollegInnen.
- Etwa 70 Prozent der Mobber sind zwischen 35 und 54 Jahren alt.
- 60 Prozent der Mobber sind Männer.

klares Täter-Profil

„Bringt man es auf den Punkt, so handelt es sich beim typischen Mobber um einen männlichen Vorgesetzten zwischen 34 und 54 Jahren, der bereits langjährig im Betrieb beschäftigt ist" (BAuA 2003, S. 16). Hier wird deutlich, dass Mobbing eine typische Gewinner-Verlierer-Strategie (siehe Teil C, Kap. 1.1.2) im Sinne der Vernichtung anderer darstellt.

Mobbing kann selten individuell gelöst werden, wenn es einmal auftritt. Präventionsstrategien liegen in einer guten Führungskultur (Teil B, Kap. 3.2.1), in der Feedback und Förderung von Mitarbeitern einen hohen Stellenwert haben, der Ausbalancierung von strukturellen Spannungsfeldern (Teil B, Kap. 4.1 und 4.2.1), der Schaffung struktureller Bedingungen für eine gute Konfliktprävention (Teil B, Kap. 4.2.3) und in der kulturellen Konfliktprävention (Teil B, Kap. 4.4). Spezifische Systemlösungen, die sowohl präventiv als auch zur Behandlung von Mobbing eingesetzt werden können, werden in Teil C, Kap. 3.5 behandelt.

Mobbing kann selten individuell gelöst werden

2.4.5 Phasenmodell der Konflikteskalation

Eskalationsprozesse erfolgen in der Regel nicht über Nacht, sondern finden stufenweise statt. Für die Beteiligten sind diese Stufen durch Wendepunkte markiert, die in der Erinnerung einen Schritt mehr in Richtung Anspannung, Streit, Gewalt und Kampf zur Folge hatten. Solche Wendepunkte bleiben auch deshalb markant in Erinnerung, weil sie nicht in erster Linie rational begründet sind, sondern emotional-symbolische Meilensteine darstellen.

Emotional-symbolische Meilensteine leiten jeweils eine neue Stufe im Eskalationsprozess ein

Solche konfliktären Negativentwicklungen sind Abwärtsprozesse, die auch als Abwertungsspiralen (vgl. Abb 22: Konfliktspirale) beschrieben werden können. Man spricht dann davon, dass *„es abwärts geht mit uns"*, dass „es" (die Beziehung, das Team) nicht mehr so ist wie früher, dass das nun *„wirklich ein Schlag unter die Gürtellinie"* war etc. Gemeint ist damit, dass sich im Laufe der Konfliktentwicklung Beziehungen verschlechtern, Haltungen und Einstellungen verändern, Wahrnehmungen verzerren, persönliche Macken immer mehr hervortreten, dass der Prozess der Steuerung in schnelleren Sequenzen außer Kontrolle gerät, sich der Konfliktrahmen immer weiter vergrößert, Konfliktthemen komplexer, Parteien mehr und mehr entfremdet und Lösungsmöglichkeiten stark eingeengt werden.

Ich beziehe mich in meiner achtstufigen Phasendarstellung (Abb. 24) auf Glasls (1990) Modell von neun Eskalationsstufen, dem verschiedene Untersuchungen zugrunde liegen, die zwischen vier und vierundvierzig Eskalationsstufen unterscheiden. Die Bezeichnungen der Stufen habe ich teilweise von Klein (2002) übernommen, da sie gut in die Firmenalltagssprache passen.

Die dargestellten Phasen sind als Tendenzen zu verstehen

Die Übergänge zwischen den Stufen verlaufen manchmal für die Beteiligten fließend, die dargestellten Phasen sind als Tendenzen zu verstehen. Jede Stufe ist jedoch durch spezifische Schwellen gekennzeichnet, die oft erst im Nachhinein als solche erkennbar sind. Auch ist jede Phase an einer charakteristischen Strategie erkennbar.

Dabei sind die Stufen den in Kap. 2.3.2 (Abb. 17) dargestellten allgemeinen Konfliktentwicklungsphasen zuordnenbar: Stufen 1 und 2 (Missstimmung und Debatte) fallen in die „Anbahnung", Stufen 3 und 4 (Misstrauen und Koalitionen) in die „Rationalisierung", Stufen 5 und

Eskalationsdynamiken 89

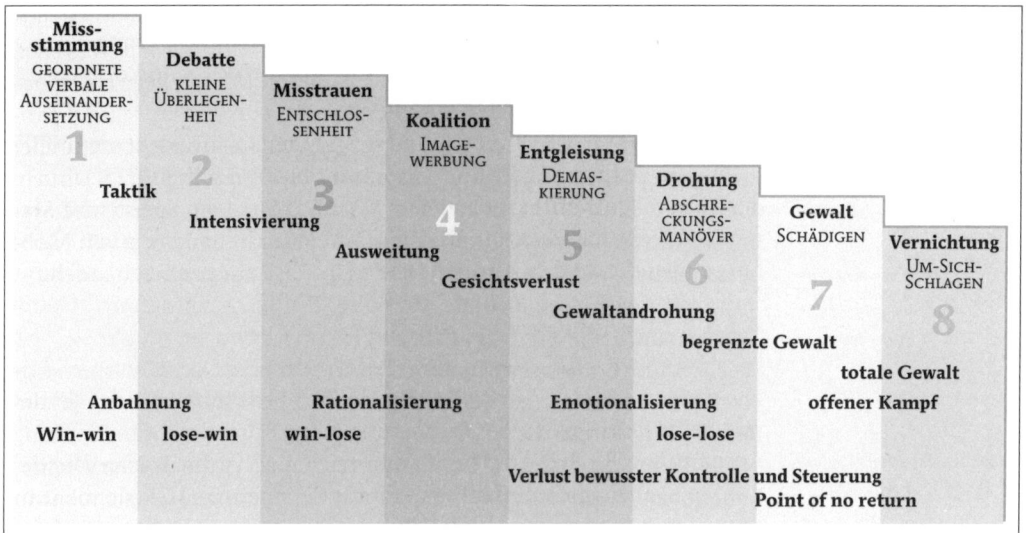

Abb. 24: Eskalationsstufen

6 (Entgleisung und Drohung) in die „Emotionalisierung" und Stufen 7 und 8 (Gewalt und Vernichtung) in die Phase des offenen Kampfes oder kalten Kriegs.

Ganz zu Beginn, in der ersten Stufe der Missstimmung, besteht bei den Beteiligten noch eine Gewinner-Gewinner-Grundeinstellung (auch win-win, vgl. Teil B, Kap. 1.3.1), in der zweiten Phase der Debatte besteht innerlich eher eine Verlierer-Gewinner-Einstellung (lose-win), das bedeutet, dass man selbst befürchtet zu verlieren und der Andere gewinnt. Die meisten Konflikte beginnen in dieser Haltung, auch wenn das oft für den Partner nicht erkennbar ist. Meist wird diese Haltung jedoch ab der dritten Stufe (Misstrauen) zugunsten eine Gewinner-Verlierer-Haltung (win-lose) aufgegeben: man geht in die Konkurrenz, setzt sich für die eigenen Ziele ein. Ab Phase sechs sind die Parteien in einer Verlierer-Verlierer-Haltung (lose-lose): die Hoffnung auf Gewinne und der Blick auf Ziele gehen verloren, es geht darum, Verluste zu reduzieren und Schaden zu begrenzen.

verschiedene Grundeinstellungen in den verschiedenen Eskalationsphasen

Zwei weitere markante Stellen seien hier genannt: Erstens beim Übergang von Stufe vier zu fünf: Spätestens ab hier ist der Konflikt so komplex und die Fähigkeit zur Realitätswahrnehmung so reduziert, dass von bewusster Kontrolle und Steuerung allein durch die Beteiligten nicht mehr die Rede sein kann. Oft ist hier die Einschaltung einer dritten Partei notwendig zur Konfliktlösung (vgl. Teil C Kap. 1.2 und 2.2 – 2.5). Die zweite markante Stelle befindet sich bei Stufe sechs: Spätestens ab hier ist eine Umkehr selten, die Konfliktdynamik hat sich verselbstständigt und kann in der Regel nur noch durch Machteingriffe von außen (z.B. Versetzung, Auflösung der Gruppe) begrenzt werden.

Phase 1: Missstimmung
Hauptstrategie der geordneten verbalen Auseinandersetzung
Schwelle zu 2: vom offenem Gespräch, von Fairness und Regeleinhaltung zu Taktik und Polarisation

Zu Beginn eines Konflikts wird dieser meistens noch nicht als solcher wahrgenommen. Die Grundeinstellung bleibt noch eine Gewinner-Gewinner-Einstellung, es tauchen jedoch Unstimmigkeiten und Meinungsunterschiede auf und es kommt vielleicht ab und zu zu einem Ausrutscher. Insgesamt geht die vorherige Unbefangenheit in der Kommunikation verloren, es bildet sich eine Stimmung von Gereiztheit und Angespanntheit. Man fragt sich, was los ist, warum der Andere so „seltsam" reagiert. Einerseits bestehen noch ganz klare gemeinsame Ziele, andererseits kommt es zu einer gesteigerten Sensibilität für das Verhalten der Konfliktpartei.

Unbefangenheit in der Kommunikation geht verloren

In dieser Phase sind die Konfliktparteien noch nicht als klare Parteien erkennbar, es entsteht erst eine spontane Gruppen- und Cliquenbildung, die noch mehr oder weniger zufällig erlebt wird. Ein Hauptwarnzeichen ist, dass durch die erhöhte Vorsicht die Kommunikation unvollständiger wird und erste Missverständnisse und Verzerrungen entstehen. Man erhofft sich jedoch, durch eine „normale" Auseinandersetzung, ein Gespräch, Lösungen zu finden. Ist das (scheinbar oder real) nicht mehr möglich, wird die Schwelle zu Phase 2 überschritten, in der taktische Überlegungen eine größere Rolle spielen.

Es kommt zu ersten Missverständnissen und Verzerrungen der Kommunikation

Phase 2: Debatte
Hauptstrategie der kleinen Überlegenheit
Schwelle zu 3: Angst vor Intensivierung und davor, dass der gemeinsame Boden verloren geht

Der Konflikt befindet sich immer noch in der Phase der Anbahnung. Das Austragen von Argumenten nimmt in der zweiten Phase zu. Es geht scheinbar immer noch „nur" um die Sache, doch man will der anderen Partei nachweisen, dass man selbst die besseren Argumente hat. Fast unmerklich und oft ohne eigene Absicht entwickelt sich mehr und mehr ein „Show-Business", in dem es nicht mehr nur um die Sache, sondern vor allem um das Vertreten der Sache nach außen geht. Die Zahl der Präsentationen und Präsentationsfolien steigt. Es wird mehr über Taktiken nachgedacht, die eigenen Absichten werden verborgen.

Die eigene Sache wird nach außen vertreten

Zwischen Verhalten und Absicht besteht immer weniger Übereinstimmung. Durch das Sichern eines kleinen Vorsprungs zeigt man dem Gegner Überlegenheit. Verhaltensweisen werden mehr und mehr asymmetrisch, von oben herab, dominierend, zurechtweisend und bestimmend.

immer weniger Übereinstimmung zwischen Verhalten und Absicht

In dieser Phase wird die Parteienbildung ziemlich deutlich, der Gruppenzusammenhalt in der eigenen Partei steigt. Zwar wird immer noch ein gemeinsames Ziel gesehen, dies steht jedoch in Ambivalenz zur steigenden Konkurrenz.

Die Parteienbildung wird deutlich

Das Klima ist zunehmend von Anspannung geprägt, die sich ab und zu durch Unmutsäußerungen oder ein Aufbrausen der anderen Partei gegenüber deutlich macht. Einerseits wird damit zwar „Dampf abgelassen", andererseits steigt so die Spannung zwischen den Gruppen. Spürbar wird eine pessimistische Grundhaltung (Verlierer-Gewinner / lose-win), die zwar nach außen gut überspielt wird, in der aber kaum noch erwartet wird, dass eine gemeinsame Lösung möglich ist („*Mit dem/denen kann man nicht reden*"). Je intensiver diese Angst wird, desto wahrscheinlicher ist ein Überschreiten der Schwelle zu Phase 3.

zunehmend pessimistische Grundhaltung

Phase 3: Misstrauen
Hauptstrategie der Entschlossenheit
Schwelle zu 4: von der Begrenzung auf die Ursprungsgruppe in die Ausweitung der sozialen Arena

Im Übergang von Stufe zwei zu Stufe drei wird das Gespräch zunehmend als nutzlos erlebt. Ein typischer Ausspruch ist „*Was soll das Gerede!*" dem ein Aufruf zu Taten, zu entschlossenen Handlungen folgt. Die Kommunikation wird mehr und mehr durch Taten, nonverbales und symbolisches Verhalten bestimmt. Die andere Partei wird vor „vollendete Tatsachen" gestellt, das gegenseitige Verständnis und die Dialogfähigkeiten sinken (vgl. Teil B, Kap. 2.2.2). Dadurch entstehen jedoch auch mehr Spielräume für Fehlinterpretationen, beispielsweise lassen sich nonverbal keine Nicht-Botschaften ausdrücken, z.B. kann man Nicht-Schlagen nur durch eine unvollendete Geste des Schlagens ausdrücken. Der Anteil von psychologischen Spielen und Machtspielen steigt.

Gespräch wird zunehmend als nutzlos erlebt

Parteien stellen einander vor „vollendete Tatsachen"

Paradoxerweise erzeugt man so durch das unmissverständliche Demonstrieren der eigenen Absichten durch Taten ein Wachsen der Missverständnisse. Eine weitere Paradoxie besteht darin, dass man selbst immer weniger zum Nachgeben bereit ist, vom Anderen aber genau dieses erwartet. Das Ausmaß an Komplexität, Fehlinterpretationen und Vieldeutigkeiten steigt.

Der Gruppenzusammenhalt steigt weiter bis hin zum Konformitätsdruck. Durch Hinweise wie „*Wir sitzen in einem Boot*" wird das Wir-Gefühl gesteigert und selbstständiges Denken unterbunden. So kann die durch den Bruch mit der anderen Partei bestehende Nervösität und das Unwohlsein aufgefangen werden.

Gruppenzusammenhalt steigt weiter bis hin zum Konformitätsdruck

Phase 4: Koalitionen
Hauptstrategie der Imagewerbung
Schwelle zu 5: Sorge um das eigene Image, vor einem Gesichtsverlust wird noch zurückgeschreckt

Inzwischen haben sich beachtliche Kommunikationsbarrieren aufgebaut und es geht immer stärker um Gewinn und Verlust, Sieg und Niederlage, die „Win-lose"-Einstellung verstärkt sich. Die Haltung der Konfliktparteien wird rigider, fanatischer und rücksichtsloser. Die Bilder der

Beachtliche Kommunikationsbarrieren sind entstanden

klare Feindbilder anderen Parteien kristallisieren sich zu klaren Feindbildern, fügen sich sozusagen wie ein Mosaik zusammen und gipfeln in der Erkenntnis: „*So einer ist das*".

Während das Fremdbild immer negativer wird, nimmt in einem Projektionsmechanismus das eigene Selbstbewusstsein zu. Durch die Polarisation kann man sich auf der Seite der Guten fühlen, das eigene Verhalten aufwerten und destruktive Verhaltensweisen rechtfertigen. Durch erhöhten Stress und eine Einengung der Wahrnehmung wird dann auch beim Anderen im Sinne einer „selbsterfüllenden Prophezeiung" nur noch das negative Verhalten wahrgenommen. In der eigenen Partei erlebt man sich als bloß „reagierend" auf das dämonische Verhalten des Anderen. Das Denken folgt immer stärker Schwarz-Weiß-Mustern, die Machtspiele haben sich verschärft, es wird immer undenkbarer, dass beide Recht haben, Zwischentöne werden nicht mehr wahrgenommen.

Rechtfertigung eigener destruktiver Verhaltensweisen

vollständige Verlagerung des Konflikts von der Sach- auf die Beziehungsebene

In dieser Phase wird der Konflikt fast vollständig von der Sachebene auf die Beziehungsebene verlagert. Das Problem ist nicht mehr das ursprüngliche Thema, sondern der Konfliktpartner, mit dessen Besiegen man glaubt alle Probleme zu lösen.

In einem aufgeheizten Konflikt zwischen einem Team und seinem Chef schafft es dieses Team, über eine starke Koalition mit dem übernächsten Vorgesetzten, dass dieser versetzt wird. Erst dann merken die Mitglieder, dass sie sich weder so einig sind wie zuvor geglaubt, noch die Fähigkeiten und Möglichkeiten besitzen die Sachthemen zu bewältigen.

Kurzschlusshandlungen und psychologische Spiele

Ist der Konflikt in einer „heißen" Phase, so finden hier mehr und mehr Kurzschlusshandlungen statt. Handelt es sich eher um einen „kalten" Konflikt, so greifen die Parteien zu „dementierbarem Strafverhalten" (Glasl 1990 S. 242 f.). Hierbei werden psychologische Spiele zweiten Grades in der Form gespielt, dass zwar nach außen die Form gewahrt wird, aber durch scheinbar „unbeabsichtigte" doppelbödige Bemerkungen, Ironie, Provokationen oder Fehler die aggressiven Gefühle ausgelebt werden. Verhaltensweisen wie „Dienst nach Vorschrift" oder psychologische Spiele gehören in diese Kategorie.

Deutlich spürt man eine Abhängigkeit vom Anderen, die jedoch nur als belastend wahrgenommen wird. Deshalb und aus Sorge um die eigene Reputation, den eigenen „guten Ruf", wird versucht, neutrale Parteien für sich zu gewinnen. Es handelt sich dabei jedoch nicht um tragfähige Bündnisse, sondern um Werbeaktionen, strategische Allianzen, die nicht ein gemeinsames Ziel, sondern nur einen gemeinsamen Außenfeind haben (wie bei vielen „Anti-Gruppen") oder es werden symbiotische Beziehungen mit „starken" Partnern eingegangen, die die eigene Selbstständigkeit aushöhlen.

strategische Allianzen, die einen gemeinsamen Außenfeind haben

Noch schreckt man davor zurück, den Anderen zu demaskieren und seine Ehre mutwillig und in der Öffentlichkeit zu verletzen. Wenn dies passiert, ist zu Schwelle zu Phase 5 überschritten.

Phase 5: Entgleisung
Hauptstrategie der Demaskierung
Schwelle zu Phase 6: von Gesichtsverlust zu Gewaltandrohungen

Zu Beginn erfolgt eine Demaskierung des Anderen, nicht unbedingt absichtlich, oft eher zufällig. Ist jedoch diese Grenze einmal überschritten, wehrt sich die andere Partei mit absichtlichen Demaskierungen. Ziel dabei ist, einerseits das „wahre Wesen" des Gegners zur Schau zu stellen und andererseits den eigenen Ruf wieder zu rehabilitieren. Denn ein „Gesicht haben und wahren" schließt auch ein, moralisch anerkannt zu sein.

Man stellt das „wahre" Wesen des Gegners zur Schau

Gesichtsverlust bedeutet eine radikale Änderung der Identität. In einem Erkenntnisvorgang, in dem es einem „wie Schuppen von den Augen fällt", erscheint der Gegner in einem völlig anderen Licht. Auch früher unverständliches Verhalten wird jetzt im Lichte der neuen Erkenntnis als logisch erlebt, die in Phase 3 und 4 aufgetretenen Vieldeutigkeiten fügen sich im Nachhinein logisch und konsistent ineinander.

Mit dieser neuen Erkenntnis über das wahre Gesicht des Gegners einher geht die Idealisierung der immer angespannteren Auseinandersetzung, Prinzipien und Ideologien werden starrer. Die Parteien beharren auf ihren Positionen und der Konflikt wird verschärft. Zwischen den Parteien besteht ein tief greifender Vertrauensbruch, der nur durch intensives Aufeinanderzugehen und viele Vertrauensbeweise wieder korrigiert werden könnte.

Prinzipien und Ideologien werden starrer

Stattdessen jedoch werden nur die negativen Seiten wahrgenommen und ein einziger ungünstiger Vorfall reicht als grundsätzlicher Beweis für die Schlechtigkeit des Anderen. Die gegenseitige Ablehnung geht bis zu körperlich empfundener Abscheu. In dieser Phase würden die Parteien niemals privat miteinander verkehren oder z.B. miteinander essen gehen. Vorschläge unverbindlicher sozialer Annäherung wie sie gerne von wohlwollenden Außenseitern gemacht werden, z.B „Betriebsausflüge", gehen ins Leere.

Wieder findet eine zirkuläre Verstrickung statt: Man erwartet vom anderen den ersten Schritt, den man selbst nicht zu tun bereit ist. Die Schuld am Verweilen im Konflikt wird dem Partner gegeben und damit stehen weiteren Demaskierungen und Enthüllungen Tür und Tor offen. Durch Wahrnehmungsverzerrungen und gegenseitige Verteufelung tritt einem immer wieder die eigene Hölle entgegen. Das ursprüngliche Ziel ist aus dem Auge verloren, es geht in erster Linie um Gleichheit in der Schadenszufügung.

Es geht in erster Linie um Gleichheit in der Schadenszufügung

Innerhalb der eigenen Partei geht die Bindung bis zu einer Gemeinschaft von „Schuld und Sühne". Glasl (1990) bezeichnet diese starken Verstrickungen als „Schuld-Symbiosen."

Diese Phase leitet eine nur noch selten umkehrbare qualitative Veränderung der Beziehungen ein. Ab hier findet die weitere Eskalation oft in sich potenzierender Schnelligkeit statt und die Gewaltbereitschaft steigt.

Phase 6: Drohung
Hauptstrategie der Abschreckungsmanöver
Schwelle zu Phase 7: Gebrauch von Gewalt

Das Stressniveau steigt sprunghaft

In dieser Phase steigt das Stressniveau sprunghaft. Von den Beteiligten wird der Konflikt als echte Krise erlebt. Die Krisenbedingungen sind dadurch gekennzeichnet, dass die soziale Arena sich ausweitet, die Komplexität des Konflikts zunimmt, Auswirkungen der eigenen Handlungen immer unübersichtlicher werden, eine Konzentration, ja regelrechte Versteifung auf Positionen eintritt und sowohl der gegenseitige Zeitdruck als auch der Druck von außen erhöht wird. Innerhalb dieser widersprüchlichen, kaum noch realistisch zu beurteilenden Entwicklungen versuchen die Parteien eine Kontrolle zu erlangen, die durch ihre Handlungen weiter sinkt.

Rückfall in archaische Konfliktlösungsmuster

Zentral ist hier ein Rückfall in archaische Konfliktlösungsmuster (siehe Teil C, Kap. 1.1). Diese Stufe ist beherrscht durch die Strategie der Abschreckung: Es werden Ultimaten gestellt, die extreme Forderungen mit schweren Folgen beinhalten. Wenn die Forderungen, die angedrohten Folgen und das tatsächliche Drohpotenzial von der Gegenpartei falsch eingeschätzt werden, sinkt die eigene Glaubwürdigkeit. Und genau diese Kalkulation kann kaum noch gelingen, da es immer schwerer fällt, sich in die Sicht des verteufelten Gegenübers hineinzuversetzen und ein offener Austausch nicht mehr stattfindet.

Androhung von Gewalt soll Gewalt verhindern

Die Parteien sind nun kaum noch in der Lage, sich „am eigenen Schopfe aus dem Sumpf" zu ziehen. So entsteht die paradoxe Situation, dass man nur noch durch das glaubwürdige In-Aussicht-stellen von Gewalt glaubt, die befürchtete Gewalt vermeiden zu können. Einschüchterungsmanöver und Unbeugsamkeit haben jedoch in der Regel nicht die erhoffte Wirkung des Nachgebens. Denn der Bedrohte fühlt sich in den erwarteten Aggressionsabsichten bestätigt und sich nun seinerseits gezwungen, mit Gewalthandlungen dagegenzuhalten.

erste Zerfallserscheinungen innerhalb der Parteien

Auf die innere Kohäsion der eigenen Konfliktpartei wirken diese Drohmanöver eher desintegrierend. Es kommt zu ersten Zerfallserscheinungen, die durch erhöhten Druck versucht werden aufzuhalten, indem „Abtrünnige" bestraft, ausgestoßen oder diffamiert werden.

Noch schrecken die Parteien aus Angst vor unüberschaubaren Konsequenzen vor tatsächlicher Gewalt zurück. Die der sechsten Phase innewohnende Eskalationsdynamik drängt jedoch förmlich dazu.

Phase 7: Gewalt
Hauptstrategie des Unschädlich-Machens und Schädigens
Schwelle zu Phase 8: von gezielter begrenzter zu totaler Vernichtung

Primat des eigenen Überlebens

Nachdem das Vertrauen in die andere Partei vollständig erschüttert ist und keine Motivation mehr besteht, kooperative Wege der Problemlösung zu suchen, hat jede Partei nur noch das eigene Überleben im Sinn. Die Kommunikation bricht insofern vollständig zusammen, als dass nur noch Einwegkommunikation stattfindet. Man spricht in Form von Statements, von Bekundungen oder wie im Falle des Terrorismus von „Bekennerschreiben". Selbst wird man immer weniger aufnahmefähig für Kommunikationsbestrebungen des Gegenübers, da diese ja nur als Angriff erlebt werden. Durch diese Abschottung wird eine Lösung mehr und mehr unmöglich.

nur noch einseitige Kommunikation

Im Rahmen der Kommunikationsblockade findet auch eine innere Abschottung statt. Die Distanz zum Gegner wird erhöht, indem er nicht nur verteufelt wird wie zuvor, sondern verdinglicht und als seelenlose Einheit, als Objekt wahrgenommen wird. Es ist von Vernichtung die Rede, von „Unschädlich-Machen" oder „Ausrotten."

Der Gegner wird verdinglicht

Durch die Zerstörung und Zersplitterung von Systemen des Gegners wird gehofft, ihn unschädlich zu machen. So werden etwa durch Sabotageakte Produktionsmaschinen zerstört, wie z.B. ein Mitarbeiter in einer Kunststofffabrik einmal den gesamten Produktionsvorgang stoppte, indem er Wasser in die Maschine kippte, oder es werden Qualitäts- oder Zeitsysteme umgangen und außer Wirkung gesetzt. Auch werden die Hauptvertreter der Gegenpartei angegriffen, um so den inneren Zusammenhalt der Parteien zu untergraben, indem z.B. Skandalgeschichten oder Verleumdungen in Umlauf gebracht werden. Diese Zerstörungsaktionen haben den Sinn, in Phasen steigender Ohnmachtsgefühle noch Macht ausüben zu können, nachdem man vergeblich versucht hatte, den Gegner zur Meinungsänderung zu bewegen.

Hier geht es noch nicht um die völlige Vernichtung des Gegenübers, sondern um die Lust am Zerstören. Verluste des Anderen werden als eigener Gewinn verbucht. Nach dem Motto „Auge um Auge, Zahn um Zahn" steigern sich die Parteien in eine Gewaltspirale hinein.

Parteien steigern sich in eine Gewaltspirale hinein

Indem sich der Eskalationsprozess zunehmend beschleunigt, führt die siebte Stufe führt fast unvermeidlich in die letzte Stufe.

Phase 8: Vernichtung
Hauptstrategie des Um-Sich-Schlagens

Die Parteien spüren, dass sie unaufhaltsam auf einen Abgrund zutreiben, dass es kein Entkommen aus dieser Situation gibt, und schlagen ohne rationale Überlegungen um sich. Nach dem Motto „Ist der Ruf erst ruiniert, lebt es sich völlig ungeniert" greifen nun die Parteien zu allen Mitteln. Der eigene Untergang wird in Kauf genommen, wenn damit der Gegner endlich „erledigt" wird. Hier erfolgt dann häufig der Rückfall auf die letzte archaische Stufe der Konfliktbewältigung – es wird zur letzten Möglichkeit gegriffen, wenn sie noch möglich ist, nämlich zur Flucht.

2.4.6 Rolle des Konfliktkontexts

Von zentraler Bedeutung für die Konfliktanalyse, -diagnose und das Verständnis des Konfliktes ist die Betrachtung des Kontexts. Hier ist einer-

Wie wirken sich Umgebung und Umfeld auf den Konflikt aus?

seits die Frage bedeutsam, wie sich die Umgebung, das Umfeld auf den Konflikt auswirkt. Genannt seien hier Arbeitsplatzbedingungen (so ist etwa eine verbale Kommunikation am Hochofen nur sehr eingeschränkt möglich), Betriebsklima (eine allgemein bedrückende Stimmung begünstigt Konflikte) oder Arbeitsdruck (zu viel oder zu wenig Stress sind ein günstiger Nährboden für Konflikte).

Wie wirken die Handlungen Einzelner auf den Kontext zurück?

Andererseits wirken die Handlungen Einzelner auf den Kontext zurück, z.B. weiten Konflikte sich mit zunehmender Dynamik und steigendem Eskalationsgrad in der sozialen Arena aus oder eine harmlose Aktion löst unbeabsichtigt oder unbedacht Konflikte in größerem Ausmaß aus. Es finden dann Rückkoppelungsmechanismen statt, die außer Kontrolle geraten können.

In einem Unternehmen senkt eine Abteilung ihre Kosten durch eine Reduktion der Lieferantenzahlungen. Da ein davon betroffener Lieferant aber der Kunde eines anderen Unternehmensbereichs ist, hat er dort den Verlust im Auftragsvolumen durch seinerseitiges cost cutting wieder hereingeholt.

3 Konfliktnutzen: Welche Chancen birgt der Konflikt?

Die oben beschriebenen Eskalationsdynamiken wirken in ihrer Tragweite erschütternd. Konflikte, die negativ bis hin zu extremen Auswüchsen verlaufen, werden von den Beteiligten wohl eher nicht als „Chance" sondern nur noch als Last erlebt.

Konflikte sind mehr als grundsätzlich vermeidbare Pannen

Dennoch ist die Frage nach dem Sinn von Konflikten, der Chance, die in ihnen liegt, sowohl auf der persönlichen als auch auf der Beziehungs- und Systemebene wichtig und eine zentrale Voraussetzung für die Lösung bzw. das Management von Konflikten. Werden Konflikte nur als zu vermeidendes Unglück, als Panne gesehen, so bewirkt diese Haltung paradoxerweise ein Anwachsen von Konflikten. Schwarz (1997) erläutert, wie notwendig und hilfreich es ist, Pannen und Konflikte zu unterscheiden, da die Vorgehensweise zur Bewältigung eine völlig andere ist. Schwarz weist darauf hin, „ ... *dass es besonders dort zu großen Problemen kommt, wo Pannen gepflegt und Konflikte vermieden werden.*" (Schwarz, 1997 S. 13).

Vermeiden Sie Pannen und pflegen Sie Konflikte als Chance.

Konflikte als Chance zu sehen, erscheint in der westlichen Kultur als unlogisch, als logischer Widerspruch. Wie kann etwas einen Sinn haben, eine Chance, wenn es negativ erlebt wird? Insbesondere im Management werden Konflikte als Belastung, als schnellstens abzustellender Reibungsverlust erlebt, der Produktivität verhindert und Kosten erhöht. Schnell verleitet das zu der Auffassung, dass Konflikte Führungs- oder Managementfehler sind. Dieser Glauben führt immer zu einer Steigerung der Probleme und zu Realitätsverlust.

Konflikte sind nicht notwendig Führungs- oder Managementfehler

Wie in der Beschreibung von komplexen Systemen ausgeführt (siehe Kap. 2.1), sind diese eben nicht linear, logisch, eindeutig zu beschreiben, sondern sie existieren in Widersprüchen und durch Widersprüche. Sie sind oft eher durch Intuition zu erfassen und die Fähigkeit, die beiden konträren und widersprüchlichen Aspekte einer Sache gleichzeitig zu sehen, die sich in einem Gespür für die Ganzheit ausdrückt und nicht in rationaler Analyse.

Aus meiner Erfahrung sind Konflikte in Organisationen in zwei Feldern bedeutsam und auch notwendig: im Bereich der unabdingbaren Unternehmensentwicklungen und -veränderungen und im Bereich der Beziehungen.

3.1 Notwendigkeit von Konflikten in Entwicklungsprozessen

3.1.1 Widerstand in Veränderungsprozessen

Widerstand wird oft als Synonym für Konflikt gebraucht. Als insbesondere in Veränderungsprozessen auftretendes Phänomen kann Widerstand gut durch die in Kap. 1.1 angeführten Konfliktsymptome beschrieben werden. Widerstand kann ebenfalls verbal oder nonverbal, offen oder verdeckt, aktiv oder passiv, bewusst oder unbewusst erfolgen und mündet dann direkt in die in Checkliste 1 zusammengefassten Symptome (siehe Kap. 1.1.5).

Widerstand wird oft als Synonym für Konflikt gebraucht

Widerstand tritt insbesondere in Veränderungsprozessen häufig auf (siehe Doppler u. Lauterburg 1994). Wenn etwas anders werden soll, reagieren wir Menschen biologisch/physiologisch wie Tiere – Neues, Ungewohntes wird darauf geprüft, ob es uns nützt oder schadet, ob es eine Bedrohung unserer Gewohnheiten ist.

Übung: Denken Sie an eine Neuerung, einen Veränderungsvorschlag oder Ähnliches. Was waren Ihre ersten spontanen Reaktionen (z.B. Begeisterung, Ablehnung oder Verwirrung)? Welche Fragen haben Sie sich gestellt? Wie haben andere Menschen darauf reagiert?

Wenige Menschen reagieren spontan begeistert auf Veränderungen. In der Regel stellen sie sich (spontan und unbewusst oder überlegt und bewusst) folgende Fragen (nach Doppler u. Lauterburg 1994):

Fragen in Bezug auf Veränderungsprozesse

- **Wozu das Ganze?**
  Was ist das Ziel? Was sind die Konsequenzen? Liegt alles auf dem Tisch oder gibt es verborgene Absichten?

- **Kann ich das?**
  Bin ich dem gewachsen? Werde ich erfolgreich sein?
- **Will ich das?**
  Was bringt es mir? Was ist das Risiko?

Dabei ist Widerstand oft eine Etikettierung für ein vielschichtiges Phänomen. Wir „widerstehen" Dingen, die uns nicht passen, die uns fremd oder unangenehm sind. Drei Hauptquellen für Widerstand seien hier genannt: Fremdheit, Bedrohung und Druck.

Widerstandsquelle Fremdheit

Fremdes löst oft Angst aus

Das Neue passt nicht in das Gewohnte – ist also schlichtweg fremd. Wenn Menschen etwas nicht begreifen oder verstehen können, nicht anknüpfen können an schon Bekanntes, so löst dies bei den meisten Menschen Angstgefühle aus. Nur wenn keine negativen Erfahrungen vorhanden sind, reagieren Menschen mit Neugierde – wir sprechen dann auch von einem offenen Charakter oder von Unbedarftheit, Naivität.

Widerstandsquelle Bedrohung

Das Neue ist unangenehm oder bedrohlich. Das ist dann der Fall, wenn eine der obigen Fragen negativ beantwortet wird oder wenn wesentliche Bedürfnisse nicht erfüllt oder bedroht sind. In Anlehnung an die Maslowsche Bedürfnispyramide kann es sich hier handeln um:

Grundbedürfnisse sind nicht erfüllt oder bedroht

- Grundbedürfnisse (wie z.B. nach Nahrung, Zuwendung, Überleben)
- Sicherheitsbedürfnisse (z.B. nach Geborgenheit, Vorhersagbarkeit, Ordnung)
- Soziale Bedürfnisse (z.B. nach Zugehörigkeit, gesehen werden, Information)
- Ego-/Statusbedürfnisse (z.B. nach Anerkennung, Ruhm, Prestige, Karriere)
- Selbstverwirklichungsbedürfnis (z.B. nach Selbstbestimmung, Kreativität, Erfüllung, Entwicklung)

Hinter Konflikten stehen oft verborgene Bedürfnisse

Diese Bedürfnisse sind angesprochen, wenn in der Konfliktlösung von Interessen oder hinter Positionen verborgenen Bedürfnissen gesprochen wird, wie z.B. bei Fisher et. al. (1996) oder Rosenberg (2003). Hinter bekundeten Konfliktpositionen verbirgt sich oft ein nicht so offen ausgesprochenes Bedürfnis.

Im eingangs angeführten Fallbeispiel um die Einführung eines Qualitätsmanagementsystems (siehe Kap. 1.2) liegen hinter den ausgesprochenen Begründungen, wie z.B. *„Ich habe keine Zeit für ein QM-System"* oder *„Wir achten doch auch jetzt schon auf die Qualität"* bedrohte Bedürfnisse. Beispielsweise wird das Grundbedürfnis nach Bequemlichkeit verletzt oder das Bedürfnis nach Sicherheit (*„Es soll alles in bekannten Bahnen verlaufen"*) oder es stehen soziale Bedürfnisse (*„Ich bin gar nicht ausreichend informiert"*), Status (*„Ich bin hier der Chef – was mischt der*

Newcomer sich da ein?") oder Selbstverwirklichung (*"Wo bleibt da mein Spielraum, meine Kreativität?"*) auf dem Spiel.

Hier geht es darum, die hinter den ausgesprochenen Wünschen oder Begründungen liegenden oft vielfältigen Interessen oder Bedürfnisse zu erkennen und darüber zu sprechen.

Widerstandsquelle Druck

Eine weitere Hauptursache für Widerstand liegt darin, die Homöostase, also das Gleichgewicht zu erhalten. Wenn Druck ausgeübt wird, reagieren Menschen mit Gegendruck.

Druck erzeugt Gegendruck

Übung zu zweit (A und B): *B hat lediglich die Aufgabe, die Hände mit den Handflächen nach vorne in Gesichtshöhe hochzuhalten. Sonst muss B nichts tun. A legt seine Hände in gleicher Höhe auf die Hände Bs und hat die Aufgabe, B wegzuschieben.*

Was haben Sie erlebt? In aller Regel hält B instinktiv dagegen und ringt um seinen Stand.

Wie in dieser Übung reagieren Menschen auch im realen Leben, wenn Druck ausgeübt wird. Ob in Projekten, Verhandlungen, Zielgesprächen etc. – wenn Partei A versucht, Partei B zu drängen, zu puschen, zu überreden oder über den Tisch zu ziehen, wird Partei B instinktiv erst einmal dagegen halten. Menschen haben ein starkes Gespür für die Wahrung der eigenen Grenzen und Standpunkte und reagieren mit Schutzreaktionen, wenn sie nicht ausreichend informiert und einbezogen sind oder das Gefühl haben, sie müssen „das Gesicht bewahren". Der Konflikt ist vorprogrammiert.

Menschen reagieren mit Schutzreaktionen, wenn sie nicht ausreichend informiert und einbezogen sind

Abb. 25: „Druck erzeugt Gegendruck"

Wie genau Menschen ihren Widerstand zeigen, hängt nicht nur von den äußeren Impulsen ab, sondern auch von persönlichen Neigungen. In der Praxis bewährt hat sich eine Unterteilung nach den Dimensionen „Offenheit" und „Ausmaß an Angst" (siehe Abb. 26). Die daraus entstehenden vier Veränderungstypen ähneln teilweise den von Woodward und Buchholz (1987, gefunden in Czichos 1993) beschriebenen Reaktionsmustern auf Veränderungen (Rückzug, Angst, Konfusion, Ärger).

Die vier Veränderungstypen haben folgende Charakteristika:

vier Veränderungstypen

- **Erhalter:** Menschen, die eher verschlossen auf Veränderungen reagieren und wenig Angst haben, neigen dazu, Auseinandersetzungen zu vermeiden und sind eher unauffällig und ruhig. Sie vermeiden Auseinandersetzungen und engagieren sich wenig. Ihr Verhalten kann zusammenfassend als distanziert-analytisch oder im negativen Fall auch als konfliktscheu bezeichnet werden. Sie ziehen sich dann zurück oder wirken passiv-aggressiv, indem sie z.B. durch innere Kündigung die Mitarbeit vermeiden. Typische Aussagen sind z.B.: *„Wie Sie meinen", „Ich mache ja nur meinen Job"* oder *„Das geht auch vorüber."*

  Der Erhalter braucht die Krise. Ihn muss man mit den Konsequenzen fehlender Veränderungsbereitschaft konfrontieren, damit er sich mit den bestehenden Notwendigkeiten auseinandersetzt.

  mit den Konsequenzen fehlender Veränderungsbereitschaft konfrontieren

- **Absicherer:** Hier steht die Angst im Vordergrund und wird begleitet von geringer Offenheit. Angst tritt dann auf, wenn Menschen etwas Wertvolles verlieren. Diese Menschen wollen eigentlich keine Veränderungen, sind aber aus Angst heraus motiviert, sich doch zu verändern – z.B. wenn sie dadurch einen größeren Verlust vermeiden können. Ihr Verhalten ist eher vorsichtig und freundlich. Sie versuchen in Konflikten zu vermitteln und Kompromisse zu schließen. Im negativen Fall sind sie auf die Vergangenheit ausgerichtet und bewerten die ungewisse Zukunft negativ. Sie haben dann Schwierigkeiten, das Alte loszulassen, machen ihren Job weiter wie bisher und können sich schlecht mit dem Neuen identifizieren. Typische Aussagen sind z.B.: *„Wenn Sie mich mal gefragt hätten ...", „Ich wasche meine Hände in Unschuld"* oder *„Bisher lief es doch gut, warum wollen Sie jetzt alles umwerfen?"*

  Für den Absicherer ist es hilfreich, wenn man ihm mögliche Zukunftsszenarien aufzeigt, die die Vorteile und Nachteile von Veränderung oder Nichtveränderung beinhalten.

  mögliche Zukunftsszenarien aufzeigen

- **Proaktiver:** Menschen mit einem hohen Ausmaß an Offenheit und Angst sind meistens sehr veränderungsbereit und reagieren proaktiv. Ihr Verhalten kann als Macher-Verhalten bezeichnet werden. Sie packen Konflikte proaktiv an. Im negativen Fall fehlen Orientierung und Richtung. Dann kann dieser Typus in Konfusion und blinden Aktionismus umschlagen. Diese Menschen gehen dann vor nach dem Motto: *„Hauptsache aktiv sein".* Sie stellen viele Fragen, z.B.: *„Was soll ich jetzt tun?"* oder *„Womit soll ich anfangen?"* oder sie werden aggressiv. Sie müssen „Dampf ablassen", indem sie schimpfen oder sich gemeinsam mit Kollegen empören. Oft kommen anschließend andere Verhaltensweisen und Gefühle zum Ausdruck, z.B. Angst oder Rückzugsverhalten.

  Proaktive brauchen oft viel Beruhigung und Lenkung. Wenn auf ihre oft nicht ausgesprochenen Ängste eingegangen wird, sind sie gut ins Boot zu holen.

  brauchen oft viel Beruhigung und Lenkung

- **Neugieriger:** Wenn jemand keine negativen Erfahrungen mit Veränderung, Fremdheit, Andersartigkeit gemacht hat, reagiert er offen und aufgeschlossen. Neugierde ist oft auch kontextbezogen und hängt davon ab, inwieweit sich jemand von einer Veränderung Vorteile erhofft, z.B. wenn ein junger Mitarbeiter in einem Umstrukturierungsprozess die Chance hat, sich zu beweisen und ggf. auch aufzusteigen. Auch wenn Menschen Verluste bewältigt und Ängste abgeschlossen haben, sind sie oft wieder neu motiviert und neugierig.

Neugierige Menschen gehen konstruktiv und lustmotiviert an Neues heran. Sie setzen sich auch mit Konflikten positiv auseinander und können als Promotoren für Veränderung eingesetzt werden.

Promotoren für Veränderung

Diese Reaktionsmuster sind bei einigen Menschen stabil, bei vielen gibt es jedoch im Verlauf von Konflikten Wechsel zwischen den Ausdrucksformen des Widerstands.

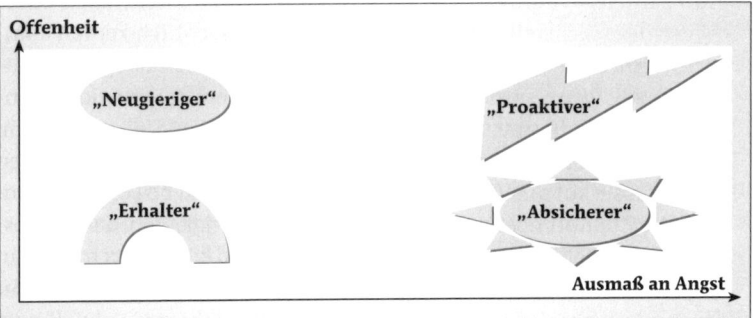

Abb. 26: Verschiedene Veränderungstypen

3.1.2 Notwendigkeit von Konflikten im Change Management

Es gibt manche Unternehmen, in denen der Impuls „Konfliktmanagement als Chance" auf taube Ohren stößt. Mit dem Argument „*Wir haben keine Konflikte*" wird die Reflexion zum Thema abgelehnt. Ursachen dafür liegen entweder darin, dass in diesem Unternehmen alles geregelt ist, kein Bedarf für Veränderungen besteht. Es herrscht dann eine so genannte „Friedhofsruhe", die aber nur scheinbar Harmonie ist. Im Extremfall wird hier das Vorhandensein von Konflikten geleugnet und Unterschiede, Spannungen oder ähnliche Konfliktanzeichen werden eher in Form von Dienst nach Vorschrift, dementierbarem Strafverhalten und doppelbödiger Kommunikation ausgelebt. Kurz: es herrschen kalte Konflikte vor. Auch in scheinbar „stabilen" Unternehmen gibt es Konflikte (vgl. Abb. 17, Kap. 2.3.2).

Auch in scheinbar „stabilen" Unternehmen gibt es Konflikte

Es gibt in der heutigen Zeit jedoch immer weniger stabile Unternehmen, die nicht immer mehr und häufiger Änderungsbedarf haben. Im Zeitalter der Vernetzung und Kommunikation in Echtzeit verändern sich Märkte und infolge dessen Produkte und Dienstleistungen immer schneller. Die daraufhin notwendig werdenden kulturellen und Verhaltensänderungen in Unternehmen jedoch verlaufen niemals gradlinig und gleichzeitig, sozusagen flächendeckend, wie das die Manager verständlicherweise gerne hätten. So wurde schon im Eingangsbeispiel (Kap. 1.2) mit Markus G. in Firma A im Rahmen von Fusion und veränderten Teamstrukturen schnell deutlich, dass anfangs jeder der Beteiligten noch auf einer anderen „Wellenlänge funkte", d.h. andere Bilder von den notwendigen oder nicht notwendigen Änderungen hatte.

Dimensionen von Konflikten in Veränderungsprozessen

Konflikte tauchen in Veränderungsprozessen zwangsläufig auf und haben in Anlehnung an Schwarz (1997) in folgenden einander widersprechenden Dimensionen eine sinnvolle Funktion:

Veränderungen garantieren versus Bestehendes erhalten

Wenn Veränderungen anstehen, so gibt es meist einige „Vorreiter", die im günstigsten Fall als Projekttreiber agieren, im ungünstigen Fall jedoch als systemkonträr ausgestoßen werden. Die Chance für Unternehmen ist es hier, Anzeichen wahrzunehmen und durch Zulassen von Andersartigkeit die Flexibilität für Veränderungen zu behalten. Je mehr Kritik und Widerspruch die Organisation verträgt, desto flexibler ist sie für Anpassungsleistungen an die Umwelt und das Einleiten notwendiger Entwicklungen. Schon in der Hegel'schen Dialektik hat der „Geist des Verneinens", die Antithese, den Sinn, die These infrage zu stellen und damit auf ein höheres Niveau, eine bessere Lösung, die Antithese zu kommen. Diese Fähigkeit in den Unternehmensalltag zu integrieren, also eine lernende Organisation zu fördern (Senge 1995) ist für viele Unternehmen die Herausforderung schlechthin. Werden jedoch zu viele „Stachel ins Fleisch" getrieben, erstickt die Firma in nicht mehr zu bewältigenden Veränderungsansätzen. Das sind dann Firmen, bei denen das eine Projekt noch nicht ansatzweise abgeschlossen ist, bevor das nächste eingeführt wird.

durch Zulassen von Andersartigkeit die Flexibilität für Veränderungen behalten

lernende Organisation

Andererseits wird durch Konflikte das Prinzip der Homöostase bestärkt. Bedrohungen der Identität, des Bestehenden, wird mit Aggression und Abwehr begegnet. Eine der häufigsten Reaktionen von Mitarbeitern auf Veränderungen ist die Frage „*War denn alles schlecht, was wir bisher gemacht haben?*" Wird dieses Anliegen, das Gute im Bestehenden zu erhalten, ignoriert, so kommt es glücklicherweise zu Widerstand, denn sonst würde viel zu häufig „das Kind mit dem Bade" ausgeschüttet. Zu rasche und zu viele Veränderungen führen zu Orientierungslosigkeit und Effektivitätsverlusten. Das „Rad wird noch einmal erfunden" und durch mangelnde Stabilität in der Kommunikation wiederholen sich die Fehler der Vergangenheit.

Anliegen, das Gute im Bestehenden zu erhalten

Zu rasche und zu viele Veränderungen führen zu Orientierungslosigkeit und Effektivitätsverlusten

Im ungünstigen Extremfall, beispielsweise bei Unternehmen, die sich lange Zeit nicht verändern mussten, wirkt das Prinzip der Homöostase, der Systemerhaltung jedoch in Form von Ausschluss und Fixierung auf Sündenböcke.

Komplexität erhalten versus Überschaubarkeit erreichen
Konflikte verdeutlichen Unterschiede. Durch die beschriebenen Mechanismen der sozialen Ausweitung und Eskalation kommen Gesichtspunkte in ihrer systemischen Verflechtung ans Licht, die sonst im Verborgenen geblieben wären. Kommt es zu einer negativen Eskalation, so wird das Ganze unübersichtlich und unkontrollierbar. Betrachtet man jedoch den erheblichen Gewinn an Information in seinem Nutzen, so kann dies Anhaltspunkte für Steuermöglichkeiten und das Auffinden von Veränderungspotenzialen mit größtmöglicher Hebelwirkung ermöglichen. Hierunter fallen auch die erhofften Synergieeffekte von Teams, indem sich unterschiedliche Ansichten, Expertisen und Erfahrungen günstig ergänzen.

Konflikte verdeutlichen Unterschiede und liefern so wertvolle Informationen

Doch auch der gegenteilige Effekt ist in seiner Sinnhaftigkeit anzuerkennen. Konflikte weisen nicht nur auf Unterschiedlichkeit und Vielfalt hin und erhalten diese, sondern auch auf Überschaubarkeit, Ganzheit und Überblick. In Zeiten zu hoher Komplexität wirkt die Maxime „Das Ganze hat Vorrang vor den Teilen" als gegenläufige Steuergröße von Konfliktpotenzialen.

Konflikte weisen auf Überschaubarkeit, Ganzheit und Überblick hin

So kann es beispielsweise sein, dass die Holding übergreifende Richtlinien für zuvor eher verselbstständigte Unternehmensbereiche verschreibt, was zu hohem Konfliktpotenzial führt.

Für die Gestaltung von Veränderungsprozessen ist es von überlebenswichtiger Bedeutung, diese verschiedenen Widersprüche zu überschauen und zu integrieren. Veränderungsmanager identifizieren Ansatzpunkte für Konflikte in Veränderungsprozessen, vermeiden unnötige Pannen und entwickeln das notwendige Konfliktpotenzial.

Beispielsweise geht es in komplexen Projekten darum, Projektmanager auszuwählen und zu schulen, die eine hohe Ambiguitätstoleranz besitzen, d.h. in der Lage sind, Spannungen und Widersprüche auszuhalten.

3.2 Konflikte stabilisieren Beziehungen

Streiten verbindet – so lautet nicht nur eine alte Weisheit, sondern auch ein Buchtitel (Bach u. Wyden 1990). Menschliche Beziehungen sind nicht deshalb gut, weil sie reibungslos verlaufen, sondern weil sie Konflikte, Spannungen und Probleme bewältigt haben. So wie in einer guten Ehe Konflikte gelöst statt bestehende Unterschiede unter den Teppich gekehrt werden, so sind auch gute Arbeitsbeziehungen, sei es zwischen zwei Mitarbeitern, zwischen Chef und Mitarbeiter oder in Teams, dann leistungsfähiger, wenn sie Konflikte durchgearbeitet haben. An dieser Stelle die dritte widersprüchliche Konfliktdimension, die es zu unterscheiden und zu integrieren gilt:

Gruppierungen sind leistungsfähiger, wenn sie Konflikte erfolgreich bewältigt haben

Unterschiede verdeutlichen versus Gemeinsamkeit herstellen

„Konkurrenz belebt das Geschäft" ist ein inzwischen ziemlich in Verruf gekommenes Prinzip von Konflikten. Konkurrenz hat die ursprüngliche Bedeutung von „Um-die-Wette-laufen" (lat. concurrere). Schon im Tierreich und an bedeutenden Stellen der Menschheitsentwicklung ging es darum, besser, schneller, stärker zu sein. Und dazu ist es wichtig, herauszufinden, wer in der jeweiligen Situation der „Beste" ist.

Unterschiedliche Leistungen von Mitarbeitern führen jedoch in der Regel zu Unruhe, Auseinandersetzungen und vielleicht sogar Streit. Dem wird durch Vereinheitlichungen, z.B. Tarifverträge, vorgebeugt, um die Gerechtigkeit zu gewährleisten. Oft hat das jedoch auch den Nachteil, dass Leistung eben nicht wirklich belohnt wird, der Austausch und Wettlauf unterschiedlicher Meinungen nicht wirklich erwünscht ist.

Werden Unterschiede nicht besprochen und die damit einhergehenden Spannungen nicht konstruktiv bewältigt, so kommt es oft zu Stillstand und Formalismus in Arbeitsgruppen und Projektteams.

Das Austragen von Widersprüchen und Unterschieden führt zu mehr Gemeinsamkeit

Paradoxerweise führt das Aussprechen und Austragen von Widersprüchen und Unterschieden zu mehr Gemeinsamkeit. Dadurch, dass mehr Information und Kommunikation erfolgt und ein Dialog entsteht, wachsen Verständnis, Nähe und Verbundenheit zwischen den Konfliktpartnern. Das ist das Versöhnungselement, das auch Bach und Wyden (1990) ansprechen.

Zusammenfassung von Teil A
Konfliktdefinition, -diagnose, -analyse im Überblick

In Teil A wurde behandelt, wie erste Anzeichen für einen Konflikt aussehen, was unter Konflikt zu verstehen ist und wie Konflikte in komplexen Systemen entstehen. Checkliste 6 gibt einen Überblick.

Checkliste 6: Konfliktdefinition, -diagnose und -analyse

Konfliktdefinition: KONFLIKTE SIND SPANNUNGSSITUATIONEN, IN DER VONEINANDER ABHÄNGIGE MENSCHEN VERSUCHEN, UNVEREINBARE ZIELE ZU ERREICHEN ODER HANDLUNGSPLÄNE ZU VERWIRKLICHEN.

Fragen zur Konfliktanalyse und -diagnose:

Symptome:

- Welche Anzeichen können Sie erkennen (verbale – nonverbale, offene – verdeckte, aktive – passive, bewusste – unbewusste)?
- Was sagen Ihr Gefühl und Ihre Intuition?

- Werden Killerphrasen verwendet?
- Handelt es sich um einen heißen oder kalten Konflikt?
- Welche Quellen für Widerstand sind möglicherweise vorhanden?

Ursachen
- Was steht hinter dem Symptom? Wofür steht das Symptom?
- Auf welcher Ebene liegt der Konflikt (Konfliktarten: Ziel-, Bewertungs-, Verteilungs-, Beziehungs-, Rollen-, persönliche Konflikte?
- Welches Konfliktpotenzial ist in der Organisation vorhanden (Menschen, Systeme, Prozesse)?

Kontext
- Wer ist beteiligt?
- In welcher Beziehung stehen die Beteiligten?
- Was sind aus den verschiedenen Sichten die Konfliktthemen?
- Welche Ziele haben die Konfliktparteien?
- Wie wichtig ist der Konflikt?
- Wie sind die Rahmenbedingungen (z.B. Fehlerkultur, Arbeitsplatz, Entgelt etc.)

Konfliktverlauf und -dynamik
- Gibt es konkrete Usachen (vergangenheitsorientierte Analyse) oder zirkuläre Kreisläufe (zukunftsorientierte Analyse)?
- In welcher Phase befindet sich der Konflikt (Anbahnung, Rationalisierung, Emotionalisierung, offener Kampf oder Verhärtung)?
- Welchem Muster folgt der Konfliktverlauf?
- Welche Geschichte hat der Konflikt?
- Welche Teufelskreisläufe und Eskalationsmechanismen (Generalisierung, Interpunktion, Projektion, Feindbild, Self fullfilling prophecy) sind erkennbar?
- In welcher Phase der Konflikteskalation befindet sich der Konflikt?

Konfliktnutzen
- Wozu ist der Konflikt hilfreich?
- Inwieweit ist der Konflikt ein Indikator anstehender oder notwendiger Veränderungen?
- Wie kann der Konflikt langfristig zur Verbesserung der Beziehungen beitragen?
- Was stünde an, wenn der Konflikt gelöst wäre?

Teil B

Konflikten vorbeugen

Konfliktebenen
Konfliktstile
Führungsstile und Kulturbewusstsein

ganzheitliche Sichtweise, die sowohl Personen als auch Systeme sieht

Verschiedene Konfliktmodelle konzentrieren sich auf die Ebene, auf der der Konflikt besteht. Diese Konfliktebenen verlaufen vom Einzelnen zum Ganzen, also von der Person zum System oder umgekehrt. Durch diese ganzheitliche Sichtweise und die Möglichkeit, sowohl den Menschen, als auch die Beziehungen und Systeme zu sehen, werden das Verständnis von Konflikten und Konfliktursachen erhöht und Wege für Präventionen eröffnet. Unter Konfliktprävention wird hierbei verstanden, dass unnötige Konflikte vermieden und sinnvolle Konflikte vorbeugend konstruktiv angegangen werden.

Eine interessante Klassifikation von Konflikten findet sich bei Schwarz (1997), der eine Verlaufseinteilung nach den Stadien des Lebensweges vornimmt: von Einzelpersonen über Paare, Triaden, Gruppen und Organisationen.

Die konstituierenden Faktoren eines Unternehmens spiegeln sich in der Aufteilung von Richtungen der Konfliktprävention wider

Das stimmt überein mit den konstituierenden Faktoren eines Unternehmens (nach Kaplan und Norton 1997, siehe auch Teil A, Kap. 2.2), die sich auch in der Aufteilung von Richtungen der Konfliktprävention widerspiegeln:
- **Menschen** (siehe Kap. 1. „Innere Konflikte"),
- **Prozesse** (siehe Kap. 2. „Konflikte in Beziehungen" und Kap. 3. „Gruppenkonflikte") und
- **Systeme** (siehe Kap. 4. „Systemkonflikte").

Einbezogen sind hier auch die in der Definition von Organisationskonflikten enthaltenen Konfliktarten (siehe Teil A, Kap. 1.3).

innere Konflikte erkennen und lösen, bevor sie zu sozialen Konflikten führen

Für die Konfliktprävention ist es entscheidend, innere Konflikte zu erkennen und zu lösen, bevor sie zu sozialen Konflikten führen.

Auf der sozialen Ebene bietet das Verständnis der Gruppen- und Organisationsdynamik wesentliche Ansatzpunkte zur Konfliktprävention.

Die aktive Gestaltung der Umgangskultur und verschiedene Kommunikationsstrategien sind dabei sowohl als Präventions- als auch als Interventionsmaßnahme bei bereits entstandenen Konflikten anwendbar.

Die Konfliktprävention von Firmenseite aus setzt am effizientesten an strukturellen und kulturellen Faktoren an.

1 Innere Konflikte

Wie schon bei der Diagnose und Analyse von Konflikten deutlich wurde, spielen Einstellungen, Werthaltungen und der persönliche Bezugsrahmen, d.h. die Art und Weise, wie jemand in die Welt schaut, sowohl bei der eigenen Person, als auch bei der des Konfliktpartners eine große Rolle in Konflikten.

Die zentrale Fähigkeit im Konfliktgeschehen besteht in persönlichen Fähigkeiten zur Konflikterkennung, -bewältigung und -lösung. Deshalb werden die verschiedenen Aspekte der Entwicklung der Persönlichkeit sowie von inneren Haltungen und Einstellungen und darauf folgenden Kommunikations- und Führungsstilen in diesem Kapitel intensiv betrachtet.

persönliche Fähigkeiten zur Konflikterkennung, -bewältigung und -lösung

Wenn es auch noch so wichtig ist, in gesamten System zu denken und zu handeln, so tut dies doch immer ein Handelnder, ein Mensch. Deshalb muss bei allen Ansätzen der Konfliktlösung die Stärkung persönlicher Konfliktlösungskompetenzen im Mittelpunkt stehen, die sowohl Selbst- und Fremdwahrnehmung (Teil B) als auch Verhaltensalternativen und Lösungsstrategien (Teil C) umfassen.

Welche eigenen persönlichen Erfahrungen ein Mensch schon von seiner Geburt an in familiären, schulischen und schließlich in beruflichen Bereichen gemacht hat, wirkt sich auf seinen heutigen Konfliktstil und sein Konfliktverhalten aus.

Schwarz (1997) identifiziert bei der Analyse verschiedener Persönlichkeitsentwicklungsmodelle vier ausschlaggebende Dimensionen, die vielen psychologischen Denkansätzen gemeinsam sind. Diese Dimensionen sind gekennzeichnet durch Gegenpole, die Spannungen erzeugen und prinzipielle menschliche Charakteristika sind. Jeder Mensch muss diese Konflikte im Laufe seiner Entwicklung bewältigen.

vier ausschlaggebende Dimensionen bei der Analyse verschiedener Persönlichkeitsentwicklungsmodelle

Da diese Dimensionen so ursächlich für viele Konfliktbereiche sind, seien sie hier kurz dargestellt, (zusammenfassend dargestellt in Checkliste 1).

1. Existenz

Hier geht es um den zentralen Widerspruch von Leben und Tod, von Grundvertrauen und Grundmisstrauen. Eine der ersten, letzten und zentralen Fragen des Lebens ist die des Überlebens. Psychologische Untersuchungen haben schon seit einiger Zeit herausgefunden, dass sich in den ersten Monaten des Lebens entweder ein Grundvertrauen herausbildet, auch Urvertrauen genannt, oder ein Grundmisstrauen entsteht. Die Ausbildung dieses Grundvertrauens in Bezug auf die Existenz und auch in Bezug auf andere Menschen hängt davon ab, ob die Bedürfnisse des Kindes erfüllt werden. Wenn die entsprechenden Erfahrungen im Laufe der Zeit überwiegend positiv sind, kann sich ein Vertrauen dahingehend bilden, dass die eigenen Bedürfnisse auch nach einer Zeit des

zentraler Widerspruch von Leben und Tod, von Grundvertrauen und Grundmisstrauen

Frustrationstoleranz beim erwachsenen Menschen

Mangels erfüllt werden. Allerdings erlebt jeder Mensch mehr oder weniger auch, dass Wünsche nicht erfüllt werden. Der Heranwachsende bildet dann Frustrationstoleranz. So pendelt sich jeder Mensch zwischen den beiden Extrempositionen Urvertrauen – Urmisstrauen ein.

2. Gemeinschaft

Spannungsfeld zwischen Gruppe und Individuum, Zugehörigkeit und Trennung, Nähe und Ferne

Das zweite universelle Spannungsfeld ist das zwischen Gruppe und Individuum, Zugehörigkeit und Trennung, Nähe und Ferne. Zu Beginn seines Lebens ist jeder Mensch in eine Gemeinschaft geboren. Der Säugling ist in der Nähe der Mutter, des Vaters oder anderer Erwachsenen, um Nahrung aufnehmen zu können. Im Ablösungsprozess bewegt sich das Kind dann zwischen den Polen Nähe und Ferne. Dabei sind die Extrempole, nämlich ein ständiges Klammern oder ein allzu schnelles Fortbewegen von der ursprünglichen Nahrungsquelle entwicklungshemmend. Auch als Erwachsener bewegen wir uns dann zwischen den Polen der Angst vor zu viel Nähe und Ausgeliefertsein und der Angst vor Ferne und Alleinsein und Verlust (Riemann 1978).

3. Alter

jung versus alt, Selbst- versus Fremdbestimmung, Zwang und Ordnung versus Freiheit und Spontaneität

In die Differenz von Jungen und Alten ist der Unterschied zwischen Selbstbestimmung und Fremdbestimmung, Zwang und Ordnung versus Freiheit und Spontaneität eingeschlossen. Zuerst sind die Jungen von den Alten abhängig, sie brauchen Betreuung. Dabei geht es um psychische Funktionen wie Loslassen und Festhalten sowie Umgang mit dem eigenen und dem fremden Willen. Die Fähigkeit nachgeben und sich durchsetzen zu können entwickelt sich genauso wie die Anerkennung von Zwang und Ordnung und das Erleben von Freiheit und Unabhängigkeit. Auch hier können Ängste vor zu viel Ordnung/Zwang auftreten und es entwickelt sich eine freiheitsorientierte Persönlichkeit, oder umgekehrt entstehen Ängste vor zu viel Veränderung/Freiheit, und es entwickelt sich eine zwanghafte Persönlichkeit. Hier kann man im Extremfall von „law-and-order" oder „ausgeflippten" Persönlichkeiten sprechen.

4. (Geschlechts-)Identität

Entwicklung der eigenen Geschlechtsidentität

Weiterhin durchläuft jeder Mensch die Entwicklung einer eigenen Geschlechtsidentität. Im Grundkonflikt der Geschlechterdifferenz bewegt sich der Mensch zwischen Selbstverehrung und Liebe, zwischen Narzissmus bzw. Fixierung auf sich selbst und Liebe für den anderen, Selbstaufgabe bzw. Aufgehen in Leidenschaft.

Erikson (1959) spricht hier auch von Initiative versus Schuldgefühl. Auch hier führt das Einnehmen von Extrempolen zu Störungen. Der Narziss kann sich nicht auf andere einlassen und derjenige, der sich nur auf andere konzentriert, verliert seine eigene Meinung, seinen Standpunkt, ist als Person nicht greifbar.

Checkliste 1: Die vier Grunddimensionen der Persönlichkeitsentwicklung		
Existenz		
Leben/Grundvertrauen	⟹	Tod/Grundmisstrauen
Gemeinschaft		
Gruppe/Zugehörigkeit/Nähe	⟹	Individuum/Trennung/Ferne
Alter		
Selbstbestimmung/Freiheit	⟹	Fremdbestimmung/Zwang
(Geschlechts-)Identität		
Narzissmus/Initiative	⟹	Selbstaufgabe/Schuldgefühl

In Konflikten ist es hilfreich zu erkennen, zu welcher Disposition die Konfliktpartner jeweils tendieren. Begegnen sie sich an einem Ende der Skala und konkurrieren gegebenenfalls in übermäßigem Misstrauen oder Vertrauen, in Nähewünschen oder Distanziertheit, in Freiheits- oder Ordnungsdrang, in Selbstfixierung oder Aufgehen im Anderen. Oder gibt es eher Missverständnisse, weil die Konfliktpartner sich fremd sind, da sie entgegengesetzte Dispositionen einnehmen? Eine große Rolle spielt die Fähigkeit einer Balance zwischen den jeweiligen Polen. Wer beide Seiten einnehmen und verstehen kann, hat mehr Einblick in die menschlichen Eigenarten, die in Konflikten eine Rolle spielen.

Zu welcher Disposition tendieren Konfliktpartner?

Übergreifend bestimmt die Platzierung auf diesen Dimensionen die Symbioseneigung eines Menschen (Schiff 1975) und damit seine Fähigkeit, sich als eigenständiger Mensch mit anderen Menschen in Beziehung zu setzen, einen echten Dialog zu führen.

> DIE BEWÄLTIGUNG DER INNEREN KONFLIKTE IST ALSO DIE GRUNDLAGE, MIT KONFLIKTEN ZWISCHEN MENSCHEN KONSTRUKTIV UMGEHEN ZU KÖNNEN.

Im Folgenden möchte ich einige Aspekte für das Verständnis innerer Konflikte beleuchten:

Aspekte für das Verständnis innerer Konflikte

1. das Konzept von Lebensplänen, dem sog. „Skript" und damit verbundenen Glaubenssätzen,
2. den Gedanken von inneren Sackgassen, der auf das Zusammenspiel innerer Persönlichkeitsanteile, sog. „Ich-Zustände" zurückzuführen ist und zu Entscheidungskonflikten führen kann,
3. den Umgang mit Dilemmatasituationen, die innere Verstrickungen und Krisen darstellen und
4. die Arbeit mit dem inneren Team als wichtige Möglichkeit des Umgangs mit Sackgassen und inneren Dilemmata und somit der Konfliktprävention.

1.1 Das Lebensskript

Max Frisch hat in seinem Buch „Mein Name sei Gantenbein" geschrieben, dass jeder Mensch irgendwann einmal eine Geschichte erfindet, die er für sein Leben hält. In der Transaktionsanalyse wurde das Entwickeln von Lebensgeschichten bzw. Lebensplänen untersucht – so genannten Lebensskripts. Unter „Skript" wird ein unbewusster, jedoch bewusstseinsfähiger Lebensplan verstanden, den Menschen schon in der Kindheit aufstellen, der durch die Eltern verstärkt und spätere Ereignisse gerechtfertigt wird, und der schließlich in einem phantasierten Ergebnis mündet Berne (1972, Zusammenfassung siehe Checkliste 2 am Ende dieses Kapitels). Dieser nicht reflektierte und deshalb meistens einengende Lebensplan bzw. fixierte Lebensentwurf (vgl. Schlegel 1993) ist bis zum sechsten oder siebten Lebensjahr voll entwickelt.

Skript als unbewusster, jedoch bewusstseinsfähiger Lebensplan

Im Laufe ihres Heranwachsens entwickeln Kinder ihr eigenes Verständnis von der Welt und sie tun das unter eingeschränkten Bedingungen: Sie haben wenig Macht, Informationen und Alternativen. Mit Stress können sie noch nicht souverän umgehen und ihr Denken funktioniert zunächst magisch und irrational. Man kann erst ab ca. 12 Jahren von realitätsbewusstem Denken sprechen (dies ist auch das Alter, in dem das Gesetz Eltern erlaubt, Kinder alleine zu lassen).

Das Kind hat bis dahin ein relativ klares Muster von Vorstellungen über sich selbst, andere, die Welt und das Leben insgesamt entwickelt und auch darüber, wie sein Leben verlaufen wird. Dieser frühe Lebensentwurf bestätigt sich selbst, indem der Mensch im Laufe seines Heranwachsens Erfahrungen so interpretiert, dass sie sich einfügen oder neue Erfahrungen aufsucht, die bisherige Erfahrungen bestätigen. Das Skript ist sozusagen das Drehbuch für das Leben, das Handlungen, Denkweisen, Einstellungen, Glaubenssysteme und Vorstellungen bestimmt.

Der frühe Lebensentwurf bestätigt sich selbst

Berne hat das Skript ursprünglich vor dem Hintergrund der Beobachtung gescheiterter Existenzen und der Therapie von Neurosen als einen einengenden negativen Lebensplan definiert. Der Mensch lebt wie ein Schauspieler nicht nur eine vorgeschriebene Rolle, sondern auch ein „Stück" mit einem dramatisches Ende, einem katastrophalen Verlauf oder anderen negativen Erscheinungsweisen. Diese Bausteine werden durch „Schlüsselerlebnisse" in der Kindheit programmiert und wiederholen sich.

1.1.1 Elterliche Botschaften

elterliche Botschaften, die auf das Kind einwirken und das Skript kennzeichnen

Skripts werden von den Eltern beeinflusst. Steiner (1987 S. 75 ff.) hat mit seiner Skript-Matrix wesentlich dazu beigetragen, verschiedene elterliche Botschaften zu unterscheiden, die auf das Kind einwirken und das Skript kennzeichnen. Man unterscheidet bei den elterlichen Einflüssen die Grundbotschaften, Antreiber und die Modellwirkung der Eltern, die auch das Programm genannt wird.

Grundbotschaften

Dabei geht man davon aus, dass der früheste und grundlegende Teil des Lebensskripts nonverbal vermittelt wird. Wenn ein Säugling oder Kleinkind Geborgenheit und ein Gefühl des Willkommenseins erlebt, oder einschränkende Signale empfängt wie z.B „*Du störst*", so finden diese Basisbotschaften in einer vorsprachlichen Phase statt.

Der früheste und grundlegende Teil des Lebensskripts wird nonverbal vermittelt

Auch von den Eltern werden extrem belastende und einschränkende Botschaften in der Regel nicht bewusst und verbal gegeben. Das Kind jedoch nimmt sie intuitiv wahr, z.B. kann eine Mutter ihrem Kind bewusst Glück wünschen – ihr eigenes Kind-Ich ist jedoch eifersüchtig und ärgert sich über die Freude und den Erfolg des Kindes. Das Kind nimmt jedoch gerade diese nonverbale Botschaft des „*Schaffe es auch nicht*" wahr.

Goulding (siehe auch Stewart u. Joines 1990) hat zwölf solcher unbewusst wirkenden negativen Grundbotschaften aufgefunden, die auch Einschärfungen oder Bann-Botschaften genannt werden: „*Existiere nicht*", „*Sei nicht du selbst*", „*Sei kein Kind*", „*Werde nicht erwachsen*", *Schaff´s nicht*", „*Tu nichts*", „*Sei nicht wichtig*", „*Sei nicht zugehörig*", „*Sei nicht nahe*", „*Sei nicht normal*", „*Denke nicht*", „*Fühle nicht*".

zwölf unbewusst wirkende negative Grundbotschaften

Das Gegenteil von Einschärfungen sind die positiven Grundbotschaften oder Erlaubnisse, die dem Kind die Freiheit geben, etwas zu sein oder zu tun („*Du darfst ruhig...*"). Diesen Komplex aus Einschärfungen und Erlaubnissen nennt man auch das Skript im engeren Sinne (nach Schlegel 1993).

positive Grundbotschaften oder Erlaubnisse

Antreiber

Wenn Eltern ihr Kind erziehen und auch wenn sie unbewusst die negativen Botschaften spüren und aufheben wollen, geben sie ihm verbale und verhaltensorientierte „Wegweiser" oder „Antreiber" mit. Wegweiser wird diese Klasse von Botschaften genannt, weil sie von den Eltern zur Bewältigung der destruktiven Impulse der Einschärfungen gegeben werden, z.B. „*Wenn du schön brav bist, wirst du es doch schaffen*". Leider lösen diese Wenn-dann-Botschaften die Destruktivität nicht auf; sie stehen häufig auch im Widerspruch zu den Einschärfungen, verstärken diese oder sind zusammenhangslos.

verbale und verhaltensorientierte „Wegweiser" oder „Antreiber"

T. Kahler (nach Schlegel 1993) definiert fünf Antreiber als gut gemeinte elterliche Aufforderungen: „*Sei perfekt*", „*Sei stark*", „*Streng dich an*", „*Sei gefällig*", „*Beeil dich*". Andere haben sie ergänzt, z.B. Goulding (1981): „*Sei vorsichtig*".

fünf Antreiber als gut gemeinte elterliche Aufforderungen

Aufgehoben werden solche Antreiber durch „Erlauber", die die andere Seite einnehmen und in der Grundaussage die Erlaubnis geben, Fehler zu machen, Gefühle zu zeigen, erfolgreich zu sein, sich selbst zu gefallen und sich Zeit zu lassen. Da Antreiber ein gutes Instrument sind, um den Kommunikations- und Arbeitsstil zu beschreiben, werde ich sie im entsprechenden Kapitel ausführlicher beschreiben (siehe Kap. 1.3.4).

Modellwirkung

Eltern sind Modelle für Kinder in positiver oder negativer Weise

Eltern sind Modelle für Kinder in positiver oder negativer Weise. Sie zeigen, wie man etwas macht und auch, wie man positive oder negative Grundbotschaften, Antreiber oder Erlauber umsetzt. Kinder ahmen das Verhalten der Eltern nach, ob diese das wollen oder nicht. Das Verhalten wirkt bedeutend intensiver als verbale Anweisungen. Wenn Eltern z.B. sagen *„Sei erfolgreich"*, sich aber nie über gute Leistungen freuen oder selbst erfolglos sind, erhält das Kind dadurch ein Modell, dem es zunächst nachfolgt. Oft ahmen Kinder dabei den gleichgeschlechtlichen Elternteil nach. Wenn also z.B. die Mutter den Jungen dazu anhält, seine Gefühle auszudrücken und es ihm auch positiv vormacht, der Vater aber verschlossen und schweigsam ist, so wird der Junge sich höchstwahrscheinlich am Vater ausrichten. Dieser Nacheiferungsdrang bezieht sich nicht nur auf einzelne Verhaltensweisen, sonder entspringt auch dem Bedürfnis des Kindes nach Identität, die es in der frühen symbiotischen Phase durch Identifikation mit dem Elternteil erhält. Kinder sagen dann ja auch *„Wenn ich groß bin, werde ich wie du, Papa oder Mama"*.

Aus Ereignissen in ihrer Umwelt – insbesondere aus stressbesetzten – ziehen Kinder also irrationale und verzerrte Schlussfolgerungen über sich, andere Menschen und die Welt. Diese wirken unbewusst oder nur teilweise bewusst auch, wenn das Kind erwachsenen geworden ist, noch in ähnlichen Situationen.

Beispielsweise weicht Gerhard L., Meister in einer technischen Werkstatt, Konflikten aus. Da nicht nur die Mitarbeiter, sondern auch sein Vorgesetzter damit nicht zufrieden sind, beschäftigt er sich mit diesem Thema und kommt einem Glaubenssatz auf die Spur, den er schon in früher Kindheit entwickelt hat: „Was du selbst denkst, fühlst und tust, ist nicht so wichtig. Halte lieber den Mund, wenn andere sich streiten, sonst wird alles noch schlimmer."

Diese Überzeugung hat Gerhard L. entwickelt, als seine eigenen Eltern im Scheidungsprozess heftig und anhaltend stritten. Als seine Versuche, sie zu versöhnen scheiterten, entwickelte er das Empfinden, dass seine Meinung und Anstrengungen ohnehin nicht zählten und so fuhr er am besten damit sich herauszuhalten. Diese Schlussfolgerungen wirken heute noch. Gerhard L. kann sie erst verändern, als er sie sich bewusst macht und für die jetzige Führungssituation adäquater weiterentwickelt.

1.1.2 Glaubenssätze und Lebensentscheidungen

Trotz des großen Einflusses elterlicher Botschaften sind Skripts Lebensmuster, die vom Kind selbst gewoben werden. Goulding (1981) spricht von Entscheidungen, die das Kind trifft und begründete darauf eine therapeutische Schule der Neu-Entscheidungen. English (1992, S. 47 f.) spricht von Überlebensschlussfolgerungen und -strategien, die das Kind immer wieder neu aus dem Verhalten der Eltern zieht, und die teilweise auch im späteren Leben noch nützlich, unreflektiert jedoch oft eher schädlich sind.

Auch die im Rahmen der zuvor genannten vier Grundpolaritäten menschlicher Persönlichkeitsentfaltung entwickelten Einstellungen und Überzeugungen kann man als Teil des Lebensplans begreifen, die als unbewusste Leitsätze weiterwirken.

Manchmal können wir unsere Ansichten und Glaubenssätze relativ leicht den veränderten Bedingungen anpassen, wenn uns klar wird, woher sie kommen. Bei tief gehenden oder sehr frühen Grundüberzeugungen ist das nicht so leicht, weil wir uns dann auch immer wieder durch die neuen Ereignisse bestätigt fühlen. So wird z.B. jemand mit dem Glaubenssatz „Traue niemand", eher skeptisch auf andere zugehen, sich absichern und sich bei dem kleinsten Anlass in dieser Überzeugung bestätigt fühlen. Genauso festsitzend sind auch Vorurteile, die sich ebenfalls hemmend in Konfliktbewältigungsprozessen auswirken.

Glaubenssätze, deren Herkunft klar wird, können veränderten Bedingungen angepasst werden

Man spricht hier auch von einem sich selbst verstärkenden Bezugsrahmen, der wie ein Filter zwischen dem eigenen Erleben und der Welt steht und die selektive Wahrnehmung steuert. Das sind an und für sich normale Prozesse der Komplexitätsreduktion, die erst dann schädigend wirken, wenn der Stress ansteigt und dann eben die Teile der Wirklichkeit nicht unverzerrt wahrgenommen werden können, die für eine Problemlösung erforderlich wären. Wir sprechen dann auch von blinden Flecken.

Glaubenssätze stehen in einem sich selbst verstärkenden Bezugsrahmen

Beispielsweise berichtet ein Teilnehmer in einem Konfliktmanagementseminar von einer Kollegin, mit der er einfach keinen Kontakt bekommt und die ihn zunehmend aufregt. Sie würde auf alles, was er tut mit defensivem Verhalten reagieren. Er nennt ein kleines, kennzeichnendes Beispiel: Als er einmal am Morgen ins Büro kam und sie fragte, ob er ihr etwas vom Kiosk mitbringen könne, rechtfertigte sie sich ausführlich, dass sie, obwohl sie schon am Kiosk war, ihm seinerseits nichts mitgebracht habe. Obwohl er ihr dazu nie Vorwürfe gemacht hatte, zeigte sich ein solches Verhalten so häufig, dass auch viele Kollegen ziemlich genervt darauf reagierten. Auf die dann zum Teil etwas unwirschen oder distanzierten Reaktionen reagierte die Kollegin mit verstärkter Rechtfertigung. So stabilisierte sich der Kreislauf.

In diesem Beispiel hat sich die Kollegin ziemlich extrem verhalten. Möglicherweise waren nicht nur ihre eigenen Ansichten über sich und die Welt ausschlaggebend, sondern sie hatte konkrete negative Erfahrungen in dieser Abteilung gemacht. Die Verzerrungen der Realitätswahrnehmung sind normalerweise im Alltag nicht so deutlich sichtbar, sondern eher in angespannten, Stress- oder Konfliktsituationen.

Skripts kann man nach ihrem Ausgang unterscheiden. Wie im Theater oder Film gibt es da Dramen, in denen jemand auf der Seite der Verlierer steht oder auch die Gewinner des „Happy End". Unter dieser Hinsicht

Skripts kann man nach ihrem Ausgang unterscheiden

Worauf Lebensskripte hinauslaufen können

finden dann die inhaltlichen Glaubenssätze ihre Bedeutung. Man unterscheidet dabei:

- **Gewinner:** Menschen, die ihre Ziele erreichen oder, wenn das nicht gelingt, eine Alternative haben. Diese Menschen haben eine Vorstellung davon, wie sie zum Ziel kommen und auch davon, wie es aussieht und welche anderen Möglichkeiten sie haben, wenn das nicht gelingt. Sie loten realistisch die Möglichkeiten aus. Sie sprechen allerdings eher wenig über mögliche künftige Misserfolge. Dies sind Menschen, die zufrieden und oft erlebnisreich ihr Leben meistern. In Konflikten übernehmen sie die Gewinnerposition.
- **Verlierer:** Menschen, die entweder ihre Ziele nicht erreichen oder wenn sie sie erreichen, nicht zufrieden damit sind. Im ersten Fall fixieren sie sich auf ein Ziel, überlegen keine Alternativen und setzen sich keine realistischen Ziele. Sie setzten z.B. alles auf eine Karte. Oder sie träumen oft laut von ihrem Erfolg („Wenn ich im Lotto gewinne...") und haben keine realistischen Alternativen, wenn dieser nicht eintritt. Im Extremfall landen sie auf der Strasse, im Gefängnis, im Krankenhaus oder in der Psychiatrie. Im zweiten Fall rennen solche Menschen von Ziel zu Ziel und vergessen dabei das Leben. Sie sind dann z.B. typische „Erfolgsmanager", die sich auf der Leiter nach oben kämpfen, aber diese Erfolge nicht genießen können und dann auch oft krank werden. In Konflikten übernehmen sie die Verliererposition.
- **Nicht-Gewinner:** Menschen, die weder in die eine, noch in die andere Richtung ein Risiko eingehen, Chancen verpassen, aber auch nicht wirklich unglücklich sind. Sie erlauben sich nicht den großen Durchbruch, landen aber auch nicht im Abseits. Man spricht hier auch von „banalen" Skripts, oder einem Skript des „Otto-Normal-Verbrauchers". In Konflikten übernehmen sie oft die Position des „Kompromisslers".

Diese prinzipielle Richtung wirkt sich entscheidend auf die Grundeinstellung zur Konfliktlösung (siehe Kap. 1.3.1) aus.

Befassung mit dem Skriptverlauf

Neben dem Inhalt von Skripts kann man sich auch mit dem Skriptverlauf befassen. Hier werden verschiedene zeitliche Muster unterschieden, die auch Prozess-Skripts (vgl. Stewart u. Joines 1990) genannt werden: bis-Skript (z.B. *„Ich darf keinen Spaß haben, bis ich mit der Arbeit fertig bin"*), nachdem-Skript (z.B. *„Wenn ich heute Spaß habe, muss ich anschließend dafür zahlen"*), niemals-Skript (z.B. *„Ich werde niemals bekommen, was ich mir wünsche"*), immer-Skript (z.B. *„Das passiert immer mir"*), beinahe-Skript (z.B. *„Diesmal hätte ich es beinahe geschafft"*) und Ende-offen-Skript (z.B. *„Wenn ich mein Ziel erreicht habe, fühle ich mich leer."*).

Skripts werden als Gewohnheitsmuster, die eine vertraute Sicherheit bieten, solange aktiviert, bis neue Verhaltensweisen stabil genug sind.

Skripts werden insbesondere in Stresszeiten aktiviert, in denen wir wie mit einem „Gummiband" zu früheren Situationen zurückgeführt werden und uns so verhalten wie früher. Wir blenden dann die jetzigen Möglichkeiten aus, bekommen sie nicht mit oder werten sie ab. Dieser Mechanismus kann durch folgende Geschichte veranschaulicht werden:

Ein Eisbär ist in einem Käfig von 10 Metern im Quadrat eingesperrt. Da er einen großen Bewegungsdrang hat, läuft er immer hin und her. Eines Tages beobachtet das ein reicher Mann und spendet dem Zoo daraufhin Geld für ein Freigehege. Als der Tag endlich gekommen ist, an dem der Eisbär in das neue große Gehege darf, warten alle gespannt auf seine Reaktion. Doch statt herumzutollen und seine Freiheit zu genießen, läuft der Bär weiterhin 10 Meter hin, 10 Meter zurück etc.

Ähnlich wie der Bär in dieser Geschichte verhalten sich Menschen oft in Konflikten oder Veränderungsprozessen. Unnötige Konflikte können dadurch vermieden werden, dass Menschen sich ihrer Spielräume bewusst werden. In vielen Fällen allerdings kommen dadurch, dass jemand selbstständig wahrnimmt, denkt und handelt wie im Märchen von „Des Kaisers neue Kleider" Konflikte und Widersprüche auf den Tisch. Autonome Mitarbeiter sind nicht so bequem für eine Organisation wie Mitarbeiter, die lieber die Grenzen einhalten. Zumal sich Autonomie oft den Weg erst über Rebellion erkämpft und sich für den Betroffenen zwar befreiend anfühlt, aber nicht wirklich unabhängiges Denken beinhaltet (vgl. Phasen der Autonomieentwicklung, Teil A, Kap. 1.3.5).

Skripts werden insbesondere in Stresszeiten aktiviert und schaffen Verhaltenssicherheit

Menschen müssen sich ihrer Spielräume bewusst werden

Checkliste 2: Ein Skript ist

- ein Lebensplan bzw. Lebensmuster, das
- früher (in der Kindheit) als sinnvolle Reaktion auf die Umgebung des Kindes entstanden ist,
- mit maßgebender Beteiligung elterlicher Orientierungen,
- das jedoch im Kern auf eigenen Entscheidungen beruht.
- Das Skript ist auf ein bestimmtes Ende ausgelegt,
- wobei es ebenso ein Drehbuch für Lebensverlaufsmuster darstellt.
- Aktuell wirkt es als unbewusstes Drehbuch oder Gewohnheitsmuster einengend und beschränkend. Es verhindert eine optimale Auseinandersetzung mit der aktuellen Realität.

Im Rahmen der Skriptentwicklung entwickeln Menschen auch Glaubenssätze, die sich auf Einstellungen und Umgangsweisen mit Konflikten beziehen. Deshalb ist es hilfreich, dieses persönliche Skript in Bezug auf Konflikte zu untersuchen (Checkliste 3; vgl. auch Höher u. Höher 2000).

das persönliche Skript in Bezug auf Konflikte untersuchen

> **Checkliste 3: Persönliches Konfliktskript**
> - Welche Konflikte habe ich in meiner Vergangenheit erlebt?
> - Was war das Schlimmste, was mir in Bezug auf Konflikte widerfahren ist?
> - Was war das Beste, was mir in Bezug auf Konflikte widerfahren ist?
> - Welche Vorbilder habe ich in Streits, Auseinandersetzungen und Konflikten erlebt?
> - Wie wurde und wird in meiner Familie mit Konflikten umgegangen (familiäre Konfliktkultur)?
> - Welche Erfahrungen habe ich besonders in Erinnerung? Wie beurteile ich diese rückblickend?
> - Was habe ich aus bisherigen Konflikten gelernt?
> - Wie wird in meiner Firma mit Konflikten umgegangen (Firmenkultur)?
> - Auf welche Menschen oder Situationen reagiere ich empfindlich? Wie genau? Gibt es ein Muster: Wenn ..., dann ...?
> - Wie passt die Firmenkultur zu meiner familiären Konfliktkultur? Warum habe ich mir gerade dieses Unternehmen ausgesucht?
> - Welche Haltungen und Lösungsmuster in Konflikten wünsche ich mir zukünftig?
> - Woran könnte ich merken, dass ich in der nächsten Konfliktsituation diese Haltung und Lösungsideen verwirkliche?
> - Was müsste ich tun, um mein bisheriges Konfliktmuster zu stabilisieren?

1.2 Entscheidungskonflikte

1.2.1 Persönlichkeit als Ich-Zustandssystem

Ich-Zustände als zusammenhängende Systeme aus Denken, Fühlen und Verhalten

In der Transaktionsanalyse wird die Persönlichkeit als ein gewachsenes Gebilde verschiedener Erfahrungen und Modelle gesehen. Dabei lassen sich Subsysteme der Persönlichkeit unterscheiden, sog. Ich-Zustände. Ich-Zustände sind zusammenhängende Systeme aus Denken, Fühlen und Verhalten, die entweder von anderen übernommen oder selbst entwickelt sind und der Vergangenheit oder Gegenwart entstammen.

Ich-Zustände kann man auch als Ich-Bilder sehen, die mit unmittelbaren und generellen menschlichen Erfahrungen zusammenhängen: Jeder von uns war selbst einmal ein Kind und verfügt heute noch über Denk-, Fühl- und Verhaltensweisen, die der Kindheit entstammen (Kindheits-Ich-System, abgekürzt Kind-Ich, K). Jeder hatte Eltern oder andere Betreuungspersonen, die Modell standen und von denen wir heute noch wirksame Denk-, Fühl- und Verhaltensweisen übernommen haben (Eltern-Ich-System, abgekürzt Eltern-Ich, EL). Und jeder Mensch musste ein Realitätsbewusstsein entwickeln, das Informationen, Wahrnehmungen und Erfahrungen aus der Welt verarbeitet, also eigene Denk-, Fühl- und Verhaltensweisen bezogen auf das Hier und Jetzt (Erwachsenen-Ich-System, abgekürzt Erwachsenen-Ich, ER).

Leitfragen für die Analyse der Ich-Zustände im Strukturmodell sind also:
- Woher/aus welcher Zeit stammt ein bestimmtes Gefühl, Denken oder Verhalten?
- Von wem wurde es übernommen oder wurde es selbst entwickelt?

Leitfragen für die Analyse der Ich-Zustände

Bekannt wurde dieses Persönlichkeitsmodell durch das Bild der „drei Kringel" (Abb. 1), das sich hervorragend für die Darstellung innerer und zwischenmenschlicher Konflikte eignet.

Zusammengehalten werden diese unterschiedlichen Persönlichkeitsanteile durch den sog. Bezugsrahmen, der wie eine Haut oder ein Filter vorzustellen ist und die Ich-Zustände umfasst und verbindet.

Der Bezugsrahmen umfasst und verbindet die Ich-Zustände

Ich-Zustände sind Energieverteilungen. Weitere zentrale Fragen sind:
- Wo ist jemand mit seiner Energie? Im Hier und Jetzt oder früher? Bei anderen oder bei sich?
- Welche Persönlichkeitsanteile sind mit Energie besetzt?

Wenn in einem Konflikt Menschen eher Modelle von früher aktivieren und z.B. Konflikte wie Eltern oder Lehrer oder ein früherer Chef lösen, macht das einen Unterschied dazu, wenn Menschen eigene Erfahrungen von früher aktivieren. Beides läuft in der Regel eher unbewusst ab. Man greift sozusagen spontan auf alte bewährte Muster zurück, was häufig insbesondere in Stresszeiten der Fall ist. Einen qualitativen Unterschied macht es wiederum, wenn Menschen ihre Energie im Denken, Fühlen und Verhalten auf die Gegenwart, die jetzige Situation richten.

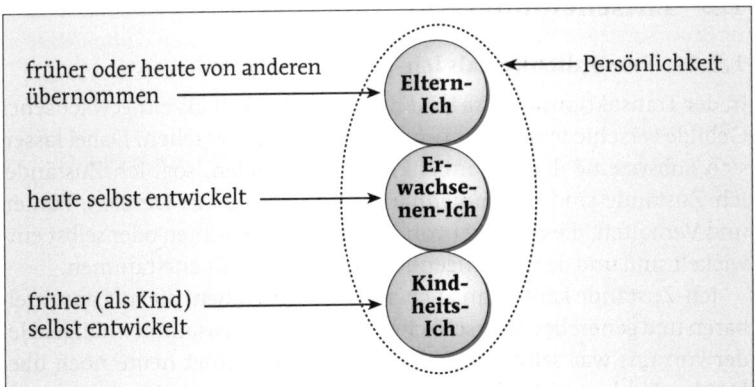

Abb. 1: Ich-Zustände als Persönlichkeitssystem

Verzerrung des Bezugsrahmens entsprechend früherer (Skript-)Glaubenssätze

Weil diese ungeteilte Aufmerksamkeit auf die Gegenwart nur selten und nur wenigen Menschen möglich ist, ist eine vollständige Aktivierung des Ewachsenen-Systems insbesondere in Konfliktsituationen oft nicht selbstverständlich der Fall. Menschen verzerren dann ihren Bezugsrahmen entsprechend früherer (Skript-)Glaubenssätze.

1.2.2 Innere Sackgassen

innere Konflikte als Konflikte zwischen den Persönlichkeitsinstanzen

Innere Konflikte können in diesem Modell beschrieben werden als Konflikte zwischen den Persönlichkeitsinstanzen. Besteht z.B. ein innerer Konflikt zwischen EL und K, so sprechen wir von einem Engpass oder einer Sackgasse. Konflikte können zwischen allen Ich-Zuständen auftreten. Sie münden, wenn sie nicht gelöst werden, in einer Sackgasse, d.h. sie fühlen sich als innere Zerrissenheit an und haben Entscheidungsunfähigkeit und Stillstand zur Folge.

Nina D., die Geschäftsleiterin einer Firma, befindet sich in einem Konflikt zwischen der Alternative Mitarbeiter zu entlassen und damit die Firma zu retten, und der Alternative, diese mit dem Risiko, dass die Firma kurzfristig nicht überlebt, zu behalten. In diesem Konflikt hat sie verschiedene grundsätzliche Möglichkeiten innerlich damit umzugehen (bevor sie überhaupt eine Handlung unternimmt!). Es kann sein, dass ihr Eltern-Ich- sagt, „Du musst rasch und entschlossen handeln." Nach dieser Maxime haben ihre Eltern und auch ihre bisherigen Chefs gelebt, und sie hat das immer bewundert. Andererseits ist sie eine mitfühlende Person. Ihr Kind-Ich-Zustand, also ihr Denken, Fühlen und Verhalten, das sie selbst früher entwickelt hat, rät ihr: „Wenn du die Mitarbeiter im Regen stehen lässt, liebt dich keiner mehr." Zurückzuführen ist das auf eigene Erfahrungen, häufig alleine gewesen zu sein, da ihre berufstätigen Eltern wenig Zeit für sie hatten. Das ist ihr vielleicht gar nicht so bewusst, sondern macht sich eher als Zögern und Mitgefühl bemerkbar.

Im Extremfall blockiert Nina D. also ihre Energie (Abb. 2). Sie kommt dann zu keinem Entschluss und zögert die Entscheidung hinaus. Würde sie ihr Erwachsenen-Ich einschalten und nach Alternativen und Optionen suchen, könnte es sein, dass sie auch solche findet, z.B. Outsourcing, Verkauf

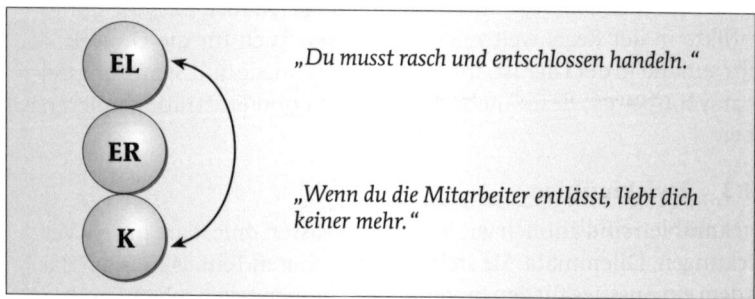

Abb. 2: Entscheidungskonflikte als Engpass oder Sackgasse

von Firmenanteilen, Zukauf renditeträchtiger Produktinnovationen, sozial verträgliche begrenzte Entlassungen bei gleichzeitiger strategischer Neuplanung etc. Oder aber es gäbe tatsächlich keine Alternativen, und sie wäre in der Lage, den Preis für die eine oder die andere Entscheidung bewusst in Kauf zu nehmen.

Solche Engpässe können verschiedene Grade annehmen (siehe Goulding 1991). Man spricht beim oben stehenden Beispiel von einem Engpass ersten Grades, der relativ leicht ins Bewusstsein treten kann. Ist er nur schwierig aufzulösen, d.h. fällt es der Person trotz der Bewusstheit darüber schwer, eine Entscheidung zu treffen und entsprechend zu handeln, liegen wahrscheinlich skriptbedingte stärkere Dynamiken zugrunde.

Engpässe ersten Grades treten relativ leicht ins Bewusstsein

Um einen Engpass zweiten Grades handelt es sich, wenn sich innerhalb des Skripts, also im Kindheits-Ich, Grundbotschaften und Antreiber miteinander in einer Pattsituation befinden. Wenn jemand z.B. sehr viel und angestrengt arbeitet und trotz aller Versuche, sich das Leben leichter zu machen, nicht weiterkommt, so kann darunter eine unbewusste und tief greifende Befürchtung liegen „*Wenn ich mich nicht anstrenge* (Antreiber), *dann schaffe ich es nicht* (negative Grundbotschaft)! Oder in dem oben genannten Beispiel der Teilnehmerin (Kap. 1.1.2), die auf alle äußeren Impulse defensiv reagiert, kann eine unbewusste Dynamik zugrunde liegen von „*Wenn ich nicht sehr freundlich und gefällig bin, gehöre ich nicht dazu*". Leider wird oft durch diese innere Dynamik genau das Befürchtete erreicht, und Konflikte sind vorprogrammiert.

Engpass zweiten Grades: Pattsituation zwischen Grundbotschaft und Antreiber

Am schwierigsten zu verändern sind Sackgassen dritten Grades, die sich auf der Seinsebene abspielen und durch nonverbale, wahrscheinlich ziemlich frühe und unbewusste Einflüsse verursacht sind. Dann besteht ein Patt zwischen natürlichen Impulsen und als angeboren erlebten Eigenschaften. Wenn dann jemand den Impuls hat, etwas anderes zu machen und sich zu entwickeln, blockiert er sich durch tief sitzende einschränkende Überzeugungen wie z.B. „*Ich bin unbegabt, ungeschickt, hässlich etc.*".

Engpässe dritten Grades spielen sich auf der Seinsebene ab

Viele innere Konflikte werden für Außenstehende nicht sichtbar. Dennoch wirken sie auf andere Menschen und Beziehungen. Wie in dem Beispiel mit der Geschäftsführerin Nina D. haben Entscheidungskonflikte in der Regel weit reichende Folgen auch für die Umwelt. Je mehr jemand in der Lage ist, innerlich Unterschiede und Spannungsfelder zu verarbeiten, desto mehr Ambiguitäts- und Frustrationstoleranz hat er.

1.2.3 Zwickmühlen

Zwickmühlen sind ähnlich wie innere Sackgassen unlösbare innere Verstrickungen, Dilemmata. Sie stellen einen inneren Teufelskreislauf dar, aus dem ein Ausstieg für den Betreffenden kaum möglich scheint und der negatives Stressverhalten stabilisiert und verstärkt.

innerer Teufelskreislauf

Nach Schmidt (1986) definiere ich eine Zwickmühle als ein Muster im Bezugsrahmen, innerhalb dessen Lösungen für ein Problem aufgrund falscher Annahmen so konzipiert werden, dass das Problem unlösbar bleibt.

Die Wahrnehmung innerhalb des individuellen Bezugsrahmens verhindert eine Problemlösung

Aufgrund von verzerrten Wahrnehmungen, blinden Flecken, Glaubenssätzen, Rollenverstrickungen, zu hohen Anforderungen oder ähnlichen ungünstigen Situationen gerät jemand in eine für ihn in seinem Bezugsrahmen unlösbare Situation. Aus dem verständlichen Wunsch heraus, sich dem Leiden zu entziehen, wird dieser innere Konflikt zunächst geleugnet. Da sich jedoch nicht von selbst eine Lösung ergibt, kommt der Betreffende ins „Strampeln", also in eine passive Verhaltensweise, durch die das Problem nicht gelöst wird. Dieses Strampeln wird dann verwechselt mit aktivem Klären und Handeln auf dem Weg zur Lösungssuche.

Kampf gegen Windmühlen

Der Kampf entpuppt sich dann als Kampf gegen Windmühlen und wenn die Energie verbraucht ist, verlangt der Organismus Entspannung. Statt loszulassen und wirklich neue Energie zu tanken, gibt der Betreffende jedoch auf, resigniert, findet nicht wirkliche Entspannung, sondern sucht im Extremfall die Entspannung in Alkohol oder Drogen. Es folgt ein psychisches „Loch", eine Verzweiflung des Ausgeliefertseins, es nicht zu schaffen, nicht hinzukriegen. Sinnvoll wäre es stattdessen, Abstand zu gewinnen und zu erkennen, dass die Verzweiflung nicht aus dem vergeblichen Bemühen resuliert, sondern letztlich daraus entsteht, dass der Lösungsrahmen einer nicht lösbaren Logik folgt. Als Folge der Verzweiflung wird dann das Problem wieder so lange vermieden, bis erneute, zum Scheitern verurteilte Lösungsversuche notwendig werden usw. (vgl. Abb. 3).

Thomas R. ist Führungskraft und kommt ins Coaching, weil er sich darüber klar werden will, wie er seine Zukunft gestalten soll. Er arbeitet in einer Großstadt und der Job frisst seine Zeit. Seine Frau war kurz davor, sich von ihm scheiden zu lassen, doch durch klärende Gespräche haben die beiden wieder zusammengefunden. Er selbst würde auch gerne mehr Zeit mit ihr und seinen drei Kindern verbringen.

Mit seiner Familie hat er nun abgesprochen, dass er in Zukunft mehr Zeit für sie hat. Um das zu bekräftigen, haben sie ein Haus im Heimatort der Frau gebaut, der ca. hundert Kilometer entfernt liegt. Thomas R. hofft, in der dortigen Niederlassung der Firma eine Tätigkeit zu finden, er würde auch Abstriche in Kauf nehmen.

Eine zweite Möglichkeit sieht Thomas R. darin, nur noch zwei bis drei Tage in der Zentrale zu verbringen, da er einen großen Teil seiner Arbeit von zu Hause erledigen kann. Das ist bei seinem Chef aber bisher auf taube Ohren gestoßen.

Als dritte Option würde er sich auch gerne selbstständig machen, dann könnte er viel von Haus aus agieren, würde dafür aber viel Sicherheit aufgeben, die er zur Erhaltung der Familie braucht.

Im Coaching sprechen wir die Vor- und Nachteile aller der Möglichkeiten durch, und wann immer wir versuchen, Lösungen für die eine Seite zu erarbeiten, spricht die andere Seite dagegen. Es wird deutlich, dass Thomas R. schon seit einiger Zeit in diesem Zwickmühlenbezugsrahmen gefangen ist: Alle Lösungsmöglichkeiten scheinen letztlich Sackgassen zu sein, die ihn nicht zufrieden stellen und seine bisherigen Lösungsversuche (z.B. Hausbau) scheinen ihn nur noch tiefer in die Sackgasse zu führen. Momentan ist er nur verzweifelt.

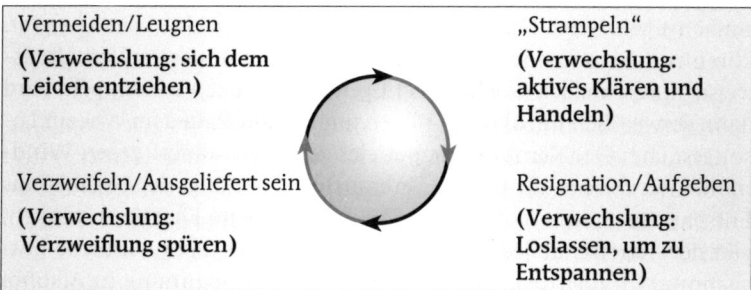

Abb. 3: Zwickmühlendilemma

Insbesondere in Entscheidungssituationen oder Situationen, in denen eine Entscheidung anstehen würde, treten solche Zwickmühlenphänomene auf. Es werden dann Bedeutungen und Bedeutungsebenen so miteinander verknüpft, dass die Entscheidung nicht mehr möglich ist. Wie im Mühlespiel erscheint ein Befreien aus der Zwickmühle nur durch größere Opfer möglich zu sein.

Die Lösung dieses inneren Konflikts erfolgt in der Regel nicht durch erhöhte Willensanstrengungen, sondern nur durch die Unterbrechung des Dilemmamusters und die Einführung eines neuen Musters. Erleben Menschen Stresssituationen, so wäre ein positiver Umgang mit Problemen der „Sinnzirkel", der einen positiven Rückkopplungskreislauf darstellt (Abb. 4).

Die Lösung liegt in der Unterbrechung des Dilemmamusters und der Einführung eines neuen Musters

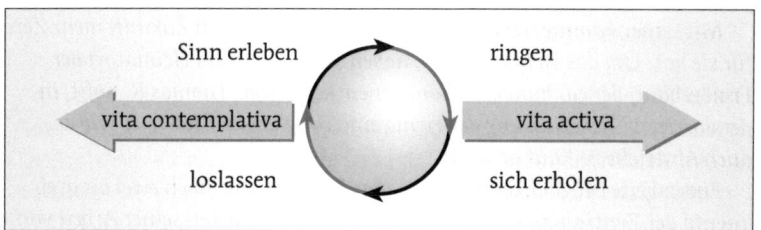

Abb. 4: Sinnzirkel

Nun erfolgt der Weg von der Zwickmühle in den Sinnzirkel nicht linear, sondern erfordert Abstand und neue Perspektiven zu gewinnen. Hilfreich ist hier oft ein Gespräch, gegebenenfalls auch mit einem professionellen Berater, weil die Selbstreflexion in solchen Zeiten häufig einem „sich am eigenen Zopfe aus dem Sumpf ziehen" á la Münchhausen ähnelt.

Hinterfragen des eigenen Bezugsrahmens

Für das eigene Hinterfragen des Bezugsrahmens sind auch folgende Fragestellungen hilfreich:
- **Welche Bedeutungen liegen hinter der einen und der anderen Alternative?**
- **Welches Muster ist erkennbar und was wäre notwendig, um es zu verändern?** So fällt im obigen Beispiel auf, dass es Thomas R. allen Seiten recht machen will. Gut wäre es, in sich zu gehen und sich zu fragen: *„Was will ich wirklich, und welchen Preis bin ich bereit zu zahlen?"*
- **In welchem Zeithorizont will ich widersprüchliche Ziele erreichen?** Oft machen Menschen sich in der Zwickmühle sehr viel Druck, sofort die widersprüchlichen Ziele zu vereinigen, was die Unlösbarkeit erhöht. Im Beispiel wäre möglicherweise eine Integration von familiären und beruflichen Wünschen nicht innerhalb von wenigen Monaten, sondern in zwei oder drei Jahren möglich. Hier geht es dann darum, gegebenenfalls wie beim Mühlespiel strategisch zu denken und langfristiger zu planen. Oder es geht darum, nicht alles auf einmal zu wollen, sondern mit kleinen Schritten zu arbeiten.
- **Wie wird es sein, wenn es keine Lösung gibt?** Nicht alle Probleme sind im Sinne einer Integration lösbar. Es kann sein, dass für alle Lösungen ein ziemlich hoher Preis gezahlt werden muss. Oft ist es dann sehr entlastend, über das Verlorene trauern zu können und es loszulassen. Erst dann ist die Energie frei, sich für das eine oder andere entscheiden zu können.
- **Welches Thema steht hinter dem Zwickmühlenthema?** Hier geht es darum, Themen oder Tendenzen in der eigenen Person zu identifizieren, die sich wie Lebensthemen durchziehen. Da kann es zum Beispiel darum gehen, Verantwortung zu übernehmen oder angelegte Sehnsüchte zu erkennen und zu befreien oder versteckte Ressourcen zu entdecken und zu entwickeln oder auch sich mit vermiedenen Lebensthemen zu konfrontieren.

Das im Beispiel von Thomas R. geschilderte Dilemma hatte folgenden Hintergrund: Auch in seiner Ursprungsfamilie war er in einer Zwickmühle gefangen, die sich jetzt wiederholte. Er hatte einen Vater, der aus beruflichen Gründen kaum zu Hause war. Einerseits fehlte er dem kleinen Jungen, der es einmal anders machen wollte. Andererseits hat er den erfolgreichen Vater auch sehr bewundert und wollte ihn nachahmen. Dann war da die Mutter, die den kleinen Thomas vereinnahmte, indem sie in ihm oft einen Ersatz für den abwesenden Vater sah. Aus dieser zu großen Nähe flüchtete Thomas schuldbewusst. Ein typisches Dilemma, in dem zwei Grundthemen gesät waren, die für Thomas R., den Erwachsenen, eine Lernherausforderung dar-

stellten: einen neuen Umgang mit Nähe und Abgrenzung zu finden und eine eigene Leistungsskala zu definieren.

Solche Themen gehen dann allerdings über die Möglichkeiten von Selbstreflexion und oft auch von Coaching hinaus und erfordern therapeutische Schulung, nicht nur in Bezug auf das Herausfinden, sondern auch in Bezug auf die Bearbeitung.

1.3 Konfliktstile

Je nachdem, mit welchen Einstellungen, inneren „Kopfbewohnern" (vgl. Kap. 1.4.1.) und grundsätzlichen Eigenschaften jemand in einen Konflikt geht und auf andere ähnlich oder anders „gestrickte" Menschen trifft, gibt es sicherlich so viele Konfliktverursachungs- oder -vermeidungsstrategien wie Menschen.

Um diese unüberschaubare Wirklichkeit zu ordnen, ist es hilfreich grundlegende Kategorien einzuführen, die das Verständnis verschiedener Konfliktstile erhellen. Zwar lässt sich die Wirklichkeit nicht in Schubladen stecken und so ist auch bei der Zuordnung Vorsicht geboten, um dadurch nicht noch mehr Konflikte hervorzurufen. Die in diesem Kapitel dargestellten Modelle sind deshalb als Orientierungshilfe für das Erkennen und Verstehen persönlicher Vorgehensweisen und Bewältigungsstrategien bei Konflikten gedacht.

Die Einführung grundlegender Kategorien erhellt das Verständnis verschiedener Konfliktstile

Die Modelle von Konfliktstilen sind hauptsächlich für die Prävention von Konflikten insofern sinnvoll als sie helfen

- eigene Präferenzen der Konfliktlösung zu erkennen und zu verstehen,
- die eigene Haltung zu überprüfen, Entwicklungsbereiche zu identifizieren und das eigene Verhaltensrepertoire zu erweitern,
- die Präferenzen anderer Menschen zu erkennen und zu verstehen,
- „Anti"-typen (im Sinne von Konfliktpartnern, auf die man besonders empfindlich reagiert) zu erkennen, zu verstehen und adäquate Vorgehensweisen zu entwickeln.

Die Kenntnis von Konfliktstilen hilft bei der Prävention von Konflikten

Schwerpunkt dieses Kapitels ist das Verständnis von Haltungen und Werten. Daraus lassen sich Kommunikationsstrategien (Teil C) ableiten. Der Konfliktprävention zugrunde gelegt werden dabei die zu Beginn dargestellten vier Grunddimensionen menschlichen Verhaltens (Existenz, Gemeinschaft, Alter, Identität), die in folgenden Modellen ausdifferenziert wurden:

Verständnis von Haltungen und Werten

- Grundhaltungen bei Konflikten und daraus resultierende Verhaltenspräferenzen
- Persönlichkeitsstile des MBTI (Myers-Briggs-Typen-Indikator nach Myers u. Briggs 1991)
- Grundfunktionen nach Riemann

1.3.1 Einstellung zu Konflikten: Das Gewinner-Gewinner-Modell

Fixierte Grundeinstellungen prägen das Verhalten in Konflikten

Aus der persönlichen Konfliktgeschichte, aus Grundüberzeugungen, Glaubenssätzen sowie aus positiven und negativen Erfahrungen heraus entwickeln sich bestimmte Einstellungen oder Grundhaltungen bezüglich Konflikten und Konfliktlösung. Diese Einstellungen haben wesentlichen Einfluss darauf, welche Verhaltensweisen Menschen in Konfliktsituationen bevorzugen.

alte Muster loslassen und neue ungewohnte entwickeln

Oft sind Konflikte im Sinne eines beiderseitigen Gewinnes lösbar. Haben Menschen jedoch in spannungsgeladenen Konfliktsituationen negative Erfahrungen gesammelt, z.B. übervorteilt zu werden, sich in Konkurrenzkämpfen bewähren zu müssen etc., sehen sie auch die neuen Möglichkeiten in neuen Situationen nicht und reagieren mit eingefahrenen Mustern. Um in der Zukunft Erfolg zu haben und Konflikten in dieser komplexen Welt vorzubeugen, ist es jedoch wichtig, alte Muster loszulassen und neue ungewohnte zu entwickeln (vgl. Lynch u. Kordis 1998). Idealerweise wird dies durch einen langfristigen integrativen Stil erreicht, der jedoch alle anderen Stile integriert.

Zugrunde liegen den Kategorisierungen von Konflikteinstellungen die Lebenseinstellungen, die ein Mensch sich und anderen/der Welt gegenüber einnimmt und die im sog. „Okay Corral" nach Ernst (1971) dargestellt sind. Dabei handelt es sich um innere Einstellungen bzw. Wertsysteme, die sich von Geburt an aufgrund von Erfahrungen entwickeln und zunächst nicht von außen beobachtbar sind, sondern nur innerlich spürbar. Soweit jedoch Gefühle, Gedanken und Verhalten eine Einheit bilden, kann man zumindest teilweise von den Handlungsweisen eines Menschen Rückschlüsse auf seine Einstellung ziehen.

Okay Corral von Ernst

Das Okay Corral beinhaltet zwei mal zwei Felder: „*Ich bin okay*" oder „*Ich bin nicht okay*" und „*Du bist okay*" oder „*Du bist nicht okay*"; das ergibt ein Vier-Felder-Schema (Abb. 5). Dabei bedeutet „okay" folgendes: Für mich, in meiner Wahrnehmung, bin ich oder ist der Andere (Du) in Ordnung, gut, kompetent, hilfreich, positiv. „Nicht okay" bedeutet dann das Gegenteil; in meiner Wahrnehmung bin ich, ist der Andere nicht in Ordnung etc.

Diese Einstellungen sind, wie in Abb. 5 dargestellt, folgendermaßen beschrieben:

übersicher oder überverantwortlich

- **Ich bin okay, du bist nicht okay (+/-):** Ich zweifle nicht an mir, sondern an anderen, gebe anderen die Schuld, verhalte mich überverantwortlich, frage nicht um Hilfe. Ein typischer Gedanke ist: „*Wenn die anderen nur machen würden…*". Wer zu dieser Disposition tendiert, verhält sich arrogant, überlegen, zupackend, selbstsicher, überheblich, helfend oder zielstrebig. Da sich in dieser Haltung eine Überhöhung der eigenen Person und eine Verkleinerung der anderen ausdrückt, spricht man hier auch von „übersicher" oder „überverantwortlich".

- **Ich bin nicht okay, du bist okay (-/+):** Wer diese Haltung einnimmt, traut sich selbst wenig zu, verhält sich eher fragend, vorsichtig, manchmal sogar unterwürfig, zurückhaltend oder auch schüchtern, gehemmt. Ein typischer Gedankengang ist: „*Wenn ich das nur auch so gut könnte ...*". Da hier der eigene Wert geringer eingeschätzt wird als er tatsächlich ist und der des Anderen unrealistisch erhöht wird, spricht man auch von „untersicher" oder „unterverantwortlich". *untersicher oder unterverantwortlich*
- **Ich bin nicht okay, du bist nicht okay (-/-):** Diese Haltung fühlt sich am unangenehmsten an und ist langfristig eine verzweifelte Position, da weder sich selbst noch dem anderen ein Wert zugesprochen wird. Ein typischer Gedanke ist „*Es ist ja doch alles sinnlos.*" Der Mensch verhält sich depressiv, zurückgezogen und manchmal auch zynisch. Seine Grundeinstellung ist auch als „unsicher" oder „verunsichert" zu bezeichnen. *unsicher oder verunsichert*
- **Ich bin okay, du bist okay (+/+):** Ein Mensch mit dieser Grundeinstellung bejaht das Leben und setzt sich aktiv mit sich, seinen Zielen und seiner Umwelt auseinander. Auch in kritischen Situationen kann er eigene Fehler zugeben und die der anderen nicht überbewerten. Er geht gelassen mit Problemen um und lässt seine Gefühle zu. Er ist optimistisch, aber nicht euphorisch im Sinne einer „rosa Wolke". Diese Haltung bezeichne ich als „sicher". *sicher*

Anzustreben ist hier eine realistische +/+ -Haltung. Realistisch ist es aber auch, dass Menschen bei kritischen Ereignissen in negative Haltungen verfallen. Unser erster Impuls in Stresssituationen ist oft, entweder uns selbst oder den Anderen abzuwerten. Dabei sind beide Positionen als Abwehrreaktionen zu sehen. So kann es z.B. sein, dass der „Übersichere" sich nur nach außen so verhält, aber sich innerlich „untersicher" fühlt und umgekehrt der „Untersichere" nur nach außen so agiert, im Stillen aber z.B. denkt „*Du kannst mich mal*". Um langfristig zu einer ausbalancierten sicheren Haltung zu gelangen, ist es gut, sich Verhaltenstendenzen bewusst zu machen und die +/+-Verhaltens-, Denk- und Fühlweisen zu üben. *Oft ist die Einnahme einer Position eine Abwehrreaktion*

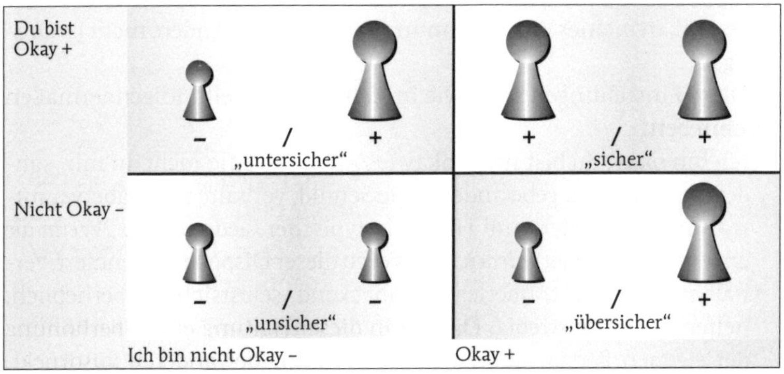

Du bist Okay +		
	− / + „untersicher"	+ / + „sicher"
Nicht Okay −	− / − „unsicher"	− / + „übersicher"
	Ich bin nicht Okay −	Okay +

Abb. 5: Das Okay-Corral nach Ernst (1971)

Übung: Denken Sie an Ihre letzte Stress- oder Konfliktsituation. Malen Sie sich bildlich und mit Worten aus, wie und was dort geschah. Wenn Sie gefühlsmäßig in der Situation sind, überlegen Sie:
- Was war Ihr erster Impuls?
- Wie haben Sie dann reagiert?
- Wie hätten Sie gerne reagiert?
- Welche Stimmung und welches Verhalten wollen Sie für eine nächste ähnliche Situation ausprobieren?

Wenn Sie unsicher sind, welcher Stresstypus Sie sind, können Sie auch andere Menschen nach deren Wahrnehmung in Stresssituationen fragen: Sind Sie eher jemand, der sich dann zurückzieht und abwartet (-/+) oder jemand, der erst einmal angreift, wortgewandt ist und sicher wirkt (+/-)?

Dieses grundlegende Modell wird auch für die Konfliktbewältigung angewandt.

Selbstanalyse

Bevor ich die einzelnen Einstellungen zu Konflikten bzw. Konfliktstile erläutere, möchte ich Ihnen die Gelegenheit geben, diese für sich selbst zu überprüfen (Checkliste 4). Natürlich können Sie die Liste auf verschiedene Weisen ausfüllen, so wie Sie gerne wären (soziale Erwünschtheit) oder so, wie Sie sich tatsächlich verhalten. Die soziale Erwünschtheit wurde hier nicht ausgefiltert, Sie können sich also selbst täuschen. Aber was haben Sie davon? Wenn Sie nicht sicher sind, ob Sie sich selbst richtig sehen, können Sie die Checkliste auch zur Einschätzung bevorzugter Stile von Kollegen, Partnern, Vorgesetzten, Mitarbeitern oder Kunden etc. ausfüllen lassen. Oft erhält man in der Fremdwahrnehmung ein ehrlicheres und realistischeres Bild.

Die Checkliste ist ganz einfach zu handhaben: Wenn Sie einer Aussage zustimmen, kreuzen Sie den davor stehenden Buchstaben an und zählen anschließend die Punkte, die Sie je Buchstabe erreicht haben, zusammen. Anhand der Darstellung der grundlegenden Verhaltensstrategien bei Konflikten in Abbildung 6 können Sie dann einordnen, zu welchem Konfliktstil Sie tendieren.

Checkliste 4:
Überprüfung eigener Konfliktstile

A Konflikte stören das Arbeitsklima und müssen deshalb auf jeden Fall vermieden werden.

D Am besten ist es, nach Lösungen zu suchen, die allgemein anerkannten Regeln entsprechen.

A Solange alle Beteiligten sachlich bleiben, können Konflikte nicht auftreten.

D Um Konflikte zu lösen, braucht man Verbündete oder Koalitionen.

C Für gute Zusammenarbeit ist es wichtig, die eigenen Ziele auch mal zurückzustellen.

E Verbesserungen im Unternehmen sind oft nur dann haltbar, wenn die dahinter liegenden Konflikte bewältigt wurden.
D Wenn schon Konflikte aufgetreten sind, gibt es oft keine ideale Lösung. Meist geht es um Schadensbegrenzung.
C Das Wichtigste ist es, ein freundliches, harmonisches Klima zu bewahren.
B Konflikte sind deshalb gut, weil sich meist die Besseren durchsetzen.
E Konflikte kann man nur lösen, indem man nach Lösungen sucht, die sowohl sachlich gut, als auch für den Konfliktpartner akzeptabel sind.
C Bei Konflikten geht es darum, den Partner zu verstehen.
D In Konfliktsituationen geht es darum, ab und zu zu geben und Kompromisse schließen zu können.
C Zentral für die Konfliktlösung ist es, das Gute im Anderen sehen und auf eigene Interessen verzichten zu können.
E Im Konfliktfall ist es das Beste, wenn sich alle Beteiligten an einen Tisch setzen und offen Informationen austauschen.
E Ohne Konflikte sind Veränderungen im Unternehmen nicht möglich.
B In einem Konflikt nachzugeben, zeugt von Schwäche.

D Wenn im Umgang mit Kollegen Gegensätze auftauchen, sollte man die Sache am besten einer dritten Partei zur Schlichtung vorlegen
B Bei Konflikten ist es entscheidend, sich eine gute Strategie zu überlegen, um den Gegner von der richtigen Sicht zu überzeugen.
A Menschen sind nun einmal unterschiedlich. Deshalb fährt man am besten nach dem Motto „leben und leben lassen".
E Konflikte sind fruchtbar, weil sie die Vielfalt unterschiedlicher Meinungen zutage bringen.
B In Konflikten braucht man gutes Stehvermögen und gute rhetorische Fähigkeiten.
B Durch gutes Verhandlungsgeschick kann man häufig wenigstens einen Teil der eigenen Position behalten.
A Wenn in einer Abteilung ständig Konflikte auftauchen, sollte man den Leiter austauschen.
C Langfristige Konfliktlösung ist nur möglich, indem man ein Klima gegenseitiger Unterstützung fördert.
A Bei Konflikten hält man sich am besten raus. Mit ein bisschen Geduld erledigt sich das meiste sowieso von alleine.

Auswertung der Selbstanalyse:

Im Bereich der Konflikteinstellungen werden aus den Okay-Grundhaltungen zwei grundlegende Dimensionen abgeleitet:
- Orientierung an eigenen Zielen (ich gewinne)
- Orientierung an der Beziehung (du gewinnst)

Aus der Kombination dieser beiden Dimensionen ergeben sich fünf grundlegende Konfliktstile, die im Konfliktfall als Handlungsstrategien wirken (siehe Abb. 6).

Die hier aufgeführten fünf Grundeinstellungen entsprechen auch den von Schwarz (1997) angeführten Grundmodellen der Konfliktlösung, wobei er noch ein sechstes Grundmuster anführt: die „Delegation

fünf grundlegende Konfliktstile, die im Konfliktfall als Handlungsstrategien wirken

Abb. 6: Grundhaltungen und Verhaltensstrategien bei Konflikten

an eine dritte Instanz". Die ersten fünf Grundmodelle sind Modelle der Konflikthaltung und der daraus resultierenden Verhaltensstrategien zwischen den Beteiligten. Mit der Hinzuziehung einer dritten Instanz wird aus meiner Sicht ein qualitativ neuer Weg beschritten, der in Teil C, Kap. 1.2 gesondert behandelt wird.

In den folgenden Beschreibungen der einzelnen Stile konzentriere ich mich im Wesentlichen auf den Einstellungsbereich und die daraus resultierenden Verhaltensweisen. Bezüge zur Angemessenheit der jeweiligen Strategie werden in Teil C, Kap. 1 vertieft.

A. Verlierer-Verlierer: Vermeiden und Fliehen

Angst, auf jeden Fall zu verlieren und das Ziel, Enttäuschungen und Ärger zu vermeiden

Der Vermeidungsstil ist geprägt durch die Haltung „Nichts wie weg". Dahinter steht die Angst, auf jeden Fall zu verlieren und das Ziel, Enttäuschungen und Ärger zu vermeiden. Die Vermeidungsstrategie wird oft von Menschen angewandt, die vorher versucht haben zu kooperieren oder nachzugeben. Als dauerhafte Haltung bedeutet dieser Stil Flucht oder Anpassung ohne Engagement und Hoffnung und führt langfristig zu einer Mischung aus Frustration und zurückgehaltener Aggression, die sich dann möglicherweise in Zynismus und Bissigkeit äußert.

Die hinter dem Vermeidungsstil liegende oft mit einer (–/–)-Haltung einhergehende Einstellung könnte man folgendermaßen beschreiben: „Menschen sind nun einmal unterschiedlich. Meinungsunterschiede liegen in unterschiedlichen Erfahrungen, Fähigkeiten, Zielen etc. begründet. Das kann man auch kaum ändern. Es gilt darum, dies zu akzeptieren und den Ärger und die Mühe endloser Diskussionen zu vermeiden. Bei Konflikten hält man sich besser weise raus. An erster Stelle stehen Toleranz und Geduld. Das meiste erledigt sich sowieso, wenn man einmal eine Nacht darüber geschlafen hat."

B. Gewinner-Verlierer: Konkurrieren und Vernichten:

Der Konkurrenz- oder auch Wettbewerbsstil folgt dem Motto „Sieg oder Niederlage", „Du oder ich". Im Mittelpunkt steht das Erlangen des eigenen Gewinns, mitunter um jeden Preis. Mit diesem Stil wird oft die Angst kompensiert, selbst zu verlieren. Nach dem Motto „Angriff ist die beste Verteidigung" geht es hier ums nackte Überleben in einer Konkurrenzgesellschaft.

Erlangen des eigenen Gewinns, mitunter um jeden Preis

Auf den Punkt gebracht bedeutet die (+/-)-Haltung die Vernichtung des Partners, um sich selbst zu retten und könnte ungefähr so lauten: „*Das Leben ist hart. Ziel ist es, dass das Recht siegt. Deshalb ist es notwendig, sich voll für die Sache einzusetzen, an die man glaubt. Es kann nur einen Gewinner geben. Das Ziel heiligt die Mittel und im Überlebenskampf sind auch Überreden, Zwang und der geschickte Einsatz von Macht erlaubt.*"

C. Verlierer-Gewinner: Nachgeben und Unterwerfen:

Hier handelt es sich um einen Stil, der von der Besorgnis für menschliche Beziehungen so dominiert wird, dass das Durchsetzen eigener Ziele vergessen wird. Dahinter steht entweder die Hoffnung, dass dadurch, dass man für den anderen sorgt, dieser zu Dank verpflichtet ist oder die uneingestandene Befürchtung bzw. Erfahrung, dass Beziehungen viel zu zerbrechlich sind, um ein Durcharbeiten von Differenzen zu überstehen.

menschliche Beziehungen haben Vorrang

Die (-/+)-Haltung des Nachgebens kann ausgedrückt werden mit: „*Konflikte trennen Menschen voneinander. Um Harmonie zu erhalten, ist es besser, Meinungsunterschiede nicht hochzuspielen, sondern zu glätten. Menschliche Beziehungen sind das Wichtigste. Da kann es sinnvoll sein, die eigenen Ziele dem gemeinsamen Ganzen zu opfern.*"

D. Nicht-Gewinner: Feilschen und Kompromiss:

Im Mittelpunkt des Kompromissstils steht die Bemühung, sich in der Mitte zu treffen. Oft kommen Menschen, die mit diesem Stil arbeiten, von der Konkurrenz- oder der Kooperationshaltung. Da wird dann entweder die Position des „Du-oder-Ich" dadurch gemindert, dass man dem Anderen gönnt, das Gesicht zu wahren, wenn er verliert, denn das nächste Mal könnte er der Gewinner sein. Gerade in Großunternehmen haben oft viele Führungskräfte nach einer Zeit die Haltung: „*Jedem begegnet man zweimal*". Oder der ehemals Kooperative hält diesen Stil nicht durch, weil er zu oft enttäuscht worden ist und „aus Erfahrung klug" geworden ist.

Bemühung, sich in der Mitte zu treffen

Die Einstellung ist gekennzeichnet durch die Einstellung: „*Man kann nicht immer gewinnen. Aber meistens kann für alle Seiten eine recht akzeptable Lösung gefunden werden. Jeder gewinnt und verliert ein bisschen. Man kann es nicht allen recht machen.*"

E. Gewinner-Gewinner: Integrieren und Konsens:

Der Integrationsstil ist geprägt durch eine offene, kreative Haltung, die man auch bezeichnen könnte als „Sich auseinander setzen, um sich zu-

offene, kreative Haltung

sammenzusetzen"; d.h., dass die Interessen, Ziele und dahinter liegenden Bedürfnisse erst einmal voneinander getrennt betrachtet werden müssen, bevor beide Seiten aufeinander zugehen. Dahinter steht die Orientierung sowohl an den eigenen Zielen als auch an guten menschlichen Beziehungen. Der kooperative Konfliktlöser hält diese beiden Ziele nicht für unvereinbar und setzt auf produktive Problemlösung und dauerhafte Beziehungen.

produktive Problemlösung und dauerhafte Beziehungen

Die dahinter liegende (+/+)-Haltung kann man folgendermaßen beschreiben: *„Konflikte sind etwas Normales und gehören zum Leben. In der Regel sind sie zum beiderseitigem Vorteil zu lösen. Dafür ist es wichtig, unterschiedliche Meinungen als Chancen zu sehen und ein Klima gegenseitigen Vertrauens zu schaffen. Es geht darum, möglichst kreative Wege zu finden, gemeinsam Ziele zu erreichen und für beide Seiten optimale Lösungen zu finden."*

Jede der Einstellungen hat je nach Situation Vorteile oder Nachteile. Deshalb ist es zwar wichtig, eine integrative, langfristig orientierte Grundeinstellung anzustreben, jedoch auch situativ viele unterschiedliche Verhaltensmöglichkeiten zur Verfügung zu haben.

1.3.2 Die Jung'schen Persönlichkeitsfunktionen (MBTI)

Eine klassische Unterscheidung in der Herangehensweise an die Welt, insbesondere im Bereich der Konfliktlösung findet sich bei Jung (1986), der verschiedene psychische Funktionen bzw. Typologien unterscheidet. Dabei handelt es sich um zwei Dimensionen: Die Wahrnehmungs- und die Beurteilungsfunktion (Abb. 7). Bei der Wahrnehmungsfunktion ist die Frage, ob Menschen eher ihre Sinneswahrnehmung oder ihre Intuition nutzen. Bei der Beurteilungsfunktion wird unterschieden, ob Menschen eher denkend oder eher fühlend vorgehen. Diese Muster wirken wahrnehmungs- und verhaltenssteuernd und haben Einfluss darauf, wie Menschen Konflikte erkennen und bearbeiten.

Wahrnehmungs- und Beurteilungsmuster beeinflussen, wie Menschen Konflikte erkennen und bearbeiten

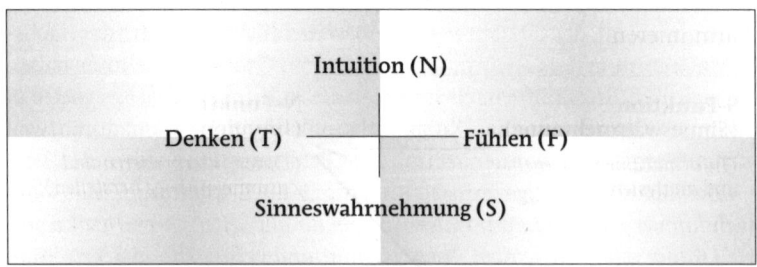

Abb. 7: Psychische Funktionen nach Jung

Unterschiede im menschlichen Verhalten resultieren aus Präferenzen in diesen Dimensionen. Sie entstehen früh im Leben, bleiben relativ unverändert und bilden die Grundlage für unser Denken, Fühlen und Verhalten, also letztlich das, was man Persönlichkeit oder Charakter nennt. Sie bestimmen, wie wir die Welt erleben und wie wir Entscheidungen treffen, d.h. sie können uns im Vorfeld sagen, was uns zufrieden stellt, stimuliert, irritiert oder frustriert. Die Umwelt spielt insofern eine einflussreiche Rolle, dass sie die natürlichen Präferenzen im weiteren Leben fördern oder hemmen kann.

Bedeutung der jungschen Dimensionen für die Herangehensweise an Konflikte

Dabei beinhalten diese Dimensionen folgende Tendenzen in der Herangehensweise an Konflikte:

- **Sinneswahrnehmung** bedeutet, dass konkrete Fakten oder Ereignisse durch einen oder mehrere der fünf Sinne erfasst werden (S wie „sensing"). Die Stärke dieses Pols ist es, Informationen zu sammeln und zu analysieren. Diese Präferenz in der Vorgehensweise kann umschrieben werden als „sachlich", „konkret" und „detailliert".

  konkrete Fakten oder Ereignisse

- **Intuition** bedeutet, etwas zu wissen, ohne bewusst zu wissen, dass man es weiß, und beruht auf einer ganzheitlichen, unbewussten Wahrnehmung von Bedeutungen, Beziehungen und Möglichkeiten (N für Intuition). Die Stärke dieses Pols ist es, Daten zu interpretieren und Zusammenhänge herzustellen. Hier sind eher Begriffe wie „ungewöhnlich", „phantasievoll" oder „erfindungsreich" angemessen.

  ganzheitliche, unbewusste Wahrnehmung

- **Denken** bedeutet eine Präferenz der Analyse, des Verstandes, von Objektivität und Logik (T wie „thinking"). Hier werden nach sachlichen Kriterien Alternativen ausgewählt und Entscheidungen begründet.

  Präferenz der Analyse und des Verstandes

- **Fühlen** bedeutet eine Ausrichtung auf Gefühle, Herz, Subjektivität und Empfindung (F für feeling). Hier geht es weniger um rationale Begründungen, sondern darum, dass „der Bauch mitmacht" und Akzeptanz besteht.

  Ausrichtung auf Gefühle, Herz, Subjektivität und Empfindung

Beobachten lassen sich die Präferenzen vor allem bei der Gestaltung der Kommunikationskultur und dem Vorgehen bei Problemlöseprozessen (Abb. 8). Alle Fähigkeiten sind notwendig und bei einer optimalen Persönlichkeits- und Teamentwicklung können sie auch gut miteinander harmonieren.

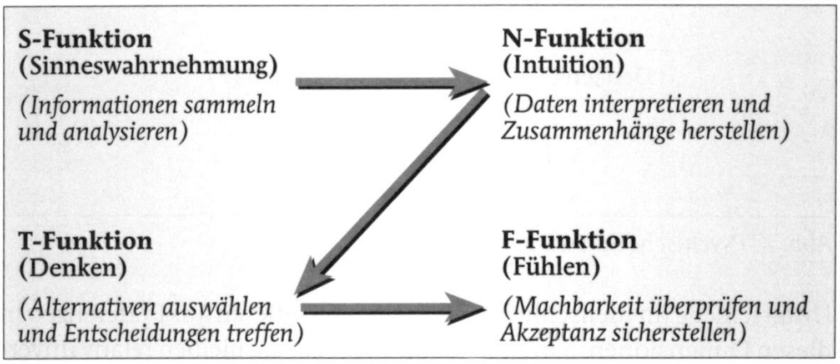

Einfluss auf Gestaltung der Kommunikationskultur und das Vorgehen bei Problemlöseprozessen

S-Funktion (Sinneswahrnehmung)	N-Funktion (Intuition)
(Informationen sammeln und analysieren)	(Daten interpretieren und Zusammenhänge herstellen)
T-Funktion (Denken)	**F-Funktion** (Fühlen)
(Alternativen auswählen und Entscheidungen treffen)	(Machbarkeit überprüfen und Akzeptanz sicherstellen)

Abb. 8: Die Z-Funktion – verschiedene Funktionen im Problemlösungsprozess

Checkliste 5: Grundpräferenzen und Verhalten am Arbeitsplatz nach dem Myers-Briggs-Typen-Indikator (MBJT)

Extraversion (E)

- Liebt Betriebsamkeit und Abwechslung.
- Ist schneller, liebt keine komplizierten Abläufe.
- Wird bei langwierigen Aufgaben leicht ungeduldig.
- Interessiert sich für die Ergebnisse seiner Arbeit, will sie erledigt wissen und will wissen, wie andere ihre Arbeit erledigen.
- Unterbrechungen in der Arbeit (Telefon, Besuche) machen ihm meist nichts aus.
- Handelt oft schnell, manchmal ohne zu denken.
- Hat gerne Menschen um sich.
- Gut geeignet, um Beziehungen aufrecht zu halten.

nach außen gerichtet
viele Beziehungen
Interessenbreite
Austausch von Gedanken, Ideen, Meinungen
erst sprechen, dann denken
lebhaft
extensiv
Menschen und Dinge
Welt verändern

Introversion (I)

- Konzentriert sich gern in Ruhe.
- Arbeitet sorgfältig im Detail, hält nichts von großen Reden.
- Es macht ihm nichts aus, längere Zeit an einem Projekt zu arbeiten.
- Interessiert sich für die großen Zusammenhänge seiner Arbeit.
- Lässt sich in der Arbeit nur ungern stören.
- Denkt gern lange nach, bevor er handelt – denkt auch oft ohne zu handeln.
- Arbeitet gerne allein.
- Hat Schwierigkeiten mit dem Merken von Namen/Gesichtern.

nach innen gerichtet
weniger Beziehungen
Interessentiefe
Konzentration auf Gedanken und Ideen
erst denken, dann sprechen
nachdenklich
intensiv
Konzepte, Ideen
Welt verstehen

Sinneswahrnehmung (S)

- Arbeitet meist sehr genau.
- Irrt sich selten in Fakten.
- Arbeitet beständig und hat eine genaue Vorstellung vom Zeitaufwand einer Arbeit.
- Kommt meist schrittweise zu Schlussfolgerungen.
- Hat keine Freude mit neuen Problemen, die nicht nach bestehenden Normen gelöst werden.
- Lernt nicht gerne nach neuen Methoden, eher nach den alten.
- Ist geduldig in der Routinearbeit.

fünf Sinne
sequenziell
tatsachenorientiert
umsetzungsorientiert
praktisch
Details
spezifisch
Realität
Faktensammlung

Intuition (N)

- Nimmt sich nicht gerne Zeit für Genauigkeit.
- Irrt sich häufig mit Fakten.
- Arbeitet in Energieanfällen, dazwischen lässt Leistung nach.
- Kommt rasch zu Schlussfolgerungen.
- Löst gerne neue Probleme.
- Tut nicht gerne immer das Gleiche.
- Ist ungeduldig in der Routinearbeit.
- Liebt komplexe Probleme.
- Glaubt auch an Irrationales.

sechster Sinn
zufällig
Möglichkeitsorientiert
Ideen generierend
theoretisch
Zusammenhänge
Allgemein
Phantasie
Inspiration

Konfliktstile

Denken (T)

- Analysiert und ordnet gern.
- Kann auch ohne Harmonie auskommen.
- Entscheidet meist unpersönlich, oft ohne die Wünsche anderer zu berücksichtigen.
- Kann Leute tadeln und wenn nötig entlassen.
- Braucht faire Behandlung.
- Ist oft unnachgiebig.
- Wirkt oft verletzend ohne es zu merken.
- Zeigt Emotionen meist nicht und kann mit Gefühlen anderer schlecht umgehen.

Stichworte:
- objektiv
- Regeln und Gesetze
- gerecht
- klar
- definitiv
- Kritik
- Grundsätze
- situationsabhängig
- abstrakt und sachlich
- Logik

Fühlen (F)

- Legt großen Wert auf Harmonie.
- Streit am Arbeitsplatz kann seine Leistung beeinträchtigen.
- Lässt sich in Entscheidungen oft von eigenen oder anderer Leute Vorlieben und Wünsche leiten.
- Verabscheut es, jemandem Unangenehmes zu sagen.
- Braucht Anerkennung und Lob.
- Ist oft einfühlend und verständnisvoll.
- Ist anderen gerne gefällig, auch in unwichtigen Dingen.
- Ist sich der Gefühle anderer meist bewusst und berücksichtigt sie auch.

Stichworte:
- subjektiv
- Umstände
- menschlich
- Harmonisch
- akzeptabel
- Wertschätzung
- soziale Werte
- situativ
- konkret und persönlich
- menschliche Anteilnahme

Beurteilung (J)

- Leistet am meisten, wenn er Arbeiten nach Plan machen kann.
- Legt Wert auf Erledigung und Beendigung seiner Arbeit.
- Neigt dazu, Entscheidungen zu rasch zu treffen.
- Schätzt es nicht, ein Projekt, das er in Arbeit hat, wegen eines dringenderen zurückzustellen.
- Sieht manchmal Notwendigkeit für Veränderung nicht.
- Will zu Beginn einer Arbeit nur unbedingt Notwendiges erfahren.
- Gibt sich meist zufrieden, sobald er zu einem Urteil über eine Person oder eine Situation gekommen ist.
- Bevorzugt es, Kontrolle über Dinge und Abläufe zu haben.

Stichworte:
- abgeschlossen
- Entschieden
- geregelt
- Kontrolle
- geplant
- Struktur
- endgültig
- Ordnung
- Grenzen
- Fristen

Wahrnehmung (P)

- Kann sich veränderten Situationen gut anpassen.
- Es macht ihm nichts aus, etwas nicht endgültig zu fixieren.
- Kann sich manchmal zu Entscheidungen nicht durchringen.
- Beginnt mit zu vielen Projekten auf einmal und findet es schwierig sie fertig zu stellen.
- Neigt dazu, Unangenehmes aufzuschieben.
- Möchte über seine Arbeit alles wissen.
- Ist meist neugierig und freut sich über jede zusätzliche Information.
- Lässt Dinge auf sich zukommen.

Stichworte:
- offen
- vorübergehend
- flexibel
- Anpassung
- spontan
- Prozess
- provisorisch
- kreatives Chaos
- Freiheit
- Hinauszögern

Myers-Briggs-Typen-Indikator (MBTI)

Diese Grundpräferenzen sind Grundlage für viele Typologien. Am bekanntesten und sehr gut einsetzbar ist der MBTI (Myers-Briggs-Typen-Indikator, siehe Myers u. Briggs 1991), der auch Eingang in das Management gefunden hat (z.B. Attems u. Heimel 1994).

Der MBTI nimmt dabei noch zwei Dimensionen hinzu: Die Orientierung in der Welt (Intro- und Extraversion), die auch viel damit zu tun hat, wodurch man Energie und Motivation gewinnt – eher im Inneren oder im Außen. Und zum zweiten die Einstellung zur Außenwelt als Präferenz der beiden psychischen Funktionen Wahrnehmungsorientierung oder Beurteilungsorientierung.

Diese Dimensionen bedeuten:

Energie aus inneren Reserven und geistigen Erfahrungen

- **Introversion** bedeutet, dass die Energie aus inneren Reserven und geistigen Erfahrungen kommt (I). Introvertierte brauchen Ruheorte, an denen sie auftanken können und geschlossene Bürotüren. Sie empfinden Außeneinflüsse und Menschen, „*die immer drauflos plappern*", als störend. Sie sind der Meinung, dass man erst einmal nachdenken sollte, bevor man den Mund aufmacht.

Orientierung in der Außenwelt

- **Extraversion** bedeutet eine Orientierung in der Außenwelt, deren Einflüsse als Herausforderung erlebt werden (E). Extravertierte beziehen ihre Energie von anderen und können bei jedem Thema mitreden. Ihr Denken entwickelt sich, indem sie sprechen und handeln. Sie mögen es nicht, wenn jemand Bedenkenträger ist.

Primat von Entscheidung, Struktur und Bewertung

- **Beurteilung** bedeutet, dass in der Konfliktlösung viel Wert auf Entscheidungen, Struktur und Bewertung gelegt wird (J wie „judging"). Beurteilungstypen möchten Ergebnisse und Abschlüsse sehen. Sie bevorzugen einen organisierten Arbeitsstil, bevorzugen Planung, Checklisten und Kontrolle.

Offenheit für alle Eindrücke und Wahrnehmungen

- **Wahrnehmung** bedeutet offen zu bleiben für alle Eindrücke und Wahrnehmungen (P wie „perception"). Wahrnehmungstypen lieben das Unbekannte, lassen sich gerne ablenken und kommen schlecht zum Ende. Sie sind flexibel, neugierig und mögen Überraschungen.

Der Gegensatz zwischen den Polen der Präferenzen ist die Grundlage für viele Differenzen

Dabei wird einerseits davon ausgegangen, dass zwischen den Polen der Präferenzen ein Gegensatz besteht. Das ist die Grundlage für viele Differenzen und Meinungsverschiedenheiten. Andererseits strebt jede Persönlichkeit ein dynamisches Gleichgewicht an, wodurch die Präferenzen nicht gegeneinander arbeiten, sondern auf Koordination und Reifung zielen. Ziel der Persönlichkeitsentwicklung ist die Integration und die Möglichkeit alle Pole zu leben. Das kann jedoch oft erst im höheren Lebensalter, durch Reifung und Weisheit erreicht werden.

Jeder Mensch verfügt in gewissem Ausmaß über alle diese Fähigkeiten, jedoch sind anderseits bei jedem Einzelnen aufgrund seiner persönlichen Vorerfahrung und Prägung bestimmte Präferenzen dominant. Dabei sind unter Präferenzen Verhaltenstendenzen zu verstehen – so wie ein Rechtshänder automatisch den Ball mit rechts fängt.

Diese vier mal zwei-poligen Grundpräferenzen, also acht Stile, lassen sich so kombinieren, dass 16 verschiedene Typen entstehen, die sich unterschiedlich in Teams verhalten.

Für Ihre eigene Einschätzung oder für Feedback können Sie sich an Checkliste 5 (vorige Doppelseite) orientieren. Eine vertiefte Analyse des eigenen Stils und daraus abgeleiteter Führungsstile erhalten Sie in Attems u. Heimel (1994) oder durch den Originaltest (nach Myers u. Briggs 1991) und unter psychologischer Anleitung und Beratung z.B. im Coaching.

1.3.3 Grundfunktionen nach Riemann

Das Persönlichkeitsmodell von Riemann (1978) beruht darauf, dass wir auf Herausforderungen, also auch auf Konflikte oder Differenzen, mit Angst reagieren. Seit frühester Zeit versucht die Menschheit der Urangst mit Magie, Religionen, Wissenschaft und heute vielleicht mit Formen der Anlageberatung zu begegnen. Dennoch ist sie unvermeidbar. Jeder Mensch jedoch hat vor etwas anderem Angst und strebt in diesem Bereich nach Vermeidung von Unsicherheiten.

Der Mensch begegnet Herausforderungen prinzipiell mit Angst

Wesentlich für die Entwicklung des Menschen ist das Annehmen seiner Ängste. Erfolgt dies nicht, kommt es zu Blockaden und inneren Konflikten. Dabei gibt es im Laufe der Entwicklung „alters- und entwicklungsgemäße Ängste" (Riemann 1978, S. 7), die alle Menschen für ihre Reifung überwinden müssen, seien es die ersten Gehversuche oder die ersten sexuellen Begegnungen. Darüber hinaus gibt es sehr spezifische, individuelle Ängste, die oft nicht unmittelbar nachvollziehbar sind; so haben die einen Angst vor der Einsamkeit, die anderen Angst vor Menschenansammlungen.

Annehmen von Ängsten

Riemann geht von einem grundsätzlichen Modell der Erde aus, das vier Gesetzmäßigkeiten folgt und auf denen sein Persönlichkeitsmodell beruht (Abb. 9):

Persönlichkeitsmodell von Riemann

- Eigendrehung der Erde (Rotation) um sich selbst: Dieses Prinzip entspricht auf der psychischen Ebene der Forderung nach Individualität, Selbstwerdung und letztlich nach Distanz zu anderen Elementen. Menschen, die diesem Prinzip verhaftet sind haben Angst vor der Selbsthingabe, weil sie als Ich-Verlust und Abhängigkeit erlebt wird. Ich nenne diese Angst für die Analyse im beruflichen Bereich die Angst vor der Nähe.

Angst vor der Nähe

- Bewegung der Erde um die Sonne (Revolution): Dieses Prinzip entspricht der Forderung, sich einzuordnen und unterzuordnen unter das große Ganze, der Forderung nach Selbsthingabe und Verschmelzen in der Einheit. Hieraus entsteht die Angst vor der Loslösung, der Selbstwerdung, weil sie als Einsamkeit und Isolation erlebt wird. Ich

Angst vor der Distanz nenne dies Angst in der Arbeit mit Menschen in Organisationen, die Angst vor der Distanz.

Das Funktionieren von Rotation und Revolution setzt zwei weitere Impulse voraus:
- Die Schwerkraft, die die Welt zusammenhält und sich zentripetal nach innen richtet: Dieses Prinzip entspricht der Forderung nach Ordnung, Notwendigkeit, Dauer und Beständigkeit. In diesem Prinzip verankerte Menschen haben Angst vor der Wandlung, weil sie als Vergänglichkeit und Unsicherheit empfunden wird. Ich spreche hier *Angst vor dem Wechsel* von Angst vor dem Wechsel.
- Die Fliehkraft, die nach außen strebt und für ständige Veränderung sorgt: Dieses Prinzip entspricht der Forderung nach Abwechslung, Veränderung, Wechsel und Wandlung. Menschen dieses Pols haben Angst vor der Ordnung und Struktur, weil sie als Endgültigkeit und Unfreiheit empfunden wird. Ich spreche hier von der Angst vor der *Angst vor der Dauer* Dauer.

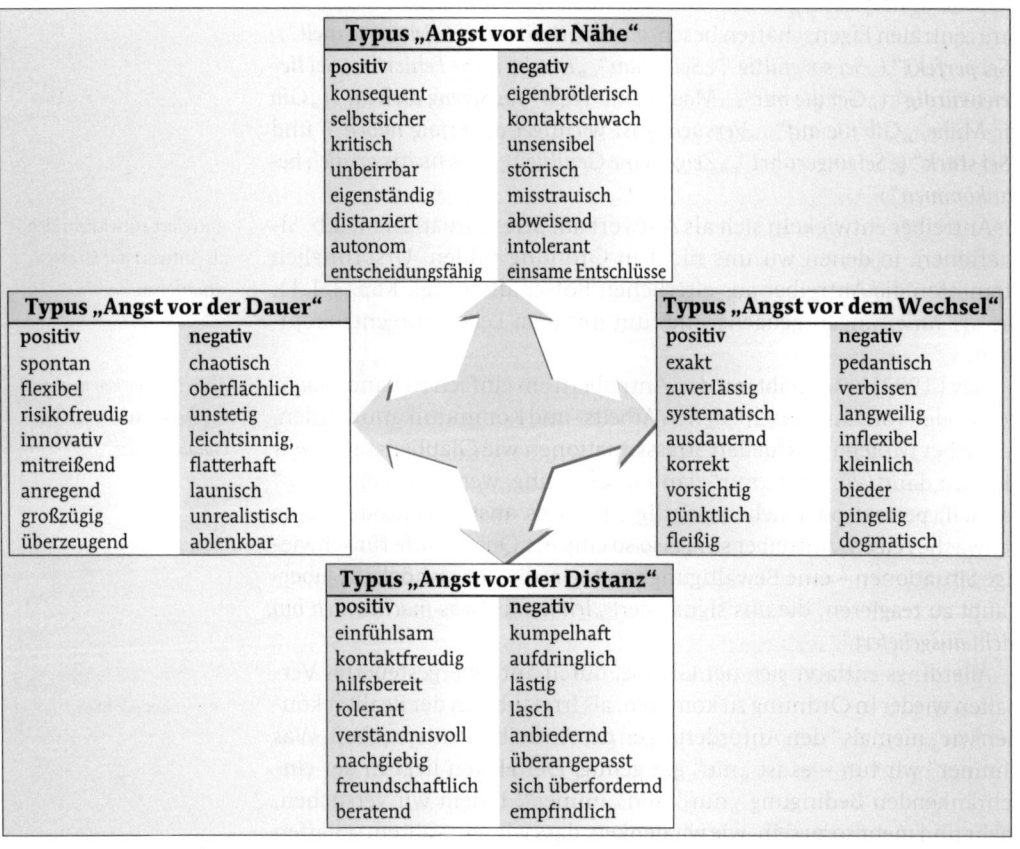

Abb. 9: Positive und negative Eigenschaften der Persönlichkeitstypen nach Riemann

Die aus diesen vier Dimensionen abgeleiteten Angstfelder sind Grundlage für das Modell der Persönlichkeit nach Riemann (1978). Sie sind einander entgegengesetzt, aber auch sie streben wie alle Persönlichkeitstypologien nach Ausgleich und Annahme.

Persönlichkeitsentwicklung erfolgt in diesem Modell darüber, den eigenen Typus zu erkennen und die dahinter liegenden Ängste anzunehmen und zu überwinden. Für eine eigene Einordnung empfehle ich den Fragebogen in Jung (2000). Vorläufig mag Ihnen die Abb. 9 eine Idee von Ihrem Typus geben. Diese Abbildung gibt gleichzeitig Aufschluss darüber, wo es durch das Ausleben der negativen Persönlichkeitseigenschaften zu zwischenmenschlichen Konflikten kommen kann. Auch hier können Sie Konflikte vermeiden, indem Sie sich Rückmeldung holen und an den nachteiligen Bereichen arbeiten.

den eigenen Persönlichkeitstypus erkennen und die dahinter liegenden Ängste annehmen

1.3.4 Kommunikationsstile: Antreiber

Das Konzept der „Antreiber" beruht auf den Arbeiten von Kahler(1977, siehe auch Kreyenberg 2003). Die Antreiber haben einfache Namen, die ihre zentralen Eigenschaften beschreiben: **„Beeil dich"** (*„Mach schnell"*), **„Sei perfekt"** (*„Sei sorgfältig", „Sei genau", „Mache keine Fehler"*), **„Sei liebenswürdig"** (*„Gefalle mir", „Mach es mir recht"*), **„Streng dich an"** (*„Gib dir Mühe", „Gib nie auf", „Versuchen ist wichtiger als Erfolg haben"*) und **„Sei stark"** (*„Sei ungerührt", „Zeige keine Gefühle", „Lass nichts an dich herankommen"*).

Antreiber entwickeln sich als Antwort auf Stresssituationen, d.h. Situationen, in denen wir uns nicht in Ordnung fühlen. Ursprünglich stammten die Antreiber aus elterlichen Botschaften (vgl. Kap. 1.1.1), die als Anleitungen gedacht sind, um mit dem Leben zurechtzukommen.

Antreiber entwickeln sich als Antwort auf Stresssituationen

Hay (1992) beschreibt mit den Antreibern ein einfach zu handhabendes Modell von fünf verschiedenen Arbeits- und Kommunikationsstilen. Antreiber wirken in aktuellen Stresssituationen wie Glaubenssätze. Wir glauben dann, wir sind „nur" dann in Ordnung, wenn wir „immer ..." schnell, perfekt oder liebenswürdig sind, uns anstrengen oder keine Schwäche zeigen. Antreiber sind also so eine Art Quasi-Hilfe für schwierige Situationen – eine Bewältigungsstrategie, die uns ermöglicht, überhaupt zu reagieren, die uns signalisiert *„Ich kann etwas machen, ich bin nicht ausgeliefert"*.

Antreiber wirken in aktuellen Stresssituationen wie Glaubenssätze

Allerdings entlarvt sich der Glaube, durch antreibergesteuertes Verhalten wieder in Ordnung zu kommen, als Irrglaube. In der Realität können wir „niemals" den Anforderungen des Antreibers entsprechen. Was „immer" wir tun – es ist „nie" gut genug. Der Haken liegt in der einschränkenden Bedingung „nur" und „immer". Indem wir versuchen, mehr und mehr so zu sein, wie wir denken, dass wir sein sollten, schaffen und verstärken wir unsere Probleme. Je mehr wir unter Stress stehen, desto mehr Energie stecken wir in unser Antreiberverhalten, desto mehr Probleme schaffen wir, desto mehr Stress haben wir usw.

Teufelskreis, der sich nicht durchbrechen lässt

Dieser Teufelskreis ist wie ein Motor, der heiß läuft und sich dann irgendwann festfrisst. Die Energie ist gebremst und die betroffene Person glaubt, nicht in Ordnung zu sein, geht in eine verzweifelte Position, in der nichts mehr läuft. Kahler beschreibt diesen Prozess sehr anschaulich in seinem Modell vom Miniskript, in dem er aufzeigt, wie der unbewusste Lebensplan im Kleinformat immer wieder in alltäglichen Sequenzen aufgelegt wird.

Antreiber beschreiben die Motivation, die treibende Kraft eines Menschen

Antreiber beschreiben auch die Motivation, die treibende Kraft eines Menschen. Diese Motivation ist innerlich spürbar, wo sie – nur teilweise bewusst – manchmal fast wie ein Zwang wirkt. Nach außen zeigt sie sich als persönlicher Arbeits- und Kommunikationsstil oder -präferenz: sie bestimmt, wie wir unsere Arbeit organisieren, wie wir unsere Zeit einteilen, wie wir mit anderen zurechtkommen, unseren Beitrag im Team, unsere Äußerungen und sogar unsere Sprechweise, Wortwahl, Gesten, Körperhaltung und unseren Gesichtsausdruck (vgl. Kahler 1977).

Antreiber weisen auf individuelle Stärken hin

Allerdings sollten wir vorsichtig damit sein, nur die negativ wirksame Seite von Antreibern zu betonen (Checkliste 6). Da wir unsere Antreiber ursprünglich eingesetzt haben, um Stresssituationen zu bewältigen und im Laufe unseres Lebens immer wieder antreibergesteuerte Verhaltensweisen einüben, weisen Antreiber auch auf individuelle Stärken hin: Schnelligkeit, Genauigkeit, Liebenswürdigkeit, Bemühen und Stärke sind ja an sich positive Eigenschaften, die dann in den negativen Bereich umzuschlagen drohen, wenn sie übertrieben und als „einzige" Möglichkeit gesehen werden, mit einer Stresssituation umzugehen. Sie verengen dann unser Gesichtsfeld und verhindern erwachsene Problemlösungen.

Insbesondere im Arbeitsleben ist es wichtig, auch die Vorteile (Checkliste 6) von Antreibern zu sehen, denn sie haben uns häufig geholfen, so zu sein wie wir sind und das zu erreichen, was wir erreicht haben. Sie sind sozusagen ein Teil unserer Persönlichkeit geworden und als solcher Schwäche und Stärke gleichzeitig.

Im normalen Arbeitsalltag zeigt sich der Antreiber als Stärke

Im normalen Arbeitsalltag mit akzeptablem Stresslevel zeigt sich der Antreiber als Stärke. Andere erkennen uns für unseren Arbeitsstil an und bewundern uns sogar dafür, wenn sie selbst einen anderen Stil bevorzugen. Beispielsweise hat jemand als „Schneller" eine hohe Auffassungsgabe, ist dafür aber auch manchmal hektisch und wäre gerne so ruhig und gelassen, wie der „Starke" ihm erscheint.

Was jemand jahrelang geübt hat, führt ihn vielleicht zur Meisterschaft auf bestimmten Gebieten. So hat etwa jemand mit einem *„Sei liebenswürdig"* eine gute Intuition, ein *„Sei stark"* bewahrt die Ruhe in schwierigen Situationen etc. Positiv gesehen werden so die Antreiber zu Persönlichkeitsmerkmalen, die Befähigungen darstellen, wenn es gelingt, ihre einschränkende, destruktive Kraft aufzuheben.

Checkliste 6: Vor- und Nachteile von Antreiberverhalten

Antreiber	Vorteile	Nachteile
„Sei liebenswürdig"	• gute Intuition für zwischenmenschliche Beziehungen • fördert Harmonie und Zusammenhalt	• grenzt sich nicht ab • keine eigenen Standpunkte • kann schlecht Nein sagen
„Sei perfekt"	• arbeitet korrekt und akkurat • organisiert und koordiniert effektiv • plant im Voraus	• hat fehlende Prioritäten • keine kreativen/unfertige Entwürfe • Vorschläge werden als Kritik aufgefasst
„Sei stark"	• bewahrt Ruhe auch in kritischen Situationen • kann unpopuläre Entscheidungen treffen • arbeitet gleichmäßig und zuverlässig	• fragt nicht nach Hilfe • zeigt ungern Gefühle, sodass nach außen nur eine Maske sichtbar ist • achtet nicht ausreichend auf Ressourcen
„Beeil dich"	• hohe Auffassungsgabe • erledigt viel in kurzer Zeit • liebt Schnelligkeit	• macht Fehler • hält Termine nicht ein • wird schnell ungeduldig
„Streng dich an"	• zeigt Initiative und Interesse • geht neue Projekte enthusiastisch an	• ufert aus, tut zu viel • ist am Ende von Projekten gelangweilt • der Versuch reizt mehr als der Erfolg

Anleitung zur Überprüfung des eigenen Arbeitsstils

Jeder von uns weist Verhaltensweisen auf, die allen fünf Antreibern zuzuordnen sind. Derjenige ist unser bevorzugter Stil, der am häufigsten und meist auch am ersten, am spontansten durchkommt. Manche Menschen bevorzugen klar einen Stil, manche die Kombination von zwei Stilen.

Um den eigenen Stil zu erkennen, ist es wichtig, sich darüber klar zu werden, dass Antreiber zunächst außerhalb unseres Bewusstseins auftauchen und sich oft nur sekundenweise zeigen. Andere Menschen können uns helfen, indem sie unser Verhalten beobachten. Aber auch dann ist es notwendig, verschiedene Indizien zu prüfen (z.B. auch Mimik, Gestik, Tonfall etc). Halten Sie die Augen im alltäglichen Miteinander auf, üben Sie Ihre Beobachtungsgabe z.B. bei Fernsehinterviews. Auf die gleiche Weise können Sie Ihr eigenes Verhalten überprüfen, wenn Sie die Gelegenheit haben, sich selbst mit der Videokamera aufzunehmen.

die eigenen Antreiber erkennen

Eine Hilfe zur Identifikation des bevorzugten Arbeitsstils bietet Checkliste 7. Weitere Möglichkeiten, den eigenen Antreiber zu erkennen, ist das Feedback anderer Menschen oder Video-Feedback.

Checkliste 7: Überprüfung des Arbeits- und Kommunikationsstils anhand des Konzepts Antreiber (AKA)

	stimmt völlig				stimmt gar nicht
1. Ich arbeite gerne zügig.	1	2	3	4	5
2. Auch in Stresssituationen bleibe ich ruhig und denke auch dann noch logisch, wenn viele andere in Panik geraten.	1	2	3	4	5
3. Ich mag es, mit anderen Menschen zusammen zu sein.	1	2	3	4	5
4. Neue Aufgaben reizen mich.	1	2	3	4	5
5. Ich lege großen Wert auf Genauigkeit und Fehlervermeidung.	1	2	3	4	5
6. Man sagt über mich, dass ich auch in schwierigen Situationen äußerlich unberührt wirke.	1	2	3	4	5
7. Ich fühle mich gut, wenn ich viel in kurzer Zeit erledige.	1	2	3	4	5
8. Harmonie und Zusammenhalt im Team sind mir wichtig.	1	2	3	4	5
9. Ich bin immer auf der Suche nach einem Weg, die Dinge effizienter zu machen, um Zeit zu sparen.	1	2	3	4	5
10. Ich gebe meine Arbeitsergebnisse erst aus der Hand, wenn alles stimmt.	1	2	3	4	5
11. Bevor ich jemanden um Hilfe bitten würde, würde ich es auf jeden Fall erst einmal selbst probieren.	1	2	3	4	5
12. Gegen Ende eines Projektes schwindet mein Interesse und ich suche neue Herausforderungen.	1	2	3	4	5
13. Ich fange erst mit einer Arbeit an, wenn sie dringend ist.	1	2	3	4	5
14. Unfertige Ideen oder Projekte diskutiere ich ungern mit Kollegen, sondern arbeite sie lieber erst selbst aus.	1	2	3	4	5
15. Wenn mir etwas Interessantes begegnet, vergesse ich leicht, was ich eigentlich vorhatte.	1	2	3	4	5
16. So richtig motiviert mich eine Arbeit erst, wenn ich unter Zeitdruck stehe.	1	2	3	4	5
17. Ich scheue mich, Kritik zu üben, auch wenn ich weiß, dass ich Recht habe.	1	2	3	4	5
18. Ich zeige ungern emotionale Reaktionen nach außen.	1	2	3	4	5
19. Ich plane und bereite meine Arbeit systematisch vor.	1	2	3	4	5
20. Ich kann schlecht delegieren, da andere meinen Ansprüchen oft nicht genügen.	1	2	3	4	5
21. Ich neige dazu, meine Arbeit nicht abzuschließen.	1	2	3	4	5
22. Ich kann schlecht Nein sagen und lehne selten etwas ab.	1	2	3	4	5
23. Schwierige Aufgaben und Probleme gehe ich begeistert und enthusiastisch an.	1	2	3	4	5
24. Bei Meetings finde ich es wichtig, dass sich jeder einbringen kann und niemand über den Tisch gezogen wird.	1	2	3	4	5
25. Andere wissen bei mir oft nicht direkt, wo sie dran sind.	1	2	3	4	5

Auswertung

Bitte ordnen Sie nun die Punkwerte, die Sie angekreuzt haben, den jeweiligen Fragenummern zu und zählen Sie jeweils die Punktwerte zusammen, um zu ermitteln, zu welchem(n) Arbeitsstil(en) Sie tendieren.

						Arbeitsstil
3. ☐	8. ☐	17. ☐	22. ☐	24. ☐	Summe _____	„Sei liebenswürdig"
5. ☐	10. ☐	14. ☐	19. ☐	20. ☐	Summe _____	„Sei perfekt"
2. ☐	6. ☐	11. ☐	18. ☐	25. ☐	Summe _____	„Sei stark"
1. ☐	7. ☐	9. ☐	13. ☐	16. ☐	Summe _____	„Beeil dich"
4. ☐	12. ☐	15. ☐	21. ☐	23. ☐	Summe _____	„Streng dich an"

Um die Vorteile des eigenen Arbeitsstils zu nutzen und die Nachteile zu reduzieren, ist es oft hilfreich, sich Erlaubnisse zu geben, etwas anderes zu tun und so auch in Stresszeiten mehr Möglichkeiten zur Verfügung zu haben.

Situationsadäquate und persönlich passende Erlaubnisse zu finden, braucht normalerweise ein wenig Abstand und Muße. Checkliste 8 gibt Beispiele für solche Erlaubnisse, die Sie für sich persönlich verändern und anpassen können.

Checkliste 8:	Erlaubnisse zur Optimierung des persönlichen Arbeits- und Kommunikationsstils	
Antreiber	**Erlaubnis**	**Empfehlungen**
„Beeil dich"	„Nimm dir Zeit"	• Planen Sie Ihre Arbeit in Abschnitten, setzen Sie Zwischenziele. • Konzentrieren Sie sich darauf, anderen sorgfältig zuzuhören – bis sie aufhören zu sprechen. • Sprechen Sie bewusst langsamer, fragen Sie nach und prüfen Sie, ob Sie verstanden werden. • Lernen Sie Entspannungstechniken und wenden Sie sie regelmäßig an. • Holen Sie sich Rückmeldung in Bezug auf Genauigkeit.
„Sei perfekt"	„Du bist gut genug, so wie du bist"	• Entspannen Sie sich und machen Sie sich bewusst, dass Menschen (inklusive Ihnen) nicht perfekt sein können. • Setzen Sie sich realistische Standards für Leistung und Genauigkeit. • Fragen Sie sich, was die realen Konsequenzen eines Fehlers sind und ob es sich lohnt, die Sache zu verbessern.

		• Begreifen Sie Fehler als Lernchance. • Holen Sie sich Rückmeldung für das Einhalten von Terminen und sorgen Sie für angemessene Detailtiefe.
„Sei liebenswürdig"	„Gefalle dir selbst"	• Fangen Sie an, anderen Fragen zu stellen, statt zu raten, was sie wollen. • Tun Sie sich selbst öfter etwas Gutes und bitten Sie andere um einen Gefallen. • Üben Sie es, Nein zu sagen und auszudrücken, was Ihnen nicht gefällt; setzen Sie freundlich und bestimmt Grenzen. • Holen Sie sich Rückmeldung für selbstsicheres Verhalten.
„Streng dich an"	„Tu´s und habe Erfolg"	• Machen Sie sich einen Plan inklusive Beendigung der Aufgabe – und halten Sie sich bis zum Abschluss daran. • Prüfen Sie die Anforderungen einer Aufgabe, sodass Sie sicher sein können, nur das Vereinbarte zu tun. • Finden Sie kreative Wege, langweilige Aufgaben interessant zu gestalten. • Machen Sie sich eine Checkliste, sodass Sie sicher sind, nichts Wesentliches zu übersehen. • Holen Sie sich Rückmeldung für die erfolgreiche Beendigung einer Aufgabe.
„Sei stark"	„Sei offen und drücke deine Wünsche aus"	• Schaffen Sie sich Puffer, sodass Sie Ihre Arbeitsbelastung überwachen können. • Bitten Sie andere Menschen um Hilfe. • Suchen Sie sich eine Freizeitaktivität, die Ihnen einfach nur so richtig Spaß macht. • Beobachten Sie, wie sich Ihre Beziehungen verbessern, wenn Sie sich von anderen helfen lassen.

Skriptglaubenssätze identifizieren

Nicht immer ist es mit solchen positiven Attributionen geschehen. Untersuchungen in dieser Richtung legen nahe, dass *„autosuggestive Verfahren keine zusätzlichen Effekte nach sich ziehen, die nicht allein durch Entspannung erreichbar sind"* (Tönnies, zitiert nach Schulz von Thun 1998, S. 179). Hier kann es sinnvoll sein, sich die zugrundeliegende Dynamik bewusst zu machen und Skriptglaubenssätze (vgl. Kap. 1.1.2) zu identifizieren. Weiterhin hilfreich ist die Suche nach inneren Kraftquellen bzw. inneren Persönlichkeitsanteilen (Ich-Zustände, innere Teammitglieder), die das verkörpern, was man braucht, um ein Gegengewicht für die negative Kraft der Antreiber zu bilden. Sie können sich dann fragen: *„Kenne ich diese erlaubenden Anteile und Stimmen von früher und kann sie in mir finden, z.B. einen Geruhsamen, Gelassenen, Zufriedenen, Erfolgreichen, Offenen etc.? Wenn nicht, wer aus meiner Vergangenheit oder jetzigem Umfeld könnte als Vorbild dienen?"*

1.3.5 Psychologische Rollen: Das Dramadreieck

Konflikte fühlen sich auf der psychologischen Ebene oft wie „Dramen" an. Karpman (1986) hat festgestellt, dass wie in den großen Theater-Dramen der Geschichte auch im alltäglichen „Theater" drei zentrale psychologische Rollen besetzt werden: die des Opfers, des Verfolgers und des Retters. Wann immer Konflikte auf einer verdeckten Ebene stattfinden und ungute Gefühle im Spiel sind, kann man mindestens eine dieser drei Rollen bei sich selbst feststellen oder bei anderen beobachten (siehe Abb. 10).

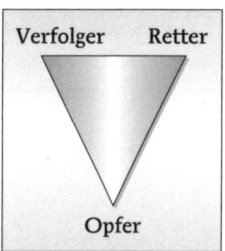

Abb. 10: Dramadreieck

Dabei ist das Opfer jemand, der sich im Sinne des Okay-Corrals (siehe Kap. 1.3.1) als „nicht okay" empfindet und glaubt, seine Angelegenheiten nicht alleine regeln zu können. Der Verfolger hat einen besonderen Blick für Schwächen von anderen und fühlt sich überlegen. Er kann auch als Kritiker oder Verbesserer oder Übeltäter bezeichnet werden, da er andere herabsetzt oder über sie herzieht. Der Retter startet ebenfalls aus einer überlegenen Position. Bei ihm ist die Abwertung bzw. Herabsetzung der anderen oft nicht sofort so offensichtlich wie beim Verfolger, denn er bietet Hilfe an. Doch dadurch, dass er dies auch ungefragt tut, übertritt er oft Grenzen und übersieht eigene Fähigkeiten von anderen, die er als „arme Opfer" sieht.

Alle drei Positionen entstammen dem persönlichen Lebensskript, d.h. sie sind nicht förderlich für die realitätsangemessene Problemlösung im Hier und Jetzt. Die ursprüngliche Motivation zur Entwicklung dieser Grundhaltungen war es für das Kind, eigene Bedürfnisse erfüllt zu bekommen. Wenn dies nicht ausreichend durch offene Kommunikation erfolgt, greifen Kinder zu Tricks bzw. pfiffigen Lösungen.

Die hinter den Rollen im Dramadreieck stehende Logik kann man so beschreiben:

Logik hinter den Rollen des Dramadreiecks

- **Opfer:** Wenn ich genug leide, bekomme ich, was ich brauche – Kinder jammern dann und quengeln und weinen. Der Erwachsene erlebt sich in dieser Rolle immer noch als klein und hilflos.
- **Verfolger:** Wenn ich dich bedrohe, bekomme ich, was ich brauche – Kinder tun und sagen dann Dinge, die der Erziehungsperson unangenehm sind, sie werfen sich z.B. im Supermarkt auf den Boden. Derjenige der sich auf diese Weise schon als Kind machtvoll erlebte, wird dann auch später zu dieser erfolgreichen Strategie greifen.
- **Retter:** Wenn ich mich genügend um dich kümmere, bist du in der Lage, mir zu geben, was ich brauche – Kinder „spielen" dann Mutter oder Vater und schmeicheln den Erziehungspersonen. Im Extremfall übernimmt hier das Kind die Funktion des Elternteils – in der Psychologie spricht man hier auch von „parentifizierten" Kindern, die es dann auch als Erwachsene noch schwer haben, die ursprünglichen eigenen Bedürfnisse zu entdecken, da sie immer zuerst den anderen versorgen.

grundlegende Beeinflussungsstrategien, die auch manipulativ eingesetzt werden können

Die meisten Menschen kennen alle drei Rollen – sie sind grundlegende Beeinflussungsstrategien, die auch (bewusst oder unbewusst) manipulativ eingesetzt werden können. Oft spielen sie in Konflikten erst im Rahmen einer ungünstigen Beziehungsdynamik eine Rolle, indem z.B. „das Opfer" eine Jammerposition einnimmt und im Anderen eine fürsorgliche („der Retter") oder genervte („der Verfolger") Seite weckt. Konflikte entstehen dann meist, weil den Beteiligten erst zu spät bewusst wird, dass sie in eine Beziehungsfalle getappt sind.

Auch wenn jeder Mensch eine dieser Positionen bevorzugt, sind die Rollen nicht festgelegt und stehen als Verhaltenstendenzen jedem zur Verfügung. Häufig wechseln wir sie auch innerhalb kurzer Zeiträume, insbesondere im Konfliktverlauf. Bei manchen Menschen ist allerdings auch eine der psychologischen Rollen situationsübergreifend stabil zum Teil der eigenen Grundhaltung geworden. Diese Menschen finden sich dann immer wieder in den gleichen Konfliktmustern wieder.

Ausstieg aus dem Dramadreieck

Der Ausstieg aus dem Dramadreieck kann aus jeder dieser Positionen erfolgen, indem man

- sich der eigenen Rolle im Dramadreieck und seiner Bedürfnisse bewusst wird,
- die Rolle und Bedürfnisse des Gesprächspartners kennen lernt,
- selbst Verantwortung übernimmt und dem Anderen seine Verantwortung lässt,
- über die Erfüllung von Wünschen, Bedürfnissen, Anforderungen etc. verhandelt,
- darüber eine Vereinbarung trifft.

Im Verhaltenskomplex „Mobbing" sind die Rollen „Opfer" und „Verfolger" in Extrempositionen besetzt

Das Dramadreieck eignet sich auch gut als Grundlage zur Analyse und zum Ausstieg aus dem Verhaltenskomplex „Mobbing" (siehe Teil A, Kap. 2.4.4), da hier die Rollen „Opfer" und „Verfolger" als Extrempositionen besetzt werden. Allerdings lässt sich das Phänomen Mobbing am wenigsten durch intrapsychische Faktoren beschreiben – hier sind überwiegend interaktionelle und strukturelle Faktoren von Bedeutung.

1.4 Konfliktprävention durch Persönlichkeitsentwicklung

1.4.1 Die Arbeit mit dem inneren Team

Eine Form des Umgangs mit inneren Konflikten ist die Arbeit mit den inneren Impulsen, die als „Kopfbewohner" (Goulding 1991) bezeichnet werden können und wie ein inneres Team (Schulz von Thun, 1998) miteinander kooperieren oder gegeneinander arbeiten.

Das innere Team ist eine sehr schöne Metapher und Zusammenfassung vieler Arten von Konflikten. Dort werden innere Anteile wie Teammitglieder benannt, die einerseits innere Persönlichkeitsanteile und

Tendenzen repräsentieren, andererseits jedoch auch äußere Rollenerwartungen im Innen abbilden.

Die Auswirkungen eines zerstrittenen oder uneinigen inneren Teams nach außen sind negativ. Sie äußern sich Schulz von Thun (1998) zufolge in folgenden Symptomen:

Die Auswirkungen eines zerstrittenen oder uneinigen inneren Teams nach außen sind negativ

Innere Lähmung und Leistungsminderung.

Da ist jemand z.B. so mit sich und den unterschiedlichen Möglichkeiten beschäftigt, dass er es nicht schafft, tatsächlich zu handeln.

Handlungsblockade

Johannes V. nimmt sich vor, am Wochenende seine Steuererklärung fertig zu stellen. Ihm widerstrebt das jedoch. Eine innere Stimme sagt: „Du arbeitest doch die ganze Woche, gönn dir mal was". Dieses Teammitglied könnte man den „Genießer" nennen. Eine andere innere Stimme sagt ihm „Wenn du es jetzt nicht mal endlich angehst, verpasst du den letzten Abgabetermin und es wird teuer." (der „Pflichtbewusste"). Diese und vielleicht noch andere innere Tendenzen nimmt Johannes V. jedoch nicht bewusst wahr.

So steht er am Sonntag beizeiten auf mit der Absicht, es diesmal hinter sich zu bringen. Er frühstückt, liest Zeitung und ehe er sich versieht, ist es schon halb elf. Da um elf Uhr eine sehr interessante für seinen Job wichtige politische Sendung im Fernsehen kommt, lohnt es sich nicht, vorher noch anzufangen. Danach bekommt er Hunger, macht sich etwas zu essen, nun, da Sonntag ist, auch mit einem Gläschen Wein. Anschließend ist er so müde, dass er sich erst mal ein Stündchen hinlegt ... Man kann sich denken, wie es weitergeht. Abends ist Johannes V. völlig erschöpft, hat ein schlechtes Gewissen, ärgert sich über die verlorene Freizeit und dass er die Steuererklärung immer noch nicht begonnen hat.

Solche und ähnliche innere Konflikte führen auch im Arbeitsleben oft zu Ermüdung und Lähmung. Hilfreich ist es da, die ersten Anzeichen innerer Lustlosigkeit ernst zu nehmen, nicht wegzudrücken, sondern sich bewusst zu machen. Wenn es dann möglich ist, die inneren Stimmen zu identifizieren und in einen inneren Dialog, eine innere Verhandlung zu kommen, ist viel gewonnen. Man kann sich mit dem inneren Auge diese Anteile auch wie Teammitglieder in einem Team vorstellen, die befragt werden:

sich schon die ersten Anzeichen innerer Lustlosigkeit bewusst machen

- Was braucht jeder Einzelne, um mitzumachen?
- Was ist er bereit, zu geben?
- Wie sähe eine Lösung aus, mit der beide zufrieden sind?
- Was ist nötig, diese Lösung tatsächlich umzusetzen (z.B. ein Plan oder Belohnungen oder andere Menschen ...)?

Unklare, widersprüchliche, nebulöse Kommunikation

Widersprüchliche innere Tendenzen sorgen – wenn sie nicht bewusst gemacht und geklärt sind – dafür, dass die Kommunikation nach außen ebenso aussieht.

die Kommunikation nach außen wird unklar

Im Beispiel der Firma A (siehe Teil A, Kap. 1.2) ruft Geschäftsführer Markus G. eines Tages den Leiter Logistik Lukas L. an, um zu erfahren, ob ein Besichtigungstermin eines Kunden in zwei Wochen gehalten werden kann.

*Lukas L. antwortet folgendermaßen (die Bezeichnungen und inneren Stimmen sind der Einfachheit halber direkt eingefügt): „Ja, natürlich, (**Kooperativer Mitarbeiter: Ich mache mit**), allerdings sind Hr. Meier und Fr. Müller in Urlaub und da könnte es besser sein, den Termin eine Woche zu verschieben, die haben das Ganze ja aufgebaut und würden wahrscheinlich schon gerne dabei sein (**Schützender Chef: Ich will die Leistung meiner Mitarbeiter anerkennen und sie mit einbeziehen**). Aber wir wollen den Kunden selbstverständlich nicht warten lassen, da werden wir das schon hinkriegen (**Kundenorientierter Mitarbeiter: Kunde hat Vorrang**). Allerdings gibt es da noch ein kleines Computerproblemchen, vielleicht ist noch nicht alles wie gewünscht (**Perfektionist: Es sollte wirklich alles stimmen**), ich weiß gar nicht so genau, ob der Kunde darauf Wert legt, aber vielleicht ist die Termineinhaltung wirklich am wichtigsten (**Kritiker: Ich will besser informiert sein**) ..."*

Für Markus G. ergibt sich daraufhin der Eindruck, das Lukas L. sich herausreden will und er reagiert entsprechend unwirsch. Da Lukas L. sich dieser inneren Tendenzen nicht bewusst ist, agiert nach außen ein diffuser „Kontaktmanager", der sich wie ein Schutzschild zwischen sich und die Notwendigkeit einer Aussage schiebt und es schafft, die Entscheidung Markus G. zu überlassen (siehe Abb. 11).

Abb. 11: Die innere Teamkonstellation von Lukas L.

Wäre sich Lukas L. seiner inneren Tendenzen bewusst, so könnte sein „Oberhaupt" oder „Teammoderator" Wünsche und Bedenken klarer ausdrücken, z.B. *„Ich würde den Termin gerne eine Woche verschieben. Die verantwortlichen Mitarbeiter wären dann da, wir haben das letzte Computerproblem beseitigt und könnten dem Kunden wirklich eine gute Leistung zeigen. Allerdings weiß ich nicht, ob das für den Kunden in Ordnung wäre. Haben Sie darüber Informationen oder soll ich mich direkt mit ihm in Verbindung setzen?"*

„Vergraulen" von Kunden

Eine wichtige Auswirkung diffuser unklarer Kommunikation ist es, dass Kunden, seien es Mitarbeiter, Chefs oder externe Auftraggeber, unzufrieden werden. Im obigen Beispiel mit Lukas L. wird deutlich, dass wenn er dem Kunden gegenüber so reagiert hätte wie dem Chef gegenüber, er sicherlich keine gute Kundenwerbung gemacht hätte. Konflikte wären hier vorprogrammiert.

Infolge diffuser Kommunikation werden Kunden unzufrieden

Schulz von Thun (1998) weist darauf hin, dass es immer dann von hoher Bedeutung ist, innere Teamkonflikte aufzulösen, wenn folgenreiche Gespräche geführt werden sollen, seien es Kundengespräche, Mitarbeitergespräche (z.B Förder- oder Beurteilungsgespräche oder andere.

Schwächung der eigenen Wirksamkeit und Ausstrahlung

„Wer mit sich selber einig (geworden) ist, kann der Welt mit vereinten Kräften begegnen. Sie verleihen ihm die Ausstrahlung von Eindeutigkeit, Sicherheit, Ruhe, Souveränität, Autorität und das damit verbundene Gewicht, die damit verbundene Durchsetzungskraft. Diese ‚Ausstrahlung', diese soziale Strahlkraft, kommt abhanden, wenn sich Teilkräfte gegenseitig lähmen und das Oberhaupt dadurch schwächen". (Schulz von Thun, 1998, S. 133). Eine verbindliche, klare Ausstrahlung und Überzeugungskraft kann nur durch innere Klarheit erreicht werden. So wie schon kleine Kinder die Unsicherheit in der Stimme der Mutter heraushören, wenn sie nur ein halbherziges *„Ab ins Bett"* von sich gibt, ist es für viele Situationen hilfreich, erst einmal an der eigenen inneren Stärke, Eindeutigkeit und damit Ausstrahlung zu arbeiten, bevor Verhaltensmethodiken an die Reihe kommen.

Klare Ausstrahlung und Überzeugungskraft kann nur durch innere Klarheit erreicht werden

Erwin G., Vertriebsmitarbeiter eines technischen Großunternehmens kommt ins Coaching um seine persönliche Wirkung in Präsentationen und Besprechungen mit höherer Hierarchie zu erhöhen. Keine Probleme habe er im Kontakt mit Kollegen und Kunden. In einer Probepräsentation auf Video fällt auf, dass er leise und vorsichtig spricht, den Kopf gesenkt hält, mit monotoner Stimme, die Hände bewegungslos am Körper. Statt sofort eine andere Mimik/Gestik/Haltung zu üben, analysieren wir erst einmal die inneren Anteile, die diese äußere Erscheinung hervorrufen. Da wird dann ein „korrekter Ingenieur" deutlich („Das muss fachlich einwandfrei sein"), ein ehrgeiziger Mitarbeiter" („Bloß nichts falsch machen gegenüber der Hierarchie, nur nicht versagen, hoffentlich finde ich eine Antwort"), ein „genervter Fachmann" („Die haben ja keine Ahnung, das ist ja alles nur Show").

Gar nicht zu Wort dagegen meldet sich der „begeisterte Visionär", den er nur in Zusammenarbeit mit Kollegen und Kunden zeigte, sowie ein „Pfiffikus", der immer auf alles eine Antwort wusste. Eine Stärkung dieser Anteile und eine Ausbalancierung mit den anderen Anteilen führte zu einer Stärkung der Ausstrahlung von Erwin G. auch in für ihn herausfordernden (statt zuvor stressigen) Präsentationen.

Königsweg der "inneren Teambesprechung" oder "Ratsversammlung" im Umgang mit inneren Teamkonflikten

Im Umgang mit inneren Teamkonflikten ist der Königsweg die „innere Teambesprechung" oder „Ratsversammlung" (Schulz von Thun 1998), die entweder bei trainierten Menschen direkt oder, wenn das nicht gelingt, im Anschluss an die schwierige Situation einberufen werden kann.

Schwierig ist dieser Lösungsweg, wenn,
- innerer Widerstand gegen ein Offenlegen des Konflikts besteht. Da spielen oft Ängste eine Rolle, dass man „den Geist, den man ruft, nicht mehr beherrschen kann" oder Ähnliches. Hier ist es oft wichtig, ängstliche Anteile zu hören und zu beruhigen, bevor eine Weiterarbeit möglich ist.
- zwei oder mehr innere Teammitglieder so ineinander verstrickt sind, dass sie wie eine einzige amorphe Masse erscheinen, ein „träger Haufen", der dann nur noch als *„Ich habe keine Lust"* erlebt wird. Hier ist eine Differenzierung und Identifikation der Anteile angesagt.
- Polarisierungen so eskaliert sind, dass der jeweilige Gegenspieler noch weiter eskaliert, sobald der andere zu Wort kommt. Ein Beispiel ist ein Mann, der diese gegensätzlichen Handlungstendenzen („Zielstrebiger und Familienmensch") durch eine „Übersprungshandlung" kompensiert, indem er beispielsweise darin flüchtet im Internet zu surfen. Im Mittelpunkt eskalierter innerer Abneigungen steht dann, auch die positive Seite des abgelehnten Anteils zu würdigen.

fünfstufiges Vorgehen für die „Ratsversammlung" als Konfliktbearbeitung

Unter Berücksichtigung solcher Schwierigkeiten schlägt Schulz von Thun (1998, Seite 148 ff.) ein fünfstufiges Vorgehen für die „Ratsversammlung" als Konfliktbearbeitung vor (siehe Checkliste 9).

Checkliste 9: Innere „Ratsversammlung" zur Konfliktbearbeitung	
1. Identifikation der Teammitglieder	Es werden die Teammitglieder identifiziert und für jedes wird ein Stuhl (= eine Teilpersönlichkeit) reserviert: • Wer ist am Konflikt beteiligt? • Wie könnte man sie (vorläufig) nennen? • Welche Energieträger sind zu einer amorphen Masse zusammengeschmolzen und müssen später getrennt werden?
2. Aussprache	Jedes einzelne Teammitglied erhält die Gelegenheit sich zu zeigen und auszusprechen, indem der Betroffene jeweils auf den Stuhl steigt / in die Teilrolle schlüpft: • Was hat das Teammitglied zu sagen? • Wofür steht es? • Stimmt der vorläufige Name? • Müssen positive Seiten stärker gesehen werden?
3. Dialog	Die Person führt einen Konfliktdialog, indem sie die Stühle wechselt und das jeweilige Gegenüber anspricht. Hier kommt es zu Auseinandersetzungen und Streit, manchmal auch Verbitterung oder Verachtung.

4. Versöhnung	Ziel ist hier, die positiven Seiten zu erkennen, sich zu versöhnen und akzeptieren: • Wozu ist es gut, dass du auch da bist? • Was kann ich an dir schätzen? • Wozu brauchen wir einander, damit die gesamte Person gut leben kann?
5. Entscheidung	Das Oberhaupt entscheidet von höherer Warte in Bezug auf eine anstehende Fragestellung: • Wer soll in welchen Situationen Vorrang haben? • Wer soll künftig gestärkt werden? • Wie soll die gegenseitige Ergänzung aussehen?

Hier geht es um die Steuerung zerstrittener oder unbewusster innerer Anteile durch das Oberhaupt, den inneren Teamleiter.

Als einen Spezialfall eines inneren Persönlichkeitsanteils nennt Schulz von Thun den inneren Widersacher, der mit dem Oberhaupt im Streit liegt und so Selbstzweifel und Selbstvorwürfe schürt, Pessimismus verbreitet oder Ängste weckt. Bewährt hat sich folgendes Vorgehen:

1. **Identifikation des inneren Widersachers** (auch Quälgeist, Bösewicht): Oft waren es Außentäter (Eltern, Geschwister, Lehrer etc.), die uns negative Botschaften mitgegeben haben, die wir dann verinnerlicht haben. Die Transaktionsanalyse spricht hier von Einschärfungen (siehe Kap. 1.1.1) oder „Kopfbewohnern", die laut Goulding (1991) mit der Steckbriefmethode dingfest und (an-)greifbar gemacht werden können. Diese Identifikation des „inneren Feindes" greifen auch Bach u. Wyden (1990) auf.

Steckbrief für den inneren Widersacher:	
Widersacher Nr …	Körnchen Wahrheit:
Name:	Unterschwellige Botschaft:
Lieblingstirade:	Bildliche Erscheinung und Kostüm:

2. **Identifikation und Disidentifikation:** Durch Anerkennung („*Er ist ein Teil von mir*") und Loslösung („*Er ist eben nur ein Teil von mir*") kann sich das Oberhaupt von der Belagerung befreien und wieder handlungsfähig werden.
3. **Ermittlung der Funktion im Gesamtsystem:** Dass dieser Widersacher so stark werden konnte, ist ein Anzeichen dafür, dass er zumindest früher einmal wichtig und notwendig war, oft indem er einen Gegenspieler in Schach hält oder unterdrückte Anteile repräsentiert. Die Würdigung des Widersachers kann durch die Methode der Erkun-

dung der guten Absicht, wie sie im neurolinguistischen Programmieren (NLP) angewandt wird (z.B. O'Connor u. Seymour 1992, S. 205 ff.), oder die Einordnung in ein Wertequadrat (Schulz von Thun 1989) erfolgen.

4. **Teamentwicklung:** Hier geht es darum, innere Kraftquellen, verschüttete Fähigkeiten und andere Ressourcen zu aktivieren und weiterzuentwickeln. Auch durch die Erinnerung an positive Modelle können heilsame Gegenspieler mobilisiert werden.

Die Arbeit mit dem inneren Team wirkt präventiv in Bezug auf das Verhindern und Vorbeugen von äußeren Konflikten

Eine Sonderform dieser Arbeit wird z.B. auch im Umdeuten oder Verhandlungsreframing (siehe Teil C, Kap. 3.4.3), bei inneren zerstrittenen Anteilen durchgeführt.

Die Arbeit mit dem inneren Team wirkt so nicht nur heilsam auf die Entwicklung der eigenen Persönlichkeit, sondern auch präventiv in Bezug auf das Verhindern und Vorbeugen von äußeren Konflikten.

1.4.2 Selbstbewusstsein und -sicherheit

Selbstbewusstsein ist Bewusstsein über sich selbst

Die zuvor angebotenen Persönlichkeitsmodelle und Checklisten sollen Ihnen eine Gelegenheit bieten, über sich selbst zu reflektieren und sich damit Ihrer selbst „bewusst" zu werden. Denn dieses Bewusstsein über sich ist es, was Selbstbewusstsein ausmacht. Und das wiederum ist Voraussetzung für Selbstsicherheit. Mit Selbstsicherheit ist die innere Ruhe und Gelassenheit gemeint, die auf einer ausbalancierten zufriedenen Persönlichkeit beruht und nach außen ausstrahlt.

Markus G. in Firma A ist vielen Spannungsfeldern ausgesetzt. Die Führungskräfte haben verschiedene Ziele, die Unternehmensführung will viel verändern. In der Holding ist ein Meeting zwischen den Geschäftsführern und zentralen Vertriebs- und Marketingeinheiten angesetzt mit dem Ziel eine gemeinsame Strategie zu finden. Im Zuge einer sehr engagierten Diskussion explodiert der zentrale Vertriebsleiter Jochen W. und schreit Markus G. an, dass er seinen Laden nicht in Ordnung bringen würde, dass ständig Kundenreklamationen, insbesondere vom wichtigsten Kunden „PRIO" bei ihm auflaufen würden etc. Er redet sich richtig in Rage.

Die anderen Besprechungsteilnehmer schauen Markus G. beklommen an. Der schweigt, sieht Jochen W. an und hört zu. Erst als diesem die Luft ausgeht und ein paar Sekunden beklommenes Schweigen herrscht, sagt Markus G. ruhig und freundlich: „Das hat Sie anscheinend sehr belastet. Gut, dass Sie mich darauf ansprechen, da können wir die Situation klären. Richtig, wir hatten einige Umstellungsschwierigkeiten und bei PRIO lief ein einschneidender Produktwechsel. Inzwischen ist alles geklärt und PRIO ist zufriedener als zuvor. Ich würde gerne an diesem Fall exemplarisch meine Ideen für unsere künftige Strategie bezüglich pro-aktiver Kundenorientierung erläutern ..."

Durch seine Gewinner-Haltung und sein gelassenes Verhalten hat Markus G. möglichen persönlichen Konflikten vorgebeugt. Sowohl ein vorschnelles devotes Nachgeben und Beruhigen, als auch ein Gegenschreien hätte wohl wenig gebracht, sondern eher zu schwer wiegenderen Konflikten geführt. Dadurch, dass Markus G. sein „inneres Team" in allen seinen Ressourcen zur Verfügung hatte, konnte er zentriert und gelassen diese Ausstrahlung nach außen geben.

Übereinstimmung mit dem „inneren Team"

> INNERE KLARHEIT UND GEWINNERHALTUNG STRAHLEN NACH AUSSEN.
> DIE MEISTEN „KONFLIKTE" SIND DANN CHANCEN UND HERAUSFORDERUNGEN.

Eine solche Ruhe und Ausgewogenheit, wie Markus G. sie zeigte, ist nicht von jetzt auf gleich antrainierbar. Ist sie lediglich reine Selbstbeherrschung nach außen hin, kommt es über kurz oder lang entweder zum Ausbruch oder zum „In-sich-hineinfressen", bei dem der „Ausbruch" dann durch schlechte Gedanken („*Hätte ich doch nur ...*"), Unwohlsein oder Krankheit forciert wird. Diese Strategie der Beherrschung wird in der Psychologie auch „Schwarze Rabattmarkensammlung" genannt: Wir sammeln dann Ärgerpunkte, bis „es reicht", der berühmte „Tropfen das Fass überlaufen lässt" etc. In der Regel ist das ein Teufelskreislauf, denn wer solch dramatische Ausbrüche befürchtet, beherrscht sich, wer sich nur beherrscht, explodiert irgendwann, will sich noch mehr beherrschen etc.

reine Selbstbeherrschung nach außen hin kann nicht endlos aufrechterhalten werden

Wer sich selbst akzeptiert, entwickelt und mit sich selbst stimmig ist, braucht solche Inkongruenzen weniger zu befürchten bzw. bewältigt sie schneller. Um Selbstsicherheit und Selbstbewusstsein zu erreichen, ist es wichtig, über das eigene Schicksal, die eigene Bestimmung und eigene Ziele nachzudenken. Erst dann können Methoden, Techniken oder Übungen zur Erlangung dieser inneren Mitte der Selbstsicherheit wirklich greifen. Diese Methoden werden in Kapitel 1.4.4 dargestellt.

1.4.3 Die eigenen Lebensziele bestimmen

Menschen brauchen Orientierung, einen Lebenssinn. Was früher die Religion oder eine selbstverständliche Sinngebung durch die Zugehörigkeit zu bestimmten Familien oder Sippen war, muss heute oft mit viel Mühe erkämpft werden. Einerseits ist das Leben nicht planbar und wir befinden uns immer im Spannungsfeld zwischen Dauer und Wechsel (siehe Grundfunktionen nach Riemann, Kap. 1.3.3). Andererseits hilft es auch Schwierigkeiten besser zu überwinden, wenn man eine Ausrichtung auf die eigene Bestimmung und Visionen für die Zukunft hat.

Sinngebung muss oft mit Mühe erkämpft werden

Grundsätzlich gilt: Wer nicht weiß, wo er hin will, braucht sich nicht zu wundern, wenn er irgendwo anders herauskommt. Und: Entweder ich plane oder ich werde verplant.

Wer seine Wünsche nicht ernst nimmt, ist es nicht wert, dass sie verwirklicht werden

Bei der Suche nach den eigenen Zielen geht man davon aus, dass der ideale Lebensweg schon angelegt ist wie ein Fluss, auf dem man sich treiben lassen kann. Statt mit der Machete durch den Dschungel zu gehen, den Weg abkürzen zu wollen, ist es wichtig zu fragen: *„Wo zieht es mich hin, was ist in mir angelegt?"* Wichtig ist es, seine Wünsche ernst zu nehmen, sich darüber klar zu sein. Dann „passiert es", entwickelt sich von alleine.

Die meisten Menschen sind reaktiv. Sie fragen: *„Was gibt es, was kommt auf mich zu, was haben die für mich vorbereitet?"* etc., statt zu fragen: *„Was will ich eigentlich? Wie kann ich Einfluss nehmen?"*. Es geht darum, das eigene Lebensgebäude zu bauen. Wer keine oder keine eigenen Ziele hat, wird oft depressiv. *So klagte ein Unternehmensleiter, der viel erreicht hatte, über depressive Symptome. Deutlich wurde, dass er alles erreicht hatte im Leben. Er hatte keine Ziele mehr.*

Viele Menschen klagen über zu wenig Zeit. Dabei hat jeder genau die gleiche Menge jeden Tag. Nur: Menschen, die nicht wissen, wofür sie sich Zeit nehmen, haben das Gefühl, die Zeit zerrinnt. Sie können nicht sagen, was wichtig ist, von dem, was sie tun. Wer sich auf die wirklich wichtigen Dinge konzentrieren und das andere loslassen kann, hat Zeit gewonnen.

Vergleich der Lebensplanung mit einem Segeltörn

Die Lebensplanung ist mit einem Segeltörn vergleichbar (Abb.12): Erst wer weiß, wo er hin will, kann dann die Ausrüstung zusammenstellen, die Reise planen und sich orientieren: *„Was habe ich überhaupt für ein Schiff? Wie alt ist es, wie ist es ausgestattet? Was sind meine Erfahrungen, Fähigkeiten, Ausbildung etc.?"* Wer ein Ziel hat, kann sich auch wieder neu orientieren, wenn er abgetrieben wird und Kurskorrekturen vornehmen. Und wenn etwas Interessantes auf dem Weg liegt, kann er auch Umwege in Kauf nehmen. Jemandem nur die Technik beizubringen, z.B. den Umgang mit Sextanten, ist ganz interessant, bringt aber nichts ein, wenn er nicht weiß, wohin er will.

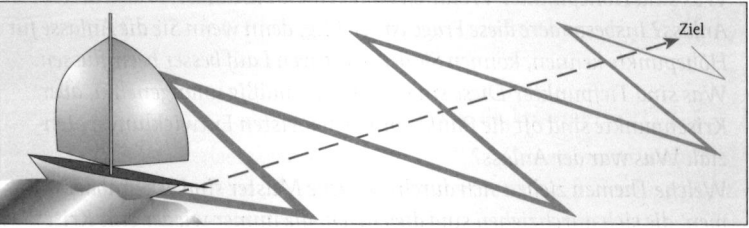

Abb. 12: Lebensplanung gleicht einem Segeltörn

Entdeckung der eigenen Lebensziele

Wie im Segeltörn folgt die Entdeckung der eigenen Lebensziele folgender Struktur:
- Standortbestimmung
  - Von welcher Insel starte ich? Was war auf der Strecke bisher?
  - Was habe ich gelernt, was nicht? Welche Höhe- und Tiefpunkte hatte ich?

- Wo stehe ich jetzt? Womit bin ich zufrieden, womit unzufrieden?
- Stärkenanalyse
  - Welche Stärken habe ich? Wie setze ich sie ein?
- Ziele finden
  - Was ist das langfristige Lebensziel?
  - Was sind dann Etappenziele?

Standortbestimmung

Zum Wachsen braucht man Wurzeln. Deshalb ist es gut, vor der Planung der Zukunft die eigene Herkunft und die darin vorhandenen Ressourcen zu bestimmen. Hierbei ist es sinnvoll, die einzelnen Lebensbereiche zu unterscheiden (nach Seiwert 2001):
- Sinn und Kultur
- Familie und Beziehungen
- Arbeit und Leistung
- Körper und Gesundheit

Übung: Lebenslinie zeichnen

Nehmen Sie sich ein Blatt Papier und ein wenig Ruhe und tragen Sie ein:

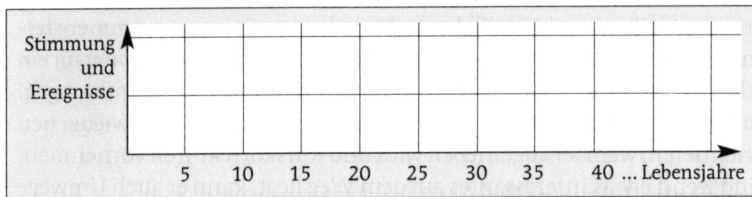

Wenn Sie Ihre Lebenslaufkurve und wichtige Ereignisse eingetragen haben, können Sie über folgende Fragen nachdenken und sich Notizen machen:
- Was sind Höhepunkte? Wodurch kamen diese zustande? Was war der Anlass? Insbesondere diese Frage ist wichtig, denn wenn Sie die Anlässe für Höhepunkte kennen, können Sie den künftigen Lauf besser beeinflussen.
- Was sind Tiefpunkte? Diese sind oft erlebnismäßig unangenehm, aber Krisenpunkte sind oft die Punkte mit dem meisten Entwicklungspotenzial. Was war der Anlass?
- Welche Themen ziehen sich durch? Welche Muster sind erkennbar? Themen, die sich durchziehen sind diejenigen, die immer wieder eine Krise verursachen, wenn Sie nicht daraus lernen.
- Welche Krisensituationen haben Sie bewältigt? Was haben Sie gelernt?
- Welche Stärken haben Sie in diesen Krisen entdeckt oder entwickelt?

Die Linie muss in Höhen und Tiefen verlaufen, das ist das natürliche Muster. Wie beim Herzrhythmus oder der Hirnaktivität folgt unser Leben zyklischen Regeln. Wenn die Geräte eine Linie anzeigen, ist der Exitus eingetreten.

Die Linie muss in Höhen und Tiefen verlaufen

Oft verläuft die Entwicklung auch spiralförmig: Es geht gut, es geht aufwärts, dann auf einmal kommt der Punkt, wo man spürt: „*Das ist das gleiche Thema, es wiederholt sich.*" Manche Themen ziehen sich dann durch das ganze Leben und manche sind nach einer Zeit abgeschlossen. Wenn man eine bestimmte Entwicklungsaufgabe nicht bewältigt und einfach schnell weitergeht, stellt sie sich beim nächsten Mal. Das Feedback des Lebens wird dann immer härter, je mehr Sie versuchen, es zu überhören.

Stärkenanalyse

Stärken erkennt man an den Dingen, die man gerne tut

Wenn Sie die Höhe- und Tiefpunkte und die Bewältigung von Krisen in Ihrem Leben betrachten, werden Sie sicherlich viele Stärken feststellen. Stärken erkennt man an den Dingen, die man gerne tut. Bei Dingen, die wir gerne und gut tun, sind wir erfolgreich.

Unsere Stärken können allerdings auch unsere Schwächen sein – nämlich wenn wir zuviel davon machen. Dann ist es oft eher die Aufgabe, die Balance zu finden. Und: In den Schwächen kann man die Stärken erkennen. Jemand, der sich beispielsweise immer anpasst, ist sehr flexibel und kann sich gut auf Menschen und Situationen einstellen. Zur Schwäche wird das erst, wenn er kein Rückgrat mehr hat.

Übung: Stärkenanalyse und Sabotagen

Nehmen Sie sich einen Augenblick Zeit und bedenken Sie folgende Fragen:
- *Welche Stärken habe ich?*
- *Welche Stärken würden andere Menschen sehen, wenn Sie sie fragen?*
- *Was sind für Sie typische Wege, bestimmte Ziele **nicht** zu erreichen?*
- *Wie sabotieren Sie Ihre Stärken?*

Lebensziele finden

dem folgen, was angelegt ist

Paradoxerweise muss man sich ein Ziel gar nicht mühsam setzen. Wenn Sie dem folgen, was in Ihnen angelegt ist, es die Sicht klar. Wenn Sie ein Weizenkorn in den Boden stecken und erwarten, dass daraus eine Kastanie wächst, ist das aussichtslos. Wenn Sie etwas erreichen wollen, das nicht in Ihnen steckt, wird es mühsam. Zur Veranschaulichung dieser Situation wird vielfach das Paradox des Flusses verwandt: sich treiben lassen und gleichzeitig aktiv dafür sein. Der Fluss ist ein Symbol für den eigenen Energiefluss, dem Sie nachgeben können. Manchmal allerdings schwimmen Menschen auch nicht auf dem eigenen, sondern auf einem fremden Fluss mit. Menschen die sich – oft unbewusst – nach Erwartungen anderer ausrichten, gelangen so nicht zu ihrem Ziel. Die folgende Übung kann Ihnen helfen, zu Ihrem eigenen zu finden.

Übung „Lebenszielplanung"

Suchen Sie sich einen ruhigen Ort, an dem Sie sich gut entspannen und vor sich hinträumen können. Setzen Sie sich bequem hin, oft hilft auch eine Entspannungs-CD oder leise Musik ...

Stellen Sie sich dann vor Ihrem geistigen Auge einen Platz vor, an dem Sie sich wohl fühlen, eine Wiese, einen Bach, einen Wald, einen Raum ...
Wenn Sie ganz dort angekommen sind, möchten Sie vielleicht eine kleine Reise in die Zukunft machen, heute in fünf, zehn, zwanzig, dreißig Jahren ... bis Sie ein alter Mann oder eine alte Frau sind. Und wenn Sie möchten, können Sie sich ein paar Fragen beantworten:
- *Wie ist es, wenn Sie alt sind?*
- *Wie sieht Ihre Umgebung aus? Wo wohnen Sie? Wer ist dabei?*
- *Wie sieht der Alltag aus? Was haben Sie erreicht?*
- *Welche „Geschichten" erzählen Sie von früher? Was haben Sie gearbeitet, gelebt, erlebt?*

Nehmen Sie sich Zeit und entspannen Sie sich, bevor Sie die auftauchenden Bilder mitnehmen und wieder die Augen öffnen.

Bei dieser Übung ist es wichtig, die auftauchenden Bilder einfach aufzunehmen und ernst zu nehmen und sie nicht während der Übung zu bewerten. Oft ist es sinnvoll, solche kleinen Entspannungs- und Besinnungspausen öfter einzulegen und die Bilder sich entwickeln zu lassen. Erst wenn Sie wirklich klare Bilder und konkrete Vorstellungen haben, brauchen Sie sich nicht mehr abzustrampeln und Sie sind im Fluss.

Wenn man seine Ziele und Träume ernst nimmt, wenn Begeisterung da ist, der Geist darin steckt, kommt das Ziel wie von selbst auf einen zu. Erst dann kann man etwas unternehmen, aktiv für das Ziel sein.

Träume zuzulassen energetisiert und motiviert. Wenn wir unsere geheimen Wünsche dagegen unterdrücken, geht viel Kraft und Energie verloren.

Träume zuzulassen energetisiert und motiviert

Gerade in der heutigen stressigen Zeit ist es wichtig, ab und zu tagzuträumen und neuen oder alten Wünschen nachzuhängen. Die folgende Übung dient dazu, zu überprüfen, ob ein Ziel stimmig ist.

Übung Wunschzustand:
In dieser Übung geht es darum, sich ein Ziel als Wunschzustand vollständig auszumalen. Man tut so, als ob man schon da wäre und erfährt, wie es emotional wäre, schon dort zu sein. Die Übung besteht darin, einen Brief zu schreiben, als ob man schon angelangt wäre. Wie sieht es dort aus, wie ist der Tagesablauf, welche emotionale Bedeutung hat es, das Ziel erreicht zu haben? Schreiben Sie alles als schon geschehen, in der Gegenwart und ohne Konjunktiv auf.
Beispiel: Ich sitze mit meinem Partner im Garten und genieße die Sonne. Meine Kinder spielen auf der Wiese Fußball. Ich denke an den morgigen Tag, an dem ich in meinem neuen Beruf als xxx einen erfolgreichen Kundentermin vor mir habe ...

Bei sich widersprechenden Zielen ist es wichtig, beide ernst zu nehmen und aufzuschreiben. Beim Schreiben oder späteren Lesen wird dann meist klar, wo es einen wirklich hinzieht. Häufig ist es gut, die zweite Priorität in das bedeutungsvollste Ziel zu integrieren oder das eine in das andere hinüberzuretten.

Manchmal ist Verwirrung die Vorstufe von Klarheit

Meistens sind die Grenzen innen und nicht außen. Es geht nicht darum, ungeheuer aktiv zu werden und angestrengt Pläne zu schmieden, sondern darum, die Wünsche und Träume ernst zu nehmen, die auftauchen. Und dann die Gelegenheiten wahrzunehmen, die sich bieten und beim Schopfe zu packen.

1.4.4 Selbst- und Stressmanagement

ganzheitliche Lebensplanung erforderlich

Modernes Selbst- und Stressmanagement umfasst mehr als Techniken des Zeitmanagements und der Stressreduktion, sondern erfordert eine ganzheitliche Lebensplanung, Seiwert (2001) spricht hier von Life-Leadership, Sprenger (1995, 2001) vom Prinzip Selbstverantwortung, von Hertel (2003) von Zustandsmanagement. Ich habe nicht den Anspruch, das Thema hier umfassend zu behandeln, sondern möchte Ihnen einige Themen anbieten, die aus meiner Sicht zentral für diese Fragestellung sind und die Sie hoffentlich zu vertieftem „Schmökern" in weiterführender Literatur anregen. In diesem Abschnitt geht es um: Identifikation von Erfolgsmustern, mentales Training, Entscheidungsmanagement, Zeitmanagement und Entspannungsmethoden.

Identifikation von Erfolgsmustern

Wenn Sie Ihre Ziele anhand der im vorausgehenden Kapitel dargestellten Methoden bestimmt haben, sind Ihnen sicherlich einige Stärken aufgefallen. Hier geht es darum, diese zu vertiefen, indem Sie Ihre persönlichen Erfolgsmuster und damit Ihre Ressourcen identifizieren. Erfolgsmuster sind nicht nur offensichtliche Stärken, sondern auch Fähigkeiten, die Sie bei der Bewältigung von Krisen eingesetzt haben oder scheinbar stressige Eigenschaften. Wenn Menschen z.B. bis auf die letzte Minute warten, bevor sie mit Terminaufgaben anfangen, so wird das häufig von ihnen selbst oder der Umwelt als belastend erlebt. Dabei handelt es sich jedoch um eine Bewertung, die auch anders gesehen werden kann. Es kann ja auch ein Erfolgsmuster sein in dem Sinne, dass solche Menschen den Stress brauchen um fertig zu werden. Dann ist nur die Frage, wie sie es sich leichter machen können und nicht, wie sie das Muster abschaffen.

persönliche Erfolgsmuster und damit Ressourcen identifizieren

Übung: Erfolgsmuster

Nehmen Sie sich einen Moment Zeit und denken Sie an Situationen, auf die Sie stolz sind, vergangene Erfolge im privaten und beruflichen Bereich. Vielleicht schließen Sie die Augen oder hören entspannende Musik und sinnen ein wenig über folgende Fragen:
- *Wie sind diese Erfolge, jeder für sich, zustande gekommen? Was haben Sie getan, was (los)gelassen?*

- *Welche Hürden gab es? Wie haben Sie diese überwunden?*
- *Wer war noch dabei? Was haben die anderen Personen getan?*
- *Welche Anerkennung haben Sie bekommen?*
- *Wie hat das alles angefangen? Wie geendet? Wie war der Prozess?*

Wenn Sie genug Bilder, Geschichten und Sätze gefunden haben, so können Sie einen Schritt weiter gehen und aufschreiben:

1. Beginn:
- *Wie ist die Idee entstanden?*
- *Wann und wie haben Sie sich auf das Projekt eingelassen?*
- *Welche Risiken haben Sie in Kauf genommen?*

2. Handlung:
- *Wie haben Sie entschieden, was zu tun ist?*
- *Haben Sie es alleine getan oder mit Unterstützung von Autoritätspersonen oder Freunden?*
- *Welche Beziehungen haben Sie zu anderen Menschen gehabt?*
- *Mit welchen Handlungen fing das Ganze an, wie ging es weiter?*

3. Weiterer Prozess:
- *Welche Probleme traten auf?*
- *Wie sind Sie mit Misserfolgen umgegangen?*
- *Welche Motivation hatten Sie weiterzumachen (innerlich oder von außen)?*
- *Welche Kurskorrekturen haben Ihnen zum Erfolg verholfen?*

4. Ende:
- *Was war der Lohn?*
- *Welche Anerkennung war Ihnen wichtig (privat, öffentlich ...)?*
- *Welche Rolle spielten Autoritätspersonen?*
- *Wer unterstützte Sie, als Ihr Projekt dem Ende zuging?*
- *Was war für Sie letztlich die grundlegende Befriedigung?*

5. Identifikation von Erfolgsmustern
- *Welche Erfolgsmuster können Sie erkennen? Erfolgsmuster erfüllen folgende Kriterien: Sie sind kurz, beschreiben Verhalten und sie sind verallgemeinerbare Muster, die in allen Geschichten wieder auftauchen, z.B. „Ich tue mein Bestes, wenn ..." oder „Ich brauche ..., um erfolgreich zu sein." Je nach Person sind zwischen fünf und zwölf Grundmuster üblich.*
- *Welches Projekt steht an, in dem Sie erfolgreich sein wollen?*
- *Planen Sie Ihren Erfolg. In kleinen Schritten (siehe Übung Meilensteine).*
- *Welche unangenehmen Konsequenzen Ihres Erfolgsmusters wollen Sie verändern? Wie?*
- *Wenden Sie die identifizierten Erfolgsmuster auf das anstehende Projekt an und rufen Sie sich immer wieder Ihre Erfolgsmuster in Erinnerung.*

Mentales Training

Mentales Training ist eine Methode, die häufig von Sportlern angewandt wird, um Ziele zu erreichen. Kein Spitzensportler käme auf die Idee, sich das eigene Versagen vorzustellen. Ein guter Bergsteiger geht nicht mit dem Blick auf den Gipfel und denkt „*Wie weit ist es denn noch, der Weg wird ja gar nicht kürzer*", sondern setzt sich Ziele bis zur nächsten Wegbiegung und schaut dann nach hinten, nicht nach vorne und sieht so die Strecke, die er schon bewältigt hat. Und die ist bei jeder Wegbiegung beeindruckend.

sich innerlich auf den bestmöglichen Verlauf polen

Alle guten Sportler lernen, indem sie sich innerlich auf den bestmöglichen Verlauf polen. Viele Menschen tun das nicht, sondern programmieren im Gegenteil ihr Unterbewusstsein durch nicht angenommene Ängste auf Misserfolge.

Übung:
Halten Sie einen Moment inne und fragen Sie sich:
- *Wie oft denken Sie an Erfolge und positive Dinge?*
- *Wie oft träumen Sie davon, Ihre Ziele erreicht zu haben?*

sich den Erfolg mit allen Sinnen vorstellen

Wenn Sie sich Ihre Erfolge vorstellen, ist es wichtig, sich ganz in das Bild zu begeben, zu hören, zu schmecken, zu sehen, zu fühlen, zu riechen etc. Es geht dabei darum, dem erreichten Ziel ganz nachzuspüren und selbst ins Bild zu treten, nicht sich wie im Kino etwas anzuschauen. Wichtig ist die emotionale Bedeutung. Fragen Sie sich dabei nicht, was sich im normalen Rahmen hält, was vernünftig ist sondern: „*Was will ich wirklich?*" Diese Art von Visualisieren kann auch als Vorbereitung für schwierige Situationen, z.B. ein Konfliktgespräch genutzt werden. Wie man sich positiv selbst programmiert, finden Sie z.B. in Shervington (2001).

Die Macht der Gedanken ist sogar körperlich spürbar, wie Sie in einem kleinen Muskeltest aus der Kinesiologie feststellen können.

Übung: Die Kraft der Gedanken

Führen Sie diese Übung gemeinsam mit einem Partner durch und bitten Sie ihn zu einem kleinen Experiment. Der erste Teil besteht darin, dass er seinen Arm ausstreckt und Sie von oben dagegen drücken. Hiermit spüren Sie beide die vorhandene Grundspannung. Anschließend bitten Sie ihn, an ein erfolgreiches, schönes, angenehmes Erlebnis zu denken und dabei den Arm oben zu halten. Im dritten Teil bitten Sie ihn, an ein negatives Erlebnis zu denken, das ihn wirklich belastet und auch hier wieder gegenzuhalten. In der Regel wird für alle Beteiligten deutlich, dass die Kraft bei dem positiven Ereignis sehr viel höher ist, als bei dem negativen.

Entscheidungsmanagement

Unter Entscheidungsmanagement verstehe ich die Art und Weise, wie Menschen mit Entscheidungen umgehen. Wie in Kap. 1.2 aufgezeigt, blockieren Menschen sich durch verschiedene Arten, für sie wichtige

Entscheidungen zu treffen. Und jeder Mensch ist in seinem Entscheidungsverhalten einmalig. Was dem einen als Zögern erscheint, mag für den anderen als notwendige Vorüberlegung ein wichtiges Erfolgsmuster sein. Sprenger (2001) zeigt in seinem Buch „Die Entscheidung liegt bei dir" viele Fallen auf, wie Menschen über sich entscheiden lassen und ebenso Wege, sich zu entscheiden und durch Entschiedenheit glücklich zu werden.

Um sich zu entscheiden, ist es aus meiner Sicht einerseits zentral, sich erst einmal die Alternativen vor Augen zu führen und wenn man das Gefühl hat, keine zu sehen, solche zu suchen oder zu erfinden.

Es gibt immer einen Weg und es gibt immer nicht nur einen Weg

Ein weiterer wesentlicher Schritt ist es, dass Sie sich überlegen, welchen Preis Sie bereit sind, für Ihre Entscheidung zu zahlen und was es loszulassen gilt. In diesem Sinne gilt: Entscheidungen trennen. Entscheiden Sie wovon Sie sich trennen wollen?

Wenn Sie ihr Entscheidungsverhalten verbessern wollen, führen Sie die folgende Übung durch:

Übung: Entscheidungen (nach Seiwert 2001)

Folgende Fragen können Ihnen helfen herauszufinden, warum Ihnen Entscheidungen schwer oder leicht fallen:
- *Wissen Sie, was Ihnen wirklich wichtig ist?*
- *Können Sie verzichten oder loslassen?*
- *Können Sie „Nein" sagen?*
- *Haben Sie alle Informationen, die Sie brauchen?*
- *Fehlt es Ihnen an Energie?*
- *Haben Sie Angst vor Konflikten?*
- *Können Sie die Folgen abschätzen?*

Zeitmanagement

Gerade im Bereich Zeitmanagement gibt es viel Literatur, z.B. vom Zeitmanagementpapst Seiwert (2001). Es geht hier um die Umsetzung von Vorhaben, um Planung, Prioritätensetzung, Delegation und saubere Schreibtische. Eine Übung sei hier angeführt, die sich gut für die Umsetzung von Lebenszielen eignet:

> ERFOLG HAT NUR DER, DER ETWAS TUT, WÄHREND ER AUF DEN ERFOLG WARTET. (E. EDISON)

Übung: Meilensteine

Um Lebensziele zu erreichen, ist es wichtig, sie in Unterziele zu zerlegen. Hier bietet sich eine Periodenplanung an: Was will ich in den nächsten 5 bis 7 Jahren erreichen? Wo will ich dann stehen? Und was davon will ich im nächsten Jahr erreichen? Was im nächsten Monat, was morgen, was heute?

Periodenplanung

Anknüpfend an die Übung „Lebenszielplanung" stellen Sie sich wieder vor, wie es in der Zukunft (hier nur 5 bis 7 Jahre) aussehen wird; wie es ist, dort angekommen zu sein, wie es aussieht, sich anfühlt und anhört in den vier Lebensbereichen Sinn und Kultur, Familie und Beziehungen, Arbeit und Leistung, Körper und Gesundheit.

Dann leiten Sie für die Jahresplanung konkrete, überprüfbare und erreichbare Ziele ab. Es ist hier besser, sich wenige vorzunehmen und sie zu erreichen. Einige allerdings werden Sie auch nicht erreichen können und nehme Sie sich trotzdem vor. In den Jahresplan gehören nicht die langfristigen Ziele, sondern nur konkrete Teilziele.

konkrete Teilziele setzen

Wenn Sie die Ziele aufgeschrieben haben, geht es um eine Prioritätensetzung: Was ist Ihnen eigentlich wirklich wichtig? Dabei bedeutet:
A: Das werde ich unbedingt dieses Jahr erreichen.
B: Das will ich erreichen, aber ich kann es auch noch schieben.
C: Das wäre schön („Nice to have"), aber es muss nicht sein.

Nehmen Sie die Ziele mit der Priorität A möglichst früh im Jahr und ganz konkret in Angriff und machen Sie sich Monatspläne. Das können Sie dann bis hin zu Tagesplänen konkretisieren. Fragen Sie sich schließlich täglich:
- Was steht heute an, um mich zu entwickeln?
- Wie hängt das mit den Lebenszielen zusammen?
- Was ist zu tun, welche konkreten Maßnahmen kann ich ergreifen?
- Und immer wieder: Was ist mir wirklich wichtig?

Der letzte Schritt schließlich ist die konkrete Durchführungsplanung und die Erfolgsplanung. Vergessen Sie nicht Ihren Erfolg zu feiern! Und überwinden Sie Misserfolge, denn die gehören dazu. Hundertprozentige Sicherheit gibt es nicht. Alles, was sicher ist im Leben, ist auf gewisse Weise auch schon tot.

zwischen Beschleunigen und Verlangsamen den eigenen Rhythmus finden

In den heute oft so hektischen Zeiten, der Non-Stop-Gesellschaft, von der Seiwert (2001) spricht, ist es wichtig, zwischen Beschleunigen und Verlangsamen den eigenen Rhythmus zu finden. Völlig ausweichen können wir den oft widersprüchlichen und vielfältigen Anforderungen nicht. Dennoch brauchen wir Zeiten des Innehaltens zur Überprüfung unserer Ziele.

Entspannungsmethoden

Erfolgreiches Stress- und Zeitmanagement beinhaltet auch verschiedene Entspannungsmethoden, die ich hier nur anreißen möchte (siehe Abb. 12). Für eine Vertiefung dieses Themas empfehle ich Wolf u. Neumann (2001) und Spachtholz (2000).

Und hier noch eine Anregung: Wussten Sie, dass die drei entspannendsten Tätigkeiten folgende sind:
- Lachen (dabei werden sog. Endorphine, Glückshormone ausgeschüttet)
- Gähnen (dabei bekommen wir frischen Sauerstoff und damit mehr Energie)
- Weinen (dadurch werden Stresshormone ausgespült)

Oft auch für den Alltag brauchbar sind kleine Atemübungen, z.B.:

- SEKT: Stop – Einatmen – Konzentration – Tun
- Ausatmen: Atmen Sie so lange aus, bis Sie nicht mehr können und sich ein natürlicher Einatemzug breit macht. Das entspannt in kurzer Zeit.

Abb. 13: Entspannungsmethoden

1.4.5 Zusammenfassung: Konfliktprävention durch Persönlichkeitsentwicklung

Wie dieses Kapitel verdeutlicht hat, ist es zentral für die Konfliktprävention, sich selbst zu kennen, die eigenen Stärken weiterzuentwickeln, den Schwächen zu begegnen und innere Konflikte zu bearbeiten, bevor sie im Außen Konflikte verursachen. Checkliste 11 bietet Ihnen Anhaltspunkte, an denen Sie weiter arbeiten können.

Es ist zentral für die Konfliktprävention, sich selbst zu kennen und innere Konflikte zu bearbeiten

Checkliste 11: Schritte auf dem Weg zu Zufriedenheit und Erfüllung	
Skript	• Kennen Sie Ihren Lebensplan? • Welche einschränkenden und welche stärkenden Glaubenssätze haben Sie? • Was sind Hauptantreiber und bevorzugte Arbeitsstile? • Sind Sie ein Gewinner?
Entscheidungsmanagement	• Inwieweit denken, fühlen und handeln Sie bezogen auf das Hier und Jetzt? • Welche inneren Entscheidungskonflikte haben Sie? • Wie können Sie in Zwickmühlensituationen Abstand und neue Perspektiven gewinnen? • Wie können Sie sich stärken, proaktiv Entscheidungen zu treffen?
Konfliktstile	• Was ist Ihre überwiegende Grundeinstellung und in welche Einstellung rutschen Sie in Konflikten? Wie gewinnen Sie eine positive Einstellung? • Was sind Ihre Präferenzen (MBTI) und welche Schattenseiten wollen Sie weiterentwickeln? • Zu welchem Angsttypus (Grundfunktionen nach Riemann) tendieren Sie? • Welche der drei psychologischen Rollen im Dramadreieck (Opfer, Verfolger, Retter) ist Ihnen am vertrautesten? Wie wollen Sie in Zukunft daraus aussteigen?

Inneres Team	• Sind Sie mit sich im Reinen und stimmig? • Kennen Sie Ihre inneren Teammitglieder? • Welche wollen Sie stärker integrieren? • Welche Schritte der inneren Teamentwicklung wollen Sie gehen?
Lebensziele	• Was sind Ihre Lebensziele? • Was sind wichtige Wünsche und Träume • Wie planen Sie, Ihre Ziele umzusetzen?
Selbst- und Stressmanagement	• Was sind Ihre Erfolgsmuster? • Wie programmieren Sie sich auf Erfolge? • Welche Entspannungsmethoden wählen Sie, um Balance und Ausgleich zu finden?

2 Konflikte in Beziehungen

Paarkonflikte, Dreieckskonflikte und Gruppenkonflikte, Systemkonflikte

Konflikte zwischen Menschen kann man zum einem nach der Gruppengröße, bzw. der Anzahl von Menschen, die aufeinander treffen unterscheiden (vgl. Schwarz 1997). Eine sinnvolle Unterscheidung sind hier Paarkonflikte, Dreieckskonflikte und Gruppenkonflikte. Konflikte zwischen zwei Gruppen oder in Projektteams fasse ich hingegen unter Systemkonflikte, da hier die Steuerungsmechanismen von komplexen Systemen (vgl. Teil A, Kap. 2.1) zusätzlich zu den zwischenmenschlichen Themen und oft sogar stärker greifen.

grundsätzliche Formen der Konfliktprävention zwischen Menschen

Vorab seien einige grundsätzliche Formen der Konfliktprävention zwischen Menschen angesprochen: die Beziehungspflege, der Dialog und das Rollenmanagement. Diese Möglichkeiten gelten sowohl für Zweier- oder Dreierbeziehungen als auch für die Konfliktprävention bei Gruppen und Teams. Spezielle Formen der Prävention werden im Rahmen der Darstellung der einzelnen Konfliktbereiche intensiver thematisiert.

2.1 Paar- und Dreieckskonflikte

Als erstes seien hier die so genannten Beziehungskonflikte, wie sie in Paaren und zu dritt auftreten, betrachtet. Ab wann Menschen eine Gruppe bilden, darüber gibt es verschiedene Definitionen. Ich gehe von einer Gruppe ab einer Größe von drei Personen aus, behandle hier aber die Dreieckskonflikte gesondert, da sie einen Spezialfall darstellen, der den Übergang von der Diade und der Gruppe kennzeichnet und die meisten Gruppen in Firmen eher größer sind als drei Personen. Die Triade bildet jedoch oft eine starke Subgruppe.

Paar- und Dreieckskonflikte

2.1.1 Paarkonflikte (Diade)

Konflikte zwischen zwei Menschen werden auch Paarkonflikte genannt. Mit Paar wird häufig nur das „Ehepaar" assoziiert oder tiefenanalytisch das Mutter-Kind-Paar. Im Organisationskontext beziehe ich mich hier auf alle Konflikte, die Zweierkonstellationen betreffen. Das sind z.B. Konflikte zwischen:

- **Zwei Kollegen:** Hier spielen Themen von Aufgabenverteilung, Persönlichkeit und Sympathie ein große Rolle.
- **Chef und Mitarbeiter:** Hier geht es um Abhängigkeiten, um Führen und Folgen und um Entwicklung.
- **Zwei Führungskräfte** oder **Chef und Stellvertreter:** Hier befinden sich Fragen wie Rollenverteilung (Wer leitet?) und Konkurrenz im Fokus der Aufmerksamkeit.

alle Konflikte, die Zweierkonstellationen betreffen

Kennzeichnend bei Konflikten in der Diade ist hier, dass zum Individuum ein zweites, anderes und fremdes hinzukommt. Hier werden alle ursprünglich menschlichen Themen und Spannungsfelder wieder aktiviert, nämlich Fragen von Vertrauen, von Nähe und Ferne, von Selbst- oder Fremdbestimmung, von Identität.

Fragen von Vertrauen, von Nähe und Ferne, von Selbst- oder Fremdbestimmung, von Identität

Zwei Kollegen arbeiten in einem Zimmer. Friedhelm A. ist neu, Heike M. schon länger dabei. Friedhelm A. ist eher ein gesprächsfreudiger extravertierter Typ, er will sich austauschen und von den Erfahrungen von Heike M. profitieren. Heike M. ist es dagegen gewohnt, alleine zu arbeiten. Sie ist eher ein zurückgezogener Typ, der die von Friedhelm A. gewünschte Kommunikation als Ablenkung empfindet. Außerdem fühlt sie sich in ihrer Freiheit und Selbstbestimmung beschränkt, denn sie soll Friedhelm A. einarbeiten.

Konflikte zwischen zwei Menschen können bedingt sein durch Übertragungen, Symbiosen und passives Verhalten, Rollenthemen oder eine gestörte Kommunikation. Diese Mechanismen wirken auch bei Dreiecken und Gruppen. Einfacher zu beschreiben sind sie jedoch erst einmal für die Diade.

2.1.2 Dreieckskonflikte: Konflikte zwischen drei Menschen (Triade)

Mit einer dritten Person kommt eine neue Dimension zwischenmenschlicher Beziehungen ins Spiel. Wie Schwarz (1997) aufzeigt, werden plötzlich aus einer Beziehung zwischen zwei Personen drei Beziehungen zwischen drei Personen. Nun geht es nicht mehr nur um die Addition von getrennten Einzelbeziehungen, sondern die Personen bilden sich Meinungen über die Beziehung. Neben möglichen Konflikten zwischen zwei Menschen kommen Konflikte zwischen Beziehungen hinzu.

Konflikte zwischen Beziehungen kommen hinzu

Drastisch wird dies deutlich, wenn ein Ehepartner eine Außenbeziehung hat. Aber ähnliche Phänomene treten z.B. auf, wenn ein neuer Mitarbeiter zu zweien auf dem gleichen Arbeitsgebiet hinzukommt oder wenn ein Mitarbeiter zwei Vorgesetzte bekommt. Auch wenn sich alle in der Diade verstehen, kann es sein, dass die Konfrontation mit der anderen Beziehung zu Konflikten führt. Hier greifen Sprichwörter wie „*Fünftes Rad am Wagen*", „*Wenn zwei sich streiten, freut sich der Dritte*" etc.

Übergang von der symbiotischen Zweierbeziehung hin zur Öffnung zur Gruppe

Der Sinn von Dreieckskonflikten ist es, den Übergang von der symbiotischen Zweierbeziehung hin zur Öffnung zur Gruppe zu ermöglichen. Das geschieht durch Infragestellen und die Möglichkeit die Beziehung von außen zu reflektieren.

Allerdings ist auch die Qualität von Entscheidungen bei drei Personen komplexer als bei zwei. Konfliktbewältigungskompetenzen einer Gruppe nehmen sprunghaft zu. Die Stärke nimmt von zwei auf drei Personen deutlich zu (so wird im Tierreich eine Dreiergruppe so gut wie nie angegriffen, siehe Schwarz 1997). Je nach Aufgabe hat eine Gruppe zwischen fünf und zwölf Mitgliedern die optimale Stärke für die Ergänzung von Unterschieden; in der Regel liegt das Optimum bei sieben Personen. Danach sinken Effektivität und Problemlösungsfähigkeit.

optimale Gruppenstärke liegt bei 7 Personen

Konflikte durch Koalition, Delegation und Rivalität

Konflikte treten speziell in Dreiergruppen, aber auch bei größeren Gruppen, durch Koalition, Delegation und Rivalität auf.

Koalition

zwei verbünden sich gegen einen

Koalitionskonflikte in der Triade bedeuten, dass sich zwei gegen einen verbünden. Das führt zu Kränkungen, Unterlegenheitsgefühlen oder Eifersucht. Andererseits kann der Dritte die vorher bestehende Verbindung zwischen Zweien stören.

Delegation

indirekte Kommunikation über Dritte

Delegationskonflikte entstehen durch indirekte Kommunikation über Dritte. Eine Führungskraft ist z.B. die Schnittstelle für Informationen der Gruppe oder delegiert über eine andere Führungskraft zum Mitarbeiter. Der Nachteil jeder indirekten Kommunikation sind dann allerdings Vermittlungsfehler.

Ein Sonderfall ist es, wenn die Vermittlung über ein Schriftstück, einen Computer, formale Regeln oder andere technisch-sachliche Dinge erfolgt. Hier kann es zu einer Verdinglichung kommen, die den ursprünglichen Sinn der Botschaft verzerrt.

Rivalität

zwei streiten sich um die Gunst eines Dritten

Um Rivalität handelt es sich, wenn zwei sich um die Gunst eines Dritten streiten, z.B. wenn zwei Mitarbeiter um die Aufmerksamkeit oder Anerkennung eines Vorgesetzen buhlen und dabei die Beziehung zwischen ihnen gestört ist. Das macht sich z.B. darin bemerkbar, dass die Rivalen keine Informationen austauschen, sich blockieren und vielleicht sogar die Leistungen des Kollegen herabsetzen. Schwarz (1997) schlägt vor, Konkurrenz von Rivalität zu trennen. Konkurrenz herrscht zwischen zwei Personen, die miteinander, vielleicht auch gegeneinander um das beste Ergebnis ringen. Konflikte können hier durch Kompetenzabgrenzungen und formale Regelungen gelöst werden. Bei Rivalität fruchtet das nicht. Rivalen werden auch dann noch Möglichkeiten des Wettstreits finden, weil die innere Motivation eine andere ist und oft eher unbewusst abläuft.

2.2 Konfliktprävention in Beziehungen

2.2.1 Beziehungspflege

Wenn es nicht stimmt in der Beziehung, so sind dafür Gegensätzlichkeiten oder Gemeinsamkeiten sowie Antipathie oder Sympathie weniger bedeutsam, als das landläufig angenommen wird. Eine diesbezüglich sehr interessante Feststellung hat Gottmann (2000) gemacht, der in Paaranalysen feststellte, dass wichtiger als die Unterschiede an sich die Art und Weise ist, wie diese Paare damit umgehen. Ich meine, dass man Gottmanns „7 Geheimnisse der glücklichen Ehe" unmittelbar auf andere Beziehungen, also auch auf Arbeitsbeziehungen, übertragen kann.

Zusammengefasst heißt das: Die „Vier apokalyptischen Reiter", nämlich „Kritik, Verachtung, Rechtfertigung und Mauern" führen dauerhaft zur Schädigung einer Beziehung und können nur durch den mehrfachen Einsatz positiver Beziehungspflege wieder ausgeglichen werden. Ich spreche übersetzt auf den Unternehmenskontext hier von den „7 Geheimnissen der Beziehungspflege".

Kritik, Verachtung, Rechtfertigung und Mauern führen dauerhaft zur Schädigung einer Beziehung

---

Checkliste 12: Die sieben Geheimnisse der Beziehungspflege

1. Sich über die Gepflogenheiten, Gewohnheiten, Bedürfnisse des Anderen informieren.
2. Den Anderen bewusst anerkennen und wertschätzen.
3. Aufeinander zugehen, statt abwenden.
4. Sich vom Anderen beeinflussen lassen, statt stur bleiben.
5. Probleme aktiv lösen.
6. Pattsituationen überwinden.
7. Einen gemeinsamen Sinn, ein übergreifendes Ziel schaffen.

Dieser proaktiven Vorgehensweise kommt sowohl in Zweier- oder Dreierbeziehungen als auch in Teams eine große Bedeutung zu.

BEZIEHUNGEN SIND NICHT DESHALB GUT, WEIL SIE REIBUNGSLOS FUNKTIONIEREN, SONDERN WEIL SIE SCHWIERIGKEITEN ÜBERSTANDEN HABEN.

Meiner Erfahrung nach ist es eine der wichtigsten Maßnahmen zur Beziehungspflege und damit Konfliktprävention, Mitarbeitern, Kollegen

Wertschätzung ausdrücken

oder Vorgesetzten gegenüber Wertschätzung auszudrücken. Wie wohltuend es für einen selbst ist, die positiven Seiten auch der anderen Menschen zu sehen, haben Sie vielleicht bereits an der Übung „Die Kraft der Gedanken" In Kap. 1.4.4 ausprobieren können. Wenn Sie diese Wertschätzung auch öfter als gewohnt einmal ausdrücken, werden Sie sehen, dass auch mehr von anderen zurückkommt und Sie selbst mehr positive Rückmeldung erhalten.

Übung „Wertschätzung":

Halten Sie einen Moment inne und gehen Sie der Frage nach: Welche Personen in meinem beruflichen Umfeld schätze ich? Wer in meinem beruflichen Umfeld hat eine Arbeit gut erledigt, mir geholfen oder ist mir sympathisch? Wann habe ich das demjenigen zuletzt mitgeteilt? Wer hätte ein paar Worte der Wertschätzung verdient?

2.2.2 Der Dialog: Blockaden vermeiden

Das Wort „Dialog" kommt vom griechischen „Dia – Logos". Dabei bedeutet „Logos" das Wort oder auch Wortsinn, Wortbedeutung. Und „Dia" heißt nicht, wie oft falsch übersetzt, „zwei", sondern „durch". Ein Dialog ist ein Austausch, der auch zwischen mehr als zwei Personen stattfinden kann. Bohm (1998) spricht auch von einem freien Sinnfluss, der unter uns, durch uns hindurch und zwischen uns fließt.

Dialog ist nicht gleichbedeutend mit Diskussion

Oft wird Dialog gleichgesetzt mit Diskussion, das vom Wortstamm her aber „zerschlagen", „zerteilen", „zerlegen" bedeutet. Vielfach werden in Diskussionen nur scheinrationale Argumente ausgetauscht. „*Eine Diskussion ist fast wie ein Pingpong-Spiel, bei dem Leute Meinungen vor- und zurückschlagen und dessen Ziel es ist, zu gewinnen oder Punkte für sich zu sammeln.*" (Bohm 1998, S. 33).

Das Wesen des Dialogs ist meiner Meinung nach hervorragend als präventives Instrument für die Vorbeugung von Beziehungsstörungen geeignet; sei es als Grundmuster für Mitarbeitergespräche, Meetings oder auch – wie Bohm es anwendet – für große Gruppen.

> **Checkliste 13: Das Wesen des Dialogs**
>
> **Das Ziel**
> - Der Weg ist das Ziel.
> - Durch den Prozess überraschende Erkenntnisse und Einsichten gewinnen.
> - Kreativität steigern.
> - Eine offene, vertrauensvolle und lernfähige Konflikt- und Kommunikationskultur schaffen.

> **Der Weg**
> - Vorher kein Ergebnis festlegen.
> - Die Haltung eines Lernenden einnehmen.
> - Haltung eines Besuchers einnehmen, der beim Gegenüber ein willkommener Gast ist.
> - Eigene Glaubenssätze infrage stellen, sich nicht mit einer Meinung identifizieren.
> - Möglichst viele Sichtweisen einbeziehen.
> - Andere Meinungen nicht bewerten.
> - Zuhören und nicht unterbrechen.
> - Auf Gleichheit der Sprachanteile und der Wertigkeit achten.
> - Radikalen Respekt zeigen.
> - Absichtslos, spielerisch und entspannt vorgehen.
> - Einfache, aufrichtige, erkundende Fragen stellen.
> - Das eigene Denken beobachten.

„Wann aber können Sie sicher sein, ob es ein echter Dialog war? Wenn Sie aus dem Gespräch anders herauskommen, als Sie hineingingen." (Sprenger 1992, S. 165)

Dieses Verständnis von Dialog setzt voraus, dass ein freier Fluss zwischen dem Ich und dem Du stattfinden kann, also möglichst große Freiheit von Symbiosen, von einschränkenden Glaubenssätzen oder auch von körperlichen Anspannungen.

freier Fluss zwischen dem Ich und dem Du

Dialog-Blockaden sind Blockierungen zwischen dem Ich und dem Du, ein Energiestau, eine dysfunktionale Dynamik. Grundlage sind innere Abwertungen, Konflikte und Denkfehler, die sich dann äußerlich z.B. durch folgende Verhaltensweisen beobachten lassen (Anregungen durch Schwarz 1997 und nach George Kohlrieser auf einem Seminar):

Blockierungen zwischen dem Ich und dem Du

- **Nichts tun**, Passivität, keine Beteiligung am Gespräch
- **Abwerten**, runtermachen, schlecht machen
- **Rationalisierung:** Da wird dann versucht den Anderen mit Argumenten zu erschlagen und rhetorisch gewandt zu überzeugen, ohne wirklich in Kontakt zu sein
- **Emotionalisierung**, z.B. jemanden durch unechte Tränen erpressen
- **Verschlossenheit** und mangelnde Aufrichtigkeit bis hin zu Misstrauen; es wird dann nicht direkt, sondern über Umwege (Medien, Dritte) miteinander gesprochen
- **Aussagen umdeuten**, interpretieren
- **Vorwürfe**, Belehrungen und Appelle, die lediglich der eigenen Sache dienen

Ursachen von Blockaden

- **Kausalitätsstreitigkeiten,** in denen um Ursache und Wirkung gestritten wird, z.B. *„Das tue ich nur, weil du damals ..."* und gegebenenfalls auch zeitliche Abfolgen verwechselt werden. Hierzu zählt es auch, nicht stimmige Zusammenhänge herzustellen.
- **(maßlos) Übertreiben,** z.B. durch extreme Schlussfolgerungen, indem z.B. Aussagen aus dem Zusammenhang gegriffen und übertrieben werden
- **Verallgemeinern,** zu abstrakt und unkonkret bleiben
- **zu detailliert sprechen,** sich verlieren
- **Machtspiele** spielen (vgl. Teil A, Kap. 2.4.3)

2.2.3 Rollenmanagement und Contracting

Rollen als Schnittstellen zwischen den strukturellen bzw. Systemfaktoren und den persönlichen Faktoren

In Unternehmen entstehen Konflikte zwischen Menschen nicht nur durch persönliche Differenzen, sondern auch durch unklare Rollen (vgl. Teil A, Rollenkonflikte Kap. 1.3.6) – und das sogar in der Hauptsache. Rollen bilden die Schnittstelle zwischen den strukturellen bzw. Systemfaktoren und den persönlichen Faktoren.

ausbalancierte Entwicklung von verschiedenen Bezügen in der professionellen, organisatorischen und privaten Welt

Durch eine aktive Rollenreflexion und ein erfolgreiches Rollenmanagement können sowohl Persönlichkeits- als auch Beziehungs- oder Teamentwicklung betrieben werden. Persönlichkeitsentwicklung erfolgt durch eine ausbalancierte Entwicklung von verschiedenen Bezügen in der professionellen, organisatorischen und privaten Welt (Schmidt 1994), d.h. dass das Zusammenspiel der drei Welten gestaltet und Rollen gelernt, ausgefüllt und mit Sinn erfüllt werden müssen. Checkliste 14 gibt Anregungen zur Reflexion der eigenen Rollen.

Checkliste 14: Rollenreflexion

- Welche Bilder können Sie für Ihre Rollen finden?
- Wie leben Sie die verschiedenen Rollen?
- Was sind neue Rollen? In welchen Rollen sind Sie noch nicht zu Hause?
- Zwischen welchen Rollen gibt es Konflikte?
- Welche Rollen entsprechen der äußeren Realität, welche sind Phantasie?
- Was ist Ihre Leitrolle?
- Wie formen Ihre Rollen Ihre Identität?
- Mit welchen Rollen identifizieren Sie sich eher, mit welchen weniger?
- Wie können Ihre Bilder Ihnen bei der Rollenklärung helfen?

Selbst wenn das unternehmensinterne und -externe Gefüge der verschiedenen Vertragsbeteiligten geklärt ist, bleibt immer noch die Frage der individuellen Rolleneinnahme. Verschiedene vielfältige Rollen können zu Rollenkonfusionen führen.

In einer Forschungsabteilung werden Kooperationen mit Hochschulen betrieben. Es kommt zu Konflikten, da Mitarbeiter zu viele untereschiedliche Rollen ausfüllen müssen: Im Klärungsprozess stellt sich heraus, dass ein Forscher je nach Tätigkeit zwischen fünf und sieben Rollen innehat, zwischen denen es zu Reibungen kommt.

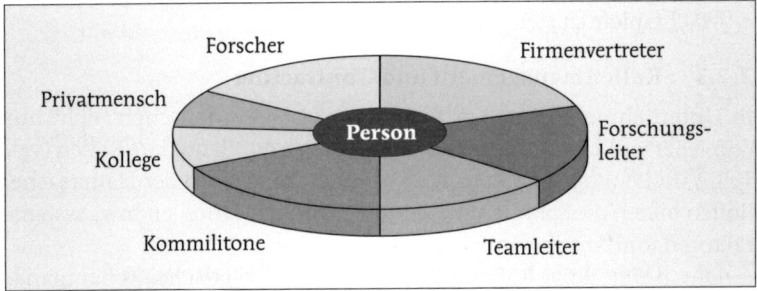

Abb. 14: *Beispiel für Rollenvielfalt in einer Funktion*

Unklarheiten über die eigene Rolle, also Rollenkonfusionen, Rollenvermischungen oder Rollenüberschneidungen, führen dann zu unklarem Handeln gegenüber den Vertragspartnern und zu Rollenkonflikten. So kann man z.B. als Privatmensch andere Meinungen und Einstellungen vertreten als in der Rolle als Firmenvertreter: Vertritt dann der Forscher die Firmeninteressen genauso nachdrücklich wie seine Privatinteressen? Wie handelt er als Teamleiter anders als in der Rolle als Kollege? Was passiert, wenn er sich der Hochschule gegenüber weiterhin als Kommilitone verhält, obwohl er in seiner Rolle als Firmenvertreter handeln muss?

unklares Handeln gegenüber den Vertragspartnern

Andererseits können Reflexionen aus verschiedenen Rollen heraus die Perspektive erweitern und die persönliche Integrität fördern, indem man sich z.B. fragt: „Wie würde ich privat vorgehen? Würde ich dem Verhandlungspartner vertrauen?" Oder: „Wie würde ich aus einer anderen Rolle heraus an die Situation herangehen?" Um Rollenkonflikte zu vermeiden, ist es sinnvoll, vor Verhandlungen die eigene Rolle vom Zentrum her zu definieren: Was steht im Mittelpunkt? Was ist die Leitrolle?

Reflexionen aus verschiedenen Rollen heraus können die Perspektive erweitern

Oft ist der zentrale Unterschied neben der eigenen Bewusstheit über Rollen die Kommunikation der Rollen nach außen und ihr Verhandeln mit dem Ziel, zu einer gemeinsamen Übereinkunft über Rollen und daraus abgeleiteten Aufgaben und Pflichten zu kommen (Contracting).

Kommunikation der Rollen nach außen

Rollenkompetenz bedeutet in diesem Sinne ein Rollenmanagement (Checkliste 15), in dem rollenspezifische Informationen gesucht und genutzt werden, Unterschiede zwischen den Rollen bewusst wahrgenommen, Rollen kontextbezogen differenziert und verhandelt sowie rollenbezogen Kontrakte geschlossen werden.

Rollenkompetenz

> **Checkliste 15: Rollenmanagement**
>
> - Werden Sie sich der eigenen Rolle bewusst: Aus welcher Leitrolle heraus werden Sie handeln?
> - Kommunizieren Sie die Rolle nach außen.
> - Schließen Sie Vereinbarungen über gemeinsame Ziele und jeweilige Aufgaben und Verpflichtungen ab.
> - Reflektieren Sie über die Verträglichkeit verschiedener Rollen und machen Sie sich mögliche Rollenkonflikte bewusst.
> - Finden Sie Stärken der verschiedenen Rollen heraus und nutzen Sie diese auch in anderen Rollen.
> - Reflektieren Sie mögliche Rollenwechsel oder -erweiterungen: Wie können Sie sich selbst helfen, von einer Rolle in die andere zu kommen? Welche Ressourcen nehmen Sie mit?

2.2.4 Überblick: Konfliktprävention in Beziehungen

Einen Überblick über Möglichkeiten der Konfliktprävention in Arbeitsbeziehungen bietet Checkliste 16.

> **Checkliste 16: Konfliktprävention in Arbeitsbeziehungen**
>
> **Konflikte in der Zweierbeziehung**
>
> - Erkennen Sie Ursachen für Antipathie (Übertragungen) und suchen Sie aktiv nach Eigenschaften, die Sie am Anderen mögen.
> - Drücken Sie Wertschätzung aus.
> - Sprechen Sie Wünsche, Probleme oder Unterschiede offen an.
> - Entdecken Sie die Geheimnisse der Beziehungspflege (Kap. 2.2.1) und wenden Sie sie an.
> - Vermeiden Sie Abwertungen, Killerphrasen, Dialogblockaden, Rechtfertigungen und abfällige Bemerkungen.
> - Suchen Sie aktiv den Dialog.
> - Denken Sie über verschiedene Rollen und deren Auswirkungen regelmäßig nach und klären Sie mögliche Missverständnisse aktiv.
>
> **Konflikte in der Triade**
>
> - Klären Sie Koalitionen.
> - Vermeiden Sie nach Möglichkeit indirekte Kommunikation und wenn das nicht möglich ist, pflegen Sie diese Beziehungen bewusst.
> - Suchen Sie den tieferen Sinn von Rivalitäten und klären Sie unbewusste Motivationen.

3 Gruppenkonflikte

3.1 Konflikte in Arbeitsgruppen oder Teams

Die ideale Größe einer Gruppe liegt bei ca. fünf bis acht, maximal 12 Personen. Hier sind bei gut funktionierenden Gruppen die positiven Effekte wie Fehlervermeidung, gegenseitige Ergänzung, stabile Kosten-Nutzen-Relation (Zeitaufwand im Vergleich zum Ergebnis), Identifikation mit erreichten Ergebnissen etc. am höchsten. Da die Anzahl der Beziehungen jedoch mit jedem Mitglied steigt, steigt auch die Komplexität in Gruppen. Wie zuvor aufgezeigt besteht bei zwei Personen eine Beziehung, bei dreien bestehen schon drei, bei vieren sechs, bei fünfen zehn, bei sechsen 15, bei sieben Personen 21 Beziehungen etc.

Mit jedem Gruppenmitglied steigt die Anzahl der Beziehungen exponentiell

Im Mittelpunkt von Gruppenkonflikten stehen deshalb die in der Gruppendynamik wohl bekannten Abhängigkeits- und Gruppenentwicklungskonflikte. Dabei werden vier bis fünf Phasen unterschieden, die bekannteste Unterscheidung stammt von Tuckmann u. Jensen (1977): Forming, Storming, Norming und Performing (ergänzt durch die fünfte Phase „Adjourning" was so viel bedeutet wie Auflösung und Trauern) oder von Bion (1968), der sich auf die Entwicklung vom Individuum zur Gruppe bezieht (Abhängigkeit, Gegenabhängigkeit, Paarbildung, Arbeitsgruppe). Auch die zuvor genannten Phasen der Auseinandersetzung mit Autorität und Entwicklung von Autonomie (siehe Teil A, Kap. 1.3.5) werden auf Gruppen angewandt.

fünf Phasen der Gruppenentwicklung

Eine für die Konfliktanalyse sehr sinnvolle Unterscheidung bietet das Gruppenimago (Berne 2001). Das Gruppenimago visualisiert die inneren Bilder, die sich von der Gruppe im Laufe ihrer Entwicklung bilden. Die Phasen verlaufen entlang zweier Linien:
- von Übertragungen und undifferenzierten Betrachtungsweisen hin zu einer mehr und mehr realistischen Sicht der Gruppe,
- von weniger effektiven bzw. konstruktiven Formen der gemeinsamen Zeitstrukturierung hin zur Arbeitsfähigkeit.

Das Gruppenimago visualisiert die Entwicklung der Gruppe

Dargestellt wird das Gruppenimago mithilfe bestimmter Symbole, die man in der Teamentwicklung anwenden und dadurch z.B. Konflikte aufgrund unterschiedlicher Wahrnehmungen oder nicht ausgelebter Phasen etc. verdeutlichen und bearbeiten kann.

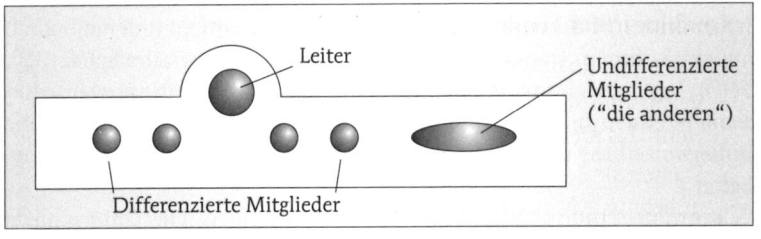

Abb. 15: Gruppenimago

Eine Gruppe ist für den Einzelnen zu Beginn wie eine unvollendete Gestalt, deren Lücken entweder durch altbekannte Vorurteile oder durch Realitäten und Informationen geschlossen werden können.

Phasen der Gruppenbildung

Es werden folgende Phasen unterschieden (siehe auch Checkliste 17):

Phase 1: Vorläufiges Gruppenbild

Jemand kommt in eine neue Gruppe und differenziert nach ihm geläufigen Kategorien (z.B. Abteilungszugehörigkeit, Führungskraft oder Mitarbeiter). Unbewusst schreibt er einigen der anderen Mitglieder möglicherweise auch Rollen oder Vorerfahrungen aus der Vergangenheit zu (Übertragungen). Er stellt dann spontane fachliche Anknüpfungspunkte oder Ähnlichkeiten bzw. Unterschiede zu sich selbst fest. Im inneren Bild wahrgenommen wird in der Regel auch der Leiter. Je größer und fremder die Gruppe ist, desto höher ist die Wahrscheinlichkeit, dass viele Teile der Gruppe undifferenziert bleiben. Und je mehr ungelöste Themen jemand mit sich herumträgt, desto wahrscheinlicher ist es, dass er die Personen nicht realistisch differenziert bzw. wahrnimmt, sondern aufgrund von Übertragungen, Vorurteilen, Phantasien und Vorannahmen.

Übertragungen, Vorurteile, Phantasien und Vorannahmen prägen die erste Wahrnehmung der Gruppe

Konflikte treten in dieser Phase auf, wenn zu wenig Zeit zur Ausdifferenzierung, zum Kennenlernen gegeben wird, keine Struktur (Ziele, Zeit, Rahmen etc.) erkennbar ist oder zu wenig Schutz für den Einzelnen gegeben wird, in seinem Tempo anzukommen und sich einzulassen.

Phase 2: Angepasstes Gruppenbild

Es bilden sich informelle Spielregeln und Untergruppen

Mit zunehmender Bekanntheit und gemeinsamer Tätigkeit differenzieren sich die Bilder. Erste meist informelle Spielregeln („Hidden Agenda") setzen sich durch, und die Gruppe wirkt oft schon ziemlich arbeitsfähig, weil sie über Aktivitäten voneinander und übereinander lernt. Bei größeren Gruppen bilden sich Untergruppen.

noch keine offenen Konflikte, da „Schonraum der Höflichkeit"

Hier sind offene Konflikte nicht so häufig. Die Gruppe befindet sich im Schonraum der Höflichkeit. Im Mittelpunkt steht oft die Aufgabe, Beziehungen werden eher vorsichtig getestet, gesetzte Normen bleiben noch unangetastet und schützen die Gruppe. Unterschwellige Konflikte können durch Cliquenbildung, unausgesprochene Antipathien oder Zweifel an Aufgaben, Zielen und der Leitung entstehen.

Phase 3: Wirksames Gruppenbild

In der dritten Phase wirken die Bilder der Einzelnen mehr und mehr nach außen. Es finden Kämpfe, Machtspiele und psychologische Spiele (vgl. Teil A, Kap. 2.4.3) statt, vor allem um die Position der Leitung, wenn diese nicht eindeutig ist (siehe auch Führungskonflikte in Kap. 3.1.3). Die Rollenverteilung und auch die informelle „Hackordnung" werden erarbeitet.

Rollenverteilung und auch die informelle „Hackordnung" werden erarbeitet

konflikttächtige Phase

Konflikte sind in dieser Phase immer vorhanden. Die Unterschiede der Gruppe in Bezug auf Persönlichkeit, Kommunikationsstile, Erwartungen, Aufgaben und Ziele treten deutlich zutage. In manchen Organisationen wird diese Phase unterdrückt, weil sie als kurzfristig kontraproduktiv angesehen wird. Um jedoch eine wirklich arbeitsfähige Gruppe zu erhalten, die mehr Produktivität erbringt als der lose Zusammenschluss einzelner Mitglieder, ist es wichtig, durch diese Phase hindurchzugehen.

produktive Bewältigung dieser Phase für Leistungsfähigkeit der Gruppe wichtig

Phase 4: Integriertes Gruppenbild

Der Austausch von Informationen und Erwartungen hat stattgefunden. Es ist deutlich, an welchen Stellen Konsens über die Gruppenbilder und über Ziele besteht und wo Individualität gewünscht ist. Die geheimen Spielregeln sind verhandelt und offenbar geworden. Die Gruppe hat eine angemessene Nähe entwickelt, ein „Wir-Gefühl", das Einzelmeinungen als Ergänzungen begreift. Die Konflikte sind bearbeitet worden, und es bestehen Kommunikationsfähigkeiten und Systeme wie z.B. das 360-Grad-Feedback (siehe auch Kap. 3.2.2 und 4.4.3), um neue Konflikte zu bewältigen.

Die geheimen Spielregeln sind verhandelt und offenbar geworden

„Wir-Gefühl"

Phase 5: Geklärtes Gruppenbild

Eine funktionsfähige Gruppe ist in Organisationen nie ein Dauerzustand. Wichtig ist hier, die gute Zusammenarbeit und Effektivität zu genießen und sich verabschieden zu können, wohl wissend, dass eine gute Gruppenerfahrung auch tragend für andere Teams sein wird, und die guten Beziehungen auch weiterhin in der Organisation die Grundlage für hilfreiche Netzwerke bilden werden.

funktionsfähige Gruppen sind in Organisationen nie ein Dauerzustand

Konflikte entstehen hier, wenn Menschen das Team als Ersatzfamilie ansehen oder als private Bezugsgruppe. Dann wird möglicherweise das Ende des Projekts herausgezögert („*Es ist ja so ‚kuschelig' hier"*). Häufiger ist jedoch die Gruppe strukturell verändert, bevor die Aufgabe beendet ist.

\multicolumn{3}{l}{**Checkliste 17: Gruppenimago (Phasen der Gruppenentwicklung)**}
Phase	Kennzeichen des Gruppenbildes/Imago	Konfliktpotenzial
eins	**Vorläufiges Imago** • Gruppe unbekannt • Unterteilung aufgrund bekannter Kategorien • Rituale des Kennenlernens	• zu wenig Schutz des Einzelnen • zu wenig oder zu viel Struktur • zu wenig Raum und Zeit für das Kennenlernen • Zugehörigkeitskonflikte
zwei	**Angepasstes Imago** • Ausdifferenzierungen der einzelnen Mitglieder • Lernen über Aktivitäten	• Cliquenbildung • Unterschwellige Konflikte • Hidden Agenda • Normenkonflikte

drei	**Wirksames Imago** • Rollenverteilung • Beziehung zur Leitung und Hierarchie • Kompetenzen verteilen	• Machtkämpfe • Psychologische Spiele • Führungskonflikte • Statuskonflikte • Subgruppenkonflikte
vier	**Integriertes Imago** • Austausch von Informationen und Erwartungen • Verhandelte Spielregeln • Wir-Gefühl	• Spannungsfeld Individualität – Konsens • Kommunikations- und Feedback-Kultur
fünf	**Geklärtes Imago** • Miteinander genießen • Abschied nehmen	• Loslassen können • Rückzug versus Zerschlagen • Ablösungskonflikte

Entwicklungsansätze für den Einzelnen und für die Gruppe liegen darin, sich bewusst zu machen, was eine bloße Annahme über jemanden ist, welche zusätzlichen Informationen man sich beschaffen kann, um dies zu objektivieren, sowie gemeinsam zu überlegen, in welcher Phase die Gruppe ist bzw. was sie braucht.

Übung: Als Einstieg in ein Gespräch über das Team kann es günstig sein, dass jeder für sich ein Gruppenimago aufzeichnet,
a) wie es war, als er/sie in die Gruppe kam
b) wie es jetzt ist.
Anschließend können die Notizen erst in Paaren, dann im Team verglichen werden.

Im Rahmen der Teamentwicklung tauchen bestimmte Konflikte auf

Im Rahmen der Teamentwicklung tauchen bestimmte Konflikte auf, die die Gruppe bewältigen muss, um eine gute Zusammenarbeit zu gewährleisten. Wenngleich diese Konflikte nicht ganz eindeutig den Phasen der Gruppenbildung zuzuordnen sind, gibt es doch bestimmte Tendenzen, in welcher Phase welche Konflikte auftauchen. Diese tendenzielle Zuordnung ist in Checkliste 17 veranschaulicht. Nun werden die Konflikte im Einzelnen erläutert.

3.1.1 Zugehörigkeits- und Subgruppenkonflikte

Wenn Gruppen neu gebildet werden, entwickelt sich erst nach intensiver Kooperation ein Zusammengehörigkeits- bzw. Wir-Gefühl. Zugehörigkeitskonflikte entstehen, wenn einzelne Mitglieder noch nicht so richtig dabei sind. Das macht sich darin bemerkbar, dass sie nicht alle ihre Ressourcen (Informationen, Zeit etc.) mit einbringen, kritische Entscheidungen eventuell nicht voll mittragen oder sich in das Ringen um Normen, Ziele etc. nicht wirklich einlassen. Es ist dann spürbar, dass sie sich der Gruppe noch nicht voll verpflichtet fühlen.

Neue Gruppenmitglieder fühlen sich der Gruppe zunächst noch nicht voll verpflichtet

Zugehörigkeitskonflikte treten bei der Integration eines neuen Mitglieds oder eines Außenseiters auf, aber auch bei Doppelmitgliedschaften, in denen die Loyalität eines Mitarbeiters einer anderen Gruppe gilt. Dies ist z.B. oft bei Projektteams der Fall. Die eigentliche Zugehörigkeit gilt dann der „Heimat"-Arbeitsgruppe oder der Mitarbeiter fühlt sich umgekehrt im Projektteam so wohl, dass er in seiner Heimatarbeitsgruppe als Verräter gesehen wird. Die Frage ist dann, wem die Loyalität gilt, wenn eine Gruppe z.B. angegriffen wird – man spricht hier auch von Loyalitätskonflikten.

Loyalitätskonflikte zwischen verschiedenen Gruppen

Die Gruppe muss sich neu organisieren in ihren Beziehungen, Normen, Zielen, Aufgabenverteilungen etc., wenn ein neuer Mitarbeiter hinzukommt. Dabei laufen viele Auseinandersetzungen. Werden diese nicht bewusst reflektiert, so werden sie über die fachliche Ebene ausgetragen. Dann versucht der Neue beispielsweise sich über fachliche Beiträge einen Platz zu verschaffen oder die Gruppe unterstellt ihm das und sieht sein Verhalten als Konkurrenz oder Anpassung.

Die meisten Zugehörigkeitskonflikte entstehen inzwischen in vielen Organisationen dadurch, dass noch vor Beendigung des Integrationsprozesses das Team neu strukturiert wird. Da dann die Prozesse immer wieder neu beginnen, wird die Gruppe auf diese Weise nicht wirklich effektiv. Oft entsteht dadurch sogar eine Kultur, in der man sich nicht mehr auf die Gruppe einlässt, weil man ja aus Erfahrung weiß, dass sie nicht von Dauer sein wird. Es entsteht dann eine Pseudozusammenarbeit aus einer Gruppe von Einzelkämpfern.

Viele Teams werden noch vor Beendigung des Integrationsprozesses neu strukturiert

In Gruppen, in denen viele Mitglieder gute und gesteuerte Teamentwicklungsprozesse erlebt haben, steigt die Konfliktfähigkeit und hier können Veränderungen schneller und qualitativ besser vollzogen werden. Für Organisationen, die sehr schnell wachsen oder projektgruppenorientiert arbeiten, ist deshalb eine Vorbereitung der Mitarbeiter wichtig.

Subgruppenkonflikte spielen meistens in der zweiten und dritten Phase der Gruppenentwicklung eine große Rolle. Wenn Beziehungen zwischen zwei Gruppenmitgliedern zu eng werden, wenn sich Cliquen bilden oder im Extremfall zwei Parteien aufeinander prallen, ist die Existenz der Gruppe gefährdet. Die Gruppe erlebt die Bildung von Subgruppen als konspirativ, die Nichtbeteiligten fühlen sich übervorteilt und sind misstrauisch. Und in der Tat können Diaden oder Triaden eher als Einzelpersonen die Gruppe sprengen, wenn sie zu stark werden. Andererseits ist die Bildung von starken Subgruppen auch immer ein Symptom dafür, dass eine Veränderung ansteht.

Subgruppenkonflikte

Starke Diaden oder Triaden können eher als Einzelpersonen die Gruppe sprengen

Gutes Konfliktmanagement achtet hier auf die Balance zwischen Gruppen- und Einzel- bzw. Subgruppenmeinungen.

3.1.2 Normen-, Bewertungs- und Statuskonflikte

Ursprünglich überlebensnotwendig, sind Regeln und Normen auch heute noch für die effektive Bearbeitung von Aufgaben notwendig. Mitglieder, die sich nicht an Teamnormen halten, verursachen Konflikte, die das Ziel haben, die Einheit wiederherzustellen. Verstöße, auch von informellen Regeln, werden von der Gruppe bestraft. Das Schlimmste ist es dabei, von der Gruppe ausgestoßen zu werden. Der „soziale Tod", der früher mit dem Begriff „vogelfrei" bezeichnet wurde, wird heute oft im Rahmen von Degradierungen oder Entlassungen erlebt. So fragen sich auch bei Umstrukturierungen, die große Entlassungswellen verursachen, zu Beginn die Mitarbeiter fast immer, „was sie denn falsch gemacht" haben.

Auch der Verstoß gegen informelle Regeln wird von der Gruppe sanktioniert

Auch wenn Normen deshalb infrage gestellt werden, weil die Umwelt (z.B. der Markt oder die Unternehmenspolitik, aber auch Entwicklungen oder private Anforderungen) eine neue Ausrichtung erfordert, reagiert die Gruppe in ihrem Normensystem beharrend.

Gruppen verändern ihre Normen nur schwer

> *In einem Startup-Unternehmen war es üblich, die volle Kraft in die Firma einzubringen. Die Mitarbeiter waren vom Geschäftsführer handverlesen eingestellt und alle sehr jung. Es bildete sich schnell eine verschworene Gemeinschaft und die Firma florierte. Arbeitszeit war kein Thema, teilweise übernachtete man in der Firma. Man war stolz darauf, Privat- und Berufsleben so lebendig integrieren zu können.*
>
> *Als die ersten Mitglieder die Dreißig überschritten und eine Familie gründeten, traten die ersten Konflikte auf. Plötzlich war es notwendig geworden, „Feierabend" zu machen. Die Gruppennorm „Zeit spielt keine Rolle" oder „Wir sind grenzenlos" war nicht mehr für alle passend. Die erste Tendenz durch das Team allerdings war es, diejenigen zu bestrafen, die die Norm brachen. Der Konflikt trat erst dann deutlich zutage, als ein paar qualifizierte Mitarbeiter die Firma verlassen hatten und der Geschäftsführer sich Sorgen um die Abwanderung guter Leute machte.*

Normenkonflikte werden oft auch Wertekonflikte genannt. Warum z.B. Kollegen plötzlich bekämpft oder ausgestoßen werden (siehe auch Mobbing Teil A, Kap. 2.4.4), ist oft nicht unmittelbar einsichtig und kaum auf der rationalen Ebene erklärbar. Wird der dahinter liegende Wert, die der Gruppe innewohnende Philosophie nicht deutlich, kommt es oft zum Stillstand, zur Pattsituation, in der verschiedene Bewertungen bzw. Beurteilungen der gleichen Situation aufeinander prallen (vgl. Bewertungskonflikte Teil A, Kap. 1.3.2).

hinter Konflikten liegende Werte transparent machen

Auch dann kommt es zu Konflikten, wenn Normen der Gruppen anders sind als Normen des Gesamtsystems.

In der Informatikabteilung eines Großunternehmens herrschte die inoffizielle Norm „Es wird solange gearbeitet, bis die Arbeit fertig ist." Das führte dazu, dass Mitarbeiter lange arbeiteten, aber dann auch mehr Erholungszeit beanspruchten. Das starre Arbeitszeitsystem der Gesamtorganisation ließ dies jedoch nicht zu. So kam es wiederholt zu Auffälligkeiten, z.B. dass Mitarbeiter über Nacht im Büro blieben und die „Gehen"- Stechuhr nicht bedienten mit der Folge, dass sie am nächsten Tag eine Fehlermeldung bekamen. Das Unternehmensgesetz wurde erheblich verletzt und führte zur Abmahnung, als Mitarbeiter dabei erwischt wurden, wie sie sich nach langer Arbeitszeit einen freien Tag erschlichen, indem sie einen Kollegen die Stechuhr bedienen ließen.

Normenkonflikte drücken sich auch in Form von „Clankonflikten" (Schwarz 1997) oder Stammesfehden aus. Da kommt jemand aus einem anderen „Clan" in das Team, und die mitgebrachten Unterschiede werden bedeutsam. Schwarz vergleicht die Zugehörigkeit zu unterschiedlichen professionellen Gruppen in ihrer kulturellen Zugehörigkeit zu bestimmten Wertesystemen mit dem „Schwiegermutterphänomen": Hier stoßen zwei Normensysteme aufeinander, die sich gegeneinander durchsetzen wollen. So wird dann der Kaufmann unter Ingenieuren oder der Wissenschaftler unter Vertriebsmitarbeitern als Fremdkörper empfunden. Ähnliches passiert mit einer Führungskraft, die aus einer anderen Abteilung oder gar anderen Firma stammt. Da kommt jemand nicht aus den eigenen Reihen und misstrauisch wird ihm unterstellt, dass er die Materie nicht wirklich verstehen kann.

„Clankonflikte" und Stammesfehden

Im Rahmen des Kampfes um die Verteilung von Rollen, Aufgaben, Kompetenzen und Ressourcen geht es auch darum, dass Mitglieder ihren Platz in der Gruppe finden. Kriterien wie Kompetenz, Macht oder Seniorität spielen hier eine Rolle. Der Platz wird ausgedrückt durch Statussymbole. In den meisten Unternehmen ist den Mitgliedern nach einer Weile der Zugehörigkeit auch ohne offizielle Titel klar, wer welchen Rang hat. Klassischerweise bestehen die Insignien der Macht in Zeichen wie Territorium („Wer hat das größte Zimmer?"), Befugnissen (z.B. Unterschriftsvollmachten) oder Besitztümern (Größe des Dienstwagens, Anzahl der „Spielzeuge" wie Note Book, Handy, Palm ..., Anzahl der Mitarbeiter etc.).

Der Rang eines Gruppenmitglieds drückt sich durch Statussymbole aus

Zu Konflikten kommt es nicht nur, wenn innerhalb der Gruppe der Status ausgehandelt wird, sondern auch, wenn übergreifende Regelungen und Erfordernisse sich ändern, z.B. Umzüge stattfinden, sog. „geldwerte Vorteile" abgeschafft werden etc. Wenn jemand seinen „Rang" verliert, verliert er häufig für die Gruppe das Ansehen, das Gesicht.

Gegen eine männliche Führungskraft wurde intrigiert, weil sie ihre Sekretärin geheiratet und damit gegen informelle Gruppennormen verstoßen hatte. Letzlich führte das zu einer Degradierung. Die Führungskraft arbeitete jetzt in einem Projekt mit. Nicht nur fiel ihr selbst schwer, „zurück ins Glied" zu gehen, sondern sie hatte auch erhebliche Probleme mit der Selbstmotivation. Auch gegenüber den anderen Mitgliedern war es, als sei sie nicht einer unter Gleichen, sondern jetzt auf den letzten Platz in der Gruppe verstoßen.

3.1.3 Führungskonflikte

Führungskonflikte sind in zwei Richtungen zu verstehen: Zum einen als Konflikte, die zwischen der Gruppe und ihrer Führungskraft auftreten und zum anderen als Konflikte, die eine Führungskraft im Unternehmen hat (vgl. strukturelle Konflikte in Kap. 4.1). Die Reibung zwischen Führung und Gruppe ist eines der zentralen Themen in Gruppen.

Bedingungen, unter denen Führungskonflikte auftreten

Erfahrungsgemäß treten solche Führungskonflikte hauptsächlich unter folgenden Bedingungen auf.

Es gibt keine offizielle Führung in der Gruppe

Beispielsweise bestand bei selbstorganisierten Gruppen lange Zeit der Mythos, dass alle Mitglieder gleichberechtigt sind. Die Gruppe sucht sich dann selbst ihren Führer, was zu Konflikten verschiedener Art führen kann (z.B. bleibt Führung unklar, weil die Position offiziell nicht besetzt wird, es flackert immer wieder Konkurrenz um die Führung auf oder der gewählte Führer ist der Unternehmensleitung nicht genehm).

„Flache Strukturen" schaffen nicht notwendig eine reibungsarme Arbeitsatmosphäre

Ähnliches ist auch der Fall, wenn Unternehmen versuchen Hierarchie abzuschaffen. Hierarchie kommt aus dem Griechischen und bedeutet „Die heilige Ordnung" (Schwarz 1985). Wird Hierarchie unter dem Motto „Verflachung der Strukturen" von jetzt auf gleich abgeschafft, so besteht der Konflikt meistens darin, dass sie einfach heimlich weiterbesteht.

In einem Unternehmen, in dem alle Führungsebenen eliminiert wurden, sollte ich eine Teamentwicklung durchführen. Im Rahmen der Auftragsklärung saßen mir fünf (!!!) Leiter gegenüber, die den Anspruch hatten, dieses spezielle Team weiterzuentwickeln. Es entstand eine ziemlich konfuse Situation, bis geklärt werden konnte, wer denn was mit dem Team zu tun hatte, wer die Maßnahme bezahlen würde, für wen die Entwicklungen welche Effekte haben sollten etc.

Die Beziehung zum Führer wird ausgehandelt

Dies ist immer dann der Fall, wenn Gruppen, die Leitung, einzelne Mitglieder oder Aufgaben und Kompetenzen neu sind. Der heftigste Führungskonflikt entsteht, wenn die Führungskraft in den Augen einer bedeutenden Anzahl der Teammitglieder nicht kompetent ist, die Gruppe zu führen. Entweder macht ein „starkes" Gruppenmitglied ihr den Platz streitig, oder die Gruppe verweigert die Mitarbeit. Dies führt unmittelbar zum nächsten Punkt.

Diskrepanzen zwischen offiziellen und informellen Führern

Man unterscheidet in Gruppen zwei Führungsfunktionen: Die Sach- oder Aufgabenfunktion und die Gruppen-, Beziehungs- oder Prozessfunktion. Ist z.B. die offizielle Führungskraft sehr sachorientiert, so kann es sein, dass die Gruppe sich um eine andere Person, auch im privaten Bereich, schart. Greift die Führungskraft diese Funktion nicht als Information über einen Mangel auf, sondern geht ausschließlich auf Sachthemen ein, führt das zu Unmut in der Gruppe.

Unterschiede zwischen der Entwicklungsstufe der Gruppe und der des Leiters

Bezogen auf die Stufen der Autonomieentwicklung (Teil A, Kap. 1.3.5) kann es sein, dass Führungskraft und Gruppenmitglieder sich in unterschiedlichen Reifephasen befinden.

Führungskraft und Gruppenmitglieder befinden sich in unterschiedlichen Reifephasen

Eine neue Führungskraft kommt in eine Gruppe. Nach kurzer Zeit kommt es zum Eklat. Bei einer Teamanalyse stellt sich heraus, dass die Mitarbeiter gewohnt waren, sehr selbstständig zu arbeiten und im Sinne einer gut integrierten Gruppe die Stufe der „wechselseitigen Abhängigkeit" erreicht hatten. Die neue Führungskraft kannte die Mitglieder noch nicht und hatte versucht, durch klare Absprachen, Anweisungen und Rückfragen Kontakt aufzunehmen und auch, sich selbst ein Bild über die für sie neue Tätigkeit zu machen. Die Mitarbeiter fühlten sich dadurch „gegängelt" und fielen zurück auf die Stufe 2 („Gegenabhängigkeit"). Systemisch gesehen kamen sie damit der Führungskraft entgegen, die auf Stufe 1 („Abhängigkeit") ansetzte.

3.2 Konfliktprävention in Gruppen

Konflikte in Gruppen und Teams sind oft ein Symptom für anstehende oder wirksame Veränderungen. Oft ist es deshalb gar nicht so sinnvoll, sie völlig vermeiden zu wollen. Es kann jedoch Konflikten vorgebeugt werden, die aufgrund inadäquater Führung entstehen oder deshalb, weil das Team nicht gepflegt oder den Herausforderungen entsprechend entwickelt wird.

3.2.1 Wirksam führen

Es gibt viele Theorien über Führung, Führungsstile, Führungsaufgaben und Führungskompetenz. Die geläufigste Unterscheidung wird getroffen zwischen autoritärem (Zwang und Gehorsam), patriarchalischem (väterlich wohlwollend bis strafend), Laissez-faire (Gleichheit, laufen lassen) und kooperativem Führungsstil (Integration von Sachzielen und Mitarbeiterbedürfnissen). Diese Führungsstile werden je nach Situation, Persönlichkeit und Erfahrung der Führungskraft und Unternehmensentwicklung angewandt (siehe z.B. Oppermann-Weber 2001).

Hochgehalten wird dabei traditionell der kooperative Führungsstil. Bücher und Schulungen widmen sich dem Thema, wie der ideale Manager aussehen sollte. Ein Ergebnis ist z.B. „*unternehmerisch denkend, teambildend, kommunikativ, visionär, international ausgerichtet, ökologisch orientiert, integer, charismatisch, multikulturell und intuitiv entscheidend ... kundenorientiert*" (Malik 2001, S. 16).

Die Frage nach der idealen Führungskraft stellt sich letztlich als Irrtum heraus, denn das damit beschriebene Universalgenie („*eine Kreuzung aus antikem Feldherrn, einem Nobelpreisträger für Physik und einem Fernseh-Showmaster*", Malik 2001, S. 17) lässt sich in der realen Welt kaum finden und führt nicht zu effektivem Führungsverhalten. Neuere Ansätze der Führung stellen demzufolge auch althergebrachte, oft nur theoretisch sinnvolle Führungsinstrumente infrage (am stärksten siehe Sprenger 2000) und regen dazu an, Führung komplett neu zu überdenken. Dennoch bleiben auch gute Ratgeber das Ergebnis von Erfahrung, Schlussfolgerungen und Intuition.

Ein Anhaltspunkt für wirksame Führung findet sich bei Goleman (2000). In einer breit angelegten Untersuchung von 3.871 oberen Führungskräften, die aus einer Gruppe von 20.000 weltweit ausgewählt wurden, konnte die Beratungsfirma Hay/McBer (nach Goleman 2000, S. 79) dem Mythos des erfolgreichen Führers auf den Grund gehen. Die Studie bestätigt viel von den bisher intuitiven Annahmen über erfolgreiche Führung.

Es wurden sechs Führungsstile gefunden, die auf unterschiedlichen Quellen emotionaler Intelligenz beruhen. Über messbare Größen des Betriebsklimas, deren Korrelation mit finanziellen Messgrößen nachgewiesen werden konnte, wurde ein Zusammenhang zu den Führungsstilen hergestellt. Führungskräfte, die das Betriebsklima positiv beeinflussten, hatten signifikant bessere finanzielle Ergebnisse.

Ein wesentliches Ergebnis der Studie ist, dass nicht ein bestimmter Stil, sondern *das situationsgerechte und flexible Anwenden verschiedener Stile den erfolgreichen Führer ausmacht.* Bestätigt wird auch durch die Ergebnisse, dass die emotionale Intelligenz von Menschen für ihren Erfolg wichtiger ist als ihr Intelligenzquotient (Goleman 1995, 2002). *Emotionale Intelligenz* umfasst Fähigkeiten wie sie in Teil C, Kap. 3.1 dargestellt sind. Insbesondere für Führungskräfte ist die Fähigkeit zentral, sowohl mit sich selbst als auch mit anderen Menschen eine gute Beziehung zu unterhalten.

Die ausgewiesenen Führungsstile (siehe auch Checkliste 18) werden den erfahrenen Praktiker nicht überraschen. Genannt werden hier *sechs Führungsstile*:

1. **Charismatische Führungskräfte,** die Menschen in Richtung auf eine Vision bewegen (engl. „Visionary", „Authoritative").
2. **Beziehungsorientierte Führungskräfte,** die eine emotionale Verbindung und Harmonie erschaffen (engl. „Affiliative").

3. **Demokratische Führungskräfte,** die Konsens durch Beteiligung erzielen (engl. „Democratic").
4. **Beratende Führungskräfte,** die die Menschen für die Zukunft weiterentwickeln (engl. „Coaching").
5. **Richtungsgebende Führungskräfte,** die Exzellenz und Selbststeuerung erwarten (engl. „Pacesetting").
6. **Befehlende Führungskräfte,** die unmittelbare Gefolgschaft verlangen (engl. „Coercive", „Demanding").

In Bezug auf die Führungsstile ist untersucht worden, welchen Einfluss sie auf das Betriebsklima haben. Dies wird ausgedrückt durch eine positive oder negative Korrelationsziffer (Checkliste 18, Spalte 3, Sortierung in absteigender Reihenfolge). Dabei hat der charismatische Stil mit einer Korrelation von 54 einen sehr positiven und der befehlende Stil einen negativen Einfluss (- 26) auf das Betriebsklima und den Unternehmenserfolg.

Einfluss der Führungsstile auf das Betriebsklima

Goleman (2000) führt den relativ geringen positiven Einfluss des Coaching-Stils (Nr. 4) darauf zurückführt, dass er noch so selten angewandt wird und misst ihm für die Zukunft im Rahmen der lernenden Organisation steigende Bedeutung bei, was durch neuere Studien bestätigt wird (Goleman 2002).

Checkliste 18: Führungsstile und Wirksamkeit				
Stil	Kennzeichen	Einfluss		Wann passend?
		auf - Betriebsklima	über Führungsverhalten	
Charismatisch „Leader"	• Enthusiastisch • Mission • Menschen zu Visionen führen • Commitment	.54 sehr positiv	Menschen in Richtung gemeinsamer Träume bewegen	Wenn Veränderungen eine klare Ausrichtung verlangen
Beziehungsorientiert „Freund"	• Emotionale Bindung • Networking	.46 meistens positiv	Teams zusammenschweißen und Harmonie schaffen	Zersplitterte Teams zusammenbringen, Verbindungen stärken, motivieren in Stresszeiten
Demokratisch „Moderator"	• Alle Meinungen erfragen • Gemeinsamkeit • Ideensuche	.43 positiv	Beiträge würdigen und Commitment durch Beteiligung erzielen	Zur Einbeziehung und Konsensbildung, um Beiträge von Mitarbeitern zu erhalten
Beratend „Coach"	• Fördern und fordern • Entwickeln • Delegieren	.42 fast immer positiv	Persönliche und organisatorische Ziele verbinden	Marktwert des Mitarbeiters mit langfristiger Qualifikation erhöhen

Richtungs-gebend "Vorreiter"	• Selbst der beste Mann/Frau • „Chefarzt" • Hohe Standards	−.25 negativ	Herausfordernde und aufregende Ziele setzen	Wenn Best-Ergebnisse von einem hoch motivierten und kompetenten Team vorliegen
Befehlend "General"	• Auf Anpassung orientiert • Umsatzorientiert • Klare Entscheidungen	−.26 negativ	Ängste in Notfällen durch eine klare Richtung auffangen	In Krisen, um eine schwer wiegende Veränderung anzustoßen oder bei Problem-Mitarbeitern

unterschiedliche Auswirkungen auf Entstehung und Verlauf von Konflikten

Die jeweils zum Einsatz kommenden verschiedenen Führungsstile haben auch sehr unterschiedliche Auswirkungen auf die Entstehung und den Verlauf von Konflikten.

Übung: *Stellen Sie sich für jeden Führungsstil eine Führungskraft vor, die Sie kennen und bei der dieser Stil dominant ist. Lassen Sie diesen Menschen in seinem Arbeitskontext vor Ihrem inneren Auge in persona aufziehen. Beschreiben Sie anschließend die jeweiligen Auswirkungen auf Zusammenarbeit, Führung und Konflikte.*

Da kaum jemand nur einen einzigen Führungsstil präferiert, ist eine andere Möglichkeit, die verschiedenen Führungsstile, die jemand einsetzt, in Form eines Tortendiagramms darzustellen und zu gewichten.

In Befragungen und Gesprächen mit Führungskräften habe ich verschiedene Auswirkungen der Führungsstile auf Konflikte ausmachen können.

Checkliste 19: Führungsstile und Konflikverlauf

Führungsstil	Konfliktwahr-scheinlichkeit	Einflussgrößen auf Konflikte
Charismatisch „Leader"	↘	Gemeinsames Interesse, Ziele, Vision, Ausrichtung, Begeisterung
Beziehungs-orientiert „Freund"	↘ ↗	Gute Beziehung, offene Aussprache, Feedback-Kultur Scheinharmonie, verdeckte Konflikte und Gruppendynamik
Demokratisch „Moderator"	↘ ↗	Schlichten, Einbeziehung, Beteiligung Orientierung, Ziele und Ausrichtung fehlen, Unsicherheit, Gerüchteküche
Beratend „Coach"	↗	Konflikte als Chance, aktiv herbeigeführte Auseinandersetzung, Reibung erzeugt Energie

Richtungsgebend „Vorreiter"	↗	Misstrauenskultur, Neid, Menschen und Beziehungen werden vernachlässigt
Befehlend „General"	↗	Zwang, Druck, unterschwellige Konflikte, Feindschaft, Konkurrenz, langfristige Schädigung, Krieg

3.2.2 Metakommunikation und Führungsfeedback

Ein wesentlicher Faktor für die Konfliktprävention ist es, rechtzeitig über mögliche Problemfelder zu sprechen und die Art und Weise zum Gesprächsthema zu machen, in der Menschen ihren Umgang miteinander thematisieren. In der Psychologie wird das **Metakommunikation** genannt (vgl. Schulz von Thun 1981): Die Beteiligten entziehen sich dem „Schlachtgetümmel", nehmen Abstand und reflektieren wie ein „Feldherr" über den Fortgang des Geschehens (vgl. Teil C, Kap. 3.2.5). Sie tun das, indem sie zunächst jeder für sich Abstand nehmen und anschließend darüber sprechen, wie sie den Umgang miteinander erleben.

rechtzeitig über mögliche Problemfelder sprechen und den Umgang miteinander thematisieren

Diese Fähigkeit, eine dritte, unabhängige Position einzunehmen, das Geschehen aus einer Vogelperspektive zu betrachten, und ähnlich wie bei der vorbeugenden Wartung eines Autos präventiv die Beziehung zu überprüfen, ist zentral nicht nur für die Prävention, sondern auch die Bewältigung von Konflikten – dort ist diese Fähigkeit auch im Sinne einer Win-Win-Einstellung notwendig, um wirklich eine innere Motivation für kreative Entwürfe und das Erfinden neuartiger Lösungen zu erhalten (vgl. Teil C, Kap. 1.3).

Fähigkeit, eine dritte, unabhängige Position einzunehmen

Viele Unternehmen führen deshalb systematisch ein Führungsfeedback durch, in dem einerseits der Mitarbeiter die Möglichkeit hat, seine Wahrnehmungen, Wünsche und Erwartungen mitzuteilen und andererseits die Führungskraft wertvolle Aufschlüsse über ihre Wirkung und Wirksamkeit erhält. Die in der hierarchischen Unternehmensstruktur überwiegende Abwärtsbeurteilung des Mitarbeiters durch den Vorgesetzten wird in der partizipativen Führungskultur so durch die Aufwärtsbeurteilung ergänzt. Früher eher ein Tabu, gehört das Feedback an den Vorgesetzen heute in der Großindustrie zum guten Ton (siehe Hofmann et al.1995).

systematisches Führungs-Feedback in vielen Unternehmen

partizipative Führungskultur

Die Begriffe variieren von „Vorgesetztenbeurteilung" und „Führungsfeedback" bis hin zum „Führungsdialog", worin auch eine andere Haltung zum Vorschein kommt: Es geht mehr und mehr um den Austausch, die Beziehungspflege, die offene Beziehung zwischen Führungskraft und Mitarbeiter, so wie die rein hierarchische Beziehung zurücktritt zugunsten einer teamorientierten Führung in Organisationen, in denen der Wandel oft so rasch stattfindet, dass „Kästchen" im Organigramm nur von kurzer Dauer sind. Die Weiterentwicklung von Feedback-Instrumenten, derzeit State of the art, ist inzwischen das sog. 360-Grad-Feedback (siehe auch Kap. 4.4.3).

offene Beziehung zwischen Führungskraft und Mitarbeiter

Auch in Firmen, in denen es kein institutionalisiertes Feedback-Instrument gibt, sollten Sie als Führungskraft aktiv die Mitarbeiter nach ihrer Meinung fragen. Nicht nur fachlich, sondern auch mit Fragen wie:

> **Fragen Sie als Führungskraft Ihre Mitarbeiter aktiv nach Ihrer Meinung**
> - Wie erleben Sie die Zusammenarbeit mit mir?
> - Welche Erwartungen haben Sie an mich als Ihre Führungskraft (in Bezug auf Feedback, Anerkennung, Führung, Konfliktlösung, Organisation, Planung, Kontrolle, Förderung ...)?
> - Was gefällt Ihnen, was nicht?
> - Welche Empfehlungen möchten Sie mir geben?
> - Wie fühlen Sie sich hier in dieser Gruppe/Abteilung?
> - Wie erleben Sie das Klima und welche Ideen haben Sie zur Verbesserung?

In einer offenen Feedback-Kultur können viele Konflikte schon im Ansatz erkannt werden

Wenn Sie sich Zeit nehmen und Interesse für die Antworten zeigen, können Sie im Sinne einer offenen Feedback-Kultur viele Konflikte schon im Ansatz erkennen und vermeiden oder frühzeitig anpacken. Wenn Ihre Mitarbeiter diese Fragen nicht gewöhnt sind, kann es jedoch sein, dass Sie zunächst keine Antwort erhalten. Haben Sie Geduld und lassen Sie ihnen Zeit, fragen Sie noch mal nach. Erst wenn Feedback Teil Ihres Führungsstils wird, wird man Ihnen glauben und darauf eingehen.

3.2.3 Teamentwicklung

Der Aufbau einer effektiven Teamarbeit wird im Rahmen des schnellen wirtschaftlichen Wandels immer wichtiger. Da an die Stelle klassischer hierarchischer Verankerungen mehr und mehr team- bzw. projektorientierte Vernetzungen treten, gewinnen Teamfähigkeiten an Bedeutung. Im Sinne der Konfliktprävention steht – wie schon in Kapitel 3.1 erläutert – eine teamorientierte Führung an erster Stelle. Darüber hinaus schulen Firmen Mitarbeiter in offenen und abteilungsinternen Workshops in prozessorientierter Vorgehensweise und persönlichen Teamfähigkeiten.

Teamorientierte Führung dient der Konfliktprävention

Ein regelmäßiger Teamcheck zur Überprüfung des Teamklimas, der Zusammenarbeit und effektiven Rollenverteilung bewirkt mittelfristig eine positive Team- und Konfliktkultur. Zur Teamanalyse existieren zahlreiche Checklisten und Analyseinstrumente (zur Übersicht siehe Kauffeld 2001), die entweder die eigene Rolle (Belbin-Test), persönliche Präferenzen oder Fähigkeiten der Mitglieder (MBTI, Teamrad) betonen, sowie Indikatoren für Problemsituationen im Team (Kälin u. Müri 1996) oder andere Instrumente zur Klimaanalyse bieten.

Zusammenfassend sind bei der Teamentwicklung harte und weiche Faktoren zu beachten (Checkliste 20 nach Haug 1994). Wenn es sich nicht um präventive Maßnahmen oder Konfliktbereinigungen in einem frühen Stadium handelt, ist es in der Regel sinnvoll, einen externen Moderator oder Berater mit einzubeziehen.

Checkliste 20: Harte und weiche Teamfaktoren

Harte Teamfaktoren	Weiche Teamfaktoren
• Kennen alle die Ziele und identifizieren sich damit?	• Teilen die Mitglieder eine faszinierende Vision?
• Wird das Team zur Selbstständigkeit geführt?	• Wird offen informiert und kommuniziert?
• Werden effiziente Planungs-, Steuerungs- und Besprechungs-Tools eingesetzt?	• Gibt es Metakommunikation und gegenseitiges persönliches und ProzessFeedback?
• Gibt es eine klare, stimmige Aufgabenverteilung und Regelungen für Abweichungen?	• Werden Konflikte und Probleme offen angesprochen?
• Sind Entscheidungskompetenzen eindeutig vereinbart?	• Gilt das Motto „Einer für alle, alle für einen"?
• Ist die Funktion und Bedeutung der Teamarbeit im Unternehmen verankert?	• Besteht ein kooperativer, motivierender Wettbewerbsgeist?

Die zentrale Fähigkeit eines Teams ist die Fähigkeit zur Metakommunikation oder auch die Fähigkeit zur Reflexion über Prozesse (Prozesskompetenz). Wer über sich selbst und sein Funktionieren nachdenken kann, kann Muster eher verändern und ist lernfähiger.

Prozesskompetenz als Fähigkeit zur Reflexion über Prozesse

Checkliste 21: Prozesskompetenz und Metakommunikation in Arbeitsgruppen

- Fühlen sich die Mitglieder in diesem Team frei, die eigene Meinung vorzubringen?
- Hören die anderen aufmerksam zu, wenn einer spricht?
- Haben hier alle die für das Thema wichtigen Informationen?
- Sind bei uns alle Mitglieder gleich engagiert?
- Kommt aus unseren Gesprächen etwas Konstruktives heraus?
- Werden Beiträge erst einmal positiv gewürdigt, bevor konstruktive Kritik geübt wird?
- Tragen wir inhaltliche Differenzen offen aus?
- Fühlen sich alle von allen akzeptiert?
- Geben sich die Mitglieder offenes Feedback, sodass jeder weiß, was die anderen von ihm halten?

- Werden auch persönliche Spannungen offen angesprochen?
- Sprechen die Mitglieder des Teams oft darüber, was gut läuft, was weniger gut?
- Können gegensätzliche Auffassungen und Verhaltensweisen zugelassen werden?
- Stehen alle dahinter, wenn etwas beschlossen wurde?
- Besteht regelmäßig Möglichkeit zu einer Prozessreflexion über die genannten Themen und natürlich auch über „harte Faktoren"?
- Wird aus Fehlern gelernt?

3.2.4 Überblick: Konfliktprävention in Gruppen

Wie in diesem Kapitel aufgezeigt, geht es bei der Begegnung zwischen Menschen darum, Beziehungen zu gestalten und zu pflegen und sich anbahnende Konfliktbereiche rechtzeitig zu erkennen und anzusprechen. Checkliste 22 gibt Ihnen einen Überblick, wo Sie ansetzen können, wenn Sie geschäftliche Beziehungen in der Diade, Triade oder in Teams positiv gestalten wollen. Dabei beinhalten die Methoden der jeweils nachfolgenden größeren Gruppe die der vorhergehenden.

Checkliste 22: Konfliktprävention in Arbeitsgruppen und Teams

- Machen Sie das eigene und fremde Bild von der Gruppe transparent (Gruppenimago).
- Sorgen Sie dafür, dass Freiräume zur Teamentwicklung bestehen, insbesondere in Stresszeiten, z.B. Umstrukturierungen.
- Sorgen Sie für verbindliche klare und geteilte Ziele.
- Vermeiden Sie strukturelle Unklarheiten, klären Sie Rollen, Kompetenzen und Spielregeln zur Zusammenarbeit.
- Führen Sie situativ und wirksam.
- Sorgen Sie für regelmäßige Prozessreflexion und individuelles und Gruppen-Feedback.

4 Systemkonflikte

In größeren Zusammenschlüssen von mehreren Gruppen, in sozialen Systemen, Organisationen bzw. Unternehmen zu arbeiten ist für Menschen nicht naturgegeben. Von seiner ontogenetischen Entwicklung her ist der Mensch gewöhnt, in Gruppen, Horden, Clans oder Stämmen zu leben. Hier gelten die Regeln der bisher aufgeführten Konflikte bis zur Gruppengröße. Bei Systemen aus mehreren Gruppen, Abteilungen und mit verschiedenen überpersonalen Organisationsprinzipien gelten dagegen andere Gesetze.

In Organisationen gelten andere Regeln als in Gruppen

Ein grundlegender Systemkonflikt ist der Widerspruch zwischen Individuum, Gruppe und Organisation. Einzelne Gruppen haben sich in der Menschheitsgeschichte immer dann zu größeren Organisationen zusammengeschlossen, wenn sie sich gegen einen Außenangriff verteidigen mussten. Schwarz (1997) erläutert anschaulich, wie sich an zentralen Orten Tauschzentren bildeten, an denen die Stämme ihre Produkte austauschten und von dort aus die erstandenen Waren wieder an den Ort des sesshaften Stammes brachten. Sobald diese Zentren eine gewisse Größe erreichten, wurden sie eine interessante Beute für Jäger und Nomaden. Dieses Problem wurde dadurch gelöst, dass in den Zentren Militär aufgestellt wurde, für das die dezentralen Stämme Tribut leisteten. Dadurch entstand Hierarchie – eine Macht, mit der auch nicht kooperationswillige Gruppen zur Koordination gezwungen wurden.

Der Widerspruch zwischen Individuum, Gruppe und Organisation ist ein grundlegender Systemkonflikt

Im Laufe ihrer Entwicklung müssen Organisationen auch heute noch bestimmte Spannungspole verarbeiten, die aus dem genannten Widerspruch aus Individuum, Gruppe und Organisation resultieren. Ein grundlegendes Spannungsfeld im Laufe der Unternehmensentwicklung ist das zwischen den „harten" und „weichen" Faktoren von Struktur und Kultur, die sich verhalten wie zwei Seiten einer Medaille (siehe auch das Change-Portfolio in Teil C, Kap. 3.4.1). Oft tritt die eine Seite in den Hintergrund und es ist wichtig, sich die Interdependenzen der beiden Dimension in ihrer Beeinflussung der Organisation vor Augen zu führen.

Spannungsfeld von Struktur und Kultur

Inzwischen gibt es viele Beschreibungen von Unternehmenslebenszyklen (siehe z.B. Glasl 1990, Schein 1995), von denen hier drei beschrieben werden sollten, die relativ generell zu beobachten sind: Pionierphase, Formalisierungsphase, Integrationsphase.

Phasen von Unternehmenslebenszyklen

- **Pionierphase:** Die Gründerphase ist gekennzeichnet durch ein Vorherrschen der Systemlogik „Familie" – durch direkte Kommunikation und Führung. Die Person des Unternehmensgründers hat großen Einfluss auf die Unternehmenskultur. Wenn sich die Organisation vergrößert, werden die Abläufe komplexer und die Anonymität der Beziehungen nimmt zu. Die ursprüngliche unformalisierte Steuerung des Unternehmens ist nicht mehr möglich, was zu Konflikten führt.

direkte Kommunikation und Führung

- **Formalisierungsphase:** Ein höherer Grad an Formalisierung durch Regelwerke wie Hierarchie, Aufgaben-, Stellen oder Kompetenzbeschreibungen wird notwendig. Oft führt das zu einer zu hohen Normdichte. Wenn das Unternehmen dann in Regelwerken zu ersticken droht, kommt es zu einer sehr konfliktreichen Phase. Beobachtbar sind einerseits erhöhte Konflikte zwischen Gruppen und andererseits Machtkonflikte zwischen einzelnen Gruppen und der Organisation.

Ein höherer Grad an Formalisierung führt oft zu einer hohen Normdichte

- **Integrationsphase:** Oft wird versucht, diese Konflikte mit grundlegenden Reorganisationen zu lösen. Beispielsweise wird die Zentrale aufgelöst und die Organisation in autonome Subeinheiten unterteilt. Auf diese Dezentralisierungsbemühungen folgen in der Regel jedoch auch wieder Zentralisierungsbestrebungen. In der weiteren Entwicklung wird deutlich, dass das Unternehmen gewisse Zyklen auf einem anderen Niveau wiederholt und es nicht um „Endlösungen" geht, sondern darum, situationsadäquate Antworten in verschiedenen organisationsimmanenten Spannungsfeldern zu finden. Es wird deutlich, dass diese Gegensätze nicht abzustellen, sondern „Dauerbrenner" sind, die es auszubalancieren gilt.

Auf Dezentralisierungsbemühungen folgen immer wieder Zentralisierungsbestrebungen

Für das Verständnis von Konflikten ist es oft entlastend für die Beteiligten festzustellen, dass Konflikte nicht persönlichen Motiven entspringen, sondern gehäuft in bestimmten Unternehmensphasen stattfinden. Auch bietet eine solche Betrachtung Ansatzpunkte für die Konfliktbewältigung auf der Organisationsebene.

In bestimmten Unternehmensphasen häufen sich Konflikte

In diesem Kapitel werden sowohl die „harten" Faktoren, nämliche typische strukturelle Konflikte, als auch die „weichen" Elemente in Form von kulturellen und interkulturellen Konflikten behandelt, die im Entwicklungsprozess der Organisation auftauchen sowie daraus abgeleitet wesentliche Präventionsstrategien.

4.1 Strukturelle Konflikte

Im Spannungsfeld Mensch und Organisation treten im Laufe der Unternehmensentwicklung wiederkehrende Konfliktmuster auf, die als strukturelle Unterschiede bzw. Gegensätze beschrieben werden können. Ohne den Anspruch auf Vollständigkeit zu erheben, seien hier einige genannt: Gruppe gegen Gruppe, Zentrale gegen Dezentrale, Projekt gegen Linie, Mitarbeitervertretung gegen Unternehmensvertretung, informelle gegen formale Strukturen etc.

in strukturellen Gegensätzen begündete wiederkehrenden Konfliktmuster

4.1.1 Gruppe – Gruppe

Gruppen sind in sich geschlossene Systeme, die von sich aus freiwillig nicht miteinander kooperieren. Ein Gruppe hat alles, was ein Mensch für die Befriedigung seiner sozialen Bedürfnisse braucht (siehe auch „Grundbedürfnisse" in Teil A, Kap. 3.1.1). Der Mensch hat im Laufe seiner Entwicklungsgeschichte kein Bedürfnis nach Organisationen oder anderen gruppenübergreifenden Bedürfnissen entwickelt.

Gruppen sind in sich geschlossene Systeme

Der einzige Anknüpfungspunkt aus personeller Sicht ist hier das Bedürfnis nach Selbstverwirklichung, das eine Vision nach dem übergreifenden Ganzen, dem Sinn beinhalten kann, ein fast religiöses Bedürfnis der Rückbindung an Ursprünge.

Es ist deshalb nur natürlich, dass Gruppen zunächst miteinander konkurrieren, ein Phänomen, das auch **Abteilungsegoismus** genannt wird. Man versucht diesen Abteilungsegoismus durch Entwicklung gemeinsamer Visionen, Transparenz von Prozessketten oder Großgruppen-Events zu überwinden. Dennoch besteht auch von der Aufgabenverteilung her ein wichtiger Interessengegensatz zwischen den Gruppen einer Organisation. Sei es, dass gleichartige Gruppen um das beste Ergebnis wetteifern, wie z.B. die Konkurrenz zwischen verschiedenen Vertriebsabteilungen, sei es, dass funktional unterschiedliche Bereiche ihre Interessen vertreten, z.B. Interessenkonflikte zwischen Produktion und Instandhaltung (die Produktion will in erster Linie wenig Reparaturkosten und keine Stillstandzeiten, die Instandhaltung will Sicherheits- und Qualitätsstandards einhalten) oder zwischen Logistik und Vertrieb oder anderen Funktionsbereichen.

Abteilungsegoismus

Interessengegensatz zwischen den Gruppen einer Organisation

Schütz (2003) beschreibt anschaulich „Grabenkriege im Management" und zeigt auf, wie durch unterschiedliche Wahrnehmungen, Ziele und Ressourcenkonflikte Barrieren oder so genannte „Sollbruchstellen" zwischen den Abteilungen entstehen.

Jeder Abteilungsegoismus hat zunächst scheinbar seinen Sinn, denn er fördert die Leistungserbringung in der Abteilung. Insbesondere im Projektmanagement und in der Ausrichtung auf den Kunden besteht jedoch die Herausforderung darin, die Kooperation zwischen den Abteilungen zu fördern. Hierbei geht es darum, den Tunnelblick der eigenen Ziele und Interessen um die Perspektive für das Ganze zu erweitern.

4.1.2 Zentrale – Dezentrale

Ein sich spiralförmig wiederholender Veränderungszyklus ist das Pendeln zwischen zentralen und dezentralen Organisationsformen. Das Zentralisierungsprinzip besteht in der Vereinheitlichung und Koordination verschiedener Gruppen, die alle Organisationen erleben, wenn sie eine bestimmte Größe erreicht haben. Die Zentrale versucht dann allgemein gültige Prinzipien abzuleiten, Gesamtstrategien zu entwickeln und Doppelarbeiten zu vermeiden. Nicht nur rücken dann Rationalisierungsprogramme lieb gewonnenen Nischen zuleibe. Diese Überblicksfunktion geht langfristig auch auf Kosten von Spezial- und Tiefenwissen, das dann bei den dezentralen Funktionen steigt. Typischerweise hört man dann mehr und mehr Bemerkungen wie „Wasserkopf" oder der Vertrieb vor Ort wirft der Zentrale vor, Konzepte am Kunden vorbei zu entwickeln.

sich spiralförmig wiederholender Veränderungszyklus

Paradoxerweise verliert die Zentrale an Macht, je größer sie wird und sich dann wieder selbst koordinieren oder reduzieren muss. Ein weiterer Faktor der Machtreduktion erfolgt dadurch, dass, je länger Menschen in der Zentrale arbeiten, der operative Detailblick verloren geht. Irgendwann schlägt das Pendel dann wieder um in Richtung Dezentralisierung.

In einer Versicherung wurde der Vertrieb in der Vergangenheit zentralisiert, dann wieder dezentralisiert und nun war man wieder in der Phase der erneuten Zentralisierung angelangt, die man sich mit „weichem" Übergang vorstellte. Die Vertriebsteams waren disziplinarisch noch an der regionalen Geschäftsstelle aufgehängt und die fachliche Führung wurde dem zentralen Vertrieb übergeben. Als nun ein regionaler Vertriebsleiter einen Mitarbeiter, den der zentrale Vertriebsleiter als ungeeignet ansah, gegen dessen Willen im Vertrieb einsetzte, entstand ein Konflikt. Die Frage ist hier „Wer hat die Macht?" Strukturelle Unklarheit führt zu hohen Reibungsverlusten.

Eine Matrixorganisation soll dem Gegensatz zwischen Zentrale und Dezentrale begegnen

In Großunternehmen versucht man oft, den Gegensätzen zwischen Zentrale und Dezentrale durch eine Matrixorganisation zu begegnen, in der dann eine Vernetzung zwischen einer generalisierten Länder- bzw. Kundenverantwortung und gleichzeitiger Spezialisierung auf Funktionsbereiche, Produktgruppen etc. stattfindet. Doch auch hier kommt es durch die Erhöhung der Schnittstellen zu einem erhöhten Konfliktpotenzial.

4.1.3 Projekt – Linie

Eine andere Lösungsmöglichkeit besteht darin, eine projektorientierte Unternehmensstruktur einzuführen, in der Prozesse vom Kunden her definiert und die entsprechenden Funktionen untergeordnet werden. Typische Konflikte treten hier auf, wenn das Unternehmen eine starke Linienorganisation hat. Werden dann abteilungs- und hierarchieübergreifende Projektteams zusammengestellt, stoßen die Interessen der Funktionsträger auf die Prozessinteressen. In der Regel funktioniert eine solche Projektstruktur nur, wenn sie eine starke Lobby innerhalb der Linie hat.

In der Regel funktioniert eine Projektstruktur nur, wenn sie eine starke Lobby innerhalb der Linie hat

Typische Konflikte im Projekt

Typische Konflikte im Projekt beschreibt Tumuscheit (1999) in Form von Projektfallen, die er folgendermaßen bezeichnet:
- Die Optimismusfalle (je ehrgeiziger ein Projekt, desto blauäugiger die Beteiligten)
- Die Entscheidungsarthrose (Vertrödeln an oberster Stelle, keiner ist erreichbar)
- Der Tyrannosaurus-Effekt (Topmanager wollen eine Extrawurst)
- Die Sozialkompetenzfalle (der Störfaktor „Mensch" bringt sachorientierte Projektingenieure ins Schwimmen)
- Die Parkplatzfalle (die Linie „parkt" unbequeme oder inkompetente Mitarbeiter im Projekt)
- Die Fachexpertenfalle (der Projektleiter kann alles besser)
- Die Quertreiberfalle (Linienfürsten treiben quer, da das Tagesgeschäft Priorität hat)
- Die Werkzeugfalle (es werden teure Tools gekauft statt Probleme gelöst)
- Sinnlose Sitzungen („Ober sticht Unter")
- Die Ressourcenfalle (Projektauftrag ohne Ressourcen)

4.1.4 Mitarbeiter – Unternehmen

Lange Tradition hat die Hegelsche Dialektik zwischen Herr und Knecht. In seiner Phänomenologie des Geistes vertrat Hegel die These, dass durch Wissenszuwachs die Beherrschten an Macht gewinnen und dadurch eine Tendenz besteht, dass sich Machtverhältnisse umkehren. Marx hat das zum Anlass genommen, von einer Geschichte von Klassenkämpfen zu sprechen. Im Verlaufe des letzten Jahrhunderts ist dieser grundsätzliche Herrschaftskonflikt ritualisiert und institutionalisiert worden. Arbeits- oder Tarifvertragskonflikte werden in formalisierten Verhandlungen, Schlichtungen oder durch den Rechtsweg ausgetragen.

Häufig kommt im Konflikt zwischen Mitarbeitern und Vertretern des Unternehmens der Konflikt zwischen der Systemlogik Organisation und der Systemlogik Familie (vgl. Kap. 4.2.2) zum Ausdruck. Besonders deutlich wird das durch den so genannten „Doppelmitgliedschaftskonflikt" (Schwarz 1997) von Führungskräften, der darin besteht, dass diese durch Über- und Unterordnung sowohl der Gruppe der Mitarbeiter als auch der Gruppe der Vorgesetzten zugehören.

Konflikt zwischen der Systemlogik Organisation und der Systemlogik Familie

Dass es sich hier um einen systemimmanenten Rollenkonflikt handelt und nicht ursächlich um Persönlichkeits-, Kommunikations- oder Beziehungskonflikte, wird in folgender Übung deutlich, die mit unterschiedlichen Gruppen wiederholt ähnliche Ergebnisse bringt:

systemimmanenter Rollenkonflikt

Eine beliebige Anzahl von Führungskräften wird in zwei Gruppen geteilt. Die eine Gruppe bearbeitet die Frage „Was erwarten Mitarbeiter von ihren Vorgesetzten?", die andere die Frage „Was erwarten Vorgesetzte von ihren Mitarbeitern?"

Typische Ergebnisse sind in Abbildung 16 dargestellt. Hier zeigt sich, dass einerseits ein Konflikt zwischen den Systemlogiken entsteht und andererseits innerhalb der Erwartungen ein typischer Konflikt zwischen Abhängigkeit und Selbstständigkeit auftritt: Sowohl erwartet der Vorge-

Abb. 16: Wechselseitige Rollenerwartungen von Vorgesetzten und Mitarbeitern

setzte, dass Mitarbeiter selbstständig, aber nach Vorschrift arbeiten, als auch Mitarbeiter erwarten, dass der Chef ihnen Spielräume lässt, aber auch eine klare Orientierung bietet. Diese beiden systemimmanenten Widersprüche bilden dann die Grundlage für Rollensymbiosen (vgl. Kap. 4.3.4).

Führungskräfte stehen in dem ständigen Konflikt, Interessen der Menschen und der Organisation ausgleichen zu müssen

Führungskräfte als Mitglieder beider Gruppen stehen in dem ständigen Konflikt, Interessen der Menschen und der Organisation ausgleichen zu müssen. Diese Notwendigkeit ist gleichzeitig die Grundlage der meisten Führungsstiltheorien. Die Organisation erwartet von der Führungskraft, Ziele effizient zu erreichen. Andererseits sind diese sachlogischen Ziele nur erreichbar, wenn die Bedürfnisse der Menschen einbezogen werden, mit denen diese Ziele erreicht werden sollen.

Die Lösung dieses Spannungsfeldes kann weder durch einseitige Obrigkeitshörigkeit, noch durch absolute Loyalität gegenüber den Mitarbeitern gelöst werden. Führungskräfte, die den Gegensatz zwischen Mitarbeiterbedürfnissen und Erfordernissen der Organisation ausbalancieren können, müssen sich nach Schwarz (1997) zum „Doppelverräter" machen können.

Situation des mittleren Managements besonders problematisch

Insbesondere das mittlere Management wird häufig in diesem Konflikt aufgerieben, da es einerseits noch sehr der Gruppe verpflichtet ist und andererseits alle wichtigen Ziele und Veränderungsprozesse auf der operativen Ebene umsetzen muss. Schreyögg (2002) spricht hier von „struktureller Kränkung", da zwischen Handlungserwartungen und realen Kompetenz- und Ressourcenzuteilungen erhebliche Diskrepanzen bestehen – oft haben untere bzw. mittlere Führungsebenen noch nicht einmal wirklich Kontrolle über ihr Budget. So kann es dazu kommen, dass sie eine „chronisch frustrierte Gruppierung" darstellen, die sich hauptsächlich durch ihr „Beleidigtsein" verbunden fühlt.

4.1.5 Informelle – formale Strukturen

Aufbau- und Ablauforganisation

Formale Strukturen sind durch zwei Prinzipien geregelt: Zum ersten durch die Aufbauorganisation, die die hierarchische formale Struktur mit ihren Stellenplänen betrachtet und in Organigrammen dargestellt wird. Zum zweiten durch die Ablauforganisation, die das dazugehörige Regelwerk über die Abläufe und Prozesse enthält. Schon zwischen Aufbau- und Ablauforganisation bestehen Konflikte, z.B. zwischen verschiedenen Hierarchieebenen, Abteilungen etc., wie zuvor erläutert. Letztlich entsteht hier das paradoxe Phänomen, dass die formale Organisation genau die Konfliktpotenziale verursacht, die sie durch Formalisierung zu vermeiden versucht.

Informelle Strukturen kompensieren oft dysfunktionale Erscheinungen der formalen Struktur

Erschwerend kommt hinzu, dass sich in jeder Organisation informelle Strukturen bilden. Oft kompensieren diese informellen Strukturen dysfunktionale Erscheinungen der formalen Struktur. Dabei besteht jedoch die Gefahr, dass diese informalen Strukturen im Sinne einer gewohnheitsmäßigen Kultur relativ beharrlich sind und bedeutend weniger leicht verändert werden können als die formellen.

In einer kleinen, aber renommierten Firma besteht schon lange eine starke Hierarchisierung. Sowohl den Führungskräften als auch den Mitarbeitern ist klar, dass mindestens eine Führungsebene völlig überflüssig und sogar hemmend ist. Da die Firma jedoch Gewinne fährt, möchte die Geschäftsführung „keinen Staub aufwirbeln" und belässt alles beim Alten.

Die Mitarbeiter haben sich inzwischen mit dem System arrangiert und umgehen die „Kästchen" auf dem kleinen Dienstweg. Sie kennen und verstehen sich untereinander. Als sich die Zeiten ändern und eine Unternehmensberatung schließlich doch die Straffung der Hierarchieebenen durchsetzt, funktioniert das neue Organigramm nicht. Die alten Muster sind stärker, die Mitarbeiter setzen ihre informellen Beziehungen fort. Da sie gewohnt sind, „im Untergrund" zu arbeiten und Blockaden zu umschiffen, laufen neue Anweisungen und Strukturbildungen ins Leere.

Häufig haben Umstrukturierungsprozesse das Ziel, Konflikte durch eine Ausrichtung auf Ziele, Kunden und andere Sachdimensionen zu lösen. Wie Luhmann (1964) schon sagte, scheint es sich jedoch eher um einen Mythos zu handeln, Konflikte nur durch eine rationale Orientierung am Organisationszweck lösen zu können. Stattdessen ist es hilfreich, informelle Gruppenbildungen möglichst sorgfältig zu beobachten.

informelle Gruppenbildungen möglichst sorgfältig beobachten

Schreiyögg (2002) empfiehlt Führungskräften, die Informationen aus Analysen informeller Strukturen als Feedback für ihren Führungsstil zu nutzen. Wenn sich z.B. viele Mitarbeiter auch in ihrer Freizeit um einen anderen Mitarbeiter scharen, so kann das ein Hinweis dafür sein, dass durch die formale Hierarchie keine ausreichende menschliche Zuwendung erfolgt. Entstehen dadurch informelle Leiter, kann das von Vor- oder Nachteil sein. Erst nach genauer Beobachtung der Auswirkung auf Entscheidungen, Leistung, Informationsverhalten, Motivation etc. der Mitarbeiter kann eine Entscheidung darüber getroffen werden, ob und in welcher Weise eine Intervention durch die Führungskraft nötig wird.

4.1.6 Sozialstruktur – Technik

Im Zuge von Veränderungsprozessen werden in der Regel erst die Strukturen verändert und dann die Rollen und Funktionen. Da werden Unterstellungsverhältnisse umgekehrt, Gruppen aufgelöst oder neu gegründet, Entscheidungskompetenzen neu verteilt, neue Aufgaben kreiert etc. Am extremsten wird dieser Widerspruch an der Einführung von EDV deutlich. Umstellungen des EDV-Systems wie z.B die Einführung von SAP erfordern oft implizit eine Veränderung des Sozialgefüges. Die Software impliziert vielfach eine bestimmte Aufbau- und Ablauforganisation, die aber nicht mit der tatsächlichen Struktur übereinstimmt. Und

Umstellungen des EDV-Systems erfordern oft implizit eine Veränderung des Sozialgefüges

selbst wenn das offiziell der Fall sein sollte, bildet sie kaum die vernetzen informellen Strukturen ab. Ein EDV-System jedoch nur nach den bestehenden formellen und informellen Regeln einzuführen überfordert nicht nur den Implementationsvorgang, sondern würde auch mögliche nicht so effiziente „gewachsene" Strukturen wiederholen.

4.2 Strukturelle Konfliktprävention

Strukturelle Maßnahmen können helfen, Konflikte zu verringern, im positiven Sinne zu nutzen oder zu vermeiden

Für die systemische Konfliktprävention ist es zentral, die oben genannten strukturellen Spannungsfelder zu kennen und auszubalancieren sowie die grundlegende Logik, nach der Organisationen funktionieren, zu verstehen. Darauf aufbauend können strukturelle Maßnahmen helfen, Konflikte zu verringern, im positiven Sinne zu nutzen oder zu vermeiden.

4.2.1 Spannungsfelder ausbalancieren

Bei allen diesen strukturellen Konflikten geht es darum, nicht die eine oder andere Seite auszuschalten. Je mehr versucht wird, nur ein Prinzip „durchzudrücken", desto gravierender werden die Konflikte, die sich häufig in Machtspielen (siehe Teil A, Kap. 2.4.3) oder Mobbing (siehe Teil A, Kap. 2.4.4) ausdrücken und häufig nicht die zugrunde liegende, in sich widersprüchliche Dynamik berücksichtigen und überwinden.

Starke informelle Gruppenstrukturen sind nur schwer zu verändern

Wenn z.B. Führungskräfte auf dem „Durchmarsch" zu höheren Ebenen eine Gruppe nur zwei bis drei Jahre leiten und sich lediglich auf die Sachziele konzentrieren, kommt es in der Regel zu starken informellen Gruppenstrukturen, die nur schwer zu verändern sind. Ähnliches ist der Fall, wenn durch das „Peter-Prinzip" eine Führungskraft die Stufe ihrer Inkompetenz erreicht hat und mit der Leitung der Einheit überfordert ist. Oder wenn Linienstrukturen völlig aufgelöst werden mit der irrigen Erwartung, dass dann Projektstrukturen funktionieren, kommt es zu chaotischen Phänomenen wie „Ellenbogenkämpfen", Abschottungen, Doppelarbeiten, steigender Stressbelastung etc.

Auch wenn die Interessengegensätze zwischen Abteilungen oder Zentrale und Dezentrale etwa dadurch aufgelöst werden sollen, dass verschiedene Funktionen in Personalunion geführt werden, entstehen nicht bewältigbare Situationen. Wenn notwendige Konflikte nicht mehr ausgetragen werden können, kommt es zu unterschwelligen Konflikten und oft auch zu Stillstand und Ineffizienz.

In einer Firma erhielt der Leiter der Informatik gleichzeitig die Verantwortung für einen wichtigen Produktionsbereich, für den er auch (in der Informatikfunktion) Lieferant war. Man erhoffte sich dadurch neben einer Kosteneinsparung auch eine Reduktion der ständigen Reibungsverluste zwischen Informatik und Anwendern. Neue Konflikte entstanden jedoch dadurch, dass jetzt vorrangig der eigene Bereich bedient wurde.

Ähnliche Konflikte treten auf, wenn eine Führungskraft nicht nur für das Ausbalancieren der Subgruppeninteressen eingesetzt wird, sondern gleichzeitig eine der Subgruppen vertritt, also z.B. als Vorstandsvorsitzender Ressortleiter ist etc.

4.2.2 Bewusstsein für die Systemlogik und organisatorische Selbstreflexion

Weil das naturgegebene menschliche Grundverständnis sich nur bis zur Gruppe erstreckt, werden auf Systeme oft persönliche Logiken (siehe Checkliste 23) übertragen. Buchinger (1997, vgl. auch Kap. 4.1.4) spricht hier davon, dass die Systemlogik der Organisation in Konflikt tritt mit der systemimmanenten Logik von Familien (man könnte ergänzen auch von Familienclans).

Auf Systeme werden oft persönliche Logiken übertragen

Notwendig zum Konfliktmanagement ist es daher, organisatorische Selbstreflexion zu fördern, indem organisatorische Abläufe durch die Prozessinhaber reflektiert werden. Das fördert die Fähigkeit, zwischen Involvement und Distanz eine Balance herzustellen und führt zur Entwicklung von **Organisationsbewusstsein**. Darunter wird die Fähigkeit verstanden, in Strukturen und Prozessen organisatorischer Art zu denken und nicht nur in persönlichen und Beziehungskategorien.

Fähigkeit in Strukturen und Prozessen organisatorischer Art zu denken

Konflikte durch Verwechslung der Systemlogik drücken sich dann durch Substitutionskonflikte aus. Es wird nicht über das eigentlich notwendige oder ursächliche Thema gesprochen, sondern auf einer Ebene verhandelt, die zwar besprechbar, aber nicht lösbar ist. Wie in der Anekdote von Watzlawick, in der ein Mann seinen Schlüssel unter einer Laterne sucht, weil es da heller ist als dort, wo er ihn tatsächlich verloren hat, wird so die falsche Ebene angegangen. Oft wirken strukturelle Konflikte auch so groß und erdrückend, dass lieber über etwas Naheliegendes gesprochen wird; es kommt dann zu sog. „Nebenkriegsschauplätzen".

Konflikte durch Verwechslung der Systemlogik drücken sich durch Substitutionskonflikte aus

In einer Abteilung der städtischen Verwaltung einer Großstadt stritt man sich heftig darüber, ob die Toilettenfenster geschlossen oder geöffnet werden sollten. Dieser Streit war mit heftigen Emotionen verbunden, die für mich als außenstehende Beraterin zunächst nicht begreifbar waren. Alle Lösungsvorschläge innerhalb der Gruppe wurden von den anderen ad absurdum geführt. Erst auf die Frage, was wir denn besprechen müssten, wenn dieser Konflikt gelöst sei, kam das Thema einer bedrohlichen bevorstehenden Umstrukturierung auf den Tisch.

Wie auch dieses Beispiel zeigt, werden Systeme oft durch persönliche Attribuierungen in Form von Konzentrationen auf die Beziehungsebene bis hin zu Schuldzuschreibungen und die Fixierung auf Sündenböcke erhalten. Systemattribuierungen schaffen eine andere Perspektive und die Möglichkeit der Integration, aber paradoxerweise stellen sie das alte System infrage.

Auch für kulturelle und interkulturelle Konflikte gelten verschiedene Metalogiken, die sich entscheidend auf die Konfliktkultur auswirken (siehe auch Kap. 4.3).

Checkliste 23: Systemlogiken

Logik des Systems Organisation	Logik des Systems Familie
an den Aufgaben und der Erfüllung von Funktionen orientiert	an Personen und Beziehungen orientiert
Wechsel, Personen sind austauschbar	Relativ stabile Zusammensetzung, Funktionen sind austauschbar
Sekundäre Kommunikation, der Kontakt dient der Sachaufgabe	Primäre Kommunikation, der Kontakt ist Sinn in sich
indirekte Kommunikation über Dritte oder Sachmittel, ohne persönlichen Kontakt	direkte Kommunikation: face to face
berechenbare Zeitvorstellungen	nicht eindeutig berechenbare Eigenzeit
die Gruppe ist vernetzt und offen nach außen	die Gruppe ist geschlossen nach außen

Für die Konfliktprävention in Systemen hilft das Bewusstsein, in komplexen Systemen zu handeln, die unvorhersagbaren, vernetzten, dynamischen, intransparenten, indeterministischen, fraktalen und zirkulären Regeln folgen (siehe auch Teil A, Kap. 2.1). Wie wir gesehen haben, sind hier Konflikte vorprogrammiert.

Sehr viele unnötige Konflikte in Organisationen können jedoch verhindert werden, wenn die Entscheidungsträger sich die Konsequenzen von strukturellen Bedingungen und Veränderungen vor Augen führen und sich klar darüber sind, welche möglichen Wirkungen auf verschiedenen Ebenen auftreten können.

4.2.3 Schaffung struktureller Bedingungen

„Mobbing" ist oft ein Indikator für konfliktfördernde Rahmenbedingungen

Wenn man sich mit den strukturellen Rahmenbedingungen in Firmen beschäftigt, so hilft ein Blick auf das Thema „Mobbing", das wie die Spitze des Eisbergs oft ein Indikator für konfliktfördernde Rahmenbedingungen ist. Dabei wird Mobbing verstanden als „übel mitspielen in Organisationen" (Neuberger 1995), nämlich dass jemand am Arbeitsplatz systematisch und über einen längeren Zeitraum schikaniert, drangsaliert, benachteiligt und ausgegrenzt wird (Bundesanstalt für Arbeitsmedizin und Arbeitsschutz, BAuA 2003, vgl. auch Teil A, Kap. 2.4.4).

Im Gegenzug zu den von der BAuA (2003) festgestellten Mobbing-Ursachen (vgl. Teil A, Kap. 2.4.4), stellt die Schaffung struktureller Bedingungen einen wesentlichen Präventionsbeitrag zur Verhinderung destruktiver Konflikte dar, nämlich:

- Die **Schaffung einer guten Arbeitsorganisation** mit geklärten Verantwortlichkeiten und klaren Zuständigkeiten, die zu Förderung, Motivation, konstruktiven Auseinandersetzungen und Entwicklung führt.
- Eine **kreative Arbeitsgestaltung,** die abwechslungsreich und ansprechend ist und die Mitarbeiter einbezieht und in angemessenem Maße fordert.

strukturelle Voraussetzungen für ein gutes Betriebsklima und Konfliktprävention

Um Konflikte bis hin zu Phänomenen wie Mobbing zu verhüten, können Firmen die strukturellen Voraussetzungen schaffen, die für ein gutes Betriebsklima und eine offene Konfliktkultur sorgen. Das betrifft insbesondere die Art und Weise, wie strukturelle Veränderungen wie z.B. Umstrukturierungen, Fusionen, Einführung neuer Technologien und Arbeitsformen etc. eingeführt, begleitet und umgesetzt werden (siehe auch die Methoden der Organisationsberatung in Teil C, Kap. 3.5.1). Parallel zu den technischen und strukturellen Veränderungen muss die Unternehmung ihre Mitarbeiter mitnehmen, um erfolgreich zu sein. Insbesondere Unternehmen, die gerade eine Phase der Reorganisation durchlaufen, in denen nicht geklärte Zuständigkeiten Prozesse behindern, sind anfällig für Ängste und Unsicherheiten der Mitarbeiter sowie Stress, Termindruck und Doppelarbeiten. Das alles führt verstärkt zu Konflikten.

Strukturelle bzw. arbeitsorganisatorische Maßnahmen zur Vorbeugung unguter Konflikte seien hier nur erwähnt, dahinter stehen umfangreiche Programme, deren Schilderung hier den Rahmen sprengen würde:

Strukturelle bzw. arbeitsorganisatorische Maßnahmen zur Vorbeugung unguter Konflikte

- **Informationspolitik:** Rechtzeitige und umfassende Information über Entscheidungen, über Arbeitsabläufe und organisatorische Veränderungen und deren Auswirkungen.
- **Mitarbeiterorientierung:** Beteiligung der Mitarbeiter am Veränderungsprozess.
- **Entwicklungsorientierung:** Schaffung einer lernenden Organisation (Senge 1990), in der Veränderung und Entwicklung als Normalität betrachtet wird, durch Projektorganisation, Schulung von Vorgesetzten und Einführung von Feedback-Systemen.
- **Firmenstruktur:** Abbau von starren tiefen Hierarchien und Einführung von flachen Hierarchien, in denen die Verantwortung des Mitarbeiters gefördert wird.
- **Arbeitsorganisation:** Überprüfung der Arbeitsorganisation mithilfe von Prozessanalysen mit dem Ziel, für eine klare Aufgabenstellung zu sorgen (Zuständigkeiten) und eine möglichst ganzheitliche und effiziente Aufgabenverteilung, in der Mitarbeiter ihren Anteil am Unternehmensgeschehen kennen und Routinetätigkeiten auf mehrere verteilt sind.
- **Betriebliche Instanzen und Vereinbarungen:** Betriebsvereinbarungen und Einrichtung von betrieblichen Stellen, wo Mitarbeiter sowohl

ihre Meinung einbringen, als auch sich im Konfliktfall hinwenden können und die insgesamt präventiv wirken wie z.B. betriebliches Vorschlagswesen, Gesundheitszirkel, Mobbing-Arbeitskreise, Mobbing-Beauftragte, Beschwerdesysteme wie „Kummerkasten", Betriebsvereinbarung Mobbing oder betriebliche Schlichtungs- bzw. Mediationsstellen (oft sind das die Sozialberatungsstellen in Unternehmen).

- **Personalauswahl und -entwicklungssysteme:** Auswahl von Führungskräften auch nach Kriterien der Sozialkompetenz wie Konfliktlösungsfähigkeiten, Qualifikation von MitarbeiterInnen ihren Aufgaben entsprechend, Schulung in Führungs- und Konfliktkompetenz, Ausbildung von Mediatoren.
- **Faires und transparentes Personalabbauverfahren:** Personalabbau ist immer konfliktträchtig, hier werden ja in extremer Weise Bedürfnisse von Mitarbeitern berührt, die zu Ängsten führen. Dennoch gibt es Möglichkeiten, beim Personalabbau Mitarbeiter offen zu informieren, Konflikte fair auszutragen und die ausscheidenden Mitarbeiter in der Suche nach einem neuen Arbeitsplatz zu unterstützen (z.B. durch Outplacement-Agenturen). Wird das Verfahren fair durchgeführt, so besteht auch bei den verbleibenden Mitarbeitern eine höhere Motivation und Identifikation.

Zentral ist nicht, was getan oder geändert wird, sondern wie dies durchgeführt wird

Im Mittelpunkt der systemorientierten Prävention von Konflikten ist aus meiner Erfahrung nicht zentral **was** getan oder geändert wird, sondern **wie** dies durchgeführt wird. Der meiste Unmut entsteht oft, wenn Informationen verschleppt, Schuldige gesucht, Entscheidungen immer wieder verworfen und Mitarbeiter nicht einbezogen werden.

4.3 Kulturelle und interkulturelle Konflikte

Die Kultur des Unternehmens ist von erheblicher Bedeutung für das Verständnis von Konflikten

Spätestens bei der Betrachtung von Entscheidungsprozessen wird deutlich, dass nicht nur die Struktur, sondern auch die Kultur des Unternehmens von erheblicher Bedeutung für das Verständnis von Konflikten ist. Unter Kultur begreife ich das gemeinschaftliche Sinnsystem, einen generalisierten überpersönlichen Bezugsrahmen, der Denk-, Wahrnehmungs-, Fühl- und Handlungsmuster umfasst (vgl. Schiff 1975) und auf meist impliziten nicht ausgesprochenen oder bewussten Glaubenssätzen eines Unternehmens beruht.

Normen, informelle und formalen Spielregeln sowie implizite Verhaltensanweisungen

Die Kultur umfasst auf der Beobachtungsebene alle Normen, informellen und formalen Spielregeln sowie implizite Verhaltensanweisungen. Auf einer Metaebene wird dieses Normengefüge gesteuert durch Systemlogiken, die hinter den ausgesprochenen Normen liegen. Ein Beispiel dafür bilden die in Kap. 4.2.2 geschilderten Systemlogiken Organisation und Familie.

Kulturprägende Elemente liegen in der gesellschaftlich-wirtschaftlichen Entwicklung sowie der Persönlichkeit des Unternehmensgründers. Systemkulturen bilden einen Nährboden für Konflikte und lassen sich nach unterschiedlichen Kategorien klassifizieren. Ebenfalls ein relevanter Faktor für die Kultur ist die Art und Weise der Beeinflussung, der Grad in dem in einem Unternehmen psychologische Spiele oder Machtspiele gespielt werden.

Systemkulturen bilden einen Nährboden für Konflikte

Ein Spezialfall für die Untersuchung unterschiedlicher Unternehmenskulturen ist aus meiner Sicht die wachsende Bedeutung interkultureller Themen.

4.3.1 Gesellschaftlich-wirtschaftliche Entwicklung

Zunehmende Globalisierung, Vernetzung, Kommunikation in Echtzeit sind bestimmende Phänomene der heutigen Zeit, die die Komplexität erhöhen (vgl. Davis u. Meyer 1998). Dadurch steigt die Geschwindigkeit von Veränderungen, der globale Konkurrenzdruck und die Notwendigkeit, Menschen übernational jederzeit in verschiedenen Ländern, Tätigkeiten, Unternehmen einzusetzen. Die gesellschaftlich-wirtschaftliche Entwicklung erfordert den „flexiblen Menschen" (Sennett 1998). Wer bei den rasanten Veränderungsprozessen mithalten will, muss jung, fit, veränderungswillig, loyal, initiativ, ohne Bindung und sozial anpassungsfähig sein. Daraus entsteht eine Weltkultur, die zu inneren und sozialen Konflikten führt.

4.3.2 Entscheidungen und Meinungsbildungsprozesse

Systemkonflikte und -widersprüche führen oft zu Konflikten, die von den Beteiligten „mangelnder Informationsfluss" genannt werden. Dieses Thema steht oft bei Analysen der Mitarbeiterzufriedenheit, Mitarbeiterbefragungen oder Interviews an erster Stelle. Gemeint ist damit jedoch fast nie die Menge der übermittelten Information – ganz im Gegenteil wird im Zeitalter der E-Mail meistens über Informationsüberflutung geklagt. Gemeint ist damit die Einbeziehung in Entscheidungsprozesse.

fehlende Einbeziehung in Entscheidungsprozesse

In hierarchischen Strukturen kommt es zu Übermittlungsfehlern zwischen den Führungsebenen, zwischen Zentrale und Dezentrale etc. Oft bestimmen die informellen Strukturen den Informationsfluss über „eigentlich" interessante Themen, z.B. warum eine Führungskraft „abgesägt" wurde oder ob und wie die nächste Umstrukturierung stattfindet. Durch eine Steigerung der formalen Information wird das Bedürfnis nach Information in der Regel paradoxerweise größer. Durch das Filtern formaler Informationen, – indem schriftlich oder auf offiziellen Präsentationen nur das gesagt wird, was unternehmenspolitisch passt – wächst das Misstrauen der Mitarbeiter, beeinflusst und manipuliert zu werden.

Durch eine Steigerung der formalen Information wird das Bedürfnis nach Information in der Regel paradoxerweise größer

Was die Menschen wollen, ist eine persönliche Einbeziehung, die in Organisationen ab einer bestimmten Größenordnung kaum noch möglich ist. Inzwischen versucht man, dem Problem durch Großgruppenme-

Wunsch nach persönlicher Einbeziehung

thoden zu begegnen. Das ist schon ein großer Gewinn, beendet den prinzipiellen strukturellen Konflikt jedoch nicht. Hier ist es oft auch entlastend zu wissen, dass vielen Alltagskonflikten unlösbare strukturelle Widersprüche zugrunde liegen, die es nicht zu beheben, sondern zu managen, also sinnvoll zu steuern gilt.

> *Vielen Alltagskonflikten liegen unlösbare strukturelle Widersprüche zugrunde, die es sinnvoll zu steuern gilt*

Aus Sicht des Unternehmens ist es wichtig, dass einerseits die Informationen, so wie sie gemeint waren, auch „unten" (bei den Mitarbeitern, an der Peripherie) ankommen, wenn es beispielsweise um die Umsetzung von Strategien oder Umstrukturierungen geht. Andererseits hat es ebenso hohe Bedeutung, entscheidungsrelevante Informationen von „unten" in strategische und politische Entscheidungen einfließen zu lassen.

In einer Fabrik wird eine neue Produktionsanlage gebaut. Als diese fertig ist, beklagen sich die Mitarbeiter über die ungünstige Position eines Ventils mit der Bemerkung „Hätte man uns doch mal gefragt".

In einem Unternehmen versuchen die Vertriebsmitarbeiter den Vorstand auf eine gefährliche Marktentwicklung aufmerksam zu machen. Als dann nach einiger Zeit wichtige Marktsegmente verloren gehen, zucken die Vertriebler mit den Schultern „Hätte man nur auf uns gehört".

> *Denkmodell der „Motivschaukel" veranschaulicht Meinungsbildungsprozesse*

Um die Dynamik von Meinungsbildungsprozessen zu veranschaulichen hat Schwarz (1997) das Denkmodell der „Motivschaukel" eingeführt. Jedem Vorteil von politischen Entscheidungen oder Produkten steht ein Nachteil entgegen. Der politische Meinungsbildungsprozess in Demokratien schwankt dabei von einer Seite der Waage auf die andere, pendelt also je nach Information hin und her. Das Paradoxe daran ist, dass je mehr jemand versucht zu überzeugen, also auf die positive Seite zu gehen, desto mehr sich eine Gegenmeinung bilden wird, die die andere Seite vertritt.

> *Je ambivalenter eine Entscheidung ist, desto mehr müssen beide Seiten dargestellt werden*

Versuchen also Unternehmensvertreter die Mitarbeiter von einer bestimmten Strategie, Neustrukturierung oder anderen unternehmenspolitischen Entscheidungen zu überzeugen, so tun sie gut daran, beide Seiten darzustellen und das umso mehr, je ambivalenter diese Entscheidung ist. Ansonsten werden die Mitarbeiter (oft auch Organe der Mitarbeitervertretungen) auf die andere Seite gehen und Entscheidungen blockieren (was in komplexen Unternehmen durch „Dienst nach Vorschrift" oder andere passive Verhaltensweisen relativ einfach ist) und ein Stillstand erfolgt. Ich nenne diesen Effekt auch homöostatischen Effekt, der die Beharrungskräfte einer Organisation ausmacht.

4.3.3 Der Unternehmensgründer

> *kulturelle Kriterien jenseits der Ökonomie*

Insbesondere in der Pionierphase beeinflusst der Unternehmensgründer die Kulturbildung sehr stark. Erfolgreiche langlebige Unternehmen, die die Probleme der Gründerzeit überstehen, sind durch kulturelle Kriterien „Jenseits der Ökonomie" (De Geus 1998) gekennzeichnet, die eine stark wertorientierte Haltung erfordern. De Geus nennt als Ergebnis der sog. „Shellstudie" hier folgende Variablen erfolgreicher, langlebiger Unternehmen:

- Die **Lern- und Anpassungsfähigkeit** eines Unternehmens dokumentiert sich durch seine Sensibilität für die Umwelt im Sinne einer Fähigkeit, sich auf neue Bedingungen der Gesellschaft und des Marktes einzustellen.
- Ein **ausgeprägtes Identitätsgefühl** äußert sich in der Fähigkeit eines Unternehmens, eine Gemeinschaft im Sinne einer eigenständigen Unternehmensperson zu bilden.
- Als **ökologisches Bewusstsein** wird die Fähigkeit des Unternehmens bezeichnet, tolerant gegenüber Außenseitern, Experimenten und exzentrischen Ideen zu sein. Diese Toleranz drückt sich auch in einem Verzicht auf zentrale Kontrollversuche bei Diversifikationen aus, der in Dezentralisierung mündet.
- Die Fähigkeit des Unternehmens, **selbst über sein Wachstum und seine Entwicklung zu bestimmen,** folgt aus dem Grundsatz der vorsichtigen Finanzierung. Diese drückt sich in Sparsamkeit und darin aus, dass das Kapital nicht leichtfertig aufs Spiel gesetzt wird.

Variablen erfolgreicher, langlebiger Unternehmen

Gemeinschaft im Sinne einer eigenständigen Unternehmensperson

So prägt der oder die Unternehmensgründer/in die Kultur in seiner/ihrer Werthaltung und durch seine/ihre Persönlichkeit. Diese Visionen, Glaubenssätze und Führungsstile wirken oft auch noch nach langer Zeit weiter und prägen die Firmenkultur nachhaltig, meistens jedoch unbewusst. Solche Rückbesinnungen auf ursprüngliche Gründerwerte helfen oft die Kultur auf einem höheren Niveau zu integrieren, wenn die Firmenmitglieder sich nach einer Formalisierungsphase auf die ursprünglichen Werte rückbesinnen, mit denen die Firma angetreten ist. Aus solchen zentralen Firmenwerten lassen sich Visionen und Mission-Statements ableiten, die sowohl die Motivation der Mitarbeiter erhöhen, als auch eine ganzheitliche Ausrichtung des Unternehmens auf eine nachhaltige und dauerhafte Sicherung des Unternehmenswertes im Sinne der wertorientierten Führung darstellen.

Rückbesinnungen auf ursprüngliche Gründerwerte helfen oft die Kultur auf einem höheren Niveau zu integrieren

Insbesondere in Familienunternehmen kommt es zu Konflikten, wenn der Gründervater ausscheidet und die Söhne das Unternehmen weiterführen sollen. Oft ist dann sowohl eine Wertschätzung des Gründers als auch eine Veränderung der Werte und Normen notwendig. In Familienunternehmen vollziehen sich oft Anpassungen an veränderte Marktbedingungen in Generationensprüngen, was in Großunternehmen durch andere Mechanismen erfolgt.

In einem mittelständischen Unternehmen der Druckindustrie kam es aufgrund der allgemeinen Branchenkrise zu einer starken Existenzgefährdung. Unter den Mitarbeitern des schon über Generationen hinweg bestehenden Familienbetriebs machten sich Depressionen breit.

Neue Energie zur Bewältigung dieser schweren Krise erwuchs aus einer begleitenden Unternehmensberatung, als die ursprünglichen Gründerwerte angesprochen wurden. Man sagte dem Gründer nach, dass sein Lieblingsausspruch war „Nichts ist so schädlich für den Erfolg von morgen wie der Erfolg von gestern." Seine unermüdliche Suche nach Veränderungs- und Verbesserungspotenzialen hatte ursprünglich dem Unternehmen zum Erfolg geholfen. Diese Besinnung half, alternative und innovative Ideen zur Unternehmenssicherung zu entwickeln.

Insbesondere die in Kapitel 1 beschriebenen Persönlichkeits- und Führungsstile wirken über die Gründerpersönlichkeit als kulturstiftende Merkmale. Beispielsweise schlagen sich dessen Glaubenssätze oder Kommunikationsstile, Grundhaltungen etc. auch in der Gesamtkultur des Unternehmens nieder.

statt unternehmensübergreifender Gesamtkultur eher abteilungsspezifische Subkulturen

Dasselbe wie für Familienunternehmen gilt auch für Subgruppen von Großunternehmen. Ist man früher eher von einer unternehmensübergreifenden Gesamtkultur ausgegangen, so wird mehr und mehr festgestellt, dass es insbesondere in internationalen Großunternehmen abteilungsspezifische Subkulturen gibt, die je nach der Struktur des Gesamtsystems miteinander vernetzt sind oder durch zentrale gemeinsame Kulturmerkmale verbunden und in ihrer Differenzierung unterschiedlich ausgeprägt sind. Dabei ist die Kultur im Umgang mit Konflikten oft eher übergreifend. Die Subkulturen beziehen sich auf den Habitus im Sinne von Verhaltensgewohnheiten und Spielregeln. Bei starken Subgruppen kommt oft der Führungspersönlichkeit eine ähnlich prägende Kraft zu wie den Unternehmensgründern. Je nach Führungsstil ist dann auch die Neigung zu und der Umgang mit Konflikten unterschiedlich.

Kultur im Umgang mit Konflikten oft eher übergreifend

4.3.4 Systemkulturen als Nährboden für Konflikte

In diesem Abschnitt wird die übergreifende Unternehmenskultur betrachtet, die sowohl für Subgruppen als auch für die Art und Weise der Konfliktbewältigung prägend ist. Schein (1995) unterscheidet bei der Untersuchung von Unternehmenskulturen drei Ebenen:

drei Ebenen der Untersuchung von Unternehmenskulturen

1. **Artefakte:** Hiermit sind sichtbare Strukturen und Prozesse im Unternehmen gemeint, die leicht zu beobachten, aber schwer zu entschlüsseln sind.
2. **Bekundete Werte:** Hierbei handelt es sich um veröffentlichte Überzeugungen und Werte, die sich in z.B. Strategien, Philosophien und Unternehmenszielen niederschlagen.
3. **Grundprämissen:** Diese bilden den Ausgangspunkt für die Werte und Handlungen in 1. und 2. und bestehen aus unbewussten, selbstverständlichen Anschauungen, Wahrnehmungen, Gedanken und Gefühlen.

Im Mittelpunkt des Interesses stehen dabei die zugrunde liegenden Prämissen (Punkt 3). Je nach Phase der Unternehmensentwicklung entstehen unterschiedliche kulturelle Tendenzen. Insbesondere die Übergänge von der Pionier- zur Formalisierungphase und von Formalisierungs- zur Integrationsphase sind konfliktträchtig.

Zur Beschreibung der Unternehmenskultur im Sinne von grundlegenden Dynamiken und Prämissen beziehe ich mich auf die Modelle der Transaktionsanalyse zur Beschreibung von Persönlichkeit (siehe „Ich-Zustände" in Kap. 1.2.1) und Beziehung (Beschreibung von Symbiosen sowie die Phasen der Autonomieentwicklung, Teil A, Kap. 1.3.5).

Unternehmen kann man so auf der Dimension zwischen Symbioseneigung und Autonomie klassifizieren (Checkliste 24). Dabei erfolgt die Entwicklung oft nicht linear-idealistisch im Sinne einer stabilen Ausbalancierung, sondern eher im Rahmen von zyklischen Vereinigungs- und Auflösungsprozessen.

Unternehmensklassifizierung: Symbioseneigung versus Autonomie

1. Symbiose

In einer stark symbiotischen Kultur begünstigen eine starre Hierarchie und die damit verbundenen asymmetrischen Kommunikationsstrukturen starre Symbiosen und Rollensymbiosen. Rollensymbiosen liegen dann vor, wenn Führungskräfte jeweils in der Führungsfunktion die überverantwortliche und in der Mitarbeiterfunktion die unterverantwortliche Position einnehmen (Abb. 17).

starre Hierarchie und damit verbundenen asymmetrischen Kommunikationsstrukturen

Es bestehen in diesen Kulturen auch klare Strukturen und Orientierungen durch Regelsysteme. Die Unternehmung ist hauptsächlich auf Zahlen- und andere Sachziele ausgerichtet.

In einem solch sachlogisch orientierten Unternehmen sagte einmal der Geschäftsführer auf die Frage, was denn seine Visionen seien: „Wenn ich denn eine Vision haben sollte, so diese, mit schwarzen Zahlen pensioniert zu werden."

Eine solche Systemkultur existiert häufig in der Formalisierungsphase.

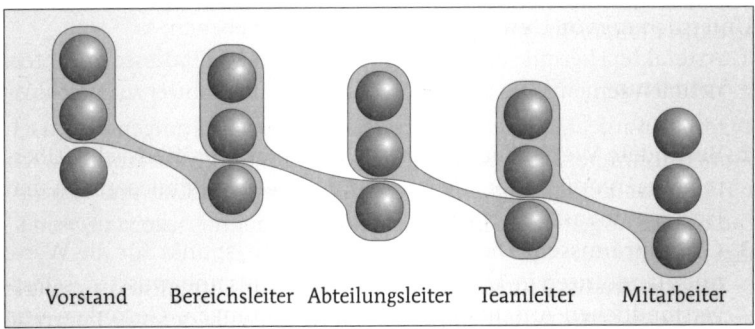

Abb. 17: Rollensymbiosen

2. Rebellion

Unterschwellige Konflikte sind an der Tagesordnung, Autonomiebestrebungen steigen

Ist die Abhängigkeit zu groß oder dysfunktional, kommt es zuerst zur Demotivation der Mitarbeiter. Unterschwellige Konflikte sind an der Tagesordnung, Autonomiebestrebungen steigen. Der Führungsstil ändert sich von der sachrationalen Führung hin zur emotionalen Führung. Es ist das Ziel, die Menschen zu gewinnen. Deutlich wird, dass nicht nur die formale Arbeitskraft des Mitarbeiters reicht, sondern sein Engagement, sein Wille wichtig ist.

hoch formalisierte und komplexe Unternehmen im Übergang zur Integrationsphase

Dies ist oft der Fall, wenn hoch formalisierte Unternehmen sehr komplex werden und sich im Übergang zur Integrationsphase befinden. Auch in der Entwicklung von Unternehmenszusammenschlüssen treten Unabhängigkeitsbestrebungen oder Ablösungsphasen auf.

Eine Tochtergesellschaft einer großen Firma befindet sich in räumlicher Nähe der Holding. Dies bedingt, dass die Holding sich viel stärker in alle Entscheidungsprozesse einmischt als notwendig. In dem Tochterunternehmen erwächst ein hohes rebellisches Potenzial, das sich in Nicht-Beachtung von zentralen Anweisungen und passiven Verhaltensweisen bemerkbar macht.

Hier ist es wichtig, dass die „Tochter" eine Phase der Unabhängigkeit erlebt, bevor eine konstruktive Kommunikation mit der Mutter möglich ist. Oder wie eine Führungskraft sagte: „Es ist nicht gut, wenn die Tochter zu nah bei der Mutter ist."

3. Autonomie

hohes Maß an erlebter Unabhängigkeit

Häufig ist in der Pionierphase oder im Übergang zur Integrationsphase ein hohes Maß an erlebter Unabhängigkeit zu beobachten. Die Eigenmotivation ist hoch, Führung scheint nicht nötig zu sein, und jede Einheit arbeitet unabhängig voneinander. Wenn es sich um das Ende der Formalisierungsphase handelt, werden oft dezentrale unabhängige Geschäftseinheiten gegründet, die dann nur wenig miteinander kooperieren.

Die Gefahr besteht in einer Selbstausbeutung und darin, dass verschiedene Abteilungen Doppelarbeiten durchführen und die Gesamtstruktur nicht mehr transparent ist.

4. Vernetzung

Kooperationsbemühungen werden verstärkt und Zentralfunktionen eingerichtet

Wenn im Laufe der Pionierphase, nach Dezentralisierungen oder nach Firmenzusammenschlüssen, deutlich wird, dass eine Zusammenarbeit nötig ist, werden oft Kooperationsbemühungen verstärkt und Zentralfunktionen eingerichtet, um Doppelarbeiten oder Ineffizienz zu vermeiden.

Gegebenenfalls deutet sich ein Übergang zur Formalisierungsphase an. In dieser Phase besteht oft viel Konkurrenz um die zentrale Kontrolle und Macht.

Checkliste 24: Systemkulturen nach Symbioseneigung				
Kultur	Symbiose	Rebellion	Autonomie	Vernetzung
Symbiose-neigung	hoch	hoch	gering	mittel
Führungs-prinzip	Autoritär, formale Kontrolle	Kooperation, Motivation	Selbststeuerung, Freiheit	Bindung, Einbeziehung
Kennzeichen	Zahlenorientierung, klare Strukturen, Regeln, Zentralismus	Gesinnungskontrolle, viele informelle Spielregeln, Identität ist wichtig	Unabhängige Einzelzellen, Geschäftseinheiten, Dezentralisierung	Wachsende Firmen, Austausch, Zentralfunktion
Gefahren	Zu starke Sachlogik, Überregelung	offene oder unterschwellige Konflikte	Selbstausbeutung, Ünübersichtlichkeit	Konkurrenz und Machtkämpfe

Ähnliche Beschreibungen von Kulturen finden sich z.B. in Baumer (2002), der die Schlüsseldimensionen von vier Corporate Cultures im interkulturellen Bereich betrachtet hat. Er unterscheidet folgende Kulturen (S. 179):

vier Corporate Cultures im interkulturellen Bereich

- **Familie**: diffuse Beziehungen, Intuition, Chef als Vaterfigur (z.B. in Japan, Spanien, Belgien, chinesischer Familienbetrieb)
- **Eiffelturm**: mechanistisches, interaktionsbezogenes System, distanzierte, logische, analytische Beziehungen (deutsche und französische Großunternehmen, koreanische Chaebols)
- **Lenkwaffe**: dezentrale Organisation, Projektgruppen, Management bei Objectives (z.B. USA, England)
- **Brutkasten**: spontane, kreative Beziehungen, individuelle Kreativität, Enthusiasmus, Prozessorientierung (z.B. Forschungsinstitute in USA, Deutschland, Schweiz)

4.3.5 Konfliktträchtige Kulturen und Konfliktkultur

Die Firmenkultur kann man auch aufgrund ihrer spezifischen Konfliktkultur einschätzen. Glasl (1990) weist darauf hin, dass konfliktträchtige Gruppen- oder Firmenkulturen durch folgende Merkmale gekennzeichnet sind:

Kennzeichen konfliktträchtige Gruppen- oder Firmenkulturen

- gemeinsames Leitbild und gemeinsames (verzerrtes) Außenbild,
- auf die Mitglieder wird Gruppendruck ausgeübt, Abweichler müssen zurück in die Reihe,
- eine starke interne Solidarität,
- interne Konflikte müssen nicht gelöst werden, da „das Problem" die Außenwelt ist,
- wenn zentrale Figuren das Team verlassen, zerfällt es.

Anschauliche und mit spitzem Stift übertrieben gezeichnete Metaphern speziell für konfliktträchtige Kulturen hat Glasl (1990) aufgrund der systemisch-familientherapeutischen Arbeit von Richter (1972) und den individualpsychologischen Untersuchungen des Machttriebs von Adler (1954) aufgestellt:

mit spitzem Stift übertrieben gezeichnete Metaphern für konfliktträchtige Kulturen

Sanatorium

Man fühlt sich als „große Familie" gegen eine feindliche Außenwelt

Die Außenwelt wird als Feind wahrgenommen und ihr wird mit Angst begegnet. Im Mittelpunkt steht hier die Wahrung des inneren Friedens um jeden Preis. Dazu werden Informationen von außen gefiltert und nur risikofreie Projekte akzeptiert. Die internen Rollen sind solche von fürsorglichen Eltern und unselbstständigen Kindern. Man fühlt sich als „große Familie", in die Neue schnell eingemeindet werden. Der Umgang ist geprägt durch Vorsicht, Höflichkeit, Freundlichkeit, Beschwichtigen, Wohlwollen und Harmoniestreben.

Festung

Alle Probleme werden nach außen verlagert

Auch hier wird die Außenwelt als Feind erlebt. Jedoch wird in diesem Fall zentral mit einem offensiven Abwehrkampf auf die feindliche Außenwelt reagiert. Dabei werden alle Probleme nach außen verlagert. Die wichtigsten internen Rollen bestehen aus Wächtern oder Zensoren, die immer wieder auch bei verschiedenen Personen auftreten. Es gilt: *„Wer nicht für uns ist, der ist gegen uns"* – auf der einen Seite besteht nach innen ein großer Gruppendruck und andererseits werden auch die Außenfeinde so lange bedrängt, bis sie Farbe bekennen und die Unterstellungen bestätigen.

Theater

Die Gruppe interpretiert die Abhängigkeit von der Umwelt als Spiel

Die Gruppe interpretiert die Abhängigkeit von der Umwelt als Spiel. Man jagt dem Erfolg nach, braucht Applaus und externe Bestätigung. Es findet viel Agitation und Show statt. Es werden einzelnen Personen relativ fixiert Rollen zugeschrieben, wie z.B. Star, Primadonna, Versager, Weiser, Intrigant. Dabei kommt einem oft eher unsichtbaren Regisseur zentrale Bedeutung zu. Mit Nervenkitzel, Spannung, Aktion und psychologischen Spielen wird von den eigentlichen Problemen abgelenkt.

Kreuzritterschar

fortwährende Offensive zur Außenwelt

Eine Firma mit dieser Kultur befindet sich in einer fortwährenden Offensive zur Außenwelt. Es werden Anhänger und Kunden gewonnen, wobei das Bedürfnis zu dominieren im Vordergrund steht. Intern herrscht hohe Einsatzbereitschaft und Disziplin. Diese Firma ist ziemlich statusorientiert. Gleich einem Militärgebilde gibt es einen heroisierten Kaiser, Auserwählte und einfache Kreuzritter. Dieses Gebilde kann lange erfolgreich und homogen auftreten. Wenn jedoch der Kaiser geht, fällt es in sich zusammen, weil kein würdiger Nachfolger zu finden ist.

Im Gegensatz zu diesen konfliktträchtigen Kulturen, in denen Konflikte eher negativ ausgelebt oder unter den Teppich gekehrt werden, kennzeichnet eine positive Konfliktkultur, oft auch Streitkultur (vgl. Bach u.Wyden 1990) genannt, Folgendes.

Kennzeichen einer positiven Streitkultur

> **Unter Konflikt- oder Streitkultur wird eine Kultur verstanden, in der**
> - es möglich ist, offen über Probleme zu sprechen,
> - bestehende Widersprüche, Spannungsfelder und Gegensätze nicht unter den Teppich gekehrt, sondern konstruktiv bearbeitet werden,
> - die Konfliktpartner sich nicht als Gegner, sondern als Partner auf gleicher Ebene begegnen können,
> - ein Dialog geführt wird,
> - dem Partner auch bei unterschiedlichen Interessen und Auseinandersetzungen Wertschätzung entgegengebracht wird,
> - in der eigene Bedürfnisse und Gefühle ausgedrückt werden und an denen des Anderen Interesse gezeigt wird,
> - beide Parteien Verantwortung für ihre Handlungen übernehmen,
> - die Partner sich an einem übergeordneten Ziel orientieren,
> - das primäre Ziel eine Einigung der Konfliktparteien ist.

4.3.6 Interkulturelle Konflikte

Die Unterschiedlichkeit von Kulturen gewinnt bei internationalen Projekten erheblich an Bedeutung. So wie innerhalb einer Firma z.B. die Kultur der Produktionsabteilung mit der Kultur des Marketings aufeinander stößt, so stoßen hier verschiedene Nationen und übernationale Wertesysteme (z.B. „westliche" und „östliche" Grundwerte, „Abendland" gegen „Morgenland") aufeinander.

Insbesondere im Rahmen von Mergers und Aquisitionen (M&A, vgl. Gertsen et. al. 1998) scheitern die erhofften Synergien an nicht bewältigten Kulturbegegnungen. Schon die Fusion zweier Firmen aus einem Kulturkreis mit der gleichen Sprache ist problematisch, die Zusammenfügung zweier Kulturen braucht viel Zeit. Aber auch die Entsendung in ausländische Niederlassungen oder die Integration von ausländischen Mitarbeitern sind Prozesse, die es sorgfältig durchzuführen gilt.

Vielfach scheitern erhoffte Synergien an nicht bewältigten Kulturbegegnungen

Vordergründig geht es bei der Prävention interkultureller Konflikte darum, die Normen des Gegenübers kennen zu lernen, in ihrer Sinnhaftigkeit als Anpassungsmechanismus an die jeweilige Umwelt zu verstehen und ins eigene Verständnisgefüge zu übersetzen. Da gibt es unterschiedliche Gewohnheiten und Gebräuche, andere Vorschriften oder Lebensweisen. In der internationalen Zusammenarbeit können schon

die Normen des Gegenübers kennen lernen und ins eigene Verständnisgefüge übersetzen

kleine „Selbstverständlichkeiten" große Konflikte auslösen, die oft gar nicht einmal durch fremde Sitten begründet sind, sondern eher Kommunikationsmissverständnisse darstellen, wie sie in allen virtuellen Teams auftauchen.

Leonard M., Mitarbeiter eines internationalen Teams fliegt in die USA, um verschiedene Geschäfte abzuwickeln. Zwischenzeitlich will er auch seinen Kollegen, John L. treffen. Dieser schlägt ihm morgens um sieben einen Termin vor. Leonard M. lehnt entsetzt ab und John L. ist beleidigt. Die Missstimmung zog sich durch die nächsten Wochen. Was war los?

Beide lebten in ihrem Bezugssystem, es prallten sozusagen zwei Welten aufeinander. Leonhard M. hatte seinen ehemaligen „Frühaufsteherstil" schon seit einiger Zeit zugunsten eines „Langschläferstils" verändert. Die enge Zusammenarbeit mit den USA erforderte seine Anwesenheit mehr in den Abendstunden. Dazu kam, dass er ziemlich unter Zeitdruck stehen würde: Er würde erst tags vorher anreisen, abends noch einen Geschäftstermin wahrnehmen und relativ knapp mittags zum nächsten Termin fliegen.

John L. dagegen hatte, obwohl er eigentlich lieber mit seiner Familie frühstücken würde, den frühen Termin eingeräumt, um Leonard M. entgegenzukommen und erlebt dessen schroffes Nein als Affront. Die Höflichkeit verbietet es ihm jedoch, das direkt anzusprechen. Als Leonhard M. dann einige Zeit später über Dritte den Grund für John L's. plötzliche Förmlichkeit erfährt, ist er überrascht: Er hatte doch bloß eine klare Grenze gesetzt! Als „schroff" hatte er dieses Nein nicht erlebt.

das hinter den Normen wirkende Ordnungsprinzip verstehen

Wie Schwarz (1997) erläutert, geht es über das Verständnis von Normen hinaus jedoch auch darum, das dahinter wirkende Ordnungsprinzip der Normen zu verstehen. Ein solches Ordnungsprinzip ist die philosophisch-existenzielle Systemlogik, sind logische Axiome bzw. Wertorientierungen grundsätzlicher Art, die dann das Denken, Wahrnehmen, Fühlen und Verhalten steuern. Man könnte hier auch vom kulturellen Bezugsrahmen sprechen, der die verschiedenen Individuen und Gruppen wie eine zweite Haut unbewusst steuert. Die Dinge erscheinen denen, die sich in der Kultur befinden dann selbstverständlich, den Außenstehenden oft befremdlich.

Nordamerikas Bevölkerung besteht bis auf die Ureinwohner aus Immigranten verschiedener Bevölkerungsgruppen. Der Kontakt verschiedener Kulturkreise funktioniert deshalb auf der Oberfläche reibungslos, solange man sich an die Etikette der politischen Korrektheit hält (Baumer 2002). Für Außenstehende wirken Freundschaften eher oberflächlich, man hat Freunde für verschiedene Situationen und ist auch regional sehr viel flexibler als in anderen Ländern. Im Land des Individualismus – wie auch in anderen hochindustrialisierten Ländern – ist dann oft die Bindung an Haustiere groß. Die Wahrnehmung eines erstaunten Besuchers aus Lesotho dazu (zitiert nach

Kohls u. Knight 1994 S. 47): "Einige Amerikaner, die ich gesehen habe, scheinen es zu mögen, mit Tieren zu leben, mehr als mit Menschen. Sie behandeln ihre Haustiere wie Menschen, sie küssen sie sogar und halten sie auf dem Schoß!"

Als den verschiedenen sichtbaren Normen, Sitten, Denk-, Fühl- und Verhaltensweisen zugrunde liegenden Muster kann man logische Axiome und grundlegende Wertorientierungen zur Erklärung herbeiziehen.

Dem „abendländischen" bzw. dem westlichen Kulturkreis liegt die aristotelische Logik zugrunde. Sie besteht aus vier Axiomen, die Entstehung von Normen auf einer Metaebene steuern:

I. **Satz der Identität:** Alles, was im Rahmen einer Norm festgestellt wird, muss eindeutig sein.
II. **Satz vom zu vermeidenden Widerspruch:** Zwei Normen dürfen einander nicht widersprechen. Der Ausschluss des Widerspruchs erfolgt dadurch, dass nur A oder B wahr sein kann.
III. **Satz vom ausgeschlossenen Dritten:** Normen bestehen in einem Über- und Unterordnungsverhältnis, dazwischen gibt es nichts.
IV. **Satz vom zureichenden Grunde:** Zwischen der Anordnung und der daraus folgenden Norm muss ein ausreichender Grund gegeben sein. Dieses Prinzip ist auch als Kausalitätsprinzip bekannt.

Diese logische Grundlage wirkt als Denkprinzip und wird als unhinterfragte Selbstverständlichkeit erlebt, die erst im Kontakt mit einem Kulturkreis völlig anderer Auffassungen infrage gestellt werden kann.

Dem westlichen Kulturkreis liegen die vier Axiome der aristotelischen Logik zugrunde

Folgerungen aus dem ersten und dritten Axiom sind Ordnung, Klarheit, Sauberkeit, eine eindeutige Unterscheidung von wahr und falsch, gut und böse. In einer Stammeslogik dagegen werden Tod und Leben, Abstammung, Geborenwerden und Verlassen dieser Welt als die maßgebenden Kausalitäten gesehen (Schwarz 1997). Nur der Tote muss ordentlich und sauber sein, der Lebende ist immer ein wenig unordentlich. So hat in der fern-östlichen Logik das Ordnen und Säubern nach westlicher Manier eine Affinität zum Tod.

Diese grundlegenden Axiome bestimmen Wertsysteme, schon angefangen bei der Auffassung über „Was ist Wahrheit?". Vermeidbar sind solche grundlegenden kulturellen Konflikte nur, wenn die Beteiligten auf eine Metaebene gehen und von dort aus einen gemeinsamen Lernprozess starten. Inzwischen sickert jedoch auch die fern-östliche Logik stärker in das Denken unserer Welt. Auch in neuen und alten therapeutischen und beraterischen Methoden werden östliche Denk- und Verhaltensweisen zunehmend selbstverständlich (z.B. im Tetralemma bei Sparrer u. von Kibed 2000, siehe auch „Lösungen 2. Ordnung" in Teil C, Kap. 1.3).

gemeinsame Lernprozesse auf einer Metaebene

In Meetings zwischen Europäern und Ost-Asiaten tritt oft folgendes Phänomen auf: Wenn ein widersprüchliches Thema auftaucht, wollen die Euro-

päer klären, wer Recht hat und werden unruhig, wenn zu lange „unsinnig hin- und herdiskutiert" wird. Die Asiaten hingegen wollen beide Seiten sehen und fühlen sich unverstanden, wenn eine Seite vorschnell überbetont wird (nach Schwarz 1997 S. 205). Auch in Ausbildungsprogrammen tritt dieses Problem zutage: Europäer lernen eher aus wahr-falsch Logiken. Asiaten jedoch wollen den Widerspruch nicht eliminieren und sehen sich durch das Aufzeigen von Widersprüchen bestätigt. Ihnen dann einen Fehler nachzuweisen, kommt einem Gesichtsverlust gleich, der zu schwer wiegenden Lernblockaden führt.

Baumer (2002, S. 56) fasst die charakteristischen Eigenschaften der westlichen Kultur unter den Stichworten Individualität, Diesseitigkeit, Rationalität, Gesetzesorientierung, Gesellschaftsvertragsgesinnung und Leistungsethik zusammen.

Kategorisierung kultureller Unterschiede

Kulturelle Unterschiede können wie folgt kategorisiert werden (Baumer 2002) – diese Unterscheidungen sind übrigens auch für die Reflexion und das Verständnis der Unterschiede von Firmenkulturen innerhalb eines Kulturkreises oder sogar einer Kultur und die Vermeidung von hiervon ausgehenden Konflikten hilfreich:

- **Wesen der menschlichen Natur:** Auf die Frage, was das Wesen der menschlichen Natur ausmacht, haben Religionen oder Philosophien oft einen zentralen Einfluss, wie z.B. die Grundannahmen des Christentums („Erbsünde"), des Puritanismus („Menschen sind von Natur aus schlecht und werden nur durch Selbstbeherrschung gut") oder des Humanismus („Menschen sind von Natur aus gut").
- **Beziehung zwischen Mensch und Natur:** Geht es um Unterwerfung unter die Natur (z.B. wenn starke Naturgewalten vorherrschen, z.B. Überschwemmungsgebiete), Beherrschung der Natur (bisher überwiegend in westlichen Kulturkreisen) oder ist das Bild geprägt von Harmonie (oft im asiatischen Raum)?
- **Zeitorientierung:** Bei der Wahrnehmung der Zeit gibt es kulturelle Unterschiede (z.B. linear, kontinuierlich, zielgerichtet, kumulativ oder gleich bleibend), die eine Auswirkung auf die Bedeutung der Zeit haben. Unterschieden wird hier eine Orientierung auf die Vergangenheit (z.B. Vorfahrenkult in China, Korea), Gegenwart (Lateinamerika, Mittelmeerraum) oder Zukunft (Westeuropa, USA). Wie Baumer (2002, S. 26) feststellt: „Je höher eine Gesellschaft industrialisiert ist, desto bewusster, rationaler und sparsamer denken und handeln die Menschen in der zeitlichen Dimension."
- **Aktivitäts-Orientierung:** Unterschieden wird hier eine Orientierung auf das „Sein" (Spontaneität in der Persönlichkeit, Leben in der Gegenwart wie z.B. in Südamerika, Mittelmeerraum), „Sein im Werden" (Entwicklungsstreben, Gottesfürchtigkeit wie z.B. in religiös geprägten Kulturen wie im Islam) oder „Sein im Tun" (Handlungsorientierung, in den meisten Industrieländern).

Baumer (2002) unterscheidet hier auch drei Gruppen von Kulturen:
- Linear-aktive, in denen Planung, Organisation und Datenorientierung im Vordergrund stehen (z.B. Deutschland, Schweden);
- Multi-aktive, in denen vieles gleichzeitig getan wird, Prioritäten nicht festgelegt werden, sondern spontane und persönliche Kontakte im Vordergrund stehen (z.B. Italien, Lateinamerika, Arabien, Schwarzafrika);
- Reaktive, in denen Höflichkeit, Respekt, Einfühlungsvermögen und Balance wichtig sind (z.B. China, Japan, Finnland).

drei Gruppen von Aktivitäts-Orientierung

- **Beziehungsorientierung:** Hier ist die Frage, in wie weit eher eine Bindung an biologisch-soziale Gegebenheiten wie Familie, Sippe oder Stamm besteht (z.B. englische Aristokratie), die Einbettung in ein größeres soziales System im Vordergrund steht (z.B. Japan, China) oder eine individualistische Ausrichtung und Betonung der persönlichen Autonomie wichtig ist (Industrieländer).

Vielfach sind diese Orientierungen miteinander verflochten und bilden zusammen genommen ein Werteprofil.

Zusätzlich zum Bewusstsein über grundlegende Systemunterschiede ist die Kenntnis der verschiedenen Ausprägungsebenen in kulturellen Unterschieden wichtig. Die Aufmerksamkeit kann sich dabei richten auf:

Kenntnis der verschiedenen Ausprägungsebenen in kulturellen Unterschieden

- **Nationale Charakteristika und Entwicklungen:** z.B. die Einbettung in verschiedene Beziehungsnetze in China, die zur Ausrichtung von Moral und Wahrheit an die Gruppe und Situation führt. So verursachen dann widersprüchliche Normen und Standards keine inneren Konflikte, die Anpassung an unterschiedliche Gruppen erfolgt problemlos. Ein anderes Beispiel ist die nordamerikanische Entwicklung vom „Melting pot" (Schmelztiegel), in der Minderheiten in der amerikanischen Identität aufgehen, hin zum multikulturellen „Salad bowl", in der ethnische Minderheiten ihre Identität pflegen. Hier ist es gut, sich länderspezifische Informationen zu beschaffen, um unnötige Konflikte zu vermeiden (siehe z.B. den Überblick bei Baumer 2002, S. 61).

Informationen über länderspezifische Informationen können unnötige Konflikte verhindern

- **Wahrnehmung:** Regionale und gesellschaftliche Begebenheiten führen zu unterschiedlichen selektiven Wahrnehmungen visueller Art (z.B. gibt es für „Schnee" bei den Eskimos 16 verschiedene Worte), kinästhetischer Art (z.B. welche Körperkontakte erlaubt sind), olfaktorischer Art (werden z.B. natürliche Gerüche intensiviert oder unterdrückt) etc. oder auch unterschiedlicher Wahrnehmung von Zeit oder Raum (z.B. nehmen wir im Westen die Objekte wahr, aber nicht die Räume dazwischen), was sich durch unterschiedliche räumliche Distanzen in der Kommunikation (Intim- oder Sozialdistanzen) ausdrückt (z.B. ist die Interaktionsdistanz im Mittelmeerraum, Lateinamerika und teilweise Arabien gemessen am westlichen Kulturkreis geringer und in vielen asiatischen Ländern höher).

logisch versus intuitiv
- **Denken:** Ist das Denken eher logisch oder intuitiv, besteht also eine Dominanz der linken oder der rechten Hirnhälfte, geht man eher induktiv (verallgemeinern vom Konkreten) oder eher deduktiv (vom Allgemeinen zum Konkreten) vor und welchen Stellenwert haben Aberglaube oder Magie (z.B. werden bestimmten Zahlen in Japan bestimmte Bedeutungen zugeschrieben, so auch Telefonnummern)?

deduktiv versus induktiv
- **Kommunikationsstil:** Sprache strukturiert Erfahrungen mit der Umwelt und vice versa. Unterschieden werden kann hier ein eher deduktiver Kommunikationsstil, bei dem ausgehend vom Allgemeinen dann das Konkrete besprochen wird, von einem induktiven Stil, bei dem erst das konkrete Problem angepackt wird, bevor generelle Probleme an der Reihe sind.

    Wie (Stößel 2002) in einem Beispiel beschreibt, können Japaner oft mit einer allgemeinen Ansprache von Kritikpunkten nichts anfangen, da sie einen induktiven Kommunikationsstil gewohnt sind. Greift dann der Deutsche zu einem deduktiven Vorgehen, vielleicht auch aus Vorsicht und Sorge vor einem Gesichtsverlust des internationalen Partners, so findet keine Problemlösung statt. Gerade die japanische Business-Welt ist perfektionistisch orientiert. Kritik an konkreten Problemen und unter vier Augen ist völlig in Ordnung und sogar erwünscht. Einen Gesichtsverlust bedeutet nur das Kritisieren in Gegenwart dritter Personen.

Gleiche Worte oder Mitteilungen haben in unterschiedlichen Kontexten unterschiedliche Bedeutungen
- **Sprache:** Gleiche Worte oder Mitteilungen haben in unterschiedlichen Kontexten unterschiedliche Bedeutungen. Die Bedeutung von Nachrichten hängt ab von der Beziehung, Rollen, Vorerfahrungen, Denksystemen etc. Zum Beispiel bedeutet in England ein Kompromiss etwas Gutes, in den USA eine suboptimale Lösung und in Russland ist das Wort weitgehend unbekannt, da im ehemals totalitären Staat kein Platz für Kompromisse war. So sind oft auch Übersetzungsfehler die Ursache von Missverständnissen und Konflikten, z.B. bedeutet „blau sein" in England melancholisch und in Deutschland „betrunken sein", was wiederum in USA als „black" bezeichnet wird.
- **Nonverbale Kommunikation:** Unter nonverbaler und paraverbaler Kommunikation wird die Gesamtheit von Kommunikation verstanden, die außerhalb des Inhalts stattfindet, also Mimik, Gestik, Körpersprache und -haltung, Blickkontakte, Bewegungen, Sprechgewohnheiten und -geschwindigkeiten, Lautstärke, Stimmmodulation etc. So bedeutet ein Lächeln in Ostasien (Japan) oft Verlegenheit oder Unsicherheit, wohingegen es im westeuropäischen Raum meistens Freundlichkeit oder Fröhlichkeit, aber auch Ironie bedeuten kann. Direkter Blickkontakt ist im asiatischen Raum respektlos, in westlichen Staaten eine Frage des Respekts.
- **Verhaltensmuster, Sitten, Gebräuche und Normen:** Ob man Hände schüttelt oder nicht, was ein Kopfschütteln bedeutet oder die Norm, nicht mit Zeigefingern auf andere Menschen zu zeigen, ist kulturell

unterschiedlich. Nimmt der Christ die Kopfbedeckung ab, so bedecken sowohl Juden als auch Muslime ihren Kopf bei entsprechenden Gelegenheiten.

So gibt es zahllose Möglichkeiten und Bedeutungen von Zeichensprache, die manchmal von sehr positiv bis vulgär und negativ reichen – so trägt z.B. das Zeichen „Daumen nach oben" die Bedeutung von „alles klar" bis „Vergewaltigung" (Muslime). Vorsicht ist geboten auch bei selbstverständlich erscheinenden Ausdrucksformen (z.B. darf man in buddhistischen Kulturen einem Kind nicht über den Kopf streichen, weil dort die Seele sitzt).

4.4 (Inter-)Kulturelle Konfliktprävention

4.4.1 Kulturbewusstsein

Diese Vielfalt an Unterschieden ist kaum rein rational-digital lernbar. Vielmehr erfordert der Kontakt mit anderen Kulturen eine Sensitivität, eine Einfühlungs- und Assimilationsfähigkeit, die oft erst im Kontakt mit anderen Kulturen erworben werden kann.

Kulturunterschiede haben Auswirkungen auf Dimensionen von Führung, Kommunikation und die Art und Weise, wie Konflikte ausgetragen werden.

Für die Arbeit mit gemischt-kulturellen Gruppen hat es sich bewährt, besonders folgende Dimensionen zum Verständnis und zur Prävention von Konflikten zu betrachten (vgl. auch Baumer 2002):

Dimensionen zum Verständnis und zur Prävention von (inter)kulturellen Konflikten

- **Machtdistanz:** Inwieweit handelt es sich eher um autokratische Kulturen mit hoher Distanz zwischen Führung und Geführten (z.B. Indien oder Frankreich) oder geringer Distanz (z.B. Deutschland, England)?
- **Individualität oder Kollektivität:** Gibt es eher individualistische Leistungsanreize (z.B. USA) oder spielt die Gruppe eine große Rolle (z.B. darf man in China nicht die Einzelmitglieder einer Gruppe, sondern nur den Leiter als Vertreter ansprechen)?
- **Leistungs- oder Gleichheitsprinzip:** Werden Konflikte durch fairen Kampf gelöst (z.B. Japan, Österreich) oder wird Ausgleich und Gerechtigkeit angestrebt (z.B. Niederlande, Schweden)?
- **Risikobereitschaft:** Wie hoch ist das Bedürfnis danach, Risiken und Unsicherheiten zu vermeiden und dafür Regeln einzuführen (hoch z.B. in Belgien, niedrig z.B. in Singapur)?
- **Internale oder externale Attributionen:** Wird die Ursache auf der persönlichen Ebene gesucht oder in strukturellen, kulturellen oder gesellschaftlichen Bedingungen?
- **Konflikte oder Harmonie:** Ist das Austragen von emotionalen Auseinandersetzungen eher erlaubt/erwünscht oder bedeutet Emotiona-

- **Ursachen- oder Zielorientierung:** Geht es eher um die Beherrschung von Konfliktfolgen oder die Suche nach den Ursachen?

informieren über spezifische Konfliktkultur und damit zusammenhängende Kommunikationsmuster in den jeweiligen Ländern

Darüber hinaus ist es günstig, sich über die spezifische Konfliktkultur und damit zusammenhängende Kommunikationsmuster in den jeweiligen Ländern zu informieren. Momentan ist der asiatische Raum und insbesondere China für viele Firmen wirtschaftlich interessant, deshalb seien hier einige Spezifika erwähnt:

Beispiel China

In China sind beispielsweise offene Konflikte im Sinne von emotionalen Ausbrüchen selten. Es geht vielmehr darum, die negativen Emotionen in der akuten Situation durch Gegenmaßnahmen auszubalancieren (das Ying-Yang des Taoismus), etwa durch ein Lächeln, das dann auch den emotionalen Zustand verändert oder indem man ohne Kommentare aus dem Felde geht, damit sich die Sache abkühlen kann. Anschließend wird dann bei Bedarf auch gerne eine dritte Person als neutraler Mittler hinzugezogen. Direkt zu konfrontieren gilt als peinlich und das Zeigen von emotionalen Konfliktreaktionen als primitiv und unerzogen.

Trotz dieser anfänglichen Harmonietendenzen werden Konflikte jedoch nicht unter den Teppich gekehrt, sondern oft viel schneller, radikaler und effektiver als in Europa üblich bearbeitet und gelöst. Außerdem herrschen im Rahmen klarer hierarchischer Strukturen konfuzianische Prinzipien: „Ober" sticht „Unter" und „Unter" akzeptiert das. Insofern treten Konflikte auch eher seltener auf als im Westen.

Nicht in allen asiatischen Kulturen besteht ein ähnliches Konfliktlösungsmuster. So ähneln z.B. die Konfliktlösungen in Japan oder Taiwan den oben für China beschriebenen. Demgegenüber wird jedoch z.B. in Korea viel mehr offen gestritten. Offene Beschwerden und Demonstrationen sind viel üblicher. Möglicherweise besteht hier eine Mischung aus alten sibirischen Rentierzüchtertugenden mit dem harmonieorientierten Taoismus. Historisch gesehen wurde in den früheren Dynastien den Studenten das Recht bzw. die Rolle zugetragen, Regierung und Gesellschaft kritisch zu begleiten – so kann es auch sein, dass diese kritische Tradition sich erhalten hat, vor allem weil das Land oft angegriffen, besetzt und kolonialisiert wurde. Auch die im Koreakrieg beobachtbare Aggressivität wäre in China kaum in dieser Ausprägung denkbar, was mit der weltweit einmaligen Unterdrückungsgeschichte Koreas erklärbar ist und in den kollektiven Glauben mündet: *„Wir Koreaner sind immer die Kleinen, Schwachen, aber wir müssen uns zur Wehr setzen, uns nicht alles gefallen lassen."*

Konfliktvermeidung hat im Rahmen der interkulturellen Kommunikation oberste Priorität

Die zentrale Frage im Rahmen der interkulturellen Kommunikation ist aus meiner Sicht, Konflikte zu vermeiden. Deshalb gehe ich auf die Kernkriterien interkultureller Kompetenz in Kapitel 4.4.3 ein.

4.4.2 Pflege der Unternehmenskultur

Auf der Ebene der Konfliktprävention in Unternehmen ist die Pflege der Unternehmenskultur eines der wichtigsten Mittel. Oft steht zu Beginn die Erkenntnis, dass es sinnvoll ist, die Kultur einer genaueren Analyse zu unterziehen, um so je nach Bedarf die Entwicklung gezielter Interventionen zu ermöglichen (vgl. Pullig 2000).

Insbesondere Führungskräften kommt eine zentrale Rolle bei der Schaffung und Pflege der Unternehmenskultur zu. Überzeugungen, Werte und Prämissen von Unternehmensgründern prägen oft den Stil der Firma weit über deren persönliche Arbeitphase im Unternehmen hinaus. Aber auch die Lernerfahrungen der Gruppenmitglieder im Laufe der Unternehmensentwicklung sowie die Verhaltensweisen neuer Führungskräfte und Gruppenmitglieder prägen die Kultur. Die Mechanismen der Kulturverankerung sind teilweise bewusst und teilweise unbewusst (sie wirken dann als Grundprämissen) und erzeugen in ihrer Gesamtheit das viel zitierte „Betriebsklima". Schein (1995, S. 186 ff.) spricht hier auch von „Primären Mechanismen" der Verankerung (z.B. Signale der Führungskraft, Dinge, denen Führungskräfte bewusst oder unbewusst Aufmerksamkeit schenken, Reaktionen auf Problemsituationen, Vorbildfunktion, Kriterien des Personalprozesses) und „Sekundären Mechanismen" der Artikulierung und Bekräftigung (Formalisierungen dessen, was in den Anfängen informell erlernt wurde, z.B. Verfahren, Organisationssysteme, Rituale und Gebräuche). Einen Überblick bietet Checkliste 25.

Führungskräften kommt eine zentrale Rolle bei der Schaffung und Pflege der Unternehmenskultur zu

Teilweise sind die Mechanismen und Dynamiken, durch die eine Unternehmenskultur entsteht, schwer zu entschlüsseln und zu beeinflussen. Umso wichtiger ist es, sich den Einfluss auch beiläufiger Bemerkungen, Erscheinungsweisen und Symboliken bewusst zu machen und bewusst zur Pflege eines guten Betriebsklimas beizutragen, z.B. durch Anerkennung, Berechenbarkeit und die Förderung einer Lernkultur (Schein 1995, Senge 1990 oder Pullig 2000).

sich den Einfluss auch beiläufiger Bemerkungen, Erscheinungsweisen und Symboliken bewusst machen

Checkliste 25: Ansatzpunkte zur Analyse und Gestaltung der Unternehmenskultur	
Primäre Mechanismen der Kulturverankerung	**Sekundäre Mechanismen des Ausdrucks und der Verstärkung von Kultur**
• Dinge, denen Führungskräfte regelmäßig bewusst oder unbewusst Aufmerksamkeit schenken, alles, was sie beurteilen, kommentieren, kontrollieren oder belohnen • Signale hinsichtlich der Prioritäten, Überzeugungen, Werte etc. • Führungsreaktionen auf problematische Ereignisse und Krisen	• Gestaltung des Unternehmens (Aufteilung in Produktgruppen, Märkte, Verantwortungsbereiche etc.) • Routineabläufe, Verfahren, Berichte und Systeme • Rituale und Gebräuche (z.B. Meetings, Betriebsausflüge)

• Kriterien für die Zuteilung von Ressourcen (Budgets, Investitionen) • Bewusste Vorbildfunktion • Indirekte Vermittlung über inoffizielle Aussagen, Verhalten • Mythen und Geschichten über den Unternehmensgründer • Belohnungs-, Beförderungs- und Statussysteme • Personalauswahl- und Einstellungspolitik • Entlassungs-, Ausschluss- und Pensionierungspolitik	• Gestaltung der materiellen Ausstattungen (Räumlichkeiten, Fassaden, Büros, Produktionsstätten etc). • Geschichten, Mythen, Witze über wichtige Ereignisse und Menschen im Laufe der Unternehmensentwicklung • Offizielle Aussagen zu Unternehmensphilosophie und -werten (öffentliche Broschüren und Auftritte)

neuere Großgruppenmethoden

Viele Beratungsmethoden der Organisationsentwicklung zielen auf eine Pflege und konstruktive Veränderung von Unternehmenskultur und Betriebsklima durch Einbeziehung der Beteiligten. Zu erwähnen sind hier insbesondere neuere Großgruppenmethoden wie Appriciative Inquiry, Open Space, Future Search oder Real time strategic change (vgl. Homan u. Deviane 1999, Königswieser u. Keil 2000).

4.4.3 (Inter-)Kulturelle Kompetenz

Ein wichtiges Feld der Konfliktprävention besteht darin, durch ein erhöhtes Verständnis von Kulturunterschieden und kulturbedingtem Verhalten unnötige Konflikte zu vermeiden. Ich bringe hierbei das Verständnis von nationalen Kulturen und Unternehmenskulturen in Deckung, da aus meiner Sicht hier die gleichen Mechanismen und Dynamiken Gültigkeit besitzen. Egal ob es um Kontakte zwischen Produktion und Marketing, zwischen zwei Firmen oder zwischen Menschen zweier Kulturen geht, immer geht es um das Erkennen, das Verständnis und die Begegnung.

Nationale Kulturen und Unternehmenskulturen sind vergleichbar

Dabei zeichnet sich inzwischen ein Verständnis von Multikulturalität ab, das die verschiedenen Kulturen als Bereicherung und Ergänzung begreift. Benutzt wird dafür die Metapher des „Salad bowl" oder „fruit bowl", in dem getrennte Bestandteile ein gemeinsames Ganzes ergeben und auch ethnische Minderheiten ihre Eigenheiten bewahren und pflegen. Dieses Verständnis löst die frühere Vorstellung einer Verschmelzung zu einer transnationalen Kultur ab – so wie die USA Anfang des zwanzigsten Jahrhunderts als „melting pot" galten, in dem Minderheiten ihre Identität zugunsten der gemeinsamen amerikanischen aufgeben sollten (nach Baumer 2002).

Für die Zusammenarbeit sowohl in kulturell gemischten Teams, z.B. in Projektgruppen oder bei Unternehmensfusionen als auch bei multikulturellen Teams ist deshalb eine kulturelle oder interkulturelle Kompetenz notwendig, nämlich die Fähigkeit, mit anderen Menschen erfolgreich in Kontakt zu treten. Oder wie Kopper u. Kiechl (1997) formulieren: *„Interkulturell kompetent ist eine Person, die bei der Zusammenarbeit mit Menschen aus ihr fremden Kulturen deren spezifische Konzepte der Wahrnehmung, des Denkens, Fühlens und Handelns erfasst und begreift"* – ebenfalls eine Definition, die sich unmittelbar auch auf die Begegnung innerhalb einer nationalen Kultur übertragen lässt, z.B. zwischen zwei Subkulturen innerhalb einer Firma oder zwischen zwei Firmen.

In einem international tätigen Großunternehmen steigt ein Naturwissenschaftler nach seinem Universitätsabschluss in eine Forschungsabteilung ein. Hier erfährt er seinen ersten „Kulturschock" im Übergang von der Universitäts- zur Firmenkultur. Als er nach einiger Zeit in die Produktionsabteilung wechselt, erlebt er die nächste kulturelle Veränderung zwischen Forschung und Produktion. Später dann im Marketing hat er einen australischen Vorgesetzen, wieder wird er mit einer anderen Kultur konfrontiert. Dann kommt sein erster Auslandseinsatz in China, hier erfährt er einen „Kulturschock" wieder anderer Art.

Interkulturelle Kompetenz ist eigentlich nichts anderes als soziale Kompetenz, so benennt z.B. Baumer (2002) die für den interkulturellen Bereich notwendigen Grundqualifikationen sozialen Handelns als:

- **Normenflexibilität** (situationsadäquate Anpassung von Normen)
- **Rollendistanz** (situationsangemessenes Einnehmen von Rollen)
- **Rollenflexibilität** (verschiedene Rollen einnehmen können)
- **Frustrationstoleranz** (nicht immer eigene Ziele durchsetzen müssen)
- **Empathie** (sich in andere Menschen einfühlen können)
- **Ausdrucksfähigkeit** (eigene Bedürfnisse und Ziele artikulieren können)
- **Konfliktfähigkeit** (Konflikte aushalten und fair lösen können)
- **Ambiguitätstoleranz** (Spannungsfelder ertragen können)
- **Kommunikative Kompetenz** (passive und aktive Kommunikationsfähigkeiten um andere Stile als den gewohnten erweitern können)
- **Kooperationsfähigkeit** (konstruktiv und produktiv im Team arbeiten).

Interkulturelle Kompetenz ist letztlich nichts anderes als soziale Kompetenz

Für die Konfliktprävention im Business ist insbesondere die Kenntnis latenter Konfliktstoffe im interkulturellen Umgang wichtig. Baumer (2002) nennt hier folgende Dimensionen:

- **Abschlussorientierung versus Beziehungsorientierung:** wobei mögliche wechselseitige Vorurteile aufdringlich, aggressiv, unverblümt versus zögerlich, vage, schwer fassbar lauten
- **Informelle versus formelle Kulturen:** lockerer versus statusbewusster Umgang

Dimensionen latenter Konfliktstoffe im interkulturellen Umgang

- **Zeitfixierung versus zeitoffene Kulturen:** Wertschätzung von Pünktlichkeit und Terminkalender versus Wertschätzung von Entspannung und Beziehung
- **Expressive versus reservierte Kulturen:** unterschiedliche Lautstärke, Mimik, Gestik.

Faktoren der Förderung sozialer Kompetenz im Unternehmen

Die Frage schließt sich an, wie diese Fähigkeiten und insgesamt die Flexibilität, Lernfähigkeit und soziale Kompetenz in Unternehmen gefördert werden kann, damit auf breiter Basis (inter-)kulturelle Kompetenz entstehen kann. Dazu gibt es folgende Ansatzpunkte:

- **Verfahrensweisen zur Förderung sozialer bzw. interkultureller Kompetenz,** z.B. Trainée-Programme oder geplante Rotationen in verschiedenen Firmeneinheiten.
- **Gezielte Fördermaßnahmen zur Förderung sozialer bzw. interkultureller Kompetenz,** z.B. Seminare, Coaching etc. Stößel (2002) unterscheidet hier Kulturinformationsseminare, in denen ein grober Überblick über spezielle Kulturen vermittelt wird, „Culture-Awareness" Maßnahmen, die ein Bewusstsein über die eigene kulturelle Prägung vermitteln, „Culture-Assimilator" Maßnahmen, die in E-Learning-Programmen konfliktträchtige Felder aufarbeiten und „Contrast-Culture" Trainings, die den Umgang mit schwierigen Situationen üben.
- **Befähigung des Managements, interkulturell zu handeln,** also je nach kulturellem Kontext, Werten, Normen, Einstellungen der Mitarbeiter Führung zu gestalten. So nimmt in einer von Hierarchie- und Harmoniedenken geprägten Gesellschaft wie Japan oder Korea der Chef eine Art Vaterrolle ein, der Führungsstil ist eher patriarchalisch, die Eigeninitiative der Mitarbeiter eher gering, dafür aber die Lern- und Einsatzbereitschaft groß.
- **Schaffung multikultureller Teams auch im Heimatland der Muttergesellschaft.** Viele Firmen verstehen immer noch unter „interkulturell", dass sie in internationalen Märkten tätig sind und Mitarbeiter in die Gesellschaften entsenden. Inzwischen besteht der Trend darin, vor Ort nationale Führungskräfte einzusetzen, da es für Entsandte oft schwierig ist, in fremden Kulturen wirklich Fuß zu fassen, z.B. ist es für nicht-asiatische Führungskräfte ziemlich problematisch, überhaupt die Stimmung der Mitarbeiter zu erfassen. Ein weiterer stärker um sich greifender Schritt besteht darin, Mitarbeiter anderer Kulturen in die Holding oder Stammgesellschaft zu holen. Das hat den Vorteil, dass diese die Original-Firmenkultur und -struktur kennen lernen können und dass die Stammmitarbeiter direkt mit anderen Kulturen und Know-how konfrontiert werden, also vor Ort statt in Seminaren interkulturelles Handeln lernen können.

Mitarbeiter anderer Kulturen in die Holding oder Stammgesellschaft holen

- **Schaffung einer Lern- und Feedback-Kultur.** Hier wird versucht, durch gezielte Strategien die ganze Organisation in Richtung lernender Organisation zu bewegen. Dies erfolgt durch die strukturelle und kulturelle Förderung von Kernkompetenzen in Gebieten wie persönliche Kompetenzen (Personal Mastery), mentale Modelle, Visionsentwicklung, Teamlernen und Systemdenken (Senge 1990). Unspezifische „Culture-Awareness"-Maßnahmen können hier unterstützen (Stößel 2002). Neuere Ansätze des Change Managements gehen ebenfalls in diese Richtung (z.B. Doppler u. Lauterburg 1994, Mary 1996). Die Fähigkeit zum Lernen wird auch entscheidend dadurch beeinflusst, inwieweit Feedback mit zum Unternehmensalltag gehört und systematisch gefördert wird, z.B. durch 360°-Feedback (siehe Runge 2001 und Kap. 3.2.2)

Eine Förderung interkultureller Kompetenz erfolgt immer in drei Schritten:

Förderung interkultureller Kompetenz in drei Schritten

1. Kenntnis der eigenen und fremden Kultur und Bewusstsein der vorliegenden kulturellen Unterschiede
2. Anerkennen und Respektieren der kulturellen Unterschiede
3. Gezielte Pflege von latenten möglichen Konfliktfeldern.

4.5 Überblick: Konfliktprävention in Systemen

Bei der Arbeit mit und in lebenden komplexen Systemen wie Unternehmen ist es wichtig, grundlegende Systemprinzipien zu begreifen und strukturelle und kulturelle Ansatzpunkte zu Vermeidung unnötiger Konflikte wahrzunehmen. Checkliste 26 bietet Ihnen Fragestellungen, anhand derer Sie überprüfen können, welche Möglichkeiten struktureller und kultureller Konfliktprävention Sie verstärkt beachten können.

Checkliste 26: Strukturelle und kulturelle Konfliktprävention

- Inwieweit sind aufgetretene Konflikte Ausdruck einer bestimmten Phase der Unternehmensentwicklung?
- Welche Veränderungsschritte stehen im Unternehmen an?
- Wie können Sie Veränderungen systemisch begleiten (vgl. das Change Portfolio Teil C, Kap. 3.4.1)?
- Welche Spannungsfelder und daraus resultierende Konfliktmuster können Sie beobachten?
  - Gruppe – Gruppe
  - Zentrale – Dezentrale
  - Projekt – Linie
  - Mitarbeiter – Unternehmen
  - Informelle – formale Strukturen
  - Sozialstruktur – Technik

- Wie können Sie diese Spannungsfelder langfristig ausbalancieren?
- Werden verschiedene Systemlogiken ausreichend getrennt?
- Welchen Einfluss haben gesellschaftliche Rahmenbedingungen?
- Wie werden Entscheidungs- und Meinungsbildungsprozesse gesteuert?
- Wie können Sie Kriterien zur Erfassung der Unternehmenskultur aufstellen?
- Wie beschreiben Sie Ihre Unternehmenskultur und welche Rückschlüsse ziehen Sie daraus für die Konfliktprävention?
- Welchen Einfluss hat wer (Unternehmensgründer, Führungskräfte, Mitarbeiter)?
- Welche (inter-) kulturellen latenten Konfliktbereiche sind in Ihrem Unternehmen/Ihrem Tätigkeitsbereich vorhanden?
- Wie können Sie bzw. Ihre Organisation als Gesamtes interkulturelle Kompetenz erwerben?

Zusammenfassung von Teil B
Wichtigste Strategien der Konfliktprävention

In Teil B wurden verschiedene Möglichkeiten der individuellen, zwischenmenschlichen und strukturellen sowie kulturellen Konfliktprävention behandelt. Checkliste 27 gibt Ihnen einen Überblick über die zentralen Möglichkeiten der Konfliktprävention.

Checkliste 27: Möglichkeiten der Konfliktprävention	
Innere Konflikte	• Erkennen Sie Lebenspläne, Glaubenssätze und Antreiber! • Gehen Sie Entscheidungskonflikte proaktiv an! • Werden Sie sich über Ihren bevorzugten Konfliktstil klar und bauen Sie ihr Stilrepertoire aus! • Verstehen Sie sich und andere sowie die Unterschiede zwischen Menschen, indem Sie Modelle wie die Arbeitsstile, den MBTI oder die Riemannschen Grundfunktionen nutzen! • Steigen Sie aus dem Dramadreieck aus! • Entwickeln Sie Ihr inneres Team! • Entwerfen und überprüfen Sie Ihre Lebensziele!

	• Wenden Sie Methoden des aktiven Selbst- und Stressmanagements an (Mentales Training, Entspannung, Fitness)!
Konflikte in der Diade	• Pflegen Sie Ihre Arbeitsbeziehungen, gehen Sie auf den Anderen zu und drücken Sie Wertschätzung aus! • Suchen Sie aktiv den Dialog und vermeiden Sie Dialogblockaden und Abwertungen! • Geben Sie sich und anderen Orientierung durch ein aktives Rollenmanagement!
Konflikte in der Triade	• Klären Sie Koalitionen und Rivalitäten! • Suchen Sie den direkten Kontakt!
Konflikte in Gruppen	• Sorgen Sie für klare und verbindliche Ziele! • Klären Sie Kompetenzen, Spielregeln und Rollen! • Sorgen Sie für eine kontinuierliche Teamentwicklung sowie Feedback und Prozessreflexion! • Führen Sie situativ und wirksam!
Strukturelle Konflikte	• Werden Sie sich klar, welche Konflikte Ausdruck der Unternehmensentwicklungsphase sind, in der Sie sich befinden! • Balancieren Sie strukturelle Spannungsfelder! • Entwickeln Sie ein vertieftes Bewusstsein über die Systemlogik von „Familie" und „Organisation"! • Schaffen Sie eine klare Arbeitsorganisation mit klaren Verantwortlichkeiten und Funktionen! • Sorgen Sie für Möglichkeiten einer selbstbestimmten, kreativen Arbeitsgestaltung für ihre Mitarbeiter!
(Inter-) Kulturelle Konflikte	• Beachten Sie den Einfluss gesellschaftlicher Rahmenbedingungen! • Steuern Sie Meinungsbildungs- und Entscheidungsprozesse durch eine transparente Informationspolitik und das Aufgreifen von Widersprüchen! • Schaffen Sie eine konstruktive Streitkultur! • Identifizieren Sie latente Konfliktpotenziale in Ihrem Bereich, denen Sie vorbeugen! • Verstärken Sie den Erwerb interkultureller Kompetenz!

Teil C

Konflikte bewältigen

Grundmuster der Konfliktlösung
Lösungsstrategien und Interventionen

In diesem Kapitel geht es darum, konstruktiv mit vorhandenen Konflikten umzugehen.

Zunächst werden Grundmuster der Konfliktlösung unterschieden, die sich anhand grundlegender Entwicklungsrichtungen von Gruppen oder Einzelpersonen beobachten lassen.

Eine andere Sichtweise ist es, strategisch im Rahmen der aktuell vorliegenden Eskalationsstufe vorzugehen. Dies erfordert jeweils andere Vorgehensweisen, die von Gesprächen bis zur Trennung der oder vom Konfliktpartner reichen.

Den Abschluss bilden konkrete Interventionsmöglichkeiten bei Einzelpersonen, Gruppen und Organisationen.

1 Grundmuster der Konfliktlösung

Zur Unterscheidung von Konfliktlösungsstrategien bieten sich die sechs Grundmodelle von Schwarz (1997, siehe Abb. 1) an, der damit wesentliche Grundmuster der Konfliktlösung unterscheidet: Flucht, Vernichtung des Gegners, Unterwerfung oder Unterordnung des einen unter den anderen, Delegation an eine dritte Instanz, Kompromiss und Konsens.

von Flucht bis zum Konsens

Diese Grundmuster entsprechen in ihrer Reihenfolge einem übergreifenden Lern- und Entwicklungsprozess von Flucht als unterster Konfliktlösungsmöglichkeit bis zum Konsens als die in der Zivilisation am höchsten entwickelte Konfliktlösung. Dieser Prozess betrifft sowohl die Menschheitsgeschichte, als auch die Entwicklung von Völkergruppen und Organisationen bis hin zur Entwicklung einzelner Individuen. Interessanterweise entsprechen diese Muster den in Teil B, Kap. 1.3.1 genannten individuellen Konflikt-Stilen im Gewinner-Gewinner-Modell. Die verschiedenen Lösungsmuster spiegeln sich als Einstellungs- und Verhaltenspräferenzen bei einzelnen Personen wider.

Eine Ausnahme, die hier besonderen Stellenwert erhalten soll, ist allerdings die „Delegation an eine dritte Instanz", die ich im zweiten Teil dieses Kapitels behandle.

Der Rückfall von einer höher entwickelten Stufe bedeutet eine Konfliktverschärfung im Sinne der Eskalation eines Konflikts

Gleichzeitig stellt der Rückfall von einer höher entwickelten Stufe eine Konfliktverschärfung im Sinne der Eskalation eines Konflikts dar (vgl. Teil A, Kap. 2.4). Die Konfliktdynamik geht in eine Abwärtsspirale über (vgl. die Konfliktspirale Teil A, Kap. 2.4.2 Abb. 22).

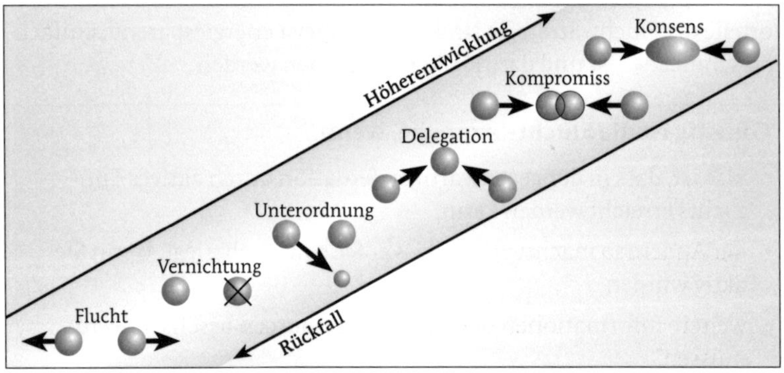

Abb. 1: Sechs Grundmuster der Konfliktlösung (nach Schwarz 1997)

1.1 Das Gewinner-Gewinner-Modell und abgeleitete Konfliktlösungsmuster

In Teil B lag bei der Erläuterung des Gewinner-Gewinner-Modells der Fokus auf individuellen Einstellungen – hier konzentriere ich mich auf Muster in Verhaltensweisen und Lösungsstrategien, wie sie in verschie-

denen Situationen sinnvoll sind. Ich beschreibe für die einzelnen Lösungsmuster:
- Das Verhaltensmuster und dazu gehörige Strategien
- Vorteile des Verhaltensmusters
- Nachteile des Verhaltensmusters

1.1.1 Konfliktlösung Vermeiden und Fliehen

Auch beim zivilisierten Menschen ist das impulsiv erste, quasi ursprünglich instinkthafte Verhaltensmuster beim Auftreten von Konflikten die Flucht (Schwarz 1997). Ein Gefühl von „nichts wie weg" kann man z.B. bei der ersten Reaktion nach Unfällen feststellen, aber auch wenn Probleme verleugnet, verdrängt, „auf die lange Bank geschoben" oder „unter den Teppich gekehrt" werden.

instinkthafter Fluchtimpuls

Der Flucht-Stil stellt gleichzeitig eine Verlierer-Verlierer-Strategie dar, die von Lynch u. Kordis (1998) auch als „Karpfen-Strategie" bezeichnet wird. Karpfen kämpfen nicht und überleben nur, wenn sie im Territorium von Karpfen unter zahlreichen Karpfenfreunden bleiben. Karpfen spielen für gewöhnlich mit, treffen aber ungern eine selbstständige Wahl und übernehmen keine Verantwortung. Im Verhalten sind die „Vermeider" eher zurückgezogen, ihr Verhalten wirkt oft sachlich, unpersönlich und vorsichtig. Wenn sie nur in Ruhe gelassen werden, verzichten sie auch auf persönlichen Gewinn oder einen Beitrag zur Beziehung. Sie gehen auch in die Überanpassung und bemerken den Punkt nicht, an dem sie sich selbst aufgeben.

Das Verhalten der „Vermeider" wirkt oft sachlich, unpersönlich und vorsichtig

Vorteile der Flucht-Strategie sind, dass sie meist energiesparend, einfach und schmerzlos ist und dass Risiken vermieden werden.

Vorteile der Flucht-Strategie

> **Günstig ist die Flucht-Strategie, wenn**
> - klar ist, dass in der gegenwärtigen Situation durch aktives Tun nichts erreicht werden kann,
> - der Andere so machtvoll ist, dass er Sie sowieso besiegt, wenn Sie aktiv würden,
> - weitere Informationen oder andere Ressourcen beschafft werden müssen,
> - der Konfliktgegenstand sehr unwichtig ist,
> - überhaupt keine Chancen auf eine Lösung bestehen,
> - Sie ausgebrannt sind und erst einmal eine Pause brauchen,
> - das Thema sich von selbst erledigt oder andere den Konflikt ohnehin erfolgreicher lösen können,
> - sich eine spannungsgeladene gefühlsbesetzte Situation erst wieder abkühlen muss, bevor eine Lösung und Klärung möglich ist.

Flucht kann keine dauerhaften Lösungen hervorbringen

Die Fluchtstrategie hat jedoch den Nachteil, dass die scheinbar durch Flucht gelösten Konflikte meist in Wirklichkeit überhaupt nicht gelöst wurden und der Konflikt oft in verschärfter Form zurückkehrt. Werden Konflikte ständig verdrängt und geleugnet, kommt es zum Stillstand in der Beziehung, eine Entwicklung ist nicht mehr möglich. Der Lernprozess wird verhindert. Weitere Konsequenzen sind oft Minderwertigkeitsgefühle und Depressionen bis hin zu psychosomatischen Krankheiten, oder es kommt zu plötzlichen Aggressionsausbrüchen.

Die Kehrseite der Flucht ist die Aggression

Aggression verhält sich zur Flucht wie ein Zwillingsbruder, sie ist die Kehrseite der Medaille. Sehr plastisch beschreibt Schwarz (1997) die archaische Flucht-Aggressions-Kombination bei Affen, die auf Bäume flüchten, wenn sie in die Enge getrieben werden und von dort den Angreifer „anscheißen" – ein sehr aggressives Verhalten, vor dem sogar Tiger sofort flüchten. Vielleicht kommt es daher, dass man im Kontext des Flucht-Aggressions-Musters auch von *„Der hat die Hose voll", „Anschiss", „jemanden bescheißen"* oder *„sich ausscheißen"* spricht. Nicht nur bei Tieren ist hier eine enge Flucht-Aggressions-Kombination zu beobachten, auch Menschen, die z.B. jahrelang unterdrückt oder „gemobbt" wurden, können oft überraschend zurückschlagen, wie das Beispiel vieler Amokläufer auch schon bei Kindern (z.B. der Vorfall des Schülers von Erfurt 2001) zeigt.

> **Die Fluchtstrategie ist eher ungünstig, wenn**
> - sie auf Dauer angewandt wird und einen Konflikt nur unterdrückt. Sie verhindert es, im „Driver Seat" zu bleiben, d.h. ein verantwortungsvolles, aktives und erfülltes Leben zu führen,
> - die Sache und/oder die Menschen Engagement und eine Lösung des Konflikts erfordern.

1.1.2 Konfliktlösung Konkurrieren und Vernichten

Wenn Konflikte nicht durch Flucht gelöst werden können, fühlen sich die Beteiligten zum Kampf gezwungen

Wenn Konflikte nicht durch Flucht gelöst werden können, fühlen sich die Beteiligten zum Kampf gezwungen. Das ursprüngliche Ziel des Kampfes ist dabei der Sieg über den Anderen, die Vernichtung des Anderen. In der Geschichte sind dies Kriege, Völkermorde und Faschismus sowie alle Strategien mit der Überschrift „Keine Gefangenen machen".

Auch in der Zivilisationsgesellschaft werden Vernichtungsrituale als angestrebte Lösung in einem Kampf beibehalten, z.B. in Monopolbildungen oder bei Übernahmestrategien. Diese Gewinner-Verlierer-Strategie der Konfliktlösung wird bei Lynch u. Kordis (1998) auch „Hai-Strategie" genannt, die sich auch in Unternehmen als Kampf und Krieg äußert. Wenngleich es in Unternehmen eher nur noch in kriminellen Ausnahmefällen um den physischen Tod des Gegners geht, so folgen auch Konflikte zwischen Unternehmen dann den Prinzipien militärischer Strategien.

Ramsey (1987) führt uns hier die Symbolik der Sprache vor Augen, wenn von „Manövern", „Offensiven", „Überraschungsangriffen", „Ökonomie der Gewalt", „klaren Befehlsstrukturen", „Geheimhaltung" und „Loyalität" etc. die Rede ist (vgl. auch Lynch u. Kordis 1998, S. 42). Die Konkurrenzstrategie besteht oft nur noch im übertragenen Sinne aus Vernichtung; heute treten Zwang, Unterdrückung, Überzeugen, Überreden, Drohen, Bestechen und Durchsetzen an diese Stelle. So ist auch das Verhalten Einzelner, bei denen die Gewinner-Verlierer-Einstellung dominant ist, geprägt durch Dominanz, Konkurrenz, präventive Erstschläge, Feindseligkeit, Misstrauen und Aggressivität.

kriegerische Sprachmetaphorik

Das Ergebnis der Gewinner-Verliererstrategie in oder zwischen Firmen ist dann immer noch Vernichtung. Wenngleich kaum noch die physische, so wird doch die existenzielle Vernichtung angestrebt, wenn Unternehmen *„platt gemacht"* werden oder eine soziale bzw. psychologische Vernichtung stattfindet, die im Phänomen „Mobbing" deutlich wird.

existenzielle Vernichtung

Der Vorteil dieser Strategie liegt darin, den Gegner zu besiegen. Durch das Selektionsprinzip „der Stärkere überlebt" kann Entwicklung entstehen und der Sieger gestärkt aus der Auseinandersetzung hervorgehen.

Im Unternehmenskontext sind Strategien des Konkurrierens oder Vernichtens günstig, wenn

- die Beziehung unwichtig, aber dafür ein bestimmtes Ergebnis entscheidend ist,
- unpopuläre Maßnahmen das einzige Mittel sind, einen Stillstand zu durchbrechen,
- Zeitdruck besteht und schnelles, entschiedenes Handeln äußerst bedeutsam ist,
- eine Beziehungsstörung unerheblich ist,
- die Gegenseite über Leichen geht und ein Gegenhalten für den eigenen Schutz unbedingt nötig ist,
- Sie derjenige sind, der zuvor immer nachgegeben hat.

Langfristig angewandt überwiegen auch bei diesem Stil die Nachteile. Nicht nur ist es sehr anstrengend, immer gewinnen zu müssen, um zu überleben. Dieser Stil ist auch wenig flexibel, dogmatisch und oft unvernünftig, weil es auf der verdeckten Ebene meist mehr darum geht, den Anderen fertig zu machen als gute Ergebnisse zu erzielen. Der durch den langfristigen Beziehungsschaden verursachte Verlust wird nicht berechnet. Die Effekte des Dominanzverhaltens für die Beziehung werden nicht berücksichtigt oder – wenn es mehr in Richtung Unterwerfung geht – nur nach dem Sieg eventuell aufgefangen.

Der durch den langfristigen Beziehungsschaden verursachte Verlust wird nicht berechnet

Außerdem wird durch die Kampf- und Vernichtungsstrategie Entwicklung insgesamt mehr verhindert als gefördert, da die Aspekte, in de-

Entwicklung wird mehr behindert als gefördert

nen der Verlierer Recht hatte, nicht berücksichtigt werden und eigene Fehler so nicht korrigiert werden können. Den Extremfall dieser Strategie stellen totalitäre Regimes dar, die die Opposition vollständig unterdrücken und damit einhergehend auch jegliche Alternativen.

> **Die Kampfstrategie ist also ungünstig, wenn**
> - langfristig eine tragfähige Beziehung wichtig ist,
> - Sie die Identifikation des „Gegners" mit dem Ergebnis benötigen und die Vereinbarungen und Verträge auch informell eingehalten werden müssen,
> - Sie sich nicht langfristig auf Verteidigung und Überlebenskampf einstellen wollen,
> - eine Eskalation verhindert werden soll,
> - Sie als Mitarbeiter oder Lieferanten keine Ja-Sager, sondern kreative Köpfe brauchen.

1.1.3 Konfliktlösung Nachgeben und Unterwerfen

Der Verzicht auf die Tötung des Gegners hat in der Geschichte der Menschheit ein neues Zeitalter eingeläutet. Schwarz (1997) spricht hier vom Zeitalter der Sklaverei. Zum ersten Mal war es möglich, das eigene Überleben durch Unterwerfung zu sichern. Ein Sklave ist nach Aristoteles jemand, der auf seine Freiheit verzichtet hat, um zu überleben. In hierarchischen Systemen ist diese Konfliktlösungsstrategie später durch das Unterordnungsprinzip institutionalisiert worden.

Das Motto der Unterordnungsstrategie könnte man bissig als „Lieber Sklave als tot" oder im modernen Unternehmen als „Tausche Freiheit und Selbstbestimmung gegen Sicherheit und Unterordnung" (Schwarz 1997, S. 228) bezeichnen. Dem Nachgeben nahe stehende Methoden der Konfliktlösung sind *Intrigieren, Manipulieren, Ausweichen, übertriebene Unterwerfung* wie z.B. „Dienst nach Vorschrift". Dazu gehört jedoch auch die Strategie des Abstimmens, da sich hier eine Minderheit der Mehrheit unterwirft, wobei hier auch Momente der Delegation und des Konsens vorhanden sind.

Lynch u. Kordis (1998) bezeichnen die Verlierer-Gewinner-Strategie auch als die des „pseudoerleuchteten Karpfens", die gekennzeichnet ist durch den Glauben, dass man besser nachgibt, wenn man der Verantwortung nicht entkommen kann und eigene Interessen opfert. Auf Dauer wird der Nachgebende vom „Hai" gefressen und bekommt vom Anderen dessen Ergebnisse aufgezwungen. Da es sich jedoch nicht um gute Kompromisse oder echte Übereinstimmungen handelt, tragen die so geschlossenen Vereinbarungen nicht.

Das Verhalten des Nachgebenden ist im Extremfall durch Anpassung und Friedhofsfreundlichkeit gekennzeichnet. Jemand, der für sich überwiegend diesen Konfliktstil pflegt, stellt seine eigenen Ziele und Interessen zurück, besänftigt den Partner und leugnet Konflikte soweit es geht. Wenn er an seine Grenzen angelangt ist, opfert er lieber seine Freiheit und gibt nach, ordnet sich unter. Im Auftreten wirkt er zaudernd bis zuvorkommend und sagt vorschnell ja.

Der Hauptvorteil der Unterordnungsstrategie liegt menschheitsgeschichtlich in der Möglichkeit einer vertikalen und horizontalen Arbeitsteilung. Außerdem besteht für den Unterlegenen/Untergebenen die Hoffnung, dass sich die Verhältnisse umkehren oder langfristig eine Auseinandersetzung und Veränderung der Umstände stattfindet.

Möglichkeit einer vertikalen und horizontalen Arbeitsteilung

> **Die Strategie der Unterordnung und des Nachgebens ist günstig, wenn**
>
> - der Konfliktgegenstand unwichtig, unbedeutend ist,
> - Sie überzeugt sind, dass der Gesprächspartner nach einiger Zeit die Sache anders sieht (Bonus, schlechtes Gewissen o.Ä.),
> - ein Notfall vorliegt, der durch Harmonie und Nachgeben in den Griff zu bekommen ist,
> - die Angelegenheit der Anderen wirklich vorübergehend wichtiger ist,
> - Sie Unrecht haben und erst ein offensives Nachgeben, wie z.B. eine Entschuldigung Sie wieder „ins Recht setzt",
> - vorher immer die andere Seite nachgegeben hat,
> - um Mitarbeiter weiter zu entwickeln, wenn diese eher autoritätsgebunden sind.

Der Nachteil der Unterordnungsstrategie liegt darin, dass sie oft eine Beziehung oder ein hierarchisches Verhältnis stabilisiert, das auch stabil bestehen bleibt, wenn der Nachgebende faktisch im Recht ist, und dann nicht zum Zuge kommt. Dann setzt sich der Stärkere, Lautere, hierarchisch Höhere gegen das Recht und die Wahrheit durch.

Recht oder Macht?

> **Ungünstig ist diese Strategie also, wenn**
>
> - immer Sie es sind, der „klein bei gibt",
> - dadurch langfristig eigene Ziele oder wichtige Aspekte des Ganzen unter den Tisch fallen,
> - das gemeinsame Ganze auch ihr sachliches Engagement erfordert,
> - Sie faktisch im Recht sind, sich aber nicht gegen den Stärkeren durchsetzen können,
> - langfristig sinnvolle Ziele und tragfähige Vereinbarungen nötig sind.

Kooperation durch Delegation an übergeordnete Schieds- oder Richterstellen

Weiterentwickelt hat sich dieses Muster in hierarchisch-arbeitsteiligen Gesellschaften zur Kooperation durch Delegation an übergeordnete Schieds- oder Richterstellen (siehe Kap. 1.2). Oft stellt die Delegation einen wichtigen Zwischenschritt zwischen Entweder-Oder als Kampf oder Nachgeben hin zur Einigung dar.

1.1.4 Konfliktlösung Feilschen und Kompromiss

den gemeinsamen Nenner finden

Gelingt es, das Muster von Flucht, Kampf und Unterordnung zu überwinden, dann geht es darum, den gemeinsamen Nenner zu finden. Oft scheint die Befriedigung aller Ziele und Bedürfnisse zumindest nicht auf den ersten Blick möglich. Dann versucht man, eine Teileinigung zu erzielen, die auch Kompromiss genannt wird.

Im Verhalten zeigt sich der Kompromiss-Stil oft als Überreden, Verhandlungsstrategie oder Manipulation. Man versucht zu verhandeln, indem man dem Anderen einzelne Positionen „abkauft" und gegen eigene „eintauscht".

Vorteil der Kompromiss-Strategie

Der Vorteil der Kompromiss-Strategie ist, dass sich die Parteien aufeinander zu bewegen und zumindest eine teilweise Integration stattfinden kann.

> **Diese Strategie ist günstig, wenn**
>
> - die Positionen stark polarisiert sind und ein Fortschritt in kurzer Zeit erzielt werden muss,
> - die Ziele sich nicht grundsätzlich widersprechen oder nur mäßig wichtig sind,
> - eine vorläufige (Minimal-)Übereinkunft erzielt werden soll, die später noch einmal verhandelt werden kann,
> - die Gegenseite nicht kooperationsbereit bzw. konsensfähig ist,
> - Zeitmangel herrscht und ein Kompromiss besser als völlige Uneinigkeit oder gar Krieg ist,
> - strukturell kein Interessensausgleich mit Zugewinn möglich ist.

Kompromiss ist nicht mit Konsens gleichzusetzen

Ich habe oft erlebt, dass im Geschäftsleben Kompromiss mit Konsens gleichgesetzt wird, weil viele Menschen nicht an eine Lösbarkeit von Konflikten glauben. Die Kompromissstrategie ist so weit verbreitet, dass ihre Gefahren und Nachteile unterschätzt werden, deshalb seien diese hier etwas ausführlicher benannt.

Klima von Misstrauen und Verdächtigungen

Das Problem der Kompromissstrategie ist es, dass auch schon mittelfristig ein Klima von Misstrauen und Verdächtigungen entsteht, weil viel mit Taktik und verdeckten Methoden gearbeitet wird. Das drückt sich dann oft in schwerwiegenden Werte- und Bewertungskonflikten aus, in denen unüberbrückbare Hindernisse aufgebaut werden, die leider verhindern, das vielbesprochene „gemeinsame Wohl" zu erreichen. Diese

Haltung findet sich häufig in schon teilweise eskalierten Konflikten (Phasen 3 und 4, siehe Teil A, Kap. 2.4.5) und führt leicht zu einer Eskalation, weil den Beteiligten gar nicht mehr so klar ist, dass die Rechtfertigung der Mittel nur kurzfristig scheinbar positive Effekte bringt. Langfristig erntet der „Kompromissler" nur halbherzige Beziehungen und unvollständig erreichte Ziele.

Langfristig erntet der „Kompromissler" nur halbherzige Beziehungen und unvollständig erreichte Ziele

Dabei spielt die Unterscheidung zwischen guten und schlechten Kompromissen eine Rolle. Bei guten Kompromissen werden wichtige oder große Teile des kontroversen Inhaltes einbezogen und die Beteiligten bewegen sich in die Richtung des Konsens. Bei schlechten oder „faulen" Kompromissen werden die zentralen Punkte übergangen oder ausgeklammert, die Auseinandersetzung um wichtige Aspekte wird vermieden.

Um den Unterschied zwischen einem positiven und einem schlechten Kompromiss zu verdeutlichen, möchte ich auf die Metapher verweisen, die Berthold Brecht in seiner Geschichte vom kaukasischen Kreidekreis verwendet: *„Der Unterschied zwischen einem guten und einem schlechten Kompromiss ist der zwischen einem halben Brot und einem halben Kind."* Dieser Spruch bezieht sich auf das salomonische Urteil des Richters, der zwei um ein Kind streitenden Frauen die Empfehlung gab es zu teilen. Die richtige Mutter gab sich dadurch zu erkennen, dass sie angesichts dieses Schiedsverfahrens das Kind lieber der anderen Frau zusprechen wollte als auf ihrem Recht zu bestehen.

gute und schlechte Kompromisse

Die Frage an dieser Stelle ist natürlich, an welchem Punkt der Kompromiss bei einer Aufteilung von Ressourcen zum Konsens wird. Hier ist die Grenze nahe, wenn es sich um eine für beide Seiten zufrieden stellende Lösung handelt, wie Fisher et. al. (1996) am Beispiel der zwei Schwestern zeigen, die sich eine Orange teilen. Statt einer Halbierung bekommt die eine das Fruchtfleisch zum Essen und die andere die Schale, weil sie das Aroma für einen Kuchenteig benötigt.

fließender Übergang zum Konsens

> **Kompromisse sind also eher ungünstig, wenn**
> - eine langfristig tragfähige (Geschäfts-) Beziehung aufgebaut werden soll,
> - ein offenes Klima für die Ergebnisse nötig ist,
> - ein integrativer Interessenausgleich notwendig ist.

1.1.5 Konfliktlösung Integrieren und Konsens

Einen Konsens zu finden, ist das höchste Gut der heutigen Zivilisation und oft erst möglich oder notwendig, wenn die anderen Strategien nicht greifen, wenn es sich bei dem Konflikt nicht nur um emotionale Differenzen handelt, die ggf. auch durch Vermeiden, Durchsetzung oder Teillösungen gelöst werden können oder wenn es um eine gerechte Verteilung begrenzter Ressourcen geht etc.

Einen Konsens zu finden, ist das höchste Gut der heutigen Zivilisation

Offenheit und Engagement für Sache und Menschen

Auf der Verhaltens- und Persönlichkeitsebene erfordert der Integrationsstil von Menschen Offenheit und Engagement für Sache und Menschen. Der bevorzugte Lösungsweg sind Gespräche, Dialoge und Besprechungen. Oft ist solch eine Haltung keine sichere Plattform, die man einmal und immer innehat, sondern sie muss z.B. nach enttäuschenden Erfahrungen wieder neu erarbeitet werden. Sie bedeutet auch nicht ein lächelndes „Alles ist super", sondern nimmt auch harte Auseinandersetzungen in Kauf. Die Gefahr ist, dass dieser Auseinandersetzungsstil oft zeitaufwändig sein kann und in (Feuerwehr-)Situationen, die schnelle Entscheidungen verlangen, auch unangemessen wäre. In der Regel ist dieser Stil jedoch der Königsweg, da er flexible Lösungen bevorzugt, die beide Seiten der Medaille berücksichtigen.

oft zeitaufwändiger Auseinandersetzungsstil

Um einen Konsens zu finden, braucht man Lynch u. Kordis (1998) zufolge Fähigkeiten, die auch als „Delphinstrategien" bezeichnet werden. Delphinstrategien haben ihren gemeinsamen Kern darin, zu verstehen, dass sich die Welt verändert und wir uns ändern müssen. Und zwar in die Richtung, dass sich unser Bewusstsein über die in der Welt vorhandenen Widersprüche und Spannungsfelder sowie die damit einhergehende Komplexität qualitativ und quantitativ erweitern muss. Damit einhergehend müssen sich auch unsere Fertigkeiten und unser Wohlbefinden bei der Bewältigung von Komplexität entwickeln. Zusammengefasst handelt es sich dabei um folgende Fähigkeiten:

Widersprüche und Spannungsfelder sowie die damit einhergehende Komplexität bewusst integrieren

Konsensfördernde Fähigkeiten

- „Elegante Lösungen" suchen, also das, was funktioniert und Sinn macht; Gewandtheit und Kreativität.
- Die Kraft der Welle vervielfachen, d.h. die Welle der Veränderung reiten können, das Lernen lernen.
- Einen „Satz brechen", aus eingefahrenen Gleisen ausbrechen, Unterschiede erreichen, die einen Unterschied machen (Watzlawick et al. 1988).
- „Auf Kurs sein", im inneren Gleichklang leben, Zufriedenheit und Kongruenz suchen, Werte achten.
- „Visions-Aufbau", die Fähigkeit, sich an verschiedene Zeithorizonte anzupassen.
- „Höhere Ordnungen" erkennen, d.h. dahinter Liegendes und Muster, eigene Denkgewohnheiten bewusst wahrnehmen.
- Die „Hülle erweitern", d.h. die Komfortzone verlassen, sich ins Chaos stürzen, loslassen und den Prozess der Perturbation (Störung) machtvoll steuern.

Haltung des Entwerfens

Für den Integrationsstil ist eine Haltung des Entwerfens günstig (De Bono 1987), bei der es um mehr geht, als nur die Beseitigung von Problemen oder die Erzielung von Kompromissen, sondern um die Gestaltung der Zukunft, eines Neuen, noch nicht da Gewesenem.

ENTWERFEN SCHAUT STETS NACH VORN AUF DAS, WAS GESCHAFFEN WERDEN KÖNNTE. (De Bono)

Insgesamt bedeutet der Integrationsstil eine hohe Flexibilität und Veränderungsbereitschaft, auch Sackgassen mit andersartigen Denkweisen zu überwinden.

> **Der Integrationsstil ist günstig, wenn**
> - anschließend alle hinter dem Ergebnis stehen müssen, wenn also eine hohe emotionale Beteiligung im Vergleich zum sachlichen Ergebnis im Vordergrund steht,
> - es sich um langfristige Beziehungen handelt, die eine stabile Konfliktlösung erfordern,
> - Ressourcen ideal genutzt werden sollen,
> - die Art des Konflikts (Zielkonflikte und „Aporien" als logische Widersprüche, die voneinander abhängig sind) einen Konsens erforderlich macht,
> - genügend Zeit für Gespräche, Prozesse und Entwicklungen vorhanden ist,
> - es darum geht, Sichtweisen und Verhaltensweisen der anderen Seite zu verstehen (Bewertungskonflikte),
> - neue kreative Lösungswege gefunden werden müssen (z.B. bei gravierenden Zielkonflikten, die sich nur durch Transformation auf eine höhere Ebene bewältigen lassen).

Nachteilig ist die Konsensstrategie dann, wenn sie angewandt wird, obwohl eine der Parteien nicht konsensfähig ist. *„Wenn also die einen in den Panzern sitzen und die anderen am Verhandlungstisch, werden immer die in den Panzern zunächst gewinnen."* (Schwarz 1997, S. 252).

> **Die Konsensstrategie ist ungünstig, wenn**
> - akuter Zeitdruck vorhanden ist,
> - keine Offenheit, Konsensbereitschaft sowie Misstrauen herrscht.

1.2 Konfliktlösungsstrategien unter Hinzuziehung einer dritten Partei

In den fünf zuvor beschriebenen Lösungsmustern spielt sich das Geschehen weitgehend zwischen den am Konflikt beteiligten Parteien ab. Der Sprung von den ersten drei beschriebenen Konfliktlösungsmustern Fliehen, Vernichten und Unterwerfen, die sich im Flucht-Aggressions-Spannungsfeld abspielen, zu einigungsorientierten Vorgehensweisen von Kompromiss und Konsens ist oft nur durch die (vorübergehende) Einbeziehung einer dritten Partei möglich.

In klassisch hierarchisch-arbeitsteiligen Unternehmen werden Konflikte zwischen zwei Parteien durch eine nicht beteiligte dritte Partei gelöst. Wahrscheinlich schon vor dem römischen Reich der Antike wurde die Delegation an übergeordnete Instanzen als Fortschritt entdeckt, wenn zwei Parteien nicht in der Lage waren, den Konflikt unter sich zu lösen. Schon im Alten Testament wird beschrieben, wie Moses auf den Rat seines Schwiegervaters hin die Hierarchie aus dem Prinzip der Konfliktdelegation entwickelte (Exodus 18, 13 – 27, zitiert in Schwarz 1997).

Vorteile der Delegation

Das Prinzip der Delegation an einen Dritten bietet drei wesentliche Vorteile:
1. Durch eine Vermittlung kann eine bislang nicht mögliche Lösung herbeigeführt werden
2. Die beiden Konfliktparteien kommunizieren über den Dritten auch weiterhin koordiniert
3. Der Dritte kann, selbst unbeteiligt, das Problem von einer höheren Warte aus betrachten und auf einer höheren Ebene lösen.

Beide Parteien fühlen sich allgemeinen Prinzipien verpflichtet

Delegation hat den Vorteil, dass sich beide Parteien einer übergeordneten Instanz und damit einhergehenden allgemeinen Prinzipien (Rechtsverbindlichkeit) verpflichtet fühlen. Erst der unparteiisch neutrale Dritte kann helfen, das Schema von Sieg und Niederlage zu überwinden.

Das Prinzip der Delegation benötigt eine klare Regelung durch Gesetze, so wie die von Moses installierten Richter die zehn Gebote als übergeordnete Leitlinie für ihr Handeln erhielten.

Beispiele für neutrale Instanzen, die zur Konfliktlösung aufgefordert werden, sind Führungskräfte, Richter und Schiedsrichter, Betriebs- oder Personalräte, Vertrauensleute aber auch unternehmensinterne Kommissionen, die gültige Regeln wie z.B. Betriebsvereinbarungen etc. überprüfen, und interne oder externe Moderatoren oder Mediatoren.

Im Delegationsprinzip möchte ich einen wesentlichen Unterschied deutlich machen:
- **Richten bzw. Schlichten,** bei dem letztlich die Entscheidung beim neutralen Dritten liegt. Hier liegt die psychologische Rolle des Entscheiders und Richters zugrunde.
- **Vermitteln und Moderieren,** bei dem ein neutraler Dritter sich als Prozessbegleiter versteht. Hier liegt ein Rollenverständnis als Begleiter, Berater, Moderator, Mediator oder Weiser zugrunde.

1.2.1 Richten und Schlichten

Oft sind Führungskräfte, aber auch Betriebsräte oder Vertrauensleute als Streitschlichter gefragt. Im Sinne der Herstellung der Ordnung, des reibungslosen Funktionierens der Organisation wird von ihnen eine

schnelle Lösung gefordert

schnelle Lösung gefordert. Sie müssen dann arbeiten wie ein Richter, der sich unparteiisch beide Seiten anhört und von dem eine Entscheidung im Sinne eines übergeordneten Gesetzes erwartet wird.

Voraussetzung für das Funktionieren des Schlichtungs- bzw. Richtprinzips für den konkreten Fall ist:
- Es gibt eine richtige und eine falsche Lösung.
- Die gefragte Instanz weiß die richtige Lösung auch.
- Die Beteiligten teilen die Gesetzesgrundlage der richtenden Instanz und führen das Urteil aus, auch wenn sie sich nicht mit der Lösung identifizieren.

Voraussetzung für das Funktionieren des Schlichtungs- bzw. Richtprinzips

Der Nachteil des Delegationsprinzips im Sinne des „Richtens" liegt darin, dass durch das Einschalten einer dritten Instanz eine Entfremdungssituation entsteht. Die Konfliktpartner geben die eigene Verantwortung an eine dritte Instanz ab und lassen ihr Problem von jemandem lösen, der damit persönlich nichts zu tun hat. Häufig ist dann entweder die individuelle Identifikation mit der Lösung geringer, als wenn sie selbst erarbeitet worden wäre. Wenn z.B. der Chef immer eingreift, wenn es Konflikte gibt und mithilfe von Regeln entscheidet, so wird er oft auch für immer mehr Lösungen verantwortlich gemacht.

Entfremdungssituation durch das Einschalten einer dritten Instanz

Wer immer Konflikte an übergeordnete Instanzen delegiert, wird dann irgendwann im Regelwerk ersticken. Damit wird auch die zweite Gefahr dieser Strategie offensichtlich: Das eigene Lernen an Konflikten leidet, und die eigenen Konfliktlösungsfähigkeiten werden nicht weiter entwickelt. Im Extremfall kommt also die Delegationsstrategie einer Fluchtstrategie gleich, in der man der eigenen Verantwortung flieht und fremde Urteile passiv über sich ergehen lässt. Eine solche Vorgehensweise stabilisiert eine hierarchische Ordnung und verringert die Kooperation zwischen Gleichgestellten. Hier gilt dann der hierarchieorientierte Satz: „*Konflikte sind Führungsfehler.*"

Gefahr eines ausufernden Regelwerkes

1.2.2 Vermitteln und Moderieren

Wenn man in der Rolle des „Richters" als zentrale Frage formulieren könnte „*Wer hat Recht?*", so geht es in der Rolle des Klärungshelfers um die zentrale Frage „*Wie kann man die Parteien in einen Entwicklungsprozess hineinbringen?*"

Durch das Prinzip der Moderation wird die Lernkompetenz und damit die Entwicklung von Kompromiss- oder Konsensfähigkeiten der Beteiligten gefördert.

Auch der Moderator oder Mediator bezieht eine übergeordnete Warte als „ausgeschlossener Dritter". Er wird jedoch als Klärungshelfer hinzugezogen, der jegliche Verantwortung für das Ergebnis des Konfliktlösungsprozesses ablehnt und sich nur auf den Prozess an und für sich konzentriert. Schwarz (1997, S. 237-238) erzählt hierzu eine chinesische Geschichte, die diesen Sachverhalt im Kern trifft, und deshalb hier wiedergegeben werden soll.

Der Klärungshelfer übernimmt nicht die Verantwortung für die Lösung, sondern konzentriert sich auf den Lösungsprozess

Zwei Männer, die sich im Streit um ein Schaf nicht einigen können, besuchen den Weisen Lin Yin. Nachdem sie diesem ihr Problem vorgetragen haben, schweigt der Weise und tut dies auch nach der zweiten und dritten Darstellung des Streitfalls. Auf die Frage der Kontrahenten, warum er sich nicht äußere, antwortet der Weise, dass er schweige, weil er nicht wisse, ob das Schaf das Problem der Streitenden oder sein eigenes Problem sei. Auf die Antwort der Streitenden, dass sie ihn für einen weisen Mann hielten und gekommen seien, damit er ihnen Rat gebe, entgegnet der Weise, dass er jetzt noch weniger verstehe, insbesondere nicht, wieso die Weisheit darin bestehen solle, sich um fremde statt um eigene Probleme zu kümmern. Nach dieser Antwort geraten die Kontrahenten wieder in Streit, als plötzlich der Weise aufspringt und ruft, jetzt die Lösung gefunden zu haben. Sicher seien die beiden gekommen, um ihm das Schaf zu bringen. Daraufhin sind die Streithähne so überrascht, dass sie ihr Schaf nehmen und rasch damit davonlaufen.

Das Ende des Streits geht aus dieser Geschichte nicht hervor. Vielleicht haben die Streitenden einen willigeren Richter gefunden. Vielleicht aber haben sie den Lernimpuls des Weisen auch genutzt, um eine im Vergleich zum Sieg-Niederlage-Prinzip höhere Lösung wie Kompromiss oder Konsens anzustreben.

drei zentrale Prinzipien der Moderation und Mediation

Für Klärungsprozesse der Moderation und Mediation gelten drei zentrale Prinzipien:
1. Die Beteiligten sollen in ihrer Konfliktlösungskompetenz gefördert werden und sich mit dem Konfliktlösungsergebnis identifizieren.
2. Der Klärungshelfer enthält sich der Entscheidung.
3. Der Widerspruch zur Hierarchie wird bearbeitet, so beispielsweise der Machtverlust von Führungskräften, wenn die Beteiligten ihre Konflikte selbst lösen oder die Fähigkeit von Führungskräften, Lernprozesse der Mitarbeiter zu steuern.

In Kapitel 2 gehe ich auf die Unterschiede zwischen Konfliktmoderation und Mediation ein sowie deren Methodik und Vorgehensweisen.

1.3 Lösungen zweiter Ordnung: Der Prozess der Konsensfindung

Konsensfindung erforderlich bei Zielkonflikten, Teufelskreisläufen oder Zwickmühlen und scheinbar unauflösbaren Widersprüchen

Der Prozess der Konfliktlösung durch Konsensbildung benötigt deshalb Zeit, weil häufig zunächst alle untergeordneten Lösungswege durchschritten werden müssen, bevor klar wird, dass es sich um einen logischen Widerspruch mit aporetischem Charakter handelt. Die Konsensfindung ist insbesondere dann erforderlich, wenn es sich um grundlegende logische Widersprüche handelt, die eine Lösung zweiter Ordnung erfordern, also bei Zielkonflikten (vgl. Teil A, Kap. 1.3.1), Teufelskreisläufen (vgl. Teil A, Kap. 2.4.1) oder Zwickmühlen (vgl. Teil B, Kap. 1.2.3) und scheinbar unauflösbaren Widersprüchen.

Schwarz (1997) spricht hier von „Aporien", was aus dem griechischen übersetzt soviel bedeutet wie „logische Ausweglosigkeit". Aporien liegen dann vor, wenn

- zwei einander widersprechende Behauptungen oder Interessen gleichzeitig wahr sind,
- beide voneinander abhängig sind, d.h. das eine ist nur mit dem anderen gleichzeitig wahr und umgekehrt.

Kennzeichen von Aporien (logische Ausweglosigkeit), die Konsens erfordern

Ein Beispiel für eine solche Aporie ist der Widerspruch von Freiheit und Ordnung. Das Zugrundegehen jeder Ordnung in einem Unternehmen richtet auch die Freiheit zugrunde, wie z.B. extreme Versuche der „flachen Hierarchie" gezeigt haben, die zu Chaos und Unsicherheit führten. Andererseits würde das Ausschalten jeglicher Art von Freiheit auch die Ordnung sinnlos und unerträglich machen. Nur eine Ordnung in der Freiheit und eine Freiheit in der Ordnung bzw. eine von der Freiheit gewünschte Ordnung kann eine Konsenslösung auf einer höheren Ebene darstellen.

Widerspruch von Freiheit und Ordnung

Eine Untergruppe dieses Widerspruchs ist der Widerspruch zwischen Selbstständigkeit und Anpassung. Ein Unternehmen kann einerseits nur funktionieren, wenn sich Mitarbeiter an Absprachen, Vereinbarungen und Strukturen halten. Insbesondere sensible und hochkomplexe Methoden wie Projektmanagement und Netzplantechnik erfordern, dass sich alle Mitarbeiter daran halten und sich anpassen können. Andererseits braucht das Unternehmen selbstständige Mitarbeiter, die eigene Entscheidungen treffen und sich selbst kontrollieren. Führungskräfte wären in komplexen Organisationen mit einer Detailkontrolle überfordert. Also kann Fortschritt nur bei gleichzeitiger Selbstständigkeit und Anpassung erzielt werden. Ein scheinbar unlösbarer Konflikt, der dann auch in allen komplexen Organisationen auf verschiedenen Ebenen wieder auftaucht: auf der Ebene der Kommunikation zwischen Führungskräften und Mitarbeitern, auf der Ebene leistungsabhängiger Bezahlung, auf der Ebene der Arbeitszeitgestaltung, bei der Übertragung von Kompetenzen und Verantwortung auf hierarchisch tiefere Ebenen – um nur einige zu nennen.

Widerspruch zwischen Selbstständigkeit und Anpassung

Alle in Teil B, Kapitel 4.1 beschriebenen grundlegenden Spannungsfelder und Bruchstellen (Schütz 2003) sind solche „Aporien", die nur durch einen Konsens auf höherer logischer Ebene gelöst werden können, der beide Seiten integriert. Ein solcher Konsens erfordert einen Entwicklungsprozess, Zeit und konsensbereite Partner auf beiden Seiten. Ein solcher Konsens ist störanfällig, wie die Weltpolitik zeigt: Wenn die andere Seite nicht mitspielt und durch Krieg und Terror hofft, die Überhand zu behalten, hat der konsenswillige Part keine Chance.

Strukturellen Konflikten liegen vielfach Aporien zugrunde, die nur durch Konsens auf höherer Ebene gelöst werden können

Die zugrunde liegende Logik dieses Lösungsmusters gilt auch bei Paradoxien. So sprechen Watzlawick et. al. (1980, S. 187 f.) von pragmatischen Paradoxien, die gekennzeichnet sind durch

- eine bindende komplementäre Beziehung, in der

die Logik dieses Lösungsmusters gilt auch bei Paradoxien

- eine in sich widersprüchliche Handlungsaufforderung besteht, gleich einem Befehl, der befolgt werden muss, aber nicht befolgt werden darf, um befolgt zu werden.

Watzlawick et. al. (1980) ergänzen dann noch das Verbot, darüber zu sprechen als Kennzeichen der Paradoxie, was in meinen Augen aber eher den krank machenden Aspekt von Paradoxien betont, da sie durch Reden nicht aufgelöst werden können. Eine der bekanntesten Paradoxien ist hier: *„Sei spontan"*. Folgt man diesem Befehl, so ist man nicht mehr spontan, tut man es aus eigenem Antrieb nicht, so ist man spontan.

Paradoxien können nur durch eine Transformation des Problems auf eine höhere Stufe gelöst werden

Überwunden werden kann das Gefangensein in der Paradoxie nur durch die Transformation des Problems auf eine höhere Stufe. Watzlawick et. al. (1988, S. 29 f.) sprechen hier von „Lösungen zweiter Ordnung". Dabei bedeuten:

Lösungen innerhalb eines in sich selbst unveränderten Systems

- **Lösungen erster Ordnung:** Ein Wechsel von einem internen Zustand zu einem anderen innerhalb eines in sich selbst unveränderten Systems. Im Konfliktmanagement ist dies das Austragen eines Streits innerhalb der Flucht-Vernichtungs-Unterwerfungs-Logik. Oft wird allerdings auch die Hinzuziehung einer dritten Partei nur für die Aufrechthaltung des Systems und die Stabilisierung der innewohnenden Logik benutzt.

Wandel, der das System selbst verändert

- **Lösungen zweiter Ordnung:** Ein Wandel, der das System selbst verändert. Diese Lösungen sprengen die aristotelische Logik (vgl. Teil B, Kap. 4.3.6). Hier erfolgt nämlich der Wechsel auf eine höher liegende logische Ebene, die die Widersprüche in sich integriert und die Watzlawick et. al. (1988) auch als Metaveränderung bezeichnen.

Lösungen zweiter Ordnung erfordern „Delphinstrategien" (Lynch u. Kordis, Paul 1998, siehe Kap. 1.1.5) und die Motivation, wirklich etwas Neues zu entwerfen. Erst die kreative Kraft des Entwurfs (vgl. De Bono 1987) kann zur Überwindung alter Denkformen führen und das Gefangensein in Teufelskreisläufen durchbrechen.

Lösungen zweiter Ordnung sind in der asiatischen Logik verbreitet

Tief verwurzelt ist das Verständnis von Lösungen zweiter Ordnung in der asiatischen Logik, die den Horizont erweitert und zu neuen Lösungen führt (vgl. Teil B, Kap. 4.3.6).

NUR WENN MAN DIE WIDERSPRÜCHLICHEN ASPEKTE EINER SACHE GLEICHZEITIG BETRACHTET, KANN MAN DIE VOLLE WAHRHEIT BEGREIFEN. Lao-Tse

das Ganze im Widerspruch sehen

Der Schulung dieser Fähigkeit, das Ganze im Widerspruch zu sehen, dienen im Zen-Buddhismus die so genannten „Koans", Aufgaben, die durch linear-logische Problemlösung nicht lösbar sind, sondern nur durch ein Hineinversenken in die Ganzheit (ein solches Koan ist z.B. *„Höre das Klatschen einer Hand"*, aus Van de Wetering 1973).

In letzter Zeit durch Sparrer u. von Kibed (2000) bekannt geworden ist die indische Logik des Tetralemmas (Abb. 2), die auch bei den in Kapitel 3.4.6 geschilderten systemischen Aufstellungen eine wichtige Rolle spielt. Dem Tetralemma liegt die indische Philosophie des als Buddha bekannten Gautama Siddharta zugrunde.

indische Logik des Tetralemmas

Statt des Satzes vom zu vermeidenden Widerspruch („Es kann nur A oder B wahr sein"; siehe Teil B, Kap. 4.3.6), aus dem die westliche Dilemma-Logik entstanden ist, gilt hier: Es gilt nur A, es gilt nur B, es gilt beides, es gilt keines von beiden. Von Kibed führt noch ein fünftes chaotisches Element ein, das „das alles nicht" genannt wird.

Die Logik des Tetralemmas wird auch in der Konflikt- und Kriegsforschung zugrunde gelegt. So bezeichnet Simon (2001) als starke Konflikte solche, in denen sich die Gegner aktiv gegenseitig negieren, also Konflikte, die zwischen den Positionen Entweder – Oder stattfinden und als schwache Konflikte, diejenigen zwischen der Position „Keines von beiden" und der Position „das eine" oder der Position „das andere". Das wäre im Sinne der archetypischen Konfliktlösungsmuster die Flucht-Kampf-Unterwerfungsschiene, die es durch Kompromiss und Integration zu überwinden gilt.

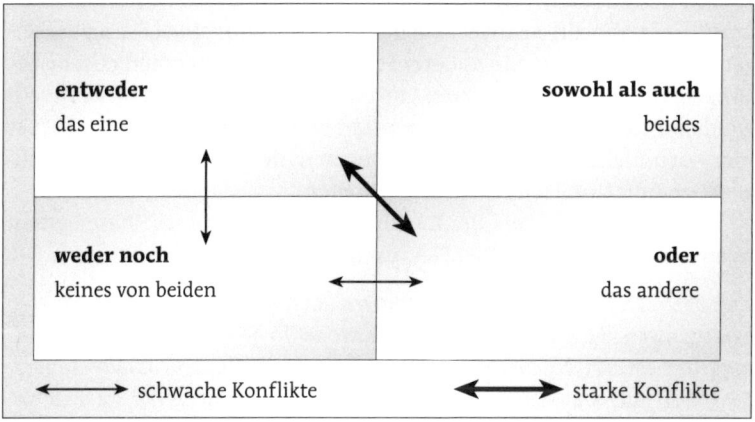

Abb. 2: Tetralemma

Interessanterweise wird im Tetralemma nicht inhaltlich zwischen Unterwerfung und Vernichtung getrennt – das ist nur eine mögliche Interpretation des Entweder-Oder. Deutlich wird hier, dass die zugrunde liegende Logik, dass eines wahr sein muss und das andere ausgeschlossen ist, den entscheidenden Punkt für die Entstehung von Konflikten darstellt. Hieraus resultieren Schwarz-Weiß-Muster, die auch die Grundlage für alle Machtspiele (vgl. Teil A, Kap. 2.4.3) sind.

Schwarz (1997) unterscheidet im Prozess der Konsensfindung sechs Phasen, in denen sich die oben beschriebenen Konfliktlösungsmuster wiederfinden.

1. Phase: Entstehung des Gegensatzes

sechs Phasen im Prozess der Konsensfindung

Bei vielen Menschen besteht die spontane Tendenz, sich entweder beim Auftreten von Konflikten zurückzuziehen oder das Auftreten des Konflikts an und für sich als Versagen oder Schuld zu sehen. Oft dauert es dann sehr lange, bis die Leugnung aufhört und ein Konflikt als solcher, als Gegensatz überhaupt erst zur Kenntnis genommen wird.

Für den Konfliktmanager geht es hier darum, den Konflikt überhaupt erst einmal zu erkennen und nicht unter den Tisch zu kehren.

Als Beispiel soll hier ein Meinungsunterschied zwischen zwei Abteilungen gelten – nehmen wir an, es gibt zwei Vertriebsabteilungen, von denen die eine die Einführung eines neuen Kundensystems befürwortet, die andere dies ablehnt. Zunächst versucht jeder sein System für sich zu leben, man geht dem Konflikt aus dem Weg.

2. Phase: Kampf

Recht haben und gewinnen

Hier geht darum, Recht zu haben und gewinnen. Erst wenn eingesehen wird, dass man vom anderen abhängig ist, kann ein Fortschritt erfolgen.

Fallen für den Konfliktmanager

Für den Konfliktmanager besteht diese Phase aus vielen Fallen. Eine Gefahr besteht darin, parteiisch zu sein und durch eine einseitige Stärkung den Anschein zu erwecken, dass durch Kampf eine Lösung herbeigeführt werden kann. Ein anderer Fehler ist es, zu früh synergetische Lösungen aus Phase 6 anzubieten, die dann als Kampfmittel missbraucht werden und für spätere Lösungen nicht mehr geeignet sind. Auch ist es hier noch nicht angesagt, die Meinungen in den eigenen Reihen aufzuweichen und Unterschiede herauszustellen.

Moderation und Herausarbeitung der Positionen

Das Hauptaugenmerk des Konfliktmanagers in dieser Phase besteht in einer Moderation und der Herausarbeitung der Positionen.

Zwischen den beiden Vertriebsabteilungen kommt es zu heftigen Auseinandersetzungen, da beide inzwischen Verluste befürchten, wenn sie ihr System aufgrund eines zu erwartenden Vereinheitlichungsbeschlusses des Vorstandes umstellen müssen. Gleichzeitig hofft man, den Vorstand als höhere Instanz auf seine Seite ziehen zu können.

3. Phase: Einsicht in die Abhängigkeit

Kompromissbereitschaft und Suche nach einem Vermittler

Wenn beiden Seiten klar wird, dass sie nicht siegen können, dass Vernichtung oder Unterwerfung keine Lösungen sind, sind sie meist kompromissbereit und begeben sich auf die Suche nach einem Vermittler. Allerdings wird der Vermittler in dieser Phase schnell dazu missbraucht, die eigene Position zu stärken. Gelingt das, so findet ein Rückfall in die 2. Phase statt. In Arbeitskonflikten kommt es dann hier zu Kampfhandlungen, die nicht mehr das Ziel haben, den Anderen zu vernichten, sondern die Kompromissbereitschaft des „Gegners" zu fördern, beispielsweise durch Streik oder Aussperrung.

Der Konfliktmanager hat von dieser Phase an die zentrale Aufgabe, eine Unterschiedlichkeit der Standpunkte innerhalb der Parteien mehr zu fördern als die Unterschiedlichkeit zwischen den Parteien.

Beide Abteilungen ziehen Berater hinzu, die über die Qualität der Systeme entscheiden sollen. Eine Zeitlang führt dies zu noch mehr Kampf, da beide versuchen, die Berater auf ihre Seite zu ziehen und für ihre Sache zu nutzen.

4. Phase: Kompromiss

Die Suche nach Kompromissen wird oft durch Enttäuschungen und das Gefühl zu verlieren begleitet. Meist findet ein langes Hin und Her zwischen Kampf und Kompromiss statt, bevor eine neue Phase beschritten wird.

Der Konfliktmanager tut hier gut daran, nicht zu früh die Auseinandersetzung abschließen zu wollen. Hier geht es oft darum, Spannungen auszuhalten und den Dialog in Gang zu bringen bzw. zu halten.

Spannungen aushalten, die Auseinandersetzung nicht zu früh abschließen wollen

Die Abteilungen versuchen sich auf Teillösungen beider Systeme zu einigen. Das jedoch führt bei den Mitarbeitern auf beiden Seiten zu Unzufriedenheiten, man spricht von faulen Kompromissen, Bürokratisierung etc.

5. Phase: Auftreten des Gegensatzes innerhalb der eigenen Position

In dieser Phase weichen die Fronten dadurch auf, dass die gegnerischen Seiten gewissermaßen mit dem „Virus" der anderen Seite infiziert werden und sozusagen wie ein trojanisches Pferd das Gedankengut der anderen Seite eingeschmuggelt wird.

Nachvollzug der Argumentation der jeweils anderen Seite

Die Mitarbeiter entdecken im Laufe der Zeit die Vorteile des jeweils anderen Systems und zur Überraschung der Führungskräfte vertreten auf einmal Mitarbeiter der eigenen Reihen die Position des „Gegners".

6. Phase: Synthese

Wenn in beiden Parteien die Anzahl der „Dissidenten" wächst, so besteht die Chance, dass sich beide Parteien annähern und eine Lösung finden, die beide Standpunkte unter einer höheren Ordnung integriert.

Integration beider Standpunkte unter einer höheren Ordnung

Zwischen beiden Abteilungen wird ein Projekt gegründet, dass zum Ziel hat, ein ganz neues System zu konstruieren, das die Vorteile der alten Systeme integriert. Da die Leiter beider Abteilungen diese Entwicklung unterstützen und dafür Ressourcen bereitstellen, gelingt hier eine kreative Entwicklung, mit der sich beide Seiten identifizieren können.

Wie weit die Beteiligten mit oder ohne dritte Partei kommen, hängt stark davon ob, ob beide Seiten einen Anreiz darin sehen, sich auf die höhere Stufe der Konfliktlösung einzulassen. Wie insbesondere bei internationalen Auseinandersetzungen festzustellen ist, kann man immer die Entwicklungsstufe erreichen, die der Konfliktpartner bereit ist zu gehen. Der in Teil A, Kap. 2.4.5 vorgestellte Eskalationsprozess kommt einem Rückfall auf eine tiefere Stufe der mit den sechs archaischen Grundmustern beschriebenen Konfliktlösung gleich. *„Dabei ist die frühere archaische Stufe immer stärker als die zivilisatorisch höhere"* Schwarz (1997, S. 252).

Mit einem Konsens müssen immer klare Vorteile verbunden sein

Solange jemand sich größere Vorteile von einem Krieg erhofft, ist ein gutmütiges Gesprächsangebot zum Scheitern verurteilt und Illusionen darüber, dass das Gute schon siegen wird, wenn man sich an die Regeln hält, sind nicht nur naiv, sondern schlichtweg die falsche Strategie. Wenn man jemanden dazu bewegen will, die Ebene der Kampf-Vernichtungs-Unterordnungs-Achse zu verlassen, muss ihm deutlich gemacht werden, dass das Risiko, auf dieser Ebene zu verweilen, größer sein wird als sich in Richtung Konsens zu bewegen. Im Gegenzug können dann Rechtssysteme (Delegationsprinzip) oder Verhandlungen (Kompromiss oder Konsens) Vorteile bieten. Doch die Menschheitsgeschichte ebenso wie aktuelle politische Geschehnisse zeigen, dass ohne Kooperationszwang kaum Interesse an Konsensfindung besteht und auch die so genannte zivilisierte Welt in archaische Konfliktlösungsmuster zurückfällt.

Andererseits helfen auch in eskalierten Phasen der Konfliktentwicklung Strategien der Konsensfindung, wieder auf eine kooperative Ebene zurückzukehren. Die aus England bekannte Militärstrategie des „Tit for Tat", übersetzt in etwa „Wie du mir, so ich dir" hat genau eine solche Umkehrung des Eskalationsprozesses zum Ziel. Sie beinhaltet, auf jeder Stufe dem Gegner präventiv ein klein wenig mehr die Hand zu reichen als man wahrnimmt, dass er seinerseits dies tut. So besteht die Chance, dass das Gegenüber diese Geste der Versöhnung wahrnimmt und der Teufelskreis der Konflikteskalation umgekehrt wird. So eine Geste kann sein, dem Anderen ein wenig Vertrauen entgegenzubringen, ihm Recht zu geben, ihm doch eine Information zu geben. Mit jeder kleinen gelungenen Einigung besteht dann die Chance, dass aus dem Teufelskreis ein Vertrauenszirkel entsteht. Geht der Konfliktpartner nicht auf diese Geste ein, sondern eskaliert weiter, so kann man wiederum auf dem nächsten Eskalationsgrad einerseits Grenzen ziehen und andererseits begrenzte Kooperationsangebote machen.

Umkehrung des Eskalationsprozesses durch begrenzte Koopertionsangebote

2 Konfliktlösungsverfahren nach Eskalationsgrad

Für die Wahl der Lösungsstrategie ist es wichtig, den Gesamtprozess des Konfliktgeschehens und der -entwicklung im Auge zu behalten. Je nachdem auf welcher Eskalationsstufe (vgl. Teil A, Kap. 2.4.5) sich ein Konflikt befindet, sind strategisch unterschiedliche Vorgehensweisen sinnvoll. Für den Konfliktmanager möchte ich hier vier Hauptrichtungen unterscheiden:

1. Konfliktlösung zwischen den Beteiligten

Die Zielrichtung ist es hier, unter den Beteiligten und in der Regel ohne die Einschaltung einer dritten Stelle die aufgetretenen Spannungen und Missverständnisse zu klären und eine sachgerechte Lösung zu finden. Hauptziel ist hier eine Konsensfindung. Oft geht es auch erst darum, den Konflikt wahrzunehmen und aufzudecken.

Je nach Eskalationsstufe sind unterschiedliche Vorgehensweisen sinnvoll

sachgerechte Lösung im Sinne einer Konsensfindung

2. Vermittlungsverfahren

Bei dieser Art der Vermittlung unter Zuhilfenahme eines Dritten geht es darum, einen möglichst neutralen Dritten als Moderator für die Konfliktbewältigung hinzuzuziehen. Dabei kann es sich um die Führungskraft der Beteiligten handeln, die natürlich nicht völlig interessenfrei agiert oder um eine unbeteiligte externe Person. Im Mittelpunkt der Bemühungen steht hier die Aktivierung und Weiterentwicklung eigener Ressourcen zur Konfliktlösung. Als Konfliktlösungsmodelle stehen hier Moderation und Mediation zur Verfügung.

neutralen Dritten als Moderator für die Konfliktbewältigung hinzuzuziehen

Moderation und Mediation

Manche Autoren (z.B. Glasl 1990 oder Berkel 2002) siedeln die Mediation als stark strukturiertes vorgerichtliches Verfahren eher in Richtung Schlichtung an. Da jedoch die Tendenz beim Mediations-Modell mehr und mehr in Richtung eines ganzheitlichen Ansatzes geht, bei dem das Ziel insbesondere die Weiterentwicklung der Konfliktlösungskompetenz der Beteiligten ist, sehe ich Mediation ähnlich wie die Moderation als Vermittlungsverfahren.

3. Schlichtungsverfahren

Bei der Schlichtung von Konflikten übernimmt die dritte Partei die Rolle eines Richters oder Schiedsrichters. Hierbei muss es sich auf jeden Fall um eine neutrale Stelle handeln, die jedoch noch nicht im gerichtlichen Bereich angesiedelt ist.

Die dritte Partei übernimmt die Rolle eines Richters oder Schiedsrichters

Im Mittelpunkt steht hier die Beilegung von Kampfhandlungen und die Herbeiführung einer tragfähigen Lösung, die oft eher aus einem Kompromiss als einem Konsens besteht. Dabei kann man nur teilweise auf die integrativen Konsensfähigkeiten der Beteiligten zurückgreifen. Hauptziel ist erst einmal die Beendigung des Konflikts, erst dann die weitere Entwicklung der Beteiligten in Richtung erhöhter Konfliktlösungskompetenz.

4. Der Machteingriff

Hier wird eine dritte Stelle als Entscheidungsinstanz hinzugezogen, um einen Waffenstillstand, eine richterliche Entscheidung oder Trennung herbeizuführen. Im Vordergrund stehen hier meistens die Schadensbegrenzung und Konfliktbeendigung.

Eine dritte Stelle wird als Entscheidungsinstanz hinzugezogen

Abbildung 3 gibt einen Überblick über die Anwendung der Konfliktlösungsstrategien in den Eskalationsphasen (vgl. Teil A, Kap. 2.4.5). Prinzipiell ist das Konfliktlösungsgespräch in jeder Eskalationsphase anwendbar, Vermittlungsverfahren sind eher ab Phase drei sinnvoll, Schlichtungsverfahren ab Phase 5 und ein Machteingriff ab Phase 7.

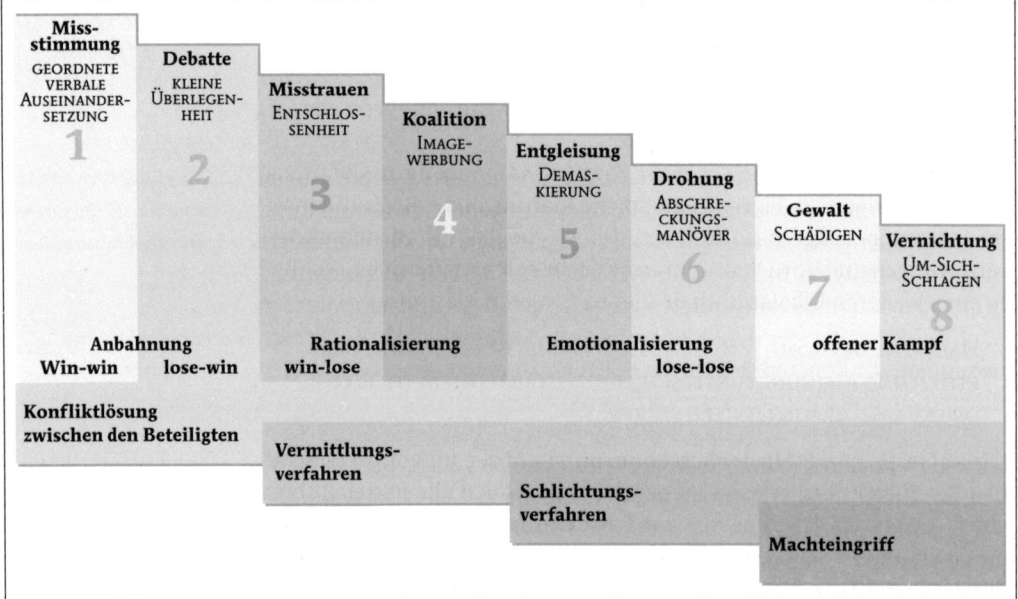

Abb. 3: Lösungsstrategien nach Eskalationsphasen

den eskalierten Konflikt auf eine weniger eskalierte Ebene zurückholen

Die zuvor angewandten Lösungsstrategien verlieren dann zunehmend an Effizienz, es ist jedoch immer das Ziel von konstruktiver Konfliktbewältigung, den eskalierten Konflikt auf eine weniger eskalierte Ebene zurückzuholen. Deshalb ist es wichtig, Signale in Richtung Deeskalation zu setzen und die Lösungsstrategien nicht aus den Augen zu verlieren, die in der weniger eskalierten Situation angewandt werden. In diesem Kapitel konzentriere ich mich darauf, die allgemeine Strategie zu beschreiben sowie Aussagen darüber zu treffen, wann sie schwerpunktmäßig sinnvoll angewandt werden kann. Einzelne Interventionen und konkrete Vorgehensweisen werden in Kapitel 3 erläutert.

2.1 Konfliktlösung zwischen den Beteiligten

Bereitschaft beider Seiten, den vorhandenen Konflikt zu sehen und zu lösen

Eine Konfliktlösung zwischen den beteiligten Konfliktpartnern erfordert die Bereitschaft beider Seiten, den vorhandenen Konflikt zu sehen und zu lösen. Unterschieden werden hier zwei Methoden, die sich insofern ähneln, als dass sie beides Methoden der Konsensfindung darstellen.

Dennoch haben sie unterschiedliche Schwerpunkte: Konfliktlösungsgespräche haben das Ziel, eine offene Aussprache, eine Bereinigung in der Beziehung und schließlich eine Einigung zwischen den Beteiligten herbeizuführen. Der Fokus beim sachgerechten Verhandeln liegt darauf, ein tragfähiges inhaltliches Ergebnis zu finden.

2.1.1 Konfliktlösungsgespräche

In der Anbahnungsphase eines Konflikts, den Eskalationsphasen 1 (Missstimmung) und 2 (Debatte) ist es häufig noch möglich, entweder als Beteiligter selbst ein Konfliktlösungsgespräch zu initiieren oder als Führungskraft ein solches anzuregen.

Manchmal besteht auch in Phase 3 noch die Chance dazu. Oft jedoch ist den Beteiligten ab Phase 3 eine solche Klärung ohne die Zuhilfenahme eines unbeteiligten Dritten kaum noch möglich. Wahrnehmungsverzerrungen und Vorurteile führen dann bei solchen Versuchen schnell zu einer weiteren Eskalation statt zur angestrebten Klärung.

HAUPTZIEL DES KONFLIKTLÖSUNGSGESPRÄCHES IST ES, MISSSTIMMIGKEITEN UND MEINUNGSUNTERSCHIEDE ZWISCHEN DEN BETEILIGTEN DIREKT AUSZUTRAGEN UND ZU KLÄREN.

Dieses Gespräch wird in der Regel nur von einem der am Konfliktgeschehen Beteiligten initiiert, in selteneren Fällen wollen alle Parteien solch einen Austausch. Ich gehe hier zunächst einmal von zwei Parteien aus, die Grundregeln der Gesprächsführung sind auch auf mehrere Parteien übertragbar. Wenn also zu Beginn eine Partei das Gespräch sucht, ist es wichtig, dass sie die Bereitschaft des Gegenübers erreicht. Im Kopf wird das Gespräch schon vor dem Gespräch reflektiert. Deshalb will ich hier drei Phasen unterscheiden: die Vorbereitung, die Gesprächsdurchführung und die Nachbereitung.

In der Regel will nur eine Partei ein solches Gespräch

I. Vorbereitung von Konfliktlösungsgesprächen

Bevor Sie in ein Konfliktlösungsgespräch gehen, ist es wichtig, sich darauf gut vorzubereiten. Ein unüberlegtes Gespräch in einer emotional angespannten Situation führt meistens nur zu kurzfristigen Erfolgen oder sogar zu unproduktiven weiteren Eskalationen. Hier ist es günstig, folgende Schritte zu beachten (siehe auch Gommlich u. Tieftrunk 1999, Klein 2002):

kein unüberlegtes Gespräch in einer emotional angespannten Situation führen

- **Die eigenen Emotionen klären:** Wenn Sie sich angegriffen und gekränkt fühlen oder sauer und aufgebracht sind, ist es günstig, erst einmal „eine Nacht drüber zu schlafen", wie der Volksmund sagt (siehe auch Kap. 3.1). Eine unnötige Konflikteskalation können Sie auch vermeiden, indem Sie Ihr inneres Team sprechen lassen und das Streitthema so für sich deutlicher vor Augen haben (vgl. Teil B, Kap. 1.4.1).
- **Eigene Ziele bestimmen:** Was wollen Sie mit dem Gespräch erreichen? Was wäre Ihr Minimal- und was Ihr bestes Ergebnis? Wie sieht

die Beziehung zwischen Ihnen und Ihrem Gesprächspartner anschließend aus?

- **Einstellung überprüfen:** Ein Konfliktlösungsgespräch kann nur erfolgreich sein, wenn die Beteiligten trotz verschiedener Ansichten, Kompetenzen, Rollen und Hierarchieebenen eine partnerschaftliche Beziehung und eine Lösung der Probleme erreichen wollen. Mit einer unterlegenen (lose-win) oder dominanten (win-lose) Haltung (vgl. Teil B, Kap. 1.3.1) ist das Gespräch von vornherein zum Scheitern verurteilt. Gerade wenn Sie sich über den Anderen geärgert haben, ist es hilfreich, mit positiven Energien in das Gespräch zu gehen und sich z.B. zu überlegen: Was gefällt mir am Gesprächspartner? Was schätze ich an ihm?

trotz der Differenzen eine partnerschaftliche Beziehung und eine Lösung der Probleme anstreben

- **Sich in den Gesprächspartner hineinversetzen:** Zu einer partnerschaftlichen Haltung gehört es, sich nicht nur die eigenen Ziele zu überlegen, sondern sich auch in die Rolle des Gesprächspartner hineinzuversetzen. Um negativen Sich-Selbst-Erfüllenden-Prophezeiungen entgegenzuwirken, ist es dabei günstig, die bisherigen Verhaltensweisen in einem positiven Licht zu sehen und ggf. umzudeuten (vgl. Interventionsmethoden in Kap. 3). Bei jemandem, dem man nur Schlechtes zutraut, sieht man auch das Gute nicht mehr. Versuchen Sie herauszufinden: Was sind Ziele, Wünsche und Bedürfnisse des Gesprächspartners?

negativen Self-Fullfilling-Prophecies vorbeugen

- **Den Gesprächspartner einladen:** Häufig ist es erst sinnvoll, den Gesprächspartner zu einem Gespräch zu bitten, wenn Sie über Ihren Anteil am Geschehen, nämlich eigene Gefühle, Ziel und Einstellungen im Klaren sind. Wenn es sich um mehr als einen Gesprächspartner handelt, so ist es wichtig, die richtigen Leute einzuladen und eine günstige Konstellation der Gesprächspartner herzustellen, also z.B. eine vergleichbare Kopfzahl. Und laden Sie bitte nicht zu viele Gesprächspartner ein – hier gilt die Faustregel „*So viele wie nötig, so wenig wie möglich*". In der Regel sind bei Konfliktgesprächen nur wenige beteiligt – für ganze Gruppen geht es meist um Sachthemen und deren Verhandlung. Und dann „ordern" Sie den Gesprächspartner nicht zum Gespräch – bitte auch nicht, wenn es sich um einen „Untergebenen" handelt – sondern sprechen Sie eine Einladung aus.

sich über den eigenen Anteil am Geschehen klar werden

eine günstige Konstellation der Gesprächspartner herstellen

- **Durchspielen von Gesprächsstrategien:** Spielen Sie gedanklich mögliche Gesprächsverläufe durch. Welche Verhaltensmöglichkeiten sehen Sie für sich? Welche Wendungen könnte das Gespräch nehmen und wie wollen Sie darauf reagieren (z.B. wenn der Andere Sie angreift, oder Sie selbst ärgerlich werden)? Wie offen wollen Sie Ihre Absichten ausdrücken? Wie würden Sie mit einem Gesprächsabbruch umgehen? In dieser Phase geht es noch nicht darum, eine optimale Gesprächsstrategie zu finden, sondern verschiedene Szenarien für sich zu klären, um dann im Gespräch flexibel auf die Situation eingehen zu können.

gedanklich mögliche Gesprächsverläufe durchspielen

- **Auf den Partner zugehen:** Wie weit wollen Sie auf Ihren Gesprächspartner zugehen? Wie können Sie positiv über ihn denken und fühlen? Was glauben Sie, braucht er von Ihnen? Welchen Einfluss haben Sie? Wie wollen Sie diesen nutzen und wo sich zurückhalten? Worin besteht Ihr Verhandlungsspielraum? Wo sind Sie kompromissbereit, wo sind Ihre Grenzen für Zugeständnisse erreicht? Was wollen Sie unbedingt erreichen? Angenommen der Konflikt würde eskalieren, wo hätten Sie Rückendeckung?

Wie weit wollen Sie auf Ihren Gesprächspartner zugehen?

- **Geeignetes Setting für das Gespräch herstellen:** Führen Sie ein Konfliktlösungsgespräch nicht zwischen Tür und Angel, wenn sich scheinbar mal eine Gelegenheit ergibt, sondern geplant. Damit verleihen Sie nicht nur Ihrem Anliegen, sondern auch Ihrem Gesprächspartner die angemessene Bedeutung. Positive Signale können Sie durch das Verhindern von Unterbrechungen, z.B. durch das Umleiten des Telefons und ein geeignetes Umfeld setzen, wie z.B. ein abgeschirmter, freundlicher Raum, Getränke, partnerschaftliche Sitzordnung (Sitzecke) etc. Außerdem ist es für Sie und den Partner hilfreich, wenn Sie den Zeitrahmen entsprechend dem Konfliktthema bestimmen.

Konfliktlösungsgespräche nicht spontan durchführen

> **Checkliste 1: Vorbereitung von Konfliktlösungsgesprächen**
> - Wie können Sie im Vorfeld Ärger und Kränkungen verarbeiten?
> - Was sind Ihre Ziele, Wünsche und Bedürfnisse?
> - Was sind Ziele, Wünsche und Bedürfnisse des Gesprächspartners?
> - Wie können Sie eine partnerschaftliche Haltung (die Würde der anderen Person und Selbstachtung) behalten?
> - Wer ist die richtige Person, um diesen Konflikt zu lösen?
> - Wie und wann wollen Sie Ihren Gesprächspartner „einladen"?
> - Welche Gesprächsverläufe erwarten Sie und wie gehen Sie mit verschiedenen Szenarien um?
> - An welchen Stellen können Sie auf Ihren Gesprächspartner zugehen? Worin besteht Ihr Verhandlungsspielraum?
> - Welches Setting (Ort, Kaffee, Zeit ...) wählen Sie?

II. Durchführung von Konfliktlösungsgesprächen

Wichtig für ein Konfliktlösungsgespräch oder auch „Streitdialog" genannt (vgl. Benien 2003) ist es, sich ausreichend Zeit zu nehmen und so die Eskalationsdynamik zu verlangsamen. Bewährt haben sich nach meiner Erfahrung folgende Phasen (Zusammenfassung siehe Checkliste 2):

1. Einleitung

Zu Beginn des Gesprächs ist es gut, erst einmal eine günstige innere und äußere Ausgangslage zu schaffen. Dazu ist es hilfreich:

eine günstige innere und äußere Ausgangslage schaffen

- **einen angemessenen störungsfreien Rahmen herzustellen.** Dazu gehört, wie viel Zeit die Gesprächspartner sich nehmen wollen, das Anbieten eines Getränks etc.,
- **das Gespräch in einer guten Atmosphäre einzuleiten und Vertrauen herzustellen.** Es kann hilfreich sein, einen Gesprächsaufhänger zu suchen, z.B. *„Geht es Ihrer Frau inzwischen besser?"* oder *„Wie war Ihre Fahrt?"*. Wenn Ihr Gesprächspartner jedoch sehr angespannt ist, kann er das als zynisch erleben. Achten Sie deshalb auf seine Signale. Bewährt hat sich ein allgemeiner Einstieg, in dem Sie Anlass, Thema, Bedeutung und Ziel des Gesprächs ansprechen. Ein Beispiel findet sich bei Benien (2003, S. 126): *„Der Anlass des Zusammenkommens ist zwar nicht unbedingt erfreulich, hingegen ist es erfreulich, dass wir überhaupt zusammenkommen, um miteinander zu reden. Mich hat bewogen, Sie um dieses Gespräch zu bitten, da ..."*

2. Aussprache

die eigenen Sichtweisen klar ausdrücken und die des Gesprächspartners aufnehmen

In der Einstiegsphase in den Konflikt geht es darum, die eigenen Sichtweisen klar auszudrücken und die des Gesprächspartners aufzunehmen. Dabei ist es hilfreich, Unterschiede bewusst zuzulassen. Günstig ist es, wenn Sie den Gesprächspartner mit der Schilderung seiner Perspektive beginnen lassen. Notwendig in dieser Phase sind Gesprächsmethoden wie aktives Zuhören, verständliches Mitteilen des eigenen Standpunktes, Ich-Botschaften zu senden und Fragen zu stellen (siehe auch die in Kapitel 3 dargestellten Interventionsmethoden).

Oft geht es hier zentral darum, sich öffnen zu können, zu riskieren Betroffenheit, Wünsche, Befürchtungen, Ängste oder Hoffnungen zu äußern und so einen Kontakt zum Gegenüber herzustellen. Häufig liegen den Menschen hier eher Vorwürfe auf der Zunge, die jedoch den Konflikt vielfach eskalieren lassen würden. Andererseits ist das bewusste und verständnisvolle Aufnehmen der Sichtweise des Anderen zentral für die künftige Lösungsfindung.

sich zu Beginn auf Grundsätze der Gesprächsführung einigen

Deshalb kann es manchmal sinnvoll sein, sich zu Beginn auf Grundsätze der Gesprächsführung (siehe z.B. Fuchs-Brünninghof u. Gröner 1999, S. 119) oder Gesprächsregeln zu einigen. Solche Regeln können z.B. sein:

- Sich selbst und den Anderen respektieren.
- Sich auf Gemeinsamkeiten konzentrieren.
- Auf Machtspiele (Täuschung, Druck), Killerphrasen und Dialogblockaden verzichten.
- Unterschiedlichkeit und Widersprüchlichkeit (den Konflikt) als Chance für Entwicklung begreifen.
- Eigene Standpunkte und Meinungen offen aussprechen.
- Zuhören und sich in die Lage des Anderen versetzen.
- Die eigene Position hinterfragen.
- Den eigenen Beitrag zur Lösung sehen.

- Gemeinsame Ziele formulieren
- Ein offenes Gespräch zulassen, an dem sich alle beteiligen

3. Dialog

In der Phase des Dialogs geht es darum, das vom Anderen Gesagte vorurteilsfrei zu hören, um die eigene Sichtweise zu ergänzen und weiterzuführen. Ein Konfliktdialog stellt einen ständigen Wechsel zwischen eigener Reaktion und aktivem Zuhören dar. Ziel ist es, emotionale und sachliche Hintergründe zu ergründen und zu verstehen, tiefer liegende Ursachen aus Sicht des Gesprächspartners zu erfahren und sich die Zeit zu nehmen, das Thema auch aus anderen Blickwinkeln zu umkreisen. Es geht also nicht nur darum, den Anderen zu verstehen, sondern auch die eigene Perspektive zu erweitern, zu neuen gemeinsamen Sichtweisen zu kommen. Hier kann es zwischenzeitlich durchaus zu einer Steigerung des Konflikts, einem Aufkochen von Gefühlen kommen. Wichtig ist es deshalb, sowohl mit dem eigenen Ärger umgehen zu können, als auch mit Provokationen des Gegenübers (vgl. Kap. 3.1.1). Es ist nicht so schlimm, wenn es auch einmal „heiß her" geht, solange Sie ihr Ziel nicht aus dem Auge verlieren und sich aktiv darum bemühen, eine konstruktive Richtung einzuhalten.

das vom Anderen Gesagte vorurteilsfrei hören, um die eigene Sichtweise ergänzen und weiterführen

zu neuen gemeinsamen Sichtweisen zu kommen

4. Beruhigung

In dieser Phase geht es in erster Linie darum, die zuvor entstandene Vielfalt wieder zu bündeln und die Gemeinsamkeiten festzuhalten. Gut ist
- eigene Fehler zuzugeben,
- Fehler des Anderen zu verzeihen,
- sich zu entschuldigen,
- Entschuldigungen annehmen zu können,
- sich versöhnen zu können.

Bevor Lösungen auf der Sachebene gefunden werden können, ist oft das Wiederherstellen der Beziehung notwendig. Im Mittelpunkt steht hier, nicht Recht haben zu wollen. Paradoxerweise erhält in Konflikten oft nicht derjenige sein Recht, der darauf pocht, sondern der, der es auch dem Anderen zugesteht (Schwarz 1993).

die zuvor entstandene Vielfalt wieder bündeln und die Gemeinsamkeiten festhalten

Am Abschluss dieser Klärungsphase steht die Zusammenfassung des Stands durch beide Parteien. Manchmal kann es auch hilfreich sein, das Gespräch an dieser Stelle zu unterbrechen, sodass beide Seiten die Gelegenheit haben, sich weitere Gedanken über Lösungswünsche zu machen.

Zusammenfassung des Stands durch beide Parteien

5. Lösungssuche

In dieser Phase geht es darum, möglichst kreativ künftigen Konflikten vorzubeugen und zu sachorientierten Konfliktlösungen zu kommen. Angelehnt an Problemlösungsmethoden des Brainstormings geht es hier um Folgendes.

möglichst kreativ künftigen Konflikten vorbeugen und zu sachorientierten Konfliktlösungen kommen

Möglichkeiten der Lösungsfindung

- **Eigene Ziele, Wünsche und Bedürfnisse äußern.**
- **Frei und ungestört Ideen entwickeln,** auch Verrücktes oder Unverschämtes ist hier berechtigt (Benien 2002).
- **Bewertungskriterien:** Nach einem eher spielerisch-freien Äußern von Möglichkeiten geht es nun darum, Kriterien aufzustellen, nach denen das folgende Vorgehen entschieden wird. Hier geht es um Kriterien wie: Konsequenzen für die Beteiligten, Machbarkeit, Zumutbarkeit und Effizienz.
- **Konkretisieren:** Die kritische Auswahl der Lösungswege führt fast zwangsläufig dazu, dass die besten Ideen konkretisiert werden. Hilfreich ist es hier, an Kosten, konkrete Schritte, Stolpersteine, Verantwortlichkeiten, Zeitrahmen und Kontrollen zu denken.

6. Umsetzung und Abschluss

eine Vereinbarung darüber treffen, was konkret wer umsetzen wird und Folgetermine für die Kontrolle vereinbaren

In der letzen Gesprächsphase geht es darum, eine Vereinbarung darüber zu treffen, was konkret wer umsetzen wird und Folgetermine für die Kontrolle dieser Umsetzungen zu vereinbaren. Je nachdem, um welches Konfliktthema es sich handelt, kann es hilfreich sein, mit dem Einverständnis beider Seiten bestimmte Schritte schriftlich festzuhalten. Häufig ist dies eher für Sachthemen günstig, bei Beziehungsthemen bestimmt der Geist, in dem die Vereinbarung getroffen wird, den künftigen Prozess. Misslungene Beziehungsgestaltungen sind hier nicht durch schriftliche Fixierung positiv umzuzwingen.

Auf der Beziehungsebene ist ein Abrunden des Gesprächs wichtig

Auf der Beziehungsebene ist ein Abrunden des Gesprächs wichtig. Im günstigen Falle wurde durch das Gespräch nicht nur ein konkretes Problem gelöst, sondern auch der Grundstein für eine künftige kooperative Zusammenarbeit gelegt.

Eine Prozessreflexion sollte das Gespräch abrunden

Um zu vermeiden, dass nach dem Gespräch negative Gedanken- und Verhaltensmuster auftauchen, wenn der Andere sich in der eigenen Perspektive nicht angemessen verhält, sollte eine Prozessreflexion das Gespräch abrunden:

- Wie ist es uns im Gespräch ergangen?
- Was ist noch offen geblieben?
- Was müsste passieren, damit die gefundenen Lösungen nicht tragen und wie wollen wir damit umgehen?
- Wie wollen wir damit umgehen, wenn eine Störung entsteht?
- Was haben wir aus dem Gespräch gelernt?

Checkliste 2: Leitfaden für Konfliktlösungsgespräche	
Gesprächsphase	**Was ist zu tun?**
1. Einleitung	• Setting und Prozedere (Zeit, Ablauf) klären • für eine gute Atmosphäre sorgen und Vertrauen herstellen

2. Aussprache	• Beschreibung des Konflikts aus Sicht der Beteiligten • offenes Aussprechen der unterschiedlichen Sichtweisen
3. Dialog	• Austausch über Sichtweisen und Weiterentwicklung der Beziehung • neue Erkenntnisse und Einsichten gewinnen
4. Beruhigung	• Erkennen von Gemeinsamkeiten • bei Bedarf Entschuldigung oder Versöhnung
5. Lösungssuche	• Identifikation zugrunde liegender Sachprobleme • kreative Suche nach verschiedenen Lösungsmöglichkeiten für die Zukunft
6. Umsetzung/ Abschluss	• Vereinbarung konkreter Schritte • Reflexion des Gesprächs

Oft ist es abschließend hilfreich, weitere Gesprächstermine zu vereinbaren, um das Gespräch nachzubereiten und einen positiven Kontakt zu erhalten.

III. Nachbereitung von Konfliktlösungsgesprächen

Konflikte treten in Unternehmen in der Regel nicht isoliert auf, sondern sind Teil eines Prozesses der Zusammenarbeit. Deshalb ist es sinnvoll, nach einer vereinbarten Zeit zu überprüfen, ob die Konfliktlösung funktioniert hat, ob die Beteiligten sich an die vereinbarten Maßnahmen halten und ob noch Handlungsbedarf besteht.

Falls es nicht zur gewünschten Lösung gekommen ist und die Beteiligten sich wie in einer Sackgasse fühlen, kann es sinnvoll sein, einen Externen als Moderator hinzuzuziehen. Wenn es sich z.B. um einen Konflikt zwischen zwei Kollegen handelt, kann auf Anfrage der Vorgesetzte diese Moderation übernehmen. Manche Unternehmen bilden auch interne Moderatoren für solche Fälle aus, die insbesondere dann hilfreich sind, wenn die Führungskraft selbst in den Konflikt involviert ist. Oft kennt auch die Personal- oder Bildungsabteilung externe qualifizierte Vermittler.

gegebenenfalls einen Externen als Moderator hinzuzuziehen

2.1.2 Sachgerechtes Verhandeln

Eine andere Methode der Konsensfindung ist das so genannte „sachgerechte" Verhandeln, das seit mehr als 20 Jahren als „Harvard-Konzept" bekannt ist und bis heute seinen Stellenwert nicht verloren hat (Fisher et. al. 1996). In Ergänzung zum Konfliktlösungsgespräch, bei dem im Mittelpunkt die Wiederherstellung einer gestörten Beziehung geht, geht es hier darum, sachlich vernünftige Lösungen für Probleme zu finden. Hier steht als Konfliktthema (vgl. Teil A, Kap. 2.2.2) die Sache im Vordergrund.

Im Rahmen des Harvard-Konzepts steht als Konfliktthema die Sache im Vordergrund

Interessensunterschiede verhandeln

Wann immer wir Interessensunterschieden begegnen, geht es darum, diese zu verhandeln, ob es dabei um Gehaltsverhandlungen, Tarifverhandlungen, Arbeitszeitverhandlungen, Strategieverhandlungen, Rollenverhandlungen etc. geht. Dennoch begreifen Menschen Verhandlungen häufig nicht als Chance zur Konsensfindung, sondern sie feilschen um Positionen. Jede Seite nimmt einen bestimmten Standpunkt ein und macht dann Zugeständnisse, damit ein Kompromiss zustande kommt. Je mehr man jedoch Standpunkte und Positionen vertritt, um so weniger darf jede Seite das Gesicht verlieren und umso weniger dringt man zu den eigentlichen ursprünglichen Problemen vor. Genau genommen führt das Feilschen um Positionen zu einer Eskalation des Konflikts, da sich die Beziehung dadurch verschlechtert.

Das Feilschen um Positionen führt zu einer Eskalation des Konflikts

Beim Feilschen um Positionen unterscheiden Fisher et al. (1996) die weiche Vorgehensweise, die sie auch „Nettsein" nennen und die harte, den Kampf. In der weichen Strategie werden Übereinkünfte angestrebt, Freundlichkeit und Beziehungsorientierung stehen im Vordergrund (Grundmuster des Nachgebens/Unterwerfens). Die harte Linie strebt einen Sieg an und kämpft um eigene Vorteile (Grundmuster des Konkurrierens/Vernichtens). Deutlich wird, dass die harte Linie höchstwahrscheinlich einen Konsens verhindert. Leider hilft in Verhandlungen aber auch Nettigkeit nicht weiter – ganz im Gegenteil ist diese Strategie der harten unterlegen: „*Wenn Sie anhaltendem Positionsfeilschen mit sanftem Verhalten antworten, werden Sie wahrscheinlich auch noch Ihr letztes Hemd verlieren*" (Fisher et. al. 1996 S. 29).

weiche versus harte Vorgehensweise

Die harte Linie verhindert einen Konsens

sachgerechtes Verhandeln als Alternative

Eine Alternative zur weichen und harten Verhandlungsstrategie ist das sachgerechte Verhandeln – eine Methode, die mit effizienten und integrativen Verfahrensweisen ausdrücklich auf vernünftige Ergebnisse abzielt. Das sachgerechte Verhandeln bezieht sich dabei auf vier Ebenen:

4 Ebenen

1. **Menschen:** Menschen und Probleme getrennt voneinander behandeln
2. **Interessen:** Sich auf Interessen statt auf Positionen konzentrieren
3. **Optionen:** Lösungsoptionen mit beiderseitigem Vorteil suchen
4. **Kriterien:** Nach objektiven Beurteilungskriterien entscheiden

Diese vier Faktoren sind wesentlich für den Erfolg von Verhandlungen. Deshalb werden sie in dem folgenden Modell verarbeitet. Für die Vor- und Nachbereitung von Verhandlungen gilt im Wesentlichen, was auch schon beim Konfliktlösungsgespräch (Kap. 2.1.1) aufgeführt wurde. Ich konzentriere mich deshalb hier auf die Durchführung von Verhandlungen. In der Praxis haben sich hierbei fünf Phasen bewährt (Zusammenfassung siehe Checkliste 4).

1. Bindung aufbauen

Trennen Sie Menschen und Probleme

Ein zentrales Motto sachgerechten Verhandelns ist es, Menschen und Probleme zu trennen. Oft ist das schon im Vorfeld der Verhandlung notwendig, nämlich, wenn es darum geht, alle die negativen Erfahrungen, Vorurteile und Befürchtungen einmal beiseite zu stellen und mit einer positiven Erwartung in das Gespräch zu gehen. Sonst passiert es schnell, was in Teil A, Kap. 2.4.2, in der Geschichte mit dem Hammer berichtet wurde. Diesen und andere Eskalationsmechanismen kann man durch aktiv positive Herangehensweisen oft unterbrechen. Hier einige Empfehlungen, um negative Voreinstellungen zu vermeiden:

Empfehlungen, um negative Voreinstellungen zu vermeiden

- **Leiten Sie die Absichten anderer nicht aus Ihren Befürchtungen ab.** Fisher et. al. erzählen hierzu eine Geschichte aus der „New York Times": *„Sie trafen sich in einer Bar und er bot ihr an, sie heimzubringen. Er nahm ganz ungewöhnliche Wege und behauptete, es seien Abkürzungen. So schnell brachte er sie nach Hause, dass sie sogar noch die 10-Uhr-Nachrichten mitbekam."* Und – was hätten Sie ohne den letzten Satz erwartet? Befürchtungen verleiten uns zu schlimmen Vorannahmen und begründen einen Argwohn, der dann neue Erfahrungen und Ideen verhindert.
- **Schieben Sie die Schuld an Ihren Problemen nicht der Gegenseite zu.** Selbst berechtigte Vorwürfe sind unproduktiv. Trennen Sie die Unzufriedenheit mit der Sache von der Person. Sprechen Sie klare Ich-Botschaften aus (vgl. Kap. 3.2.3) und sprechen Sie sachlich Ihre Ziele an.

Selbst berechtigte Vorwürfe sind unproduktiv

- **Versetzen Sie sich in die Lage des Anderen.** Wenn es Ihnen gelingt, Ihr Urteil über den Anderen eine Weile zurückzustellen und sich „in die Mokassins des Anderen" (indianisches Sprichwort) zu begeben, werden Sie in kürzerer Zeit eine Annäherung erfahren. Trennen Sie dabei sowohl innerlich als auch äußerlich Ihr Verständnis von einem Einverständnis.

Verständnis bedeutet nicht notwendig auch Einverständnis

Bei schwierigen Verhandlungen sind die Parteien schon zu Beginn der Verhandlung durch negative Gefühle belastet. Konzentrieren Sie sich in diesem Fall auf ein gekonntes Emotionsmanagement (vgl. Kap. 3.1). Dieses umfasst:

Kriterien für ein gekonntes Emotionsmanagement

- **Erkennen und verstehen Sie eigene und fremde Emotionen und sprechen Sie darüber.** Auch Vertreter von Organisationen haben Gefühle wie Sie – Ängste, Hoffnungen oder Träume. Oft sind sie auch als Stellvertreter mit einer Strategie beauftragt worden, in der sie sich vielleicht nicht so wohl fühlen. Fragen Sie nach der Ursache von Gefühlen und sprechen Sie darüber.
- **„Dampf ablassen".** Wenn der Partner Ärger oder Enttäuschung o.Ä. zeigt, hören Sie ihm ruhig zu, ermutigen Sie ihn, weiter zu machen, und stoppen Sie ihn nur bei direkten Ausfällen oder polemischen Anfeindungen. Wenn Menschen erst einmal ihre Gefühle loswerden oder sich Unausgesprochenes von der Seele reden konnten, sind sie umso eher bereit, sich wieder der Sache zuzuwenden.
- **Reagieren Sie nicht auf emotionale Ausbrüche.** Führen Sie die Regel ein: *„Nur jeweils eine Person darf zur gleichen Zeit Ärger zeigen."* Wenn

Sie selbst ärgerlich sind oder gerne auf die Wut des Verhandlungspartner reagieren würden, stellen Sie da zurück im Sinne der Sache. Es sei denn, Sie wollen gezielt einen Streit vom Zaun brechen.

Aktiv eine positive Beziehung aufbauen

Wichtig ist es, aktiv eine positive Beziehung aufzubauen. Lernen Sie den Anderen kennen, finden Sie schon im Vorfeld Vorlieben und Abneigungen heraus, suchen Sie nach informellen Zusammenkünften und kommen Sie schon vor Verhandlungsbeginn, um Kontakt zu knüpfen. Fisher et. al. (1996) berichten von einer diesbezüglichen Verhandlungstaktik von Benjamin Franklin. Dieser lieh sich gerne ein Buch von seinem Verhandlungspartner aus. Damit signalisierte er Interesse am Anderen, konnte Vertrauen herstellen (durch die Rückgabe) und gab dem Anderen das Gefühl, in seiner Schuld zu stehen. Weitere Hinweise zum aktiven Beziehungsaufbau sind:

Hinweise zum aktiven Beziehungsaufbau

- **Beziehungen vorrangig behandeln.** Wann immer es eine und sei es noch so unbedeutende Störung in der Beziehung gibt: Steuern Sie aktiv entgegen, gehen Sie auf den Anderen zu, bauen Sie präventiv eine positive Beziehung auf. Gestörte Beziehungen wirken sich immer negativ auf Verhandlungen aus und verursachen hohe Verhandlungskosten.

Das einfachste und kostengünstigste Zugeständnis besteht darin, den Anderen wissen zu lassen, dass man ihm zuhört

- **Zuhören und positives Feedback geben.** Das einfachste und kostengünstigste Zugeständnis an den Anderen besteht darin, ihn wissen zu lassen, dass man ihm zuhört und Interesse an seinem Standpunkt hat. Wenn Sie positiv formulieren, was Sie verstanden haben, und auch für Sie selbst scheinbar unbedeutende, für den Anderen jedoch wichtige Dinge ausdrücklich nennen, verflüssigen und beschleunigen Sie Verhandlungen.

- **Stellen Sie Gemeinsamkeit her.** Stellen Sie sich vor, ihr „Gegner" ist ein Kollege von Ihnen und Sie sind beide Richter, die ein gemeinsames Urteil fällen müssen. Als Richterkollege würden Sie alle Fakten und Hintergründe wissen wollen, um gemeinsam ein gerechtes Urteil zu finden, selbst wenn Sie eine andere Meinung vertreten. Die Vorstellungen beider Seiten sind für die Lösungsfindung notwendig.

- **Nutzen Sie symbolische Gesten.** Wann immer möglich, machen Sie kleine Eingeständnisse, nutzen Sie (kostengünstige!) Möglichkeiten wie eine Entschuldigung, ein Ausdruck des Bedauerns oder ein überraschendes kleines Eingeständnis. Seien Sie kreativ in dem Auffinden von Möglichkeiten des kleinen Entgegenkommens – wie ein Verliebter, der weiß, dass er einen Streit mit einer roten Rose schnell beenden kann. Über den eigenen Schatten zu springen kostet in der Regel viel psychische Energie, meist aber kaum Geld.

Berücksichtigen Sie von Beginn an aktiv Grundsätze, Wertesysteme und Image des Verhandlungspartners

- Gesicht wahren lassen. Berücksichtigen Sie von Beginn an aktiv die Grundsätze, Wertesysteme und das Image des Verhandlungspartners. Das fängt schon bei der Sprachauswahl an. So berichten Fisher et. al. (1996, S.61) z.B. von einem Vorfall, den der UN-Sekretär Waldheim als Verhandler in einer Geißelnahme 1980 im Iran erlebt hat. Wenige

Stunden nach Ausstrahlung einer Sendung, in der er gesagt hatte „*Ich komme als Vermittler, auf der Suche nach einem Kompromiss*", wurde sein Auto mit Steinen beworfen. Waldheim wusste nicht, dass im Iran ein „Vermittler" jemand ist, der sich uneingeladen in etwas hineindrängt und dass ein „Kompromiss" als Herabsetzung des eigenen Wertes beurteilt wird und nicht wie im westlichen Raum als Mittelweg, mit dem beide Seiten leben können (vgl. auch Teil B, Kap. 4.4).

2. Interessen und Ziele klären

Häufig steigen Menschen mit Forderungen und bestimmten Positionen in eine Verhandlung ein. Da häufig unklar ist, warum, d.h. mit welchen Beweggründen, Hintergründen, Motiven und Zielen der Andere diese Position innehat, verhärten Verhandlungen oft schon relativ zu Beginn.

Wenn Interessen und Ziele unklar bleiben, verhärten Verhandlungen oft schon relativ zu Beginn

Mitarbeiter Frank M. geht zu seinem Vorgesetzen Eugen R. und fordert eine Gehaltserhöhung. Der lehnt diese ab, weil er dieses Jahr kein Geld mehr zur Verfügung hat.

Hinter Positionen und Forderungen stehen oft Bedürfnisse, Sorgen, und Wünsche, die Fisher et. al. (1996) als „Interessen" zusammenfassen. Die wichtigsten Interessen sind die menschlichen Grundbedürfnisse (vgl. Teil A, Kap. 3.1.2) nach physischer und wirtschaftlicher Sicherheit, nach Zugehörigkeit, nach Status und Anerkennung und nach Selbstbestimmung.

Hätte Eugen R. nach den Beweggründen seines Mitarbeiters gefragt, hätte sich möglicherweise ein anderer Verhandlungsspielraum durch veränderte Ziele ergeben, z.B.: Will er das Geld aus wirtschaftlichen oder Sicherheitsgründen; weil er der Einzige in der Gruppe ist, der schlechter bezahlt ist; weil sein Kollege, der das Gleiche tut, eine Erhöhung bekommen hat; weil er sonst keine Anerkennung bekommt oder als Ersatz für eine selbstbestimmte Arbeit? Hier ergeben sich verschiedene Richtungen für Lösungsmöglichkeiten. Aber auch der Mitarbeiter Frank M. hätte seine Beweggründe offen legen können und somit auch überzeugende Argumente, die den Chef zumindest zum Nachdenken und Gespräch hätten bewegen können.

> KONZENTRIEREN SIE SICH AUF INTERESSEN UND ZIELE STATT AUF POSITIONEN.

Ein weiteres zentrales Rezept des Harvard-Konzeptes ist es, sich auf Interessen zu konzentrieren statt auf Positionen. Nur wenn die zugrunde liegenden Vorstellungen beider Seiten berücksichtigt werden, kann in Verhandlungen ein sachlich vernünftiges Ergebnis erzielt werden. Um wirklich beide Zielrichtungen zu erfassen, ist es hilfreich, folgende, vielleicht etwas ungewohnte, dennoch grundlegende Fragen zu stellen:
- Welchen Gewinn wird der Partner durch mein Ziel haben?
- Was braucht mein Partner von mir, damit ich mein Ziel erreiche?

Nur wenn die Vorstellungen beider Seiten berücksichtigt werden, kann ein sachlich vernünftiges Ergebnis erzielt werden

Außerdem ist es günstig, bei Verhandlungen schon bei der Erfassung der gegenseitigen Ziele folgende Richtlinien zu beachten:

Richtlinien für die Erfassung der gegenseitigen Ziele

- **Drücken Sie Ihre Interessen und Ziele klar und konkret aus.** Machen Sie der Gegenseite klar, wie wichtig und legitim Ihre Interessen sind. Stellen Sie die Ernsthaftigkeit Ihres Anliegens in aller Härte dar, ohne die andere(n) Person(en) abzuwerten oder persönlich anzugreifen. Legen Sie Ihre Sorgen und Wünsche offen. Bauen Sie Ihre Argumentationskette so auf, dass Sie mit Ihren Gründen und Zielen anfangen und erst dann die Konsequenzen und Lösungsvorschläge nennen. Das erhöht die Bereitschaft Ihres Verhandlungspartner, Ihnen zuzuhören, viel mehr, als wenn Sie mit Forderungen beginnen.

  Legen Sie Ihre Sorgen und Wünsche offen, statt Forderungen zu stellen

- **Erkennen Sie die Interessen des Anderen als Teil der Problemlösung an.** Wenn Sie sich klar darüber sind, dass das Problem wirklich nur optimal gelöst werden kann, wenn beide Seiten voll dabei sind und ihre Interessen berücksichtigt werden, dann werden Sie sich auch für die andere Seite interessieren. Finden Sie deren Interessen, Sorgen, Wünsche und Bedürfnisse heraus. Versetzen Sie sich in die Rolle des Anderen, indem Sie fragen „Warum?" oder „Warum nicht?". Welche Interessen stehen der Lösung im Weg? Welche Rückwirkungen hätte eine bestimmte Lösung auf die Interessen?

- **Erkennen Sie die Vielfalt von Interessen innerhalb einer Partei.** Ein häufiger Verhandlungsfehler ist es, von einem einheitlichen „Feindbild" auszugehen. Die Kunst dagegen ist es, die verschiedenen Richtungen innerhalb der Partnerpartei zu erkennen. Wie im eigenen „Lager" mag es da Hintermänner geben, auf die der Verhandlungspartner Rücksicht nehmen müssen, verschiedene Interessen und Ziele, die er vereinigen muss. Nehmen Sie seine Position ein und überlegen Sie, was er braucht, um seine Gruppe zu überzeugen. Verhandeln Sie immer mit Personen, nicht mit Institutionen. Konzentrieren Sie sich auf Schlüsselpersonen und liefern Sie ihnen die Fakten und Argumente, die sie brauchen, um andere in ihrer Gruppe zu überzeugen.

  nicht von einem einheitlichen „Feindbild" ausgehen

  Verhandeln Sie immer mit Personen, nicht mit Institutionen

- **Suchen Sie aktiv gemeinsame und ergänzende, vereinbare Ziele.** In der Regel überwiegen trotz gegensätzlicher Ziele die gemeinsamen oder zumindest doch vereinbarten Interessen und Bedürfnisse. Hier ein sehr anschauliches Beispiel nach Fisher et. al. (1996, S. 68):
  In einer Bibliothek erhitzen sich zwei Männer darüber, ob man ein Fenster einen Spalt, halb oder ganz öffnen soll und finden keine Lösung. Erst als die Bibliothekarin interveniert, stellt sich heraus, dass derjenige, der dass Fenster offen haben will, frische Luft möchte und der, der das Fenster geschlossen haben möchte, die Zugluft fürchtet. Nach kurzem Überlegen öffnet die Bibliothekarin ein Fenster im Nebenzimmer weit. So kommt frische Luft herein, ohne dass störende Zugluft entsteht.
  Finden Sie gemeinsame Interessen und Ziele heraus und verschmelzen Sie unterschiedliche Interessen, die sich ergänzen. Gemeinsame Interessen liegen in der Regel in einer Win-win-Lösung und einer ge-

  Gemeinsame Interessen liegen in der Regel in einer Win-win-Lösung

genseitig förderlichen Beziehung. Es gibt sie, vielleicht auch nur verborgen, bei jeder Verhandlung. Damit sie etwas nutzen, müssen Sie jedoch erst etwas daraus machen und sie ausdrücklich hervorheben. Dadurch steigt die Wahrscheinlichkeit für freundlichere und flüssigere Verhandlungen.

- **Schauen Sie nach vorne, nicht rückwärts.** Klären Sie für sich immer wieder: Wollen Sie streiten oder Ziele erreichen? In der Regel handeln Sie im Sinne Ihrer langfristigen Interessen, indem Sie über Ihre Ziele sprechen, statt auf Vorwürfe der Gegenseite zu reagieren und über die Vergangenheit zu streiten.
- **Verbinden Sie Bestimmtheit mit Flexibilität und Sanftheit.** Gehen Sie mit einem klaren Bewusstsein ihrer Interessen ins Gespräch und seien Sie dennoch flexibel, indem Sie immer mehr als nur eine Möglichkeit ins Auge fassen. Lassen Sie den Menschen auf der anderen Seite in dem gleichen Maße, in dem Sie das Problem mit aller Härte angehen, auch persönliche Hilfe zukommen, indem Sie z.B. Respekt, Wertschätzung, Höflichkeit oder Anteilnahme zeigen.

Wollen Sie streiten oder Ziele erreichen?

immer mehr als nur eine Möglichkeit ins Auge fassen

3. Lösungsoptionen entwickeln

In dieser Phase sind Sie bei der „eigentlichen" Problemlösung angelangt, die jedoch ohne die beiden vorherigen Schritte nicht möglich wäre. Das zentrale Prinzip der Konsensfindung, der Win-win-Strategie, besteht darin, Lösungsoptionen zu entwickeln, die für beide Seiten von Vorteil sind.

ENTWICKELN SIE LÖSUNGSOPTIONEN ZUM BEIDERSEITIGEN VORTEIL.

Gehen Sie mit einer Gewinner-Haltung an die Sache, die den Kuchen sozusagen vergrößert, bevor er geteilt wird. Schaffen Sie kreative, phantasievolle Auswege auch aus scheinbar ausweglosen Situationen.

Beseitigen Sie als erstes folgende Hindernisse in der Entwicklung von Alternativen:

- Das Bedürfnis nach schnellen Lösungen sowie **vorschnelle Urteile** sind oft auch in stressfreien Situationen die Regel. Sie behindern Kreativität und Einfallsreichtum.
- Aus Zeit- und anderen Gründen suchen Menschen oft nur nach **„der" einzigen richtigen Lösung.** Dadurch wird vorzeitig die Perspektive verengt und ein Prozess abgebrochen, der zu einer Erweiterung des Lösungsraumes führen könnte.
- Da Menschen es häufig nicht anders erlebt haben, gehen sie davon aus, dass „der Kuchen" begrenzt ist und es **nur ein „Entweder-Oder"** gibt (vgl. auch die Machtspiele in Teil A, Kap. 2.4.3). Dies führt zu einer Verengung des Lösungsraumes und zu Nullsummenspielen.
- Die **Vorstellung, die anderen müssten ihre Probleme selbst lösen,** führt zu emotionaler Verschlossenheit und vermeidet die Lockerheit,

Hindernisse in der Entwicklung von Alternativen beseitigen

die nötig wäre, um frei und ungezwungen neuartige vernünftige Lösungen zu suchen.

die Vielfalt von Entscheidungsalternativen erhöhen

Um eine möglichst optimale, vernünftige und sachlich legitime Lösung zu finden, müssen Sie zunächst die Vielfalt von Entscheidungsalternativen erhöhen. Diese Zeitinvestition wird sich – gemessen am Output – auf jeden Fall lohnen, wenn Sie folgende Regeln beachten:

moderiertes Brainstorming durchführen

- **Verzichten Sie bei der Entwicklung von Vorstellungen auf deren Beurteilung.** Führen Sie am besten ein moderiertes Brainstorming durch, bei dem alles zugelassen ist, keine Bewertung oder Kritik stattfinden darf und alle Ideen visualisiert werden. Sie können erst einmal ein Brainstorming mit der eigenen Partei machen oder auch direkt die andere Seite mit einbeziehen.

  Dabei besteht oft die Befürchtung, durch unüberlegte Vorschläge zu schnell auf eine Position festgelegt zu werden. Diese Gefahr können Sie auffangen, indem Sie grundsätzlich immer zwei Alternativen zur gleichen Zeit entwickeln oder Vorstellungen einstreuen, die Sie ganz offensichtlich ablehnen, z.B. „Ich könnte Ihnen die Firma schenken oder Sie übernehmen mich als Geschäftsführer oder zahlen eine Abfindung..."

vier verschiedene Denkweisen, die sowohl induktive als auch deduktive Vorgehensweisen verbinden

- **Verbinden Sie Theorie und Praxis.** Kombinieren Sie vier verschiedene Denkweisen, die sowohl induktive als auch deduktive Vorgehensweisen verbinden, d.h. sowohl konkrete praktische Begebenheiten als auch generell denkbare Möglichkeiten. In Fisher et. al. (1996) wird diese Vorgehensweise in Form eines Kreisdiagramms beschrieben (siehe Abb. 4). An anderen Stellen wird die Methode in ähnlicher Form als Möglichkeit zur kreativen Problemlösung ausgeführt (z.B. Quiske et. al. 1983).

  Dabei steigen Sie in der 1. Phase mit der Identifikation und Beschreibung eines konkreten Problems ein, im Rahmen der 2. Denkweise steht die Kategorisierung und Analyse von Problemursachen im Vordergrund. Im 3. Schritt geht es darum, mögliche Lösungsideen zu sammeln und die 4. Denkweise zielt darauf ab, spezifische und realistische Vorschläge für künftiges Handeln zu erarbeiten.

  In einem Großkonzern gibt es eine neue Kommunikationsstrategie, an die sich jedoch nicht alle Gruppengesellschaften halten. Bei gleichzeitiger Vorgabe der Richtlinien für das Design von Anzeigen und Werbekampagnen gibt es jedoch auch Verhandlungsfreiheit für die inhaltliche Gestaltung.

  Friedrich V. ist beauftragt, mit dem Geschäftsführer einer der Gesellschaften, Bernhard S., die Strategie abzustimmen. Seine Vier-Richtungen-Denkweise könnte so aussehen (sowohl in der Vorbereitung als auch im Gespräch):

1. Aus Sicht von Herrn V.: Die Gruppengesellschaft unter Leitung von Herrn S. beachtet die Richtlinien nicht. Dadurch kommt es zu verwirrenden Eindrücken bei den Kunden.
Aus Sicht von Herrn S.: Ich bin nicht einbezogen oder informiert worden. Der Konzern mischt sich ungefragt in meine Geschäftsstrategie.
2. Woran liegt das? Ist die neue Strategie nicht ausreichend kommuniziert worden? Gibt es in der Gesellschaft interne Widerstände? Ist diese nicht ausreichend einbezogen worden?
3. Was wäre theoretisch als Lösung denkbar? Beispielsweise Änderung und Neuformulierung der Strategie unter Einbeziehung der Gesellschaft, verstärkte Information der Gesellschaft, Aufzeigen von Vorteilen gegenüber der alten Strategie, Kompromisse bezüglich des Designs, Selbstständigkeit im Design, Bestrafen der Gesellschaft, Angebot von Serviceleistungen für die Gesellschaft ...
4. Realistischerweise kommen in diesem Beispiel weder Bestrafungen noch eine Abkoppelung oder Neuformulierung der verabschiedeten Strategie infrage. Eine Einigung besteht in der Information über die neue Strategie und verschiedenen Serviceleistungen (z.B. Anzeigenschaltung, Designvorlagen etc.) vonseiten des Konzerns auf der Sachebene, einer Entschuldigung für die mangelnde Einbeziehung vorab auf der Beziehungsebene sowie einer Rollenklärung der schwierigen Doppelrolle von Friedrich V. als Controller und gleichzeitig Serviceleister für die Gruppengesellschaften.

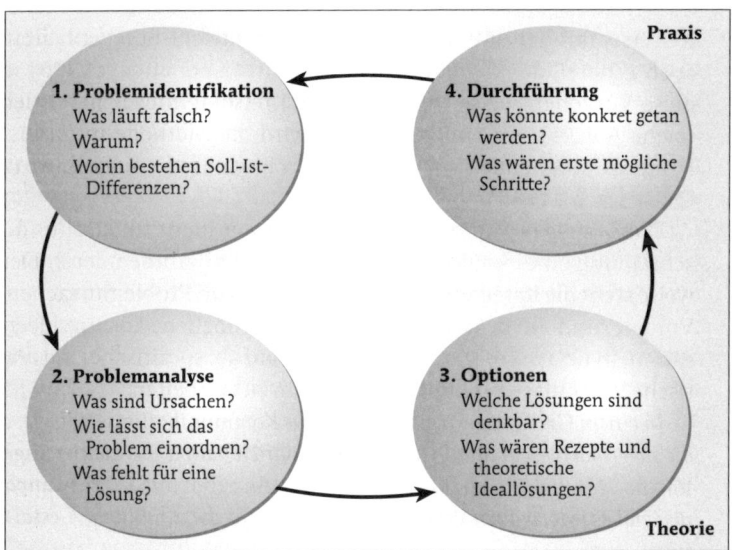

Abb. 4: Vier-Richtungen-Denkweise

- **Bauen Sie eine überzeugende Argumentationsstrategie auf.** Wie z.B. Höher u. Höher (2000) ausführen, hängt die Überzeugungskraft ei-

Die Überzeugungskraft eines Arguments hängt von seiner Richtigkeit und der Bedeutung für den Anderen ab

nes Arguments von zwei Dimensionen ab: Seiner Richtigkeit und damit der Wahrscheinlichkeit, dass es auch Expertenüberprüfungen standhält und seiner Bedeutsamkeit für den Gesprächspartner.

Checkliste 3: Überzeugungskraft eines Arguments	
Richtigkeit	**Bedeutsamkeit**
Fakten	Was das Interesse des Anderen trifft.
Daten	Was dem Anderen entgegenkommt.
Statistik	Was den Zielen des Anderen entspricht.
Zitate	Was dem Image, Wertesystem etc. zusagt.
Dokumente	Was die Wahlfreiheit des Anderen erweitert.
Erfahrungen	Was Erfahrungen des Anderen berücksichtigt.
Praxisnachweise	Was der Problemlösung des Anderen hilft.

Die meisten Menschen machen in der Vorbereitung von Verhandlungen schon den Fehler, sich überwiegend mit der linken Spalte zu beschäftigen und sammeln Belege für **ihre** Interessen. Wenn Sie jedoch den Verhandlungspartner überzeugen wollen, ist die Hauptfrage: Was interessiert **den Partner**? Wenn Sie Lösungsideen aus der Sicht des Anderen wahrnehmen, schaffen Sie damit eine breitere Überzeugungs- und damit Lösungsbasis.

Ideenmaterial aus verschiedenen Perspektiven

- **Nehmen Sie Standpunkte verschiedener Experten ein.** Wenn Sie sich in die Rolle verschiedener möglicher Experten bei einer Fragestellung versetzen, erhalten Sie Ideenmaterial aus verschiedenen Perspektiven.
  So ging es beispielsweise bei einer GmbH, deren Führung aus einem technischen und einem kaufmännischen Geschäftsführer bestand, darum, ob die Mitarbeiter von beiden gleich geführt oder aufgeteilt werden sollten. Die Frage „Was spricht dafür oder dagegen aus Sicht der Mitarbeiter, der Gesellschafter, der Kunden, eines Steuerfachmanns, eines Psychologen …" brachte eine Menge entscheidungsrelevanter Informationen zutage.

Variieren Sie Wirkungsgrad und Reichweite

- **Suchen Sie Problemlösungen auch im „weichen" Bereich.** Variieren Sie den Wirkungsgrad, d.h. streben Sie nicht nur eine harte Einigung an (sachlich, dauerhaft, umfassend, endgültig, bedingungslos, verpflichtend und erstrangig), sondern auch eine „weiche" (über Vorgehensweisen, vorläufig, partiell, bedingt, nicht bindend, nachrangig). Verändern Sie die Reichweite, d.h. spalten Sie ihr Problem in Teilprobleme oder vergrößern Sie die Gesamtmaterie, um eine Lösung attraktiver zu machen.

- **Erleichtern Sie dem Verhandlungspartner die Entscheidung.** Suchen Sie mehrere für Sie gleichwertige Optionen und überlassen Sie die Wahl dem Verhandlungspartner. Machen Sie die Dinge für die Gegenseite niemals schwieriger, sondern konfrontieren Sie sie mit möglichst schmerzfreien Alternativen. Verzichten Sie auf Drohungen, sondern konzentrieren Sie sich auf die positiven Angebote und die positiven Konsequenzen bei einer Zustimmung. Fragen Sie sich: Was erhöht den Nutzen für die andere Seite mit geringen Kosten auf Ihrer Seite?

den Verhandlungspartner unter mehreren für Sie gleichwertigen Optionen wählen lassen

- **Schaffen Sie eine willensunabhängige Verhandlungsbasis.** Suchen Sie immer wieder nach sachlichen Argumenten und Lösungsideen. Akzeptieren Sie auch neue Expertenmeinungen. Denken Sie daran: Konfliktlösungen auf der Basis von Willensentscheidungen, also durch Feilschen um Positionen, kommen sehr teuer. Gleichgültig, ob Sie oder der andere nachgeben, schadet dieser Wettbewerb dem Ergebnis.

Konfliktlösungen auf der Basis reiner Willensentscheidungen kommen sehr teuer

4. Entscheidung zu beiderseitigem Vorteil

Um eine vernünftige Entscheidung zu treffen, die wirklich einen Konsens zwischen beiden, d.h. die optimale Lösung darstellt, ist es von Bedeutung, objektive und faire Beurteilungskriterien anzulegen. Objektive Grundlagen von Fairness, Effektivität und wissenschaftlicher Sachbezogenheit verringern den Kampf um die Oberhand und erhöhen so die Chance einer vernünftigen Übereinkunft. Wenn Verträge z.B. Standardbedingungen enthalten, mit der industriellen Praxis übereinstimmen oder durch unabhängige, anerkannte Expertenlösungen unterstützt werden, muss niemand nachgeben (als der Schwächere erscheinen oder das Gesicht verlieren), um eine vernünftige Lösung zu vereinbaren.

Nur objektive und faire Beurteilungskriterien fördern einen Konsens

Faire Beurteilungskriterien sind darüber hinaus
- gesetzlich legitimiert,
- praktisch durchführbar,
- für beide Seiten passend.

Kennzeichen fairer Beurteilungskriterien

Solche Kriterien können z.B. sein: Marktwert, Präzedenzfälle, wissenschaftliche Gutachten, Kriterien von Sachverständigen, langfristige Auswirkungen, Kosten, Gerichtsurteile, moralische Grundlagen, Gleichbehandlungsgrundsätze, Tradition, Gegenseitigkeit etc. Testen Sie, ob die Vereinbarung für beide Seiten passt, indem Sie auch die Kriterien der anderen Seite überprüfen, z.B. welchen Vertrag der Kunde in ähnlichen Fällen als Lieferant mit seinen Kunden schließt.

ENTSCHEIDEN SIE NACH OBJEKTIVEN BEURTEILUNGSKRITERIEN.

Für die Entscheidung nach objektiven Beurteilungskriterien sind außerdem folgende Vorgehensweisen hilfreich:
- **Einigen Sie sich zuerst über die Prinzipien objektiver Beurteilung.** Ihr Standpunkt gewinnt an Überzeugungskraft, wenn Sie auf Kriterien aufbauen, die die Gegenseite vorgeschlagen hat. So kann diese auch

Vorgehensweisen für die Entscheidung nach objektiven Beurteilungskriterien ggf. eher nachgeben, ohne das Gesicht zu verlieren, weil dies nicht als Schwäche, sondern als Ausdruck davon, „zum eigenen Wort zu stehen", gewertet wird.

- **Seien Sie Vernunftgründen gegenüber offen und argumentieren Sie selbst auf sachlicher Grundlage.** Missbrauchen Sie Argumente und Beurteilungskriterien nicht zur Zementierung ihrer Position. Verhalten Sie sich stattdessen wie ein Richter, der – auch wenn er der einen Seite zugeneigter ist, bereitwillig auf Argumente und neue Aspekte eingeht. Wenn auch nach eingehender Diskussion keine Einigung über zugrunde liegende Kriterien zustande kommt, lassen Sie eine von beiden Seiten anerkannte Person über die Angemessenheit und Legitimität der Kriterien entscheiden. Seien Sie offen für inhaltliche, sachbezogene und vernünftige Überzeugungsarbeiten. Kombinieren Sie Ihre Offenheit gegenüber Vernunftgründen mit dem Beharren auf Lösungen auf der Grundlage objektiver Kriterien.

Eine von beiden Seiten anerkannte Person entscheidet über Angemessenheit und Legitimität der Kriterien

- **Legen Sie mit fairen Verfahrensweisen Differenzen bei**, z.B. Platztauschen, Losziehen, Dritte entscheiden lassen. Die Methode „Der eine schneidet, der andere wählt" enstammt einem uralten Brauch, ein Stück Kuchen zwischen zwei Kindern zu teilen (das eine Kind schneidet, das andere wählt sich ein Stück aus) und wird auch Platztauschen genannt. Weitere Methoden sind „Münze werfen" oder die Entscheidung durch Moderator oder Schiedsrichter erfolgen zu lassen. Funktionieren Sie jeden Streitfall zur gemeinsamen Suche nach objektiven Kriterien um. Unterstellen Sie dem Anderen Fairness und Gemeinsamkeit bei der Lösungssuche.

Funktionieren Sie jeden Streitfall zur gemeinsamen Suche nach objektiven Kriterien um

- **Geben Sie niemals irgendeinem Druck nach, unterwerfen Sie sich nur vernünftigen Prinzipien.** Wenn die Gegenseite Druck ausübt (z.B. in Form von Bestechung, Drohung, manipulativen Vertrauensappellen oder der Weigerung, sich von der Stelle zu bewegen) schlagen Sie objektive Kriterien vor und bestehen Sie darauf, auf dieser Grundlage weiter zu verhandeln. Sie können sich leichter der Willkür verweigern, als die Gegenseite sich der Entwicklung objektiver Kriterien.

Wenn die Gegenseite sich jedoch verweigert und Sie auch nicht überzeugt, sind Sie schlichtweg am Ende der Verhandlung angelangt. Das ist dann wie ein Kaufhaus mit Festpreisen. Suchen Sie nach übersehenen objektiven Kriterien und geben Sie nicht zu früh auf. Wenn die Gegenseite auch dann nicht von ihrer ungerechtfertigten Position abrückt, sollten Sie abwägen, ob es sich für Sie mehr lohnt, diese mit allen ihren Konsequenzen in Kauf zu nehmen oder sich der besten sich bietenden Alternative zuzuwenden.

5. Umsetzung und Abschluss

Vereinbarung über Umsetzung und Kontrolle treffen

In der letzen Verhandlungsphase geht es wie bei den Konfliktlösungsgesprächen darum, eine Vereinbarung darüber zu treffen, was konkret wer umsetzen wird und Folgetermine für die Kontrolle dieser Umsetzungen zu vereinbaren. Da es sich um ein konkretes Thema oder sachliches Ziel handelt, sollte auf jeden Fall eine schriftliche Fixierung der Ergebnisse stattfinden. Dies ist dann oft in Form von Verträgen der Fall oder in Form von Zielvereinbarungen. Auch hier kann eine kleine Prozessreflexion einen positiven Ausblick auf die künftige Zusammenarbeit bieten.

schriftliche Fixierung der Ergebnisse

Checkliste 4: Leitfaden für Verhandlungen	
Verhandlungsphase	Was ist zu tun?
1. Bindung aufbauen	• Beziehungen vorrangig behandeln • Personen von Problemen trennen • Zuhören, Feedback, Ich-Botschaften anwenden • sich in den Anderen hineinversetzen
2. Interessen und Ziele klären	• Eigene Bedürfnisse und Interessen und die des Anderen herausfinden • auf Interessen statt Positionen konzentrieren • gemeinsame Interessen hervorheben • hart in der Sache und sanft zu den Menschen sein
3. Lösungsoptionen entwickeln	• Hindernisse bei der Entwicklung von Alternativen beseitigen • offen sein für verschiedene Möglichkeiten • Ideenfindung und Bewertung trennen (Brainstorming) • Vorteile für beide Seiten suchen
4. Entscheidung zu beiderseitigem Vorteil	• neutrale, objektive Beurteilungskriterien für die Entscheidung suchen • Objektivität durch Fairness, Effektivität und Sachbezogenheit erreichen • faire Verfahrensweisen wählen • Commitment auf beiden Seiten anstreben
5. Umsetzung/ Abschluss	• Vereinbarung konkreter Schritte • Reflexion der Verhandlung

2.2 Vermittlungsverfahren

Wenn die Konfliktbeteiligten den Eindruck haben, sich in einer Sackgasse zu befinden und ihre Gespräche als nutzlos erleben, ist es oft sinnvoll, eine dritte Partei einzuschalten. Dies ist häufig ab Phase 3 der Konflikteskalation der Fall, in der ein Misstrauen zwischen den Parteien die Kommunikation erschwert. In den Anfängen emotional angespannter Situationen reicht es oft schon aus, dass überhaupt eine dritte

Person anwesend ist – in vielen Fällen wird eine Lösung schon allein durch Zuhören und das Zeigen von Interesse katalysiert. Erst wenn diese Anwesenheit nicht mehr ausreicht, ist es hilfreich, einen Vermittler um Hilfe zu bitten. Dabei setzt ein unabhängiger Dritter Impulse dafür, bisher nicht gelöste Konflikte lösbar zu machen. Die Verantwortung sowohl für das Problem als auch für die Lösung bleibt dabei bei den Betroffenen. In der Literatur wird hier von **Moderation** oder **Mediation** gesprochen.

Ein unabhängiger Dritter setzt Impulse dafür, bisher nicht gelöste Konflikte lösbar zu machen

Moderation oder Mediation

Der Impuls für eine Vermittlung kommt entweder von einem oder beiden bzw. mehreren Beteiligten oder von der Führungskraft, wenn diese Handlungs- und Klärungsbedarf sieht, dann selbst aktiv wird oder die Vermittlungsrolle delegiert. Voraussetzung für Vermittlungsverfahren ist die Bereitschaft zur freiwilligen Teilnahme aller Parteien sowie die Neutralität des Vermittlers.

Unterschiede zwischen Moderation und Mediation liegen hauptsächlich in ihren Ursprüngen: Moderation wird in Deutschland als alltägliches und etabliertes Verfahren für die Problemlösung in Unternehmen angewandt. Moderation kann relativ schnell von Führungskräften in kleineren Konflikten eingesetzt werden und hat auch stark präventiven Charakter.

Moderation hat stark präventiven Charakter

Mediation ist ein Verfahren, das ursprünglich aus den USA kommt, wo die Notwendigkeit außergerichtlicher Einigungsverfahren schon seit über 20 Jahren zu einer Entwicklung kostengünstiger Alternativen (siehe Altmann et. al. 1999) geführt hat. Dazu gehören verschiedene Verfahren zwischen Mediation und Schiedsverfahren. Mediation ist dabei nicht nur ein bloßes Verfahren, sondern ein ganzheitlicher Ansatz zur präventiven und kurativen Konfliktlösung und Bestandteil der ADR (Alternative Dispute Resolution).

Mediation ist ein ganzheitlicher Ansatz zur präventiven und kurativen Konfliktlösung

Moderation wird also insgesamt tendenziell in einer früheren Eskalationsphase und häufiger durch interne Moderatoren als Hilfe zur Selbsthilfe eingesetzt (vgl. Glasl 1990) und kann auch in einem einzigen Meeting bestehen, während Mediation in stärker eskalierten Prozessen strukturierter, umfassender und aktiver, durch einen längeren Prozess eine für beide Seiten tragfähige Vereinbarung herbeiführt. Weitere Unterscheidungen, z.B. nach der Gruppengröße (siehe Redlich u. Elling 2000) halte ich nicht für sinnvoll bzw. praktikabel.

2.2.1 Konfliktmoderation

Als interner Moderator ist die Führungskraft häufig gefragt. Oft findet sie sich auch unbeabsichtigt in dieser Rolle wieder, wenn sie z.B. eine Diskussion moderiert, in der Differenzen auftauchen oder wenn Mitarbeiter untereinander Streit haben, die Aufgabenverteilung unklar ist o.Ä. Die Moderation von Problemlösungsprozessen gehört zum Führungsalltag. Um auch in – oft unerwarteten – Konfliktsituationen diese Rolle bewusst einnehmen zu können, ist es notwendig, zwei Prinzipien einzuhalten:

Die Moderation von Problemlösungsprozessen gehört zum Führungsalltag

1. **Allparteilichkeit:** die Fähigkeit, sich in die Positionen beider Parteien zu versetzen und Verständnis für die Wünsche, Interessen, „wunden Punkte" und Befürchtungen beider Parteien aufzubringen und
2. **Unparteilichkeit bzw. Überparteilichkeit:** die Fähigkeit, eigene Meinungen und Interessen aus dem Geschehen herauszuhalten.

zwei Prinzipien

Das Ziel von Moderation ist es, die Beteiligten durch möglichst wenige Interventionen wieder in die Lage zu versetzen, ihre Konflikte selbst zu bewältigen. Die Verantwortung des Moderators ist es, den Lösungsprozess zu gestalten und die Verantwortung für das Problem und die Lösung bei den Beteiligten zu lassen.

die Beteiligten durch möglichst wenige Interventionen wieder in die Lage versetzen, ihre Konflikte selbst zu bewältigen

Die Aufgabe des Moderators ist die Prozesssteuerung durch folgende Phasen (siehe auch Checkliste 5):

Aufgabe des Moderators

1. Rahmen- Situations- und Auftragsklärung:

Hierzu gehört die Klärung von Fragen wie:
- Wie kam die Moderation zustande?
- Auf wessen Initiative hin soll die Moderation erfolgen?
- Was ist der Auftrag des Moderators und seine Rolle?
- Wer ist beteiligt bzw. sollte einbezogen werden?
- Rahmenbedingungen wie Raum, Ort, Zeiten

2. Anwärmen und Kontakt stiften

Hier geht es darum, dass der Moderator noch einmal explizit seine Rolle erklärt, neutral zu bleiben, nicht zu entscheiden und die Teilnehmer durch verschiedene Steuerungsmethoden wie Fragen, Visualisierungen, Zusammenfassungen und Feedback zu ihrem eigenen Ergebnis zu führen. Außerdem sorgt er für ein gutes Klima (Ungestörtheit, ggf. etwas zu Trinken etc.).

explizit Moderatorenrolle klären

3. Ziele und Erwartungen klären

Die beteiligten Konfliktparteien schildern jede aus ihrer Sicht ihre Erwartungen und Ziele für das Treffen. Dabei ist es wichtig, dass sie sich hier zuhören und nicht unterbrechen. An dieser Stelle geht es noch nicht um den genauen Klärungsbedarf der Themen, sondern um übergreifende Ziele und die Gestaltung des Prozesses, z.B. „Ich möchte, dass wir uns einigen"; „… dass X mich versteht" oder sich mitteilen, Vorgehensweisen finden, Entscheidungen treffen etc. Implizit werden durch die Ziele auch schon Spielregeln für den Prozess mit angesprochen, die der Moderator auch als solche schon festhält. Eine Einigung ist nicht nur für die Ziele, sondern auch für den Prozess notwendig (Vorgehensweise und Zeit).

Klärung übergreifender Ziele und der Prozessgestaltung

4. Themen sammeln

Hier geht es darum, die unter dem Ziel und Oberthema angeklungenen Einzelthemen zu erfassen. In Gruppen erfolgt dies z.B. durch Kartenabfragen oder Zurufabfragen. Handelt es sich nur um zwei Personen, so kann der Moderator auch jeden nacheinander bitten, seine Themen zu nennen oder aufzuschreiben. Wenn die Parteien emotional zu aufgebracht sind einander zuzuhören, kann es sinnvoll sein, dass jeder oder jede Gruppe für sich ihre Themen ausarbeitet, die erst dann gemeinsam präsentiert werden. Hier kann der Moderator die Spielregel des „Nacheinander-Sprechens" klären.

Kartenabfragen oder Zurufabfragen

5. Sichtweisen klären

Ging es zuvor um die Auflistung der Themen, so steigen die Konfliktparteien hier mehr in die Tiefe. Sie erläutern die Bedeutung der Themen und ihre dahinter liegenden Interessen. Dies erfolgt nacheinander, damit sich die Parteien nicht in Streitereien verstricken. Ziel dieser Phase ist es, dass die Beteiligten die verschiedenen Sichtweisen und ihre Differenzen sehen und anerkennen. Der Moderator unterstützt sie dabei, indem er wiederholt, zusammenfasst, Fragen stellt und darauf achtet, dass der Konfliktpartner noch zuhören kann. Manchmal kann es günstig sein, auch Ursachen zu analysieren, die die Parteien aus ihrer Sicht sehen. Führen diese zu sehr zu Schuldzuschreibungen, so ist davon eher abzusehen. Dies ist häufig die emotional intensivste Phase, da Missverständnisse, Verletzungen und Ärger auf den Tisch kommen. Die Haupttätigkeit des Moderators besteht in dieser Phase darin, genau auf diese Dinge zu achten. Alles, was noch unterschwellig bleibt, wird in der nächsten Phase eine Lösung behindern.

die verschiedenen Sichtweisen und ihre Differenzen sehen und anerkennen

emotional intensivste Phase, da Missverständnisse, Verletzungen und Ärger auf den Tisch kommen

6. Ideen entwickeln

Hier geht es darum, Ideen und Vorschläge zu machen, was zur Lösung möglich wäre. Hier finden Kreativitätstechniken wie Brainstorming, Metaplantechnik mit Karten o.Ä. ihren Einsatz. Die Lösungsfindungsphase ist erst dann möglich, wenn die Beteiligten offen dafür sind und überhaupt Hoffnungen auf eine Lösung haben. Wird diese Phase zu früh angesetzt, entstehen häufig nur „Scheinlösungen". Der Moderator achtet darauf, dass die Ideenphase von der Bewertungsphase getrennt wird.

Kreativitätstechniken wie Brainstorming, Metaplantechnik mit Karten

7. Ideen bewerten und Lösungen aushandeln

Erst nach der Ideensammlung werden die Lösungen bewertet. Dies erfolgt z.B. nach Kriterien wie Machbarkeit, Ressourcen und Kosten, Akzeptanz und danach, welche Lösung dem Ziel am nächsten kommt.

Der Moderator achtet bei der Aushandlung der Lösungen darauf, dass nicht nur Erwartungen und Forderungen an den Anderen genannt werden, sondern auch eigene Angebote zur aktiven Konfliktlösung. Wichtig sind also auch Beiträge wie „*Ich könnte und werde ...*" und nicht nur „*Ich möchte von Ihnen ...*". Wenn keine Einigkeit über die Vorgehensweise in Zukunft zu finden ist, so liegt das häufig daran, dass die vorherige Phase

auch eigene Angebote zur aktiven Konfliktlösung ins Spiel bringen

noch nicht ausreichend Raum hatte oder nicht vollständig abgearbeitet wurde. Der Moderator geht dann zurück zum Austausch von Sichtweisen.

Am Ende der Lösungsphase steht die Verabschiedung von Aktionen (Wer macht was bis wann mit wem) und Maßnahmen, mit denen die Situation künftig bearbeitet und Konflikten vorgebeugt wird.

8. Implementierung planen und weiterverfolgen

In der Regel sind auch geringfügige Konflikte nicht einfach mit einem Gespräch abgetan. Der Moderator schließt seine Moderation mit einer Vereinbarung darüber ab, wie die Umsetzung der vereinbarten Schritte im Berufsalltag weiterverfolgt wird. Dies umfasst ggf. Reviews oder weitere Gesprächstermine.

9. Prozessreflexion

Um das weitere Vorgehen zu optimieren, ist es sowohl am Ende eines Treffens als auch – wenn die Maßnahme mehrere Meetings umfasst – am Ende eines Prozesses sinnvoll, positive Meilensteine der Zusammenarbeit und Ergebnisfindung zu verstärken und Anregungen festzuhalten. Dabei werden folgende Fragen beantwortet:
- Wie war die Atmosphäre unseres Treffens?
- Welche Schritte haben uns am meisten weitergebracht?
- Was ist noch offen geblieben?
- Haben sich alle Beteiligten an die Vereinbarungen gehalten?
- Wie wollen wir noch vorhandene Störungen und Widerstände bearbeiten?

positive Meilensteine der Zusammenarbeit und Ergebnisfindung verstärken und Anregungen festhalten

---

Checkliste 5: Phasen der Konfliktmoderation

1. Rahmen-, Situations- und Auftragsklärung
2. Anwärmen und Kontakt stiften
3. Ziele und Erwartungen klären
4. Themen sammeln
5. Sichtweisen klären
6. Ideen entwickeln
7. Ideen bewerten und Lösungen aushandeln
8. Implementierung planen und weiterverfolgen
9. Prozessreflexion

Der Moderator sollte über die folgenden grundlegenden Lenkungstechniken verfügen:
- An erster und wichtigster Stelle stehen **Fragen, Fragen, Fragen!** Vor allem offene Fragen (z.B. *„Was sind ihre Ziele?"*; *„Welche Ideen haben*

grundlegende Lenkungstechniken des Moderators

Sie?"; "Was denken Sie darüber?"), aber auch zielführende Fragen (z.B. "Können Sie noch zuhören?"; "Stimmen Sie hier zu?") sind hier wichtig.

- **Zusammenfassungen von Inhalten und Spiegeln von Erlebnissen und Gefühlen.** Dies ist sowohl auf der Inhaltsebene als auch auf der Beziehungsebene wichtig: Sich gehört und verstanden zu fühlen ist immer ein wichtiger Schritt in der Konfliktlösung.
- **Strukturieren und Orientierung geben:** Der Moderator vereinbart zu Beginn eine Struktur für die Vorgehensweise (Zeit, Phasen), auf deren Einhaltung er achtet. Bei Abschweifungen führt er zum Thema zurück und richtet das Gespräch auf die Ziele aus.
- **Konkretisieren:** Wenn die Diskussion unverbindlich und oberflächlich bleibt, kann der Moderator nach Beispielen fragen.
- **Ergebnisse und Zwischenergebnisse festhalten (visualisieren)**
- **Für geeignetes Setting sorgen:** Rahmen, Zeit, Pausen, Raum; darauf achten, dass jeder jeden sieht.
- **Für ein gutes Gesprächsklima und Beziehung sorgen:** Dazu gehört es, echtes Interesse an den Beteiligten zu zeigen, Wertschätzung, Vertrauen und Stabilität zu vermitteln, Freude zu zeigen über Schritte des Aufeinander-Zugehens, ermutigen, positiv deuten.
- **Schutz geben:** helfen das „Gesicht zu wahren" – Angriffe, Abwertungen, persönliche Beleidigungen oder Polemik unterbrechen und nach den dahinter liegenden Wünschen fragen.
- **Unterschiede und Gemeinsamkeiten benennen**
- **Redebeiträge steuern:** Dafür sorgen, dass alle zu Wort kommen und die Rede- und Zuhöranteile relativ ausgewogen sind.
- **Moderationstechniken:** Altmann (1999) unterscheidet hier Sammlungsverfahren (Kartenabfragen, Zuruflisten, Brainstorming, Kreativitätstechniken), Gewichtungsverfahren (Punkten), Bearbeitungsverfahren (Szenarien und Fadenkreuz, Netzbilder oder -werke, Ablaufpläne, Ursache-Wirkungs-Diagramme, Aktionspläne, Störungsanalysen und Matrizes), Transparenzverfahren (Einpunktfragen, Bewertungsskalen, Stimmungsbarometer, Blitzlicht). Auch für schwierige Situationen oder Teilnehmer bieten sich verschiedene Techniken an (vgl. Quiske et. al. 1983, De Bono 1987, Czichos 1993, Malorny u. Langner 2002, Edmüller u. Wilherm 2002, siehe auch systemische Interventionen in Kap. 3.4).

Sammlungsverfahren, Gewichtungsverfahren, Bearbeitungsverfahren, Transparenzverfahren

Moderationskompetenzen als Grundlage für fast alle Konfliktanlässe, in denen ein unbeteiligter Dritter vermittelt

Moderationskompetenzen bilden die Grundlage für fast alle Methoden und Konfliktanlässe, in denen ein unbeteiligter Dritter den Konfliktpartnern weiterhelfen soll. So ist z.B. die kollegiale Beratung ein Sonderfall der Moderation, bei dem in einer gemischten Gruppe von Führungskräften oder Experten verschiedener Firmen oder Abteilungen Ideen für individuelle Konfliktlösungen eines Teilnehmers gesammelt werden (siehe Kap. 3.5.4).

2.2.2 Mediation

Die Mediation ist ein Verfahren, das ebenfalls Moderationstechniken als Grundlage benutzt, aber sehr viel spezifischer und weitreichender weiterentwickelt entwickelt wurde. Unterschiedliche Verfahrensweisen und Methoden werden bei Risto (2003), von Hertel (2003), (Gerke (2003), Dulabaum (2003), Höher u. Höher (2000), Altmann et. al. (1999) oder Besemer (1999) beschrieben. Für diejenigen, die sich in Mediation weiterbilden wollen, möchte ich die Lektüre des Buches von von Hertel (2003) empfehlen, das sehr ausführliche Trainings- und Übungsmöglichkeiten zur Verfügung stellt. Hier werde ich sowohl die Ziele von Mediation, als auch wesentliche Mediationskompetenzen und das Verfahren zusammenfassen.

UNTER MEDIATION WIRD EIN STRUKTURIERTES UND GANZHEITLICHES VERFAHREN VERSTANDEN, IN DEM EIN NEUTRALER DRITTER OHNE ENTSCHEIDUNGSBEFUGNISSE DIE KONFLIKTPARTEIEN AUF DEM WEG ZUR KONSENSFINDUNG BEGLEITET UND DURCH VERSCHIEDENE MEDIATIONSINSTRUMENTE UNTERSTÜTZT.

In der Regel handelt es sich dabei um zwei Parteien bzw. zwei Personen, das Verfahren ist auch sehr gut mit mehreren Parteien durchführbar – hilfreich ist es jedoch, auch hier eine „Quasi"-Zweiparteienkonstellation herbeizuführen. Der Einfachheit halber nehme ich bei der folgenden Grundstruktur Bezug auf die Zweiparteienkonstellation.

Hilfreich ist es, immer eine „Quasi"-Zweiparteienkonstellation herbeizuführen

Beispiel für eine Mehrparteien-Gruppen-Mediation: *Zwischen drei Abteilungen (A, B, C) gibt es Konflikte. In der Mediation wurden die drei Abteilungen nach der Ziel- und Auftragsklärung gebeten, jede für sich die Erwartungen und Angebote an die beiden anderen Abteilungen auszuarbeiten. Im weiteren Vorgehen steht dann jeweils eine Abteilung im Mittelpunkt der Verhandlung mit den beiden anderen Abteilungen (siehe Abb 5). Nachdem also A mit B und C verhandelt hat, verhandelt B mit C.*

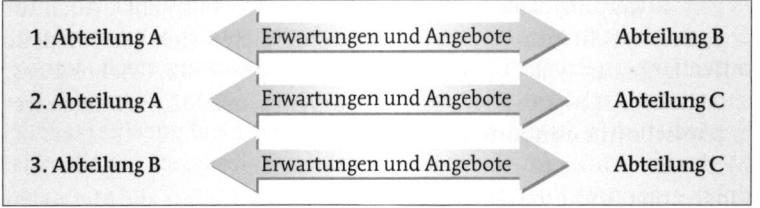

Abb. 5: Beispiel für eine Mehrparteien-Mediation

Mediation ist ein ganzheitlicher Konfliktlösungsansatz, der weit über eine fokussierte problemzentrierte Moderation hinausgeht. Der Prozess der Mediation umfasst in der Regel mehr als eine Sitzung, je nach Thema, Teilnehmern und Eskalationsgrad sind ca. drei bis fünf Meetings zwi-

ganzheitlicher Konfliktlösungsansatz

schen zwei bis drei Stunden sinnvoll. Wenn nicht nur zwei Personen, sondern eine oder mehrere Gruppen beteiligt sind, kann die Mediation alternativ dazu auch mit einem mehrtägigen Workshop beginnen oder im Rahmen eines solchen Workshops erfolgen.

> **Ziele der Mediation sind**
> - das künftige Zusammenarbeiten zu ermöglichen,
> - eine Win-win-Lösung zu erreichen in dem Sinne, dass neue bisher nicht bedachte Lösungen gefunden werden,
> - zu einem „Vertrag", einer konkreten Vereinbarung zwischen den Beteiligten zu kommen,
> - vorübergehend die Beziehungen der Beteiligten durch vermittelnde und filternde Interventionen zu kanalisieren – hier fungiert der Mediator zeitbegrenzt als Katalysator,
> - die Fähigkeiten der Beteiligten zur direkten offenen Auseinandersetzung im Sinne eines Konfliktgesprächs oder einer Verhandlung zu fördern,
> - aus Teufelskreisläufen langfristig auszusteigen bzw. Konflikte zu deeskalieren,
> - Hilfe zur Selbsthilfe zu geben und
> - die Autonomie und Selbstbestimmung der Beteiligten zu fördern.

Mediationskompetenzen bauen auf Methoden der Gesprächs- und Verhandlungsführung auf

Mediationskompetenzen bauen auf Methoden der Gesprächs- und Verhandlungsführung (siehe Kap. 2.1.2) auf. Darüber hinaus bedient sich ein ausgebildeter Mediator je nach Schwierigkeit der Situation weiterer Interventionsmethoden (siehe Kap. 3). Wie weit jemand in der Mediation geht, d.h. die Bewältigung welcher Eskalationsstufe er sich noch zutraut, hängt von seiner Erfahrung und Ausbildung ab. Die Grenze der Mediation ist meistens dann gegeben, wenn ab einem bestimmten Eskalationsgrad, in der Regel ab Stufe 5 (Entgleisung) oder 6 (Drohung) bei den Beteiligten keine Bereitschaft zur freiwilligen Teilnahme mehr gegeben ist. Nicht in allen Fällen kann in sehr festgefahrenen Situationen durch Fingerspitzengefühl und geschickte Vorbereitung noch eine Gesprächsbereitschaft erreicht werden.

Mediation ist auch eine Frage der Kultur und Haltung

Mediation ist als ganzheitlicher Ansatz jedoch nicht nur eine Frage der Methodik, sondern auch der Kultur und der Haltung, die vor allem dadurch gekennzeichnet ist
- jedem Konflikt mit der inneren Einstellung des Dazulernens zu begegnen. So ersetzt eine wachsende Veränderungsbereitschaft das nutzlose Abstempeln von Sündenböcken (von Hertel 2003).
- sich selbst überflüssig zu machen. Der Mediator hat die Haltung, die Beteiligten zu befähigen, selbst weiterzukommen und ihre innere Lösungsmotivation zu erhalten.

- Flexibilität in der Auswahl passender Techniken und kreativer Methoden zu wahren.

Die **Struktur einer Mediation** (Zusammenfassung siehe Checkliste 7) umfasst folgende Schritte:

Struktur einer Mediation

1. Mediation vorbereiten

Bevor die gemeinsame Mediationsarbeit stattfinden kann, ist die Einführung des Mediations-ABCs eine wichtige Voraussetzung (nach Dulabaum 2003). Das Mediations-ABC umfasst:

Einführung des Mediations-ABC´s

- **Atmosphäre schaffen:** Dies erfolgt durch Allparteilichkeit (Verständnis und ausbalancierte Beziehung zu beiden Seiten), **Akzeptanz** (den anderen Menschen mit seinen Stärken und Schwächen annehmen wie er ist und ihn befähigen, sein Potenzial zu entwickeln), **Anerkennung** (die Beteiligten ernst nehmen, würdigen und respektieren) und **Affirmation** (positive Bestätigung und Wertschätzung).
- **Beziehungen aufbauen:** Der Mediator nimmt Kontakt zu den Kontrahenten auf, und spricht ggf. einzeln mit ihnen. Dies ermöglicht es, Spannung, Ärger, Druck und Stress bei emotional eskalierten Konflikten abzubauen, bevor Verfahrensweisen, Ziele und Aufträge geklärt werden können.
- **Courage zur Mitarbeit vermitteln:** Wenn die Beteiligten die Hoffnung auf eine Lösung schon aufgegeben haben, kann es sinnvoll sein, sie hier noch einmal zu ermutigen, sich auf den Prozess einzulassen. Aber Vorsicht: Überreden oder pushen wirkt meistens negativ!

In der Vorbereitung kann man den Beteiligten auch Fragen zur individuellen Vorarbeit mitgeben. Sinnvoll sind hier Fragen wie:

Fragen zur individuellen Vorarbeit

- Was stört mich?
- Wie fühle ich mich?
- Was hätte ich gerne?
- Was sollte in der Mediation passieren, was nicht?
- Was möchte ich in der Mediation für mich tun und erreichen?

Je nachdem, wie geschult die Teilnehmer in Kommunikation und Gesprächsführung sind, kann sich die Vorbereitung ggf. auch weiter vorwagen und stärker die individuelle Verantwortung fördern:

die individuelle Verantwortung fördern

- Was ist mein Beitrag zur Aufrechterhaltung der Konfliktsituation?
- Was müsste ich tun, damit sich die Situation verschlechtert?
- Was müsste ich ändern, damit sich die Situation verbessert?
- Was macht es mir so schwer, dieses zu tun?

2. Rahmen setzen und Kontakt herstellen

Zu Beginn der Mediation ist es wichtig, dass der Mediator das Verfahren im Überblick transparent macht, soweit dies in der Vorbereitung noch

das Verfahren im Überblick transparent machen

nicht erfolgt ist. Aber auch eine knappe Wiederholung schadet hier nichts. Dies umfasst sowohl eine Information über die Phasen der Mediation, als auch die Rolle des Mediators. Der Mediator klärt hier, dass er keine Entscheidungen treffen wird, sondern überparteilich und neutral den Prozess steuert. Wenn Rahmenbedingungen für die Entscheidung gegeben sind, erläutert er auch diese nochmals. Außerdem gehört eine Abklärung des zeitlichen Rahmens dazu.

Ein Abteilungsleiter, Sven A., der eine neue Abteilung übernommen hat, stellt fest, dass zwei seiner Mitarbeiter, Steffen M. und Nina R., schon seit einiger Zeit nicht mehr miteinander reden. Er versucht in Einzelgesprächen die beiden zum Kontakt zu bewegen. Es hilft nicht – seiner Meinung nach sind die beiden einfach zu unterschiedlich. Als er mich als externe Mediatorin einschaltet, kläre ich zunächst mit ihm die Rahmenbedingungen: Wollen die beiden freiwillig eine Mediation? Dies ist anfangs nicht gegeben, beide Mitarbeiter haben große Skepsis, dass sich dadurch an der verfahrenen Beziehung etwas verändern wird. Erst in Einzelgesprächen finden sie dann den Mut, „es doch noch einmal zu probieren." An Sven A. ist nun die Frage gerichtet: „Was soll passieren, wenn die beiden nicht wieder miteinander arbeiten werden?" Seine Antwortet lautet, er würde dann beide versetzen.

Da beide Mitarbeiter daran interessiert sind in der Abteilung zu bleiben, ist hiermit eine wichtige Rahmeninformation für die Mediation gegeben. Der allgemeine Auftrag des Abteilungsleiters lautet nun, dass seine Mitarbeiter eine Möglichkeit finden wieder zusammenarbeiten zu können, mit einem Rahmenbudget von 15 Stunden, verteilt auf zwei Monate.

Welche Regeln wollen die Beteiligten für die Mediation vereinbaren?

Der Mediator fragt die Beteiligten, welche Regeln sie vereinbaren möchten. Solche Regeln können z.B. sein:
- **Vertraulichkeit:** Alles was gesagt wird, bleibt unter uns.
- **Freiwilligkeit:** Die Beteiligten erklären sich freiwillig bereit, an der Mediation teilzunehmen.
- **Engagement:** Die Beteiligten planen eine gewisse Zeit für das erste und ggf. folgende Gespräche ein und arbeiten nach besten Kräften aktiv mit. Vereinbarungen sind das Ergebnis aller Beteiligten.
- **Rolle des Mediators:** Der Mediator ist neutral, unabhängig und unparteiisch. Er ist Experte für Verhandlungen und seine Verantwortung liegt in der Prozesssteuerung.
- **Zuhören:** Wer anfängt, fängt an. Alle kommen dran und wer dran ist, darf nur vom Mediator unterbrochen werden.
- **Waffenstillstand:** Die Beteiligten lassen die Kampfausrüstung weg, d.h. Beleidigungen, Beschimpfungen oder Handgreiflichkeiten werden unterlassen und es wird fair und respektvoll miteinander umgegangen.
- **Jeder hat das Recht auf seine Wahrnehmung:** Die Beteiligen respektieren, dass die unterschiedliche Sichtweisen nicht nur Teil des Problems, sondern auch der Lösung sind.

- **Selbstverantwortung:** Jeder übernimmt Verantwortung für das, was er sagt und tut und vereinbart.
- **Ehrlichkeit:** Auch „stinkende Fische" kommen auf den Tisch!

Wichtig ist es hier jedoch nicht, möglichst viele und umfassende Regeln aufzustellen, sondern dass diese freiwillig von den Beteiligten selbst erarbeitet werden. Die hier aufgeführte Liste kann deshalb nur ein Beispiel sein. *Die Regeln sollten freiwillig von den Beteiligten selbst erarbeitet werden*

Oft empfiehlt es sich bei eskalierten Konflikten, nach einem gemeinsamen Eröffnungstreffen Einzelgespräche mit den Beteiligten zu führen, um sowohl die Emotionalität der Beteiligten abzubauen, als auch um sich einen Überblick über die Lage aus unabhängiger Sicht zu verschaffen (vgl. z.B Ablauf der Mediation in Altmann et. al. 1999, S. 62). *bei eskalierten Konflikten zunächst Einzelgespräche mit den Beteiligten führen*

3. Den Auftrag und Ziele konkretisieren

Nachdem der Mediator den Rahmen geklärt und einen Überblick gegeben hat, beginnt der wichtigste Punkt in der Mediation zwischen zwei Parteien – die erste und wichtigste Frage: *„Was wollen Sie hier erreichen?"* Oder: *„Was sind Ihre Ziele für diese Mediation?"* Hier ist es entscheidend, dass beide Seiten ihre Hoffnungen und auch Befürchtungen aussprechen können.

Gerade wenn die Beziehung schon längere Zeit im Argen liegt, neigen die Beteiligten dazu, sich auch über Kleinigkeiten zu streiten oder nicht einigen zu können. Oft zeigt sich das dann in der Mediation schon daran, wer anfangen möchte – da wollen dann beide auf einmal oder es will keiner beginnen.

Der Mediator geht modellhaft für die weitere Vorgehensweise mit solchen Fragen um – er trifft nicht selbst eine Entscheidung, sondern lässt den Beteiligten Zeit, sich zu einigen. Dabei bleibt er selbst gelassen und lässt auch Schweigen zu, da er weiß, dass sich Konflikte auch an Winzigkeiten entzünden können. Ganz im Gegenteil: Er sieht es als positives Signal, wenn sich Konfliktthemen möglichst früh zeigen. Wichtig ist es, eine Haltung von Interesse und Neutralität zu behalten. Wenn sich eine gemeinsame Zielformulierung herauskristallisiert, ist das oft schon ein großer Fortschritt, denn das erzeugt bei den Beteiligten die Hoffnung, dass „*man doch mit der/dem reden kann*" und nun auch der Rest gelingen wird. *nicht selbst Entscheidungen treffen, sondern den Beteiligten Zeit lassen sich zu einigen*

Ich habe gute Erfahrungen damit gemacht, die Ziele beider Seiten schriftlich festzuhalten, da in gestörten Beziehungen sonst sehr schnell Missverständnisse darüber entstehen, was eigentlich vereinbart war. In Anlehnung an von Hertel (2003), die für die Zielformulierung eine so genannte „Qualitätssicherungsmatrix" entwickelt hat, hat es sich bewährt, die wichtigsten Ziele entweder auf einer Metaplanwand/Flipchart oder mit PC und Beamer zu visualisieren (siehe Checkliste 6). Dabei wird zunächst das Ziel konkretisiert. *die Ziele beider Seiten schriftlich festhalten*

Im obigen Beispiel wird das Ziel „konstruktiv zusammenarbeiten" nach einigen Diskussionen und auch Streitigkeiten in zwei Punkten operationalisiert:
- Zuhören und wechselseitiges Verständnis erreichen
- die Vertretungsfrage klären

Ist- und Soll-Zustand klären

Anschließend können die Beteiligten auf einer Skala bewerten (in Prozent oder 10er-Skala), wo sie die Zielerreichung aktuell als schon erfüllt sehen (Ist) und wie stark sie das Ziel erreichen wollen, also ihren Wunsch oder ihre Erwartungen einordnen, wo sie gerne hinmöchten (Soll). So kann jemand z.B. zum Ziel „*Vertretungsfrage ist geklärt*" als Ist 3 und als Soll 7 angeben.

Verantwortlichkeiten festlegen

Als nächstes fragt der Mediator nach der Verantwortung für die Zielerreichung, wie die Parteien sie unter sich und ggf. noch mit einer dritten Partei (im obigen Beispiel der Chef) verteilt sehen. Hier wird klar, ob noch eine dritte Partei mit hinzugezogen werden sollte und ob die Beteiligten sich wirklich für eine Problemlösung engagieren wollen. Gibt jemand hier für sich selbst keine Verantwortung an oder übergibt alle Verantwortung dem Chef, ist infrage zu stellen, ob die Mediation mit dieser Zielsetzung Sinn macht. Die letzte Wertung betrifft die Wahrscheinlichkeit, mit der die Beteiligten einschätzen, dass das Ziel erreicht werden kann.

Checkliste 6: Zielvereinbarung für die Mediation

Ziel	Wer?	Ist (in %)	Soll (in %)	Verantwortung (in %)	Wahrscheinlichkeit (in %)
1.	A				
....	B				
2.	A				
....	B				
3.	A				
....	B				

besser mit kleinen erreichbaren Zielen anfangen, als sich mit zu hohen Zielen schon zu Beginn frustrieren

Sieht jemand die Wahrscheinlichkeit, ein Ziel zu erreichen unter 50 Prozent, ist es auch nicht sehr wahrscheinlich, dass er dafür wirklich Engagement und Energie einsetzen wird. Dann ist es sinnvoll, einen Schritt zurück zu gehen und die Ziele nochmals inhaltlich zu überprüfen. Besser ist es, mit kleinen erreichbaren Zielen anzufangen, als sich mit zu hohen Ziele schon zu Beginn zu frustrieren. Wenn kein Ziel gefunden werden kann, dass auch mit einiger Wahrscheinlichkeit erreicht wird, ist es notwendig, die Mediation zu unterbrechen und den Rahmenauftrag zu klären.

Im Fallbeispiel kommt es zu einer solchen Situation und es stellt sich heraus, dass die Beteiligten – trotz ihrer Beteuerung von Interesse an diesen Gesprächen – nicht innerlich freiwillig teilnehmen, da sie sich durch die „Versetzungsdrohung", wie sie es empfinden, gezwungen fühlen.

An dieser Stelle wird eine Fortsetzung nochmals freigestellt und es werden Alternativen angeboten, z.B. die Zusammenarbeit unter sich zu klären oder ein Seminar zu besuchen. Von der Rahmenbedingung, dass eine Zusammenarbeit erforderlich ist, rückt der Abteilungsleiter allerdings nicht ab.

4. Themen gegenseitig mitteilen und Kernthemen herausarbeiten

Sind Ziele und Engagement der Beteiligten deutlich geworden, ist oft schon die größte Hürde genommen. Sie haben ja damit sich und dem Mediator bewiesen, dass eine Zusammenarbeit doch möglich ist. Dennoch kann diese frisch gewonnene Erkenntnis schnell am nächsten Schritt scheitern: Nämlich die regelungsbedürftigen Themen gemeinsam zu entwickeln. Allzu oft haben die Beteiligen Vermutungen darüber, wie die andere Seite die Sache sieht und viele schon zuvor aufgetretene Missverständnisse beurteilt. Man hört sich in der Regel nicht mehr zu, weil man ja zu glauben weiß, worauf das Ganze hinaus läuft. Oft machen die Beteiligten, wenn durch die gemeinsame Zielklärung die Spannung etwas nachgelassen hat, auch den Fehler, zu schnell Lösungen und Gemeinsamkeiten herauszuarbeiten.

Problem, die regelungsbedürftigen Themen gemeinsam zu entwickeln

Der Mediator verlangsamt an dieser Stelle den Prozess, und richtet das Hauptaugenmerk darauf, dass beide Seiten ihre Sichtweise schildern können. Dabei darf jeweils nur einer sprechen. Bewährt hat es sich, dass der Redner (A) „Ich-Botschaften" sendet und der Zuhörende (B) die Technik des „Aktiven Zuhörens" verwendet (siehe Kap. 3.2.2).

Der Mediator kann die Beteiligten in dieser Phase durch die Technik des „Doppelns" (siehe z.B. Thomann, 2002, S. 276) unterstützen, in der er gewissermaßen als „Übersetzer" für die Beteiligten fungiert. Dabei fragt er als erstes von seinem Platz aus, ob er an Stelle von Person A etwas zu Person B sagen darf, positioniert sich dann neben Person A und spricht aus deren Sicht zu Person B. Nach jedem Satz oder am Ende des Doppelns fragt der Mediator Person A, ob sie dem zustimmt, was er gesagt hat. Erst wenn dies mit einem überzeugenden „Ja" beantwortet wird, kann die Aussage so stehen gelassen werden. Anschließend verlässt der Mediator Person A, nimmt seinen Platz wieder ein und fragt Person B, wie sie darauf reagiert und was sie dazu sagen will.

Der Mediator „doppelt" – übersetzt – die Beiträge der Beteiligten nochmals, um Missverständnissen vorzubeugen

Der Mediator ist vorsichtig mit seinen Interventionen. Oft reicht es, einen offenen Blickkontakt zu den Kontrahenten aufrecht zu halten. Je geringer das gegenseitige Verständnis und die Bereitschaft zum Zuhören zu Beginn ist, desto eher bietet sich an, dass die Beteiligten sich zunächst nicht direkt auseinander setzen, sondern ihre Beiträge an der Mediator richten, die diese dann spiegelt und nachfragt. Im weiteren Prozess unterstützt er Person A gegebenenfalls durch Verbalisierungen, Bündelungen, das Sammeln von Eindrücken und Zusammenfassungen und Person B, indem er nach ihren Gefühlen fragt und absichert, ob das Gesagte nachvollziehbar ist.

Stichworte und Schlüsselsätze auf Flipchart oder Beamer festhalten

Er unterbricht den Fluss des Erzählens nach Möglichkeit nicht, sondern hält Stichworte und Schlüsselsätze auf Flipchart oder Beamer fest. Dies erspart verbale Zusammenfassungen und erlaubt eine freundliche Präsenz, in der zustimmendes Nicken, Blickkontakt und andere ermutigende Gesten ausreichen.

Wenn Pausen im Prozess auftreten, so ist das häufig ein Zeichen des Nachdenkens. Der Mediator lässt dies zu, hält die anderen davon ab, zu schnell weiter zu gehen und wartet, bis der Nachdenkliche wieder Blickkontakt aufnimmt. Der Mediator greift nur dann ein, wenn Störungen auftreten, z.B. wenn A sich wiederholt, sich also nicht verstanden fühlt oder wenn B demonstrativ wegschaut. Er fragt auch hier nach und fördert Formulierungen und das gegenseitige Spiegeln.

ungefähre Ausbalancierung der Redebeiträge beachten

Die Positionen A (Erzählen) und B (Zuhören) folgen dabei nicht streng hintereinander, sondern im Wechsel. Der Mediator achtet auf eine ungefähre Ausbalancierung der Redebeiträge.

Am Ende haben die Beteiligten den Konflikt auf den Punkt gebracht und können ihre unterschiedlichen Positionen sehen

Abgeschlossen ist diese Phase, wenn die Beteiligten den Konflikt auf den Punkt gebracht haben und ihre unterschiedlichen Positionen sehen. Diese Klarheit führt oft zu großer Erleichterung.

Im Beispiel beginnen die Beteiligten zunächst damit, sich übereinander zu beklagen: Steffen M. über die Unzuverlässigkeit von Nina R. und diese wiederum über die unwirsche unfreundliche Art von Steffen M. Erst nach einiger Zeit des Nachfragens wird deutlich, dass es Steffen M. sehr wichtig war, dass Nina R. in seiner Abwesenheit die für sein Projekt erforderlichen EDV-Eingaben übernahm. Nina R. dagegen sah das nicht als Bestandteil ihres Aufgabenbereiches. Ihr Standpunkt ist es, dass sie nur das Tagesgeschäft übernimmt und sie wollte sich nicht in das Projekt einmischen. Diese sachliche Klärung ist ein großer Schritt für die Kontrahenten, da ihnen nun klar wird, warum sie sich aus dem Weg gegangen sind.

5. Positionen und Interessen trennen

unterschiedliche Sichtweisen verstehen und Bedürfnisse und Interessen herausfinden

Im nächsten Schritt geht es darum, die unterschiedlichen Sichtweisen zu verstehen und Bedürfnisse und Interessen herauszufinden. Das ist der Kernpunkt, denn er legt die Basis für Lösungsmöglichkeiten. Die Konfliktpartner entfalten ihr Potenzial meistens dann am besten, wenn sie die hinter den Positionen liegenden Interessen, Bedürfnisse, Gedanken und Gefühle wie Ängste, Sorgen, Ärger oder Unsicherheit erkennen und aussprechen können. Dabei ist die Klärung oft nicht nur aufseiten des Partners erhellend, sondern auch aufschlussreich für denjenigen, dem es gelingt, seine Interessen und Bedürfnisse klar auszusprechen. Wie von Hertel (2003) treffend beschreibt, haben selbst Menschen, die bewusst mit sich umgehen, in Konflikten oft nur sehr wenig Bewusstheit darüber, warum ihnen eigentlich gewisse Positionen so wichtig sind. Andere Menschen wiederum kennen zwar ihre hinter den Positionen liegenden Interessen, aber sie haben Bedenken, über ihre Sorgen und Befürchtungen zu sprechen. Deshalb führt die Aufklärung von Bedürfnissen und Interessen hinter den Positionen oft zu neuen Erkenntnissen für alle Beteiligten. Hilfreich ist dazu für den Mediator die Nutzung von Methoden der „gewaltfreien Kommunikation" (vgl. Kap. 3.3.1).

Aufklärung von Bedürfnissen und Interessen hinter den Positionen

Im Fallbeispiel stellt sich heraus, dass Nina R.s Weigerung der Projektpflege von der Sorge geleitet war, dies nicht perfekt umsetzen zu können. Sie fühlte sich nicht genug eingearbeitet und Steffen M. unterlegen. Das wollte sie jedoch zunächst nicht zugeben, weil sie die Sorge hatte, ausgelacht zu werden. Steffen M. erschien ihr als unfreundlich und wenig verständnisvoll. Steffen M. dagegen war seinerseits sehr unter Druck, das Projekt für den Kunden fertig zu stellen. Aufgrund von Verzögerungen aus einer ganz anderen Richtung war sein Zeitplan ziemlich aus der Reihe geraten. Als er dann vor einem halben Jahr aus dem Urlaub kam und sah, dass alles liegen geblieben war, kompensierte er seine eigenen Ängste damit, Nina R. die Schuld zu geben. Diese „Unfreundlichkeit" führte dann bei Nina R. zu weiterem Abblocken. Der „Karren hatte sich festgefahren", wie jetzt beide feststellen. Erst mithilfe der durch die Mediation an die Hand gegebenen Struktur können sie nun einander verzeihen und wieder aufeinander zugehen.

Eine Warnung: Die größte Falle besteht in dieser Phase darin, ausgehend von den herausgearbeiteten Positionen sofort Lösungen zu verhandeln. Oft ist die Euphorie groß, hat man erst einmal die unterschiedlichen Positionen identifiziert. Dann jedoch sofort eine Vorgehensweise zu erzwingen, führt in den meisten Fällen zurück in die Konfliktschleife. Das Erkennen nachvollziehbarer Interessen hingegen schafft in der Regel Brücken des Verständnisses und der Versöhnung.

nicht zu schnell vermeintliche Lösungen verhandeln

6. Ideen suchen

Ist der Knoten geplatzt, so können Ideen freien Lauf erhalten. Hier besteht die Hauptarbeit des Mediators darin, den Erfindergeist der Beteiligten so zu fördern, dass sie zu „Lösungserfindern" werden. Von Hertel (2003) nennt diese Phase die „Heureka"-Phase, in der der wichtigste Punkt darin besteht, den erfinderischen Schritt selbst zu tun und die Glücksgefühle zu genießen, die dabei entstehen, wenn Hindernisse überwunden werden.

Kreativität der Beteiligten fördern

Insofern ist es wichtig, selbst keine Lösungen – die oft für den Außenstehenden eher banal sind und auf der Hand liegen – vorzuschlagen. Hilfreich ist es, als Mediator die drei „Heureka-Strategien" nach von Hertel (2003) zu kennen, anzuwenden und gegebenenfalls auch den Beteiligten transparent zu machen (weitere Methoden siehe in Kapitel 2.2.1, „Moderation"):

die drei „Heureka-Strategien"

- **Archimedes-Strategie:** Der griechischen Sage zufolge entdeckte Archimedes die Lösung für ein physikalisches Problem mehr oder weniger zufällig, als er, um sich zu entspannen, in der Badewanne lag. Sein Ausruf „Heureka" (griechisch: Ich habe es gefunden) ist überliefert. Die Archimedesstrategie bedeutet also die zeitweilige Abwendung vom Problem, um neue Kräfte zu schöpfen, gewissermaßen den Rückzug in die „metaphorische Badewanne". Ein chinesisches Sprichwort lautet: „*Wenn du es eilig hast, mache einen Umweg*". Hier geht es darum Abstand zu gewinnen, um Kreativität fließen zu lassen.
- **Edison-Strategie:** Der Erfinder Thomas A. Edison soll gesagt haben: „*Erfindungen sind 99 Prozent Transpiration und 1 Prozent Inspiration*". Der Erfindung der Glühbirne gingen unzählige erfolglose Versuche voraus. Die Konfliktbeteiligten müssen erkennen, dass im Mediationsprozess zu bleiben und Geduld zu haben die zentralen Aufgaben sind.
- **Serendip-Strategie:** Prinz Serendip konnte einem griechischen Mythos zufolge nur dann etwas finden, wenn er nicht danach suchte. Nach Einstein findet der Zufall den vorbereiteten Geist. Hier geht es darum, eingefahrene Wege zu verlassen und ganz neue zu beschreiten, um dem „Geistesblitz" zu einer Chance zu verhelfen.

Vielfach wird der Mediator hier überflüssig

Wenn die Konfliktbeteiligten sich auf die kreative Phase einlassen, so kann es sein, der der Mediator überflüssig wird. Wenn einmal der Damm (hier: die Kommunikationsbarrieren) gebrochen ist, fallen den Beteiligten oft die wichtigen Lösungsansätze wie von selbst ein.

7. Vereinbarungen treffen und Folgetreffen verabreden

Lösungsoptionen so lange in der Schwebe halten, bis beide Parteien wirklich einverstanden sind

Bevor Entscheidungen getroffen werden, werden die Lösungsoptionen so lange in der Schwebe gehalten, bis beide Parteien wirklich einverstanden sind. Der Mediator hält das Hin und Her von Gedanken, Gedankensprüngen und das Abwägen der Optionen aus.

Am Ende der Mediation stehen Absprachen darüber, was die nächsten Schritte sind. Dies umfasst Aussagen darüber, was jeder erwartet und was jeder beiträgt, damit ein neues Beziehungsmuster entsteht und ganz eindeutige nächste Handlungen. In dieser Phase sind Konkretisierungen (z.B. was rechtzeitig, umfassend oder zuverlässig bedeutet) darüber nötig, was wer wann wie mit wem macht. Jeder Vereinbarungspunkt wird so lange konkretisiert, bis eine tragfähige, missverständnisfreie Vereinbarung getroffen werden kann.

Zufriedenheit mit den Ergebnissen prüfen

Zum Abschluss wird die Zufriedenheit mit den Ergebnissen auf der Checkliste „Zielvereinbarungen" geprüft (siehe Checkliste 6). Ist die Zufriedenheit nicht sehr hoch, so sind nicht alle Interessen wirklich in Einklang gebracht worden. Das ist nach den ersten Sitzungen oft der Fall und es ist wichtig, das stehen lassen zu können. Der Mediator nimmt die Bedenken und Skepsis der Beteiligten ernst und fragt nach, was vielleicht noch verändert werden müsste, damit die Vereinbarungen für die Beteiligten zufrieden stellend sind.

Auch wenn die Vereinbarungen von den Beteiligten optimistisch oder sogar begeistert bewertet werden, ist ein Misslingen nicht auszuschließen. Schließlich fängt nach der Mediation der Alltag wieder an, Missstände von anderen Seiten sind nach wie vor möglich und oft wird im Eifer einer Verständigung auch die eigene Veränderungsbereitschaft überschätzt. Die Vereinbarungen sollten daher auch Antworten auf Fragen einschließen wie: *„Was tun Sie, wenn etwas schief läuft?"* Der Mediator macht darauf aufmerksam, dass eine Veränderung im Verhaltensbereich oft nicht von heute auf morgen erfolgen kann. Insgesamt bezieht er eine Position der Skepsis und rät eher zu vorsichtiger Beobachtung von Veränderungen als zu schneller Umsetzung.

Ein Misslingen ist nicht auszuschließen

Die Beteiligten vereinbaren Folgetreffen, in denen die Umsetzbarkeit und Wirksamkeit des bisher Besprochenen überprüft wird und ggf. neue Themen verhandelt werden. Oft werden tiefer liegende Bedürfnisse der Beteiligten nicht sofort im ersten Meeting bewusst. Dann verlagern sich Konfliktgegenstände und eine grundlegendere Bearbeitung ist erst im Laufe der Zeit möglich.

Folgetreffen, in denen die Umsetzbarkeit und Wirksamkeit des bisher Besprochenen überprüft wird

Im Abschlusstreffen findet dann eine Überprüfung der Zufriedenheit mit den erreichten Zielen statt. Es ist gut, hier auch durch Rituale (den Abschluss feiern, eine Versöhnungsgeste, einen „Neustart" vereinbaren, symbolische Gesten durch z.B. veränderte Sitzplätze …) die Beilegung des Konfliktes zu bekräftigen.

durch „Rituale" die Beilegung des Konfliktes bekräftigen

Eine Warnung: Die Lösung dieses Konflikts bedeutet nicht, dass von jetzt an keine Konflikte mehr auftauchen. Ganz im Gegenteil: Je mehr die Befähigung der Parteien zur offenen Konfliktaustragung gestiegen ist, desto wahrscheinlicher ist es an dieser Stelle, dass es neue Konflikte geben wird, die jetzt aber anders angegangen und wirklich als Chance gesehen werden können.

Die ideale Situation besteht darin, eine mediative Konfliktkultur zu schaffen, in der die Konfliktbeteiligten nach Möglichkeit auftauchende Konflikte unter sich lösen und bei Bedarf auf eine mediationskompetente Führungskraft zurückgreifen können.

eine mediative Konfliktkultur schaffen

Checkliste 7: Phasen der Mediation

1. Mediation vorbereiten
2. Einleiten und Kontakt herstellen, gegebenenfalls Einzelgespräche
3. Auftrag und Ziele konkretisieren
4. Themen gegenseitig mitteilen und Kernthemen herausarbeiten
5. Positionen und Interessen trennen
6. Ideen suchen
7. Vereinbarungen treffen und Folgetreffen verabreden

2.3 Externe Beratung einschalten?

Da es schon ab Eskalationsphase 3 (Misstrauen) sinnvoll sein kann, einen externen Berater einzusetzen, sei dieses Problem an dieser Stelle erwähnt. Im Normalfall wird jedoch in dieser frühen Konfliktphase die Führungskraft als Moderator oder Mediator agieren.

Voraussetzungen der Führungskraft als Moderator oder Mediator

Voraussetzung dafür ist es, dass die Führungskraft
- selbst nicht zu sehr involviert, also unparteiisch, neutral und unbefangen ist,
- Moderations- bzw. Mediationskompetenzen besitzt,
- eine zugewandte, positive, stabile und offene Grundhaltung einnehmen kann,
- sich in einem emotional ausgeglichenen Zustand befindet (vgl. Teil B, Kap. 1.2.1 und Teil C, Kap. 3.1),
- sowohl Zeit für als auch Interesse an der Vermittlung hat.

Sind diese Vorraussetzung nicht erfüllbar, so empfehle ich der Führungskraft, entweder interne Ressourcen für die Vermittlung zu aktivieren (Personal- oder Bildungsabteilungen) oder externe Berater einzuschalten.

Gründe für das Einschalten eines externen Beraters

Das Einschalten eines externen Beraters ist aus folgenden Gründen angebracht.:
- **Neutralität:** Wenn die internen Personen wie die Führungskraft die oben angeführten Kriterien als Voraussetzung der Neutralität nicht erfüllen können oder wollen.
- **Eskalierte Konflikte:** Wenn der Konflikt einen bestimmten Eskalationsgrad überschritten hat. In der Regel ist dies etwa ab Eskalationsstufe 4 der Fall, nämlich wenn sich beachtliche Kommunikationsbarrieren aufgebaut haben, der Konfliktpartner als Feind gesehen wird und schon bei kleinen Anlässen Kurzschlusshandlungen stattfinden. Die Beteiligten versuchen in dieser Phase, neutrale Personen zu Verbündeten zu machen.

Interne Vermittler haben es oft schwer, dem Sog aus psychologischen Spielen und Koalitionsangeboten zu widerstehen

Interne Vermittler haben es dann oft schwer, diesem Sog aus psychologischen Spielen und Koalitionsangeboten zu widerstehen. Zum einen haben sie oft nicht die professionelle Schulung (alleine zur Mediationsausbildung sind schätzungsweise 200 Stunden Training erforderlich). Zum anderen reicht oft die schlichte Tatsache, zum System dazuzugehören, eine eigene Meinung und ein Image zu verlieren zu haben, um nicht mehr effektiv als neutrale Person agieren zu können.
- **Einbettung der Maßnahme:** Wenn das Ziel der begleiteten Konfliktlösung eingebettet wird in präventive Maßnahmen wie z.B. Team- oder Organisationsentwicklung (vgl. Kap. 3.5.1) oder der Konflikt erst auf einer anderen als der angebotenen Ebene lösbar wird.

Beispielsweise werde ich zu einem Konflikt hinzugezogen, in dem ein Meister Konflikte mit seiner Mannschaft hat. Der Auftrag wird mir von seinem Betriebsleiter erteilt. Da ich nach eingehender Analyse zu dem Schluss komme, dass wichtige Konfliktursachen in strukturellen und wirtschaftlichen Bereichen liegen und es sich möglicherweise um einen Grenzfall von Führungsmobbing handelt, lässt eine direkte Konfrontation zwischen Mitarbeitern und Meister eher eine weitere Konflikteskalation erwarten.

Sowohl der Betriebsleiter als auch seine Meister wollen nun die Gelegenheit nutzen, das Problem an den Wurzeln zu packen. Um die Perspektive zu erweitern, werden deshalb alle Meister und Mitarbeiter zu einem Strategieworkshop eingeladen, in dem sie wirtschaftliche Hintergrundinformationen erhalten, bestehende Probleme benennen und Lösungsvorschläge verhandeln können. Das Führungsproblem relativiert sich so als eines von vielen wichtigeren Themen und kann anschließend im Einzelcoaching weiter begleitet und positiv gelöst werden.

- **Einführung von Maßnahmen zu Förderung der Konfliktkultur:** Empfehlenswert ist es, externe Kompetenzen nicht als „Dauertropf" zu nutzen, sondern externe Partner dazu einzusetzen, die internen Kompetenzen zur Konfliktlösung zu erhöhen. An erster Stelle steht hier die Beratung, welche Maßnahme für ein spezifisches Unternehmen passend sein könnte und dann beispielsweise die Implementierung von kollegialer Beratung (siehe auch Kap. 3.5.4), die Schulung von Führungskräften in Mediationskompetenzen oder Organisationsentwicklungs- und Change Managementprojekte (siehe auch Kap. 3.5.1).

externe Kompetenzen nicht als „Dauertropf" nutzen

Wenn Sie überlegen, externe Berater zur Vermittlung einzuschalten, können Sie sich anhand folgender Kriterien vorbereiten und Berater auswählen (siehe auch Glasl 2002):

Kriterien für die Auswahl externer Berater

- Welchen Auftrag wollen Sie den Beratern geben? Ist dieser ausreichend klar oder erwarten Sie von den Beratern eine Klärung?
- Welche Qualifikation besitzen die Berater (psychologisch, methodisch, praktische Erfahrungen)?
- Wie definieren die Berater ihre Rolle und Verantwortung für den Prozess als Vermittler (eben nicht als Ratgeber oder Schiedsrichter) und die der Konfliktpartner für Inhalte und Ergebnis?
- Bleiben die Konfliktpartner im „driver seat" oder werden dahingehend gefördert?
- Wie klar definieren die externen Berater ihre Grenzen in Bezug auf die Konfliktlösung?
- Welche Spielregeln schlagen sie vor (wichtig ist z.B. Vertraulichkeit)?
- Was ist ihr ethisches Fundament?
- Welche Vorgehensweise schlagen sie vor? Ermöglicht dieses Vorgehen das (Er-)Finden neuer Möglichkeiten durch die Beteiligten?

- Wird der Kontext der Organisation ausreichend berücksichtigt und in angemessener Problem- und Lösungstiefe gearbeitet?
- Legen die Externen die Konfliktlösung als Prozess an, in dem auch die Umsetzung von beschlossenen Maßnahmen Raum findet (siehe auch Organisationsentwicklung in Kap. 3.5.1)?

2.4 Schlichtungsverfahren

Wenn kein Interessenausgleich möglich oder der Konflikt zu weit eskaliert ist, kommt ein Schlichter zum Einsatz

Finden die Beteiligten keine Einigung unter sich, auch nicht mithilfe eines Moderators oder Mediators, so besteht die Möglichkeit einen internen oder externen Schlichter einzuschalten. Dies ist dann nötig, wenn entweder kein Interessenausgleich möglich ist oder wenn der Konflikt (auf Stufe 5 oder 6) zu weit eskaliert ist und persönliche direkte Gespräche und Klärungen kaum noch möglich sind oder scheinen. Wenn die Glaubwürdigkeit des Gegenübers auf Null gesunken ist, der kleinste Anlass reicht, um die Schlechtigkeit des Anderen zu zementieren und der Andere überhaupt insgesamt als Feind gesehen wird, ist die Beziehung aus Sicht der Beteiligten oft unumkehrbar geschädigt. Man ist nicht mehr bereit zu verzeihen und das Interesse sinkt an der Beziehung zu arbeiten. Hier geht auch selten der Impuls zur Lösungsfindung von den Beteiligten selbst aus. Oft werden innerbetriebliche Instanzen wie Betriebsräte oder Führungskräfte in solchen Fällen zu Anwälten oder Schiedsrichtern. Dabei ist folgende Rollendifferenzierung wichtig.

Als **Anwalt** werden innerbetriebliche Machtinstanzen eingeschaltet, wenn die eigene Position gestärkt werden soll. Das Ziel ist es hier nicht, eine Win-win-Lösung herbeizuführen, sondern mithilfe des Chefs oder Betriebsrats nach dem Motto „*Jetzt hole ich den großen Bruder*" die eigene Überlegenheit auszubauen. Der Anwalt tritt also als parteiischer Unterstützer auf, der die eigenen Interessen mit Fach- und Sachkompetenz, Geschick und Kraft durchsetzen soll. Der Anwalt kämpft und beschützt seinen Mandanten wie eine Löwenmutter ihr Junges. Nützlich ist diese Vorgehensweise, wenn Macht-, Kräfte-, oder Kompetenzmangel ausgeglichen werden sollen.

Der Anwalt tritt als parteiischer Unterstützer auf, der die eigenen Interessen durchsetzen soll

Als Führungskraft sollten Sie dem Mitarbeiter empfehlen, einen solchen „Anwalt", z.B. einen Betriebsrat, einzuschalten oder selbst diese Rolle übernehmen, wenn z.B. in Mobbing-Fällen ansonsten eine starke Ungerechtigkeit auftreten würde. In der Regel jedoch ist die Anwaltsfunktion für die Führungskraft eher gefährlich – es entsteht dann schnell die Gefahr, einen Mitarbeiter zu bevorzugen und in psychologische Spiele hineingezogen zu werden (vgl. Teil A, Kap. 2.4.3).

Die Anwaltsfunktion ist für die Führungskraft eher gefährlich

Die Grundregel besteht darin, Neutralität zu bewahren und im betrieblichen Alltag in Konfliktfällen nach Möglichkeit als Moderator oder Mediator aufzutreten. In weniger häufigen, eskalierten Fällen ist die ebenfalls neutrale Rolle des Schlichters sinnvoll. Als **Schlichter** werden

neutrale Rolle des Schlichters

ebenfalls innerbetriebliche Instanzen herbeigezogen, so z.B. bei arbeitsrechtlichen oder tarifrechtlichen Fragestellungen.

Zwei Mitarbeiter einer Firma wenden sich an den Vorgesetzten, um eine Höhergruppierung zu erhalten. Ihre Begründung ist, dass sie mehrere Kollegen in der Zentrale kennen gelernt haben, die bei gleicher Tätigkeitsbeschreibung eine Entgeltstufe höher eingestuft seien als sie selber in der Regionalstelle. Der Vorgesetzte hat nun das Problem, dass er erstens keinen direkten Vergleich der tatsächlichen Tätigkeiten hat und zweitens im Falle einer positiven Entscheidung unabsehbare Folgen (Ausweitung auf ganze Mitarbeitergruppen) gewärtigen muss. Er empfiehlt den Mitarbeitern daher, diese Fragestellung an die zentrale Tarifstelle weiterzuleiten und bringt seinerseits das Problem in das entsprechende Gremium von Führungskräften ein.

Schlichten stellt eine Mithilfe zur Beilegung von Streitigkeiten dar. Der Schlichter hat die Aufgabe, aufgrund der Forderungen und Argumente der beteiligten Parteien einen Lösungsvorschlag, den so genannten **Schlichterspruch,** zu erarbeiten. Er muss dafür neutral (ohne eigene Interessen), unparteilich (ohne Präferenzen für eine Partei) und unbefangen (ohne Vorurteile in Bezug auf bestimmte Richtungen) sein (vgl. Glasl 1990). Damit folgt er einem gesetzlichen Gleichheitsgrundsatz, der entscheidend ist für die Akzeptanz des ausgesprochenen Schiedsspruchs.

aufgrund der Forderungen und Argumente der beteiligten Parteien einen Lösungsvorschlag erarbeiten

Grundsätzlich ist eine Zustimmung der Konfliktparteien zum Schlichterspruch erforderlich. Voraussetzung für diese Akzeptanz ist es, dass die Konfliktparteien den Schlichter im Vorfeld anerkennen und sich zu einer Durchführung der ausgesprochenen Entscheidungen verpflichten.

Grundsätzlich ist eine Zustimmung der Konfliktparteien zum Schlichterspruch erforderlich

Der Konflikt wird durch solche Schlichtungsverfahren grundsätzlich über eine Verhaltensregulierung bzw. -kontrolle in Form von Verboten, Vorschriften oder Sanktionen beendet. Zugrunde liegende Gefühle, Einstellungen, Werte und Konfliktdynamiken werden hiervon nicht berührt.

Der Einsatz von Schlichtungsverfahren macht Sinn, wenn es darum geht, mit großen Personenzahlen in einem überschaubarem Zeitraum zu einer tragfähigen Lösung zu kommen oder wenn es durch Schlichtungsverfahren möglich ist, gerichtliche Auseinandersetzungen zu vermeiden. So werden in vielen Branchen „Ombudsmänner" oder ähnliche Schlichtungsinstanzen eingesetzt, um z.B. Kundenreklamationen außergerichtlich beizulegen.

außergerichtliche Einigungen

Ziele von Schlichtungsverfahren sind

- eine Ausweitung von eskalierten Konflikten zu begrenzen,
- die „Streithähne" auseinander zu bringen und alle Konflikthandlungen zu unterbinden,
- die Akzeptanz der Lösung dem Streit der Parteien zu entziehen,
- das Verhalten der Parteien einer fremden Kontrolle zu unterstellen.

Es gibt jedoch mehrere Gefahren:

- **Gefahr von Substitutionskonflikten:** Wenn zugrunde liegende Konfliktherde nicht aufgearbeitet und nachhaltig befriedet werden, so kann es sein, dass die Schlichtung die vorhandenen Konfliktherde nur oberflächlich kaschiert und die Konfliktdynamik auf andere Konfliktthemen überspringt.
- **Gefahr der Förderung von Unselbstständigkeit:** Mitarbeiter greifen im Konfliktfall gerne auf innerbetriebliche Instanzen wie Chefs, Vertrauensleute etc. zurück, von denen sie dann eine Lösung erwarten. Die Schlichtungsrolle erweist sich für diese dann oft aufgrund der zugrunde liegenden Konfliktdynamik nicht nur als komplexer als erwartet, sondern die Gefahr besteht darin, dass – je erfolgreicher sie ausgeübt wird – die Mitarbeiter in ähnlichen Fällen immer schneller auf die Schlichtung zurückgreifen. Dadurch ist die akut scheinbar schnelle und kostengünstige Lösung jedoch langfristig kontraproduktiv, weil sie ein Lernen und Wachsen der Mitarbeiter anhand der vorhandenen Konflikte verhindert.
- **Gefahr des Vertrauensverlusts:** Entscheidet sich die Führungskraft, selbst die Funktion des Schlichters zu übernehmen, so kann es sein, dass sie das Vertrauen der Partei verliert, die sich durch den Schlichterspruch benachteiligt fühlt. Die Wahrscheinlichkeit hierfür ist relativ hoch, wie Experten sagen: „*Wer einmal als Schlichter einen Schlichterspruch vorlegt, der sich für die eine oder die andere Seite ausspricht, verliert das Vertrauen der Verliererseite*" (von Hertel 2003, S. 27). Einen Schlichtungsspruch zu formulieren, der die Beteiligten motiviert, fördert und langfristig unterstützt, ist eine Kunst. So salomonisch weise kann kaum eine Führungskraft sein, dass da nicht etwas zurückbleibt.

2.5 Machteingriff: Konfliktfolgen beherrschen

Hat der Konflikt eine Schädigung von Personen oder der Organisation zur Folge, so muss die Führungskraft eingreifen und in erster Linie den Schaden minimieren und Grenzen setzen. Ist nämlich ein Interessenausgleich unmöglich und der Konflikt nicht umgehbar, so versuchen die Kontrahenten oft mit Aggressionshandlungen wie Drohungen, Gewalt, Manipulation oder Mobbing die Oberhand zu gewinnen.

Findet der Streit zwischen Mitarbeiter und Führungskraft statt, so besteht die Macht des Mitarbeiters in seinem Beschwerderecht (BetrVG § 84). Der Vorgesetzte dagegen verfügt über institutionelle Macht in Form von Instrumenten wie Abmahnung, Beförderungs- oder Gehaltsstopp, Vermerke in der Personalakte o.Ä. Die Führungskraft sitzt hier in der Regel am längeren Hebel und hat die größte Macht. Es ist jedoch auch schon zu mobbingähnlichem Verhalten gegenüber der Führungskraft gekommen, bei dem sich die ganze Mitarbeiterschaft gegen den Chef wandte.

Findet der Streit zwischen zwei Mitarbeitern statt, sagt die Führungskraft dann aufgrund ihrer Position und der damit verbunden hierarchischen Macht bindend für die Beteiligten, wer die gelbe Karte bekommt (z.B. in Form einer Abmahnung) und wer Recht hat. Die Führungskraft nimmt sich an dieser Stelle günstigstenfalls die Rolle eines **Richters** oder **Schiedsrichters** zum Vorbild oder schaltet inner- oder außerbetriebliche Rechtsinstanzen ein.

aufgrund der Position des Vorgesetzten für die Mitarbeiter bindender Spruch

Innerbetriebliche rechtsähnliche oder Gerichten gleichgesetzte Instanzen haben meistens die Aufgabe, Ordnungsvergehen zu ahnden, z.B. bei geringfügigen Diebstählen, Sabotageakten oder Verstößen gegen die Straßenverkehrsordnung im Betriebsgelände angemessene Strafen auszusprechen. Auch bei Streitigkeiten zwischen Mitarbeitern oder mobbing-ähnlichen Verhaltensweisen können diese Machtinstanzen regulierend eingreifen.

Innerbetriebliche rechtsähnliche oder Gerichten gleichgesetzte Instanzen ahnden Ordnungsvergehen

Die Verhaltenskontrolle durch die unabhängige Drittpartei hat folgende Ziele:
- Verhaltensweisen zu unterdrücken, durch die der Konflikt weiter eskalieren könnte,
- das schädliche Austragen des Konflikts sowie dessen Folgen zu unterbinden und
- den Konflikt unter formaler Kontrolle zu behalten.

Eine umfassende Beherrschung des Konfliktverlaufs bedingt jedoch, dass die Machtinstanz über die akute Beherrschung des Konflikts hinaus die Situation unter Kontrolle haben muss, indem sie nicht nur in Bezug auf den konkreten Konflikt eine heilende, sondern auch für ähnliche Fälle eine abschreckende Wirkung hat.

abschreckende Wirkung auch für ähnliche Fälle

So wurden eine Zeitlang in vielen Großunternehmen Mitarbeiter beim geringsten Verdacht auf Zugehörigkeit zur Scientology-Sekte entlassen, auch wenn kein unmittelbarer Schaden für die Firma entstand. Dies hatte auch das deutliche Ziel der Abschreckung.

Bei bedrohlichen, eskalierten und teilweise direkt oder indirekt gewalttätigen Konfliktsymptomen ist diese Abschreckung notwendig, um Signale zu setzen und einen Flächenbrand zu vermeiden.

Beispielsweise wurde ein Mitarbeiter, der an und für sich geringfügige, in der Gesamtwirkung jedoch ziemlich kostenintensive Sabotageakte wie z.B. das minimale Verstellen von Ventilen u.Ä. durchführte, konsequent abgemahnt und schließlich entlassen, um ein Signal zu setzen, dass die Unternehmensleitung solche Konfliktäußerungen nicht duldet. „Wehret den Anfängen" war die Devise.

Problematisch ist die Strategie des Machteingriffs aus drei Gründen:
1. **Keine Beilegung von Konfliktursachen:** Wie schon beim Schlichtungsverfahren werden zugrunde liegende Ursachen und Konfliktdynamiken nicht berücksichtigt. Bleiben diese Machteingriffe isolierte

Probleme des Machteingriffs

Maßnahmen ohne die Begleitung von ursachen- und lösungszentrierten sowie präventiven Strategien, wird also die zugrunde liegende Konfliktursache nicht beseitigt, so flackern höchstwahrscheinlich ähnliche Konflikte an vielen anderen Stellen auf und die Konfliktkultur wird wahrscheinlich insgesamt rigider.

Langfristig steigen die Kosten, wenn man sich darauf beschränkt, Konflikten allein mit rechtlichen Maßnahmen zu begegnen

2. **Kosten:** Der Grund, Konflikten mit rechtlichen Maßnahmen zu begegnen, wird gerade in wirtschaftlich schwierigen Zeiten damit begründet, dass Zeit und Geld rar sind. Kurzfristig scheinen dem die Erfolge Recht zu geben. Langfristig jedoch muss, wer sich überwiegend mit rechtlichen Mitteln durchsetzt, mit erhöhten Kosten eben für diese Mittel rechnen, die in der Regel höher sind als präventive und konsensorientierte Verfahren. Ein befreundeter Jurist sagte einmal zu mir: *„Ein Vertrag ist nur so viel wert wie der Geist, in dem er geschlossen ist."* Einen Vertrag einzuklagen wird fast immer teuer und führt nur in seltenen Fällen wirklich zur Befriedung des Konflikts.

3. **Verhärtungen:** Der Kampf um das Recht und die Austragung des Streits unter Rechtsgesichtspunkten führt regelmäßig zur Verhärtung der Fronten und zu Verletzungen, die kaum mehr rückgängig gemacht werden können. So ist z.B. jeder im Streit gekündigte Mitarbeiter eine schlechte Propaganda für das Unternehmen.

völlige Vermeidung von rechtlichen Auseinandersetzungen nicht möglich

Insbesondere in größeren und damit komplexeren Unternehmen ist jedoch eine völlige Vermeidung von rechtlichen Auseinandersetzungen nicht möglich. Auch wenn eine offene Konfliktkultur herrscht und außergerichtliche Bemühungen der Konsensfindung die Regel sind, gibt es Fälle, in denen der Ausspruch von Bundeskanzler Schröder zur Neujahrsansprache 2003 gelten muss: *„Nicht das Recht des Stärkeren, sondern die Stärke des Rechts"* solle gelten (zitiert aus von Hertel 2003, S. 26). Nicht alle Konflikte sind lösbar – dann gilt die Weisheit des Volksmunds: *„Lieber ein Ende mit Schrecken, als ein Schrecken ohne Ende."*

In Bezug auf die Beendigung sozialer Konflikte durch eine Entscheidung von Machtinstanzen sind faire Vorgehensweisen und die Kenntnis arbeitsrechtlicher Aspekte zur Handhabung von Abmahnungen und Kündigungen sowie zum Umgang mit Mobbing von Bedeutung. Auf diese Themen werde ich im Folgenden im Überblick eingehen.

2.5.1 Faires Trennungsmanagement

Wenn weder Gespräche und Verhandlungen, noch kostengünstige Alternativen zu Gerichtsverfahren wie z.B. Schlichtungs- und Schiedsgerichtsverfahren eine Einigung zustande bringen, sollte eine faire Trennung vereinbart werden. Inzwischen hat sich in vielen Firmen Personalabbau breit gemacht. Häufig aus wirtschaftlichen Gründen greifen Firmen zu Out- oder Newplacement-Beratungen, Outsourcing, internen Vermittlungsinstrumenten oder externen Mitarbeiter- bzw. Transferagenturen.

So fanden z.B. Right Management Consulting (2003) in einer weltweit durchgeführten Studie (1500 befragte Unternehmen in 32 Ländern) heraus, dass drei Viertel der befragten Unternehmen entlassenen Mitarbeitern Outplacement-Beratung anbieten, was auch in einigen Ländern gesetzlich vorgeschrieben ist. Ca. 80 Prozent der Outplacement anbietenden Unternehmen halten es für ihre Pflicht, dies zu tun und ca. die Hälfte meinte, dass Outplacement die Kosten für einen Rechtsstreit mindere und gut für das Image der Firma sei. Darüber hinaus erhält dieser Studie zufolge einer von drei gekündigten Mitarbeitern eine Abfindung als Entschädigung (in der Mehrheit das Entgelt für maximal vier Wochen pro Jahr der Betriebszugehörigkeit).

Outplacement-Beratung

Die vorhandene Kündigungskultur ist trotz der gestiegenen Notwendigkeit jedoch häufig nicht sehr konstruktiv. Chefs sind oft überfordert und ungeübt, Kündigungen auszusprechen und geraten dadurch in Konflikte, die das Unternehmen teuer zu stehen kommen: Nicht nur Imageschäden, Ängste, Vertrauensverlust und mangelnde Motivation der verbleibenden Mitarbeiter sind zu beobachten, auch langwierige Aufhebungsverhandlungen und Arbeitsgerichtsprozesse wirken sich kostenträchtig aus.

vielfach wenig konstruktive Kündigungskultur

Image- und Motivationsschäden durch eine negative Kündigungskultur

Die häufigsten Fehler beim Kündigen (Andrzejewski 2003) sind:
- überhastete und übereilte Vergehensweisen,
- mangelhafte Abklärung und Berücksichtigung arbeitsrechtlicher Aspekte,
- fehlende Vorbereitung auf das Trennungsgespräch,
- fehlende psychologische Unterstützung.

die häufigsten Kündigungsfehler

Darüber hinaus fehlt bei betriebsbedingten Kündigungen häufig die entsprechende Einbettung dieser Maßnahme in die betrieblichen Abläufe (Kommunikationspolitik, Würdigung der Gehenden, Bindung und Revitalisierung der Bleibenden).

Will sich ein Unternehmen von einem Mitarbeiter oder Mitarbeitern aus einem Konflikt heraus trennen, empfiehlt sich neben der Beachtung der Rechtsgrundlagen (Kap. 2.5.2) ein faires Trennungsmanagement.

Bevor Sie also ein Rechtsverfahren beschreiten, ist es gut, sich folgende Fragen zu beantworten (nach Höher u. Höher 2000):
- Ist eine Trennung wirklich zwingend notwendig?
- Sind alle anderen Alternativen wie Gespräche, Verhandlungen, Moderation, Mediation, Schlichtungsverfahren, eine Versetzung innerhalb des Unternehmens oder eine Machtentscheidung sorgfältig geprüft worden?
- Können alle beteiligten Parteien auch aus rechtlicher Sicht die Gründe für die beabsichtigte Kündigung nachvollziehen und mittragen?
- Welche juristischen Grundlagen sind für die Trennung gegeben und wer kann juristisch beraten?

Fragen vor Einleitung eines Rechtsverfahrens

- Wie sehen die Marktchancen des Mitarbeiters aus (bisheriger Werdegang, Stärken, Schwächen, Beurteilungen)?
- Wer wird den Betroffenen wie informieren?
- Wie ist der Betroffene auf diese Information vorbereitet? Mit welchen emotionalen Reaktionen ist zu rechnen?
- Ist eine Unterstützung (New-Placement, Coaching ...) nötig oder möglich?
- Welche individuelle Regelung ist im Rahmen eines Aufhebungsvertrages vorgesehen?
- Welchen Zeitraum planen Sie für die Trennung (Beachtung von Kündigungsfristen) ein und wie wollen Sie mit dem Betroffenen in dieser Zeitspanne umgehen (ggf. Freistellung)?
- Mit welchen Reaktionen ist inner- oder außerbetrieblich zu rechnen und welche Stellungnahmen durch wen sind erforderlich?

Kriterien für ein faires Trennungsgespräch

Wenn aufgrund eines nicht lösbaren Konflikts eine personenbedingte Kündigung durchgeführt wird, ist ein faires Trennungsgespräch wichtig, das folgenden Kriterien entsprechen sollte (siehe auch Andrzejewski 2003):

- Sachlich klare und zielführende Aussprache von Trennungsbotschaften in den ersten fünf Sätzen
- Respektvolles und wertschätzendes Verhalten der Person gegenüber
- Direkte, klare Formulierungen und Begründungen
- Keine Floskeln und SmallTalk.
- Kein Sarkasmus, falscher Trost u.Ä.
- Besprechung der Zeithorizonte.
- Angebote für die weitere Unterstützung (intern: Sozialberatung o.Ä., extern: Coaching, Newplacement o.Ä.)

Hilfreich ist hier auch das in Kapitel 3.1.2 erläuterte Phasenmodell zum Überbringen schlechter Nachrichten als Orientierungshilfe.

2.5.2 Rechtsgrundlagen zu Abmahnung und Kündigung

In unserer Befragung zum Thema Konflikt (siehe Teil A, Kap. 2.2.2) gaben die Befragten als Hauptthemen, die im Unternehmen in rechtliche Auseinandersetzungen mündeten an: Kündigungen, Mobbing, sexuelle Belästigungen und massive Drohungen gegen körperliche Unversehrtheit oder Eigentum. Wir haben auch gefragt, in welchen Fällen von Mitarbeiter- und wann von Unternehmensseite aus eine rechtliche Unterstützung gesucht wurde. Mitarbeiter schalteten einen Rechtsbeistand ein, um eigene Rechte zu klären, sich gegen eine Kündigung oder Abmahnung zu schützen, eine höhere Abfindung zu erreichen oder auch wenn sie sich ungerecht behandelt oder gemobbt fühlten. Unternehmen suchten die rechtliche Absicherung in aller Regel bei Abmahnungen und personenbedingten Kündigungen.

Darum geht es auch in diesem Kapitel, wobei ich hier keinen Anspruch auf eine umfassende Aufklärung bieten kann – empfehlenswert ist das Buch „Abmahnung" (Kleinebrink 2003), sowie die Websites *arbeitsrecht.de* und *arbeitsrecht.org* zu aktuellen Fragen von Arbeitsrecht, Abmahnung und Kündigung, *redmark.de* enthält aktuelle Formulare zu Kündigungen und Aufhebungsverträgen und *jurawelt.com* informiert z.B. über aktuelle Gerichtsurteile.

Hier einige Highlights zum Thema Abmahnung: Interessanterweise ist die arbeitsrechtliche Abmahnung als Erfindung der Arbeitsgerichtsbarkeit anzusehen. *„Der Gesetzgeber hat im Arbeitsrecht nicht geregelt, wann eine Abmahnung erforderlich ist. Ebenso fehlen gesetzliche Regelungen, welche die Anforderungen an eine ordnungsgemäße Abmahnung festlegen"* (Kleinebrink 2003, S. 3). Außerhalb des Arbeitsrechts sind Abmahnungen im Mietrecht, im Werkvertragsrecht, im Reisevertragsrecht und im sonstigen Zivilrecht (Schuldrechtsmodernisierungsgesetz, Wettbewerbsgesetz) durchaus gesetzlich geregelt.

Aus Sicht des Arbeitgebers hat eine Abmahnung folgende Funktionen (Kleinebrink 2003):

Funktionen der Abmahnung

- **Dokumentationsfunktion:** Die Abmahnung macht aufmerksam auf eine Pflichtverletzung – sie hat jedoch keine Beweisfunktion.
- **Rügefunktion:** Sie ist eine Aufforderung, pflichtwidriges Verhalten künftig zu unterlassen.
- **Warnfunktion:** Sie droht Konsequenzen für den Fall einer erneuten Pflichtverletzung an, z.B. ist auch der Hinweis möglich, dass im Wiederholungsfall der Inhalt oder Bestand des Arbeitsverhältnisses gefährdet ist.
- **Prognosefunktion:** Als Vorstufe zur Kündigung kann die Abmahnung vereinzelt dazu dienen, eine solche eventuell besser beurteilen zu können. Hingegen ergibt sich aus dem Inhalt der Abmahnung eine solche Prognose nicht ausdrücklich.
- **Präventivfunktion:** Der Arbeitgeber signalisiert, dass er Pflichtverletzungen nicht hinnimmt und notfalls bereit ist, aus wiederholten Verstößen Konsequenzen zu ziehen.

Eine Abmahnung wird in der Regel als Vorstufe für die Kündigung gesehen, welche nicht unbedingt folgen muss. Dennoch ist die Abmahnung oft eine Voraussetzung: *„Fehlt es an einer notwendigen Abmahnung, so ist eine Kündigung unwirksam"* und kann *„ferner dazu führen, dass der Arbeitgeber dem Arbeitsamt nach §147a SGB III das Arbeitslosengeld erstatten muss"* (Kleinebrink 2003, S. 11).

Abmahnung als Vorstufe für die Kündigung

Verwandt ist eine Abmahnung mit der Betriebsbuße, die als Strafe für einen Verstoß gegen die betriebliche Ordnung verhängt werden kann; der Ermahnung, in der auch vertragswidriges Verhalten aufgezeigt wird, jedoch ohne Androhung einer Kündigung; der Änderungskündigung, die unmittelbar zu einer Inhalts- und Bestandsgefährdung des Arbeits-

Betriebsbuße, Ermahnung, Änderungskündigung

Vertragsstrafe verhältnisses führt sowie der Vertragsstrafe, die Strafen bei Vertragsverletzungen regelt.

arbeitsrechtliche Pflichtverletzungen

Die in unserer Umfrage angesprochenen Unternehmen gaben die Häufigkeit von Abmahnungen zu über 50 Prozent zwischen selten und nie an und stellten fest, dass Abmahnungen sich in aller Regel auf arbeitsrechtliche Pflichtverletzungen wie Unpünktlichkeit oder Arbeitsverweigerung oder Sucht beziehen. Lag in seltenen Fällen der Anlass für die Abmahnung im Verhaltensbereich, so kamen vereinzelt folgende Fälle vor:

Gründe für Abmahnungen im Verhaltensbereich

- aus der Rolle fallen, verbale Bedrohungen,
- massive verbale Beleidigungen,
- eskalierter Umgangston,
- Störung des betrieblichen Friedens,
- Verstoß gegen die Betriebsvereinbarung,
- Handgreiflichkeiten.

Bei Kleinebrink (2003) finden sich Muster und Beispiele für Abmahnungen, beispielsweise wegen unberechtigten Fehlens, verspäteter Arbeitsaufnahme, Schlechtleistung, Arbeitsverweigerung, Alkoholkonsum, verspäteter Anzeige der Arbeitsunfähigkeit, Verstößen gegen die Bekleidungsordnung, unzulässiger Nebentätigkeit, verbotener privater Internetnutzung, unberechtigter Arbeitsunterbrechung, rassistischer Äußerungen, sexueller Belästigung u.a.

Gründe für fristlose Kündigung

Rechtlich ist dabei die Situation so, dass schwere Fälle von Anschwärzen, Beschimpfung, Verrat, Wutausbrüchen oder Gewalt auch außerordentlich, d.h. fristlos gekündigt werden können (siehe z.B. Fuchs-Brünninghoff u. Gröner 1999, S. 113 f.).

Vorgehen bei Ordnungsverstößen

Nachdem das Erfordernis einer Abmahnung im Betriebsbereich juristisch sehr unterschiedlich gehandhabt wird, hat sich in der betrieblichen Praxis bewährt, bei Ordnungsverstößen wie sie oben genannt wurden, stufenweise vorzugehen:

1. **Gespräch**
2. **Mündliche Verwarnung** und ggf. schriftliche Ermahnung
3. **schriftliche Abmahnung** (ggf. mehrfach bei wiederholter Pflichtverletzung)
4. **Kündigung**

Das tatsächliche Vorgehen bei durch konfliktäre Auseinandersetzungen verursachten Pflichtverletzungen muss fallweise untersucht und rechtlich abgesichert werden. Auch für das rechtgemäße Durchführen von Abmahnungen und Kündigungen sind Rahmenbedingungen wie Formulierungen, Empfangsbestätigung etc. (vgl. Kleinebrink 2003, S. 90 ff.) wichtig – insbesondere bei besonderen Personengruppen (Kleinebrink 2003, S. 114 ff.).

2.5.3 Rechtsgrundlagen zu Mobbing

Mobbing stellt die extremste und wohl am weitesten eskalierte Form von Konflikten am Arbeitsplatz dar. Nachdem in Schweden im Jahre 1979 das Reichsinstitut für Arbeitswissenschaften ein Forschungsprojekt über psychische Stressoren am Arbeitsplatz startete, erließ das schwedische Arbeitsministerium ein Mobbing-Verbot. Auch in Frankreich gibt es ein solches Anti-Mobbing-Gesetz. 1997 forderte eine Petition ein ähnliches Verbot in Deutschland, das jedoch durch den Petitionsausschuss nicht unterstützt wurde. Die Begründung dafür war, dass die bisherige Rechtslage bereits einen umfassenden Schutz vor Mobbing am Arbeitsplatz biete und ein gesetzliches Verbot nur symbolische Bedeutung haben würde. Denn das Grundgesetz endet nicht am Werkstor: Mobbing ist bereits dort durch §1 (Die Würde des Menschen ist unantastbar) und §2 (Jeder Mensch besitzt das Recht auf die freie Entfaltung seiner Persönlichkeit sowie das Recht auf körperliche Unversehrtheit) verboten.

extremste und wohl am weitesten eskalierte Form von Konflikten am Arbeitsplatz

Auch die Rechtspflichten für Arbeitgeber und Arbeitnehmer sind in verschiedenen Gesetzen (Bürgerliches Gesetzbuch, BGB und Betriebsverfassungsgesetz, BetrVG) geregelt: So obliegt dem Arbeitgeber der Schutz des Persönlichkeitsrechts und der sonstigen Rechtspositionen wie Gesundheit und Ehre des Arbeitnehmers, er ist dafür verantwortlich, einen menschengerechten Arbeitsplatz zur Verfügung zu stellen und die Arbeitnehmerpersönlichkeit zu fördern. In jedem Schuldverhältnis, wie insbesondere dem Arbeitsverhältnis, besteht die Pflicht zur Rücksicht gegenüber den Rechten, Rechtsgütern und Interessen des Vertragspartners (§241 Abs. 2 BGB).

Aber der Arbeitgeber hat nicht nur eigene Pflichten, sondern auch eine gesetzliche Handhabe gegen „Mobber" in seinem Unternehmen. Ihm obliegt die Aufgabe, die Arbeitnehmer auch vor Belästigungen durch Mitarbeiter oder Dritte zu schützen, auf die er einen vertraglichen Einfluss hat.

Der Arbeitgeber hat eine gesetzliche Handhabe gegen Mobber

Aufsehen erregend und richtungsweisend waren zwei Urteile des LAG Thüringen im Jahre 2001. In einem Fall hat es die einstweilige Verfügung der Vorinstanz bestätigt, welche die als Mobbing bewertete Degradierung eines Sparkassenangestellten untersagte (AZ 5 Sa 403/00), im anderen Fall die Kündigung eines Supermarktleiters, der einen Angestellten in einen Selbstmordversuch gemobbt hatte (AZ 5 Sa 102/2000). Verbunden mit diesen Urteilen sind Leitsätze (Auszüge im Anhang), die die Grundlage für weitere Urteile bildeten.

Eindeutig heißt es dort, dass „*der Arbeitgeber zur Einhaltung dieser Pflichten als Störer nicht nur dann in Anspruch genommen werden kann, wenn er selbst den Eingriff begeht oder steuert, sondern auch, wenn er es unterlässt, Maßnahmen zu ergreifen oder seinen Betrieb so zu organisieren, dass eine Verletzung des Persönlichkeitsrechts ausgeschlossen ist*". Verstößt ein Arbeitgeber gegen die daraus resultierenden Pflichten oder kommt seiner Fürsorgepflicht nur unzureichend nach, so können die Betroffenen z.B. auf Unterlassungsansprüche, Schadensersatzansprüche oder Schmerzensgeldansprüche klagen.

Mobbingopfer können Arbeitgeber auf Unterlassungs-, Schadensersatz- oder Schmerzensgeldansprüche verklagen

Arbeitsschutzgesetz und Betriebsverfassungsgesetz

Bedeutsam für den rechtlichen Schutz vor Mobbing sind außerdem das Arbeitsschutzgesetz und Betriebsverfassungsgesetz. Das Arbeitsschutzgesetz von 1996 verpflichtet alle Arbeitgeber, Gesundheitsgefahren am Arbeitsplatz zu analysieren und zu beseitigen bzw. zu minimieren – und dass Mobbing die Gesundheit gefährdet, steht inzwischen außer Zweifel. Darüber hinaus werden im Gesetz konkrete Gefährdungsbereiche mit Mobbing-Potenzial angesprochen, wie z.B. die Gestaltung von Arbeits- und Fertigungsverfahren oder die Qualifikation der Beschäftigten.

Vor allem der § 75 schützt die Persönlichkeitsrechte der Arbeitnehmer und regelt die Kontroll-, Überwachungs- und Mitbestimmungsrechte des Betriebsrates, hier auszugsweise: *„Arbeitgeber und Betriebsrat haben darüber zu wachen, dass alle im Betrieb tätigen Personen nach den Grundsätzen von Recht und Billigkeit behandelt werden, insbesondere, dass jede unterschiedliche Behandlung von Personen (...) unterbleibt. (...) Arbeitgeber und Betriebsrat haben die freie Entfaltung der Persönlichkeit der im Betrieb beschäftigten Arbeitnehmer zu schützen und zu fördern."*

rechtliche Verpflichtung des Arbeitgebers bei Mobbing-Handlungen aktiv zu werden

Der Arbeitgeber ist rechtlich verpflichtet, bei Mobbing-Handlungen aktiv zu werden. So wurde z.B. der Freistaat Dresden von einer Angestellten der Behörde verklagt, die über ein Jahr lang Schikanen, Diskriminierungen und Anfeindungen ausgesetzt war. So wurden Gerüchte gegen sie gestreut, sie wurde aus der Kaffeerunde ausgegrenzt, mit Hilfsarbeiten betraut, ihr Laptop verschwand und auch sonst wurde ihr die Arbeit systematisch erschwert. Der Klage der Mutter zweier Kinder auf Schmerzensgeld in Höhe von 32 000 Euro wurde stattgegeben (Arbeitsgericht Dresden AZ 5 Ca 5954/02).

exemplarische Beispiele für Anti-Mobbing-Urteile

Hier einige weitere exemplarische Beispiele für Anti-Mobbing-Urteile: Erstmals zu einer Geldstrafe für Mobber kam es im Falle des Chefs einer Volksbank, der 15 000 DM an den früheren Leiter des Geldinstituts zahlen musste, weil er (im Rahmen der Bankenfusion) über Monate hinweg *„die persönliche Ehre und das berufliche Selbstverständnis des Mannes massiv verletzt"* habe (LAG Mainz, AZ 6 Sa 415/2001).

Das LAG Hamm verurteilte eine Vorarbeiterin, den Verdienstausfall einer entlassenen Kollegin zu ersetzen, bis sie wieder einen neuen Arbeitsplatz gefunden hatte. Diese hatte zuvor ihren Arbeitsplatz aufgrund wahrheitswidriger Behauptungen der Vorarbeiterin verloren (AZ 8 Sa 878/00).

Auch sexuelle Belästigung am Arbeitsplatz fällt unter Mobbing. So wurde einem 30jährigen Altenpfleger außerordentlich gekündigt, weil er Kolleginnen begrapschte (Arbeitsgericht Lübeck, AZ 1 Ca 2479/00) oder einem seit 12 Jahren in der Firma beschäftigten Arbeitnehmer, weil dieser eine eindeutig anzügliche SMS an eine 20 Jahre alte Auszubildende sandte (LAG Rheinland-Pfalz, AZ 9 Sa 853/01).

Streiten sich zwei Mitarbeiter und stören dabei den Betriebsfrieden, so muss einerseits die Bestrafung dem Anlass entsprechend angemessen ausfallen (einmalige oder mehrmalige Vorfälle) und andererseits müssen beide Seiten gleich bestraft werden. So wurde die Kündigung eines Mitarbeiters durch seinen Arbeitgeber für unwirksam erklärt, dessen Streitpartner noch nicht einmal eine Abmahnung erhalten hatte (LAG Niedersachsen, AZ 5 Sa 517/02).

Mobbing bzw. dessen Folgen ist nicht als Berufkrankheit anerkannt. Da psychische Erkrankungen durch Mobbing nicht in der Berufskrankheitenverordnung auftauchen, müssen sie auch nicht wie eine Berufskrankheit entschädigt werden. Bislang gibt es keine gesicherten Erkenntnisse darüber, dass Mobbing eine bestimmte Berufgruppe krank machen kann (Sozialgericht Dortmund, AZ S 36 U 367/02).

2.6 Überblick: Entscheidungshilfe für die Wahl der Lösungsstrategie

Für den Aufbau einer Konfliktkultur ist es hilfreich, die beschriebenen Strategien bezogen auf den jeweiligen Eskalationsgrad zu kennen. In Einzelfällen kann es jedoch sachlich oder emotional schwierig sein, die richtige Wahl des Verfahrens zu treffen. Hilfreich mag Ihnen dazu die folgende Checkliste sein:

> **Checkliste 8: Reflexionshilfe Lösungsstrategie**
>
> 1. Welche Interessen stehen hinter den sichtbaren Positionen der Beteiligten?
> 2. Nehmen Sie Abstand und analysieren Sie den Konflikt: Welche Konfliktverläufe und typischen Muster sind erkennbar? Wie sind diese als Chance zu nutzen und wie ist der Schaden zu minimieren?
> 3. Welche Möglichkeiten gibt es, bei festgefahrenen Konflikten wieder zu einem direkten Gespräch und einer win-win-orientierten Verhandlung zurückzukehren (z.B. Moderation, Beratung, Mediation)?
> 4. Was kostet das jeweilige Verfahren in Form von Zeit, Image, Geld?
> 5. Ist das gewählte Verfahren gerecht, fair und von den Parteien akzeptiert?
> 6. Wie wirkt sich die Strategie auf die zukünftigen Beziehungen der Parteien aus? Ist dann eine dauerhafte Kooperation noch möglich?
> 7. Wie wahrscheinlich ist es, dass der Konflikt noch einmal ausbricht?
> 8. Welche kostengünstigen Alternativen bestehen (z.B. Schiedsverfahren, innerbetriebliche Schlichtung) zu einer gerichtlichen Auseinandersetzung?

3 Interventionen zur Konfliktlösung und Konsensfindung

zielgerichtete Kommunikation zur Deeskalation von Konflikten

Unter einer Intervention zur Konfliktlösung und Konsensfindung verstehe ich eine zielgerichtete Kommunikation zur Deeskalation von Konflikten, die die Beteiligten so beeinflusst, dass eine kooperative Zusammenarbeit wieder möglich ist. Diese positive Beeinflussung der Beteiligten lässt sich in drei Ebenen unterteilen:

sich selbst in einen günstigen emotionalen Zustand versetzen

1. Die wichtigste Beeinflussung betrifft die eigene Person. Konfliktmanagement muss immer daran ansetzen, sich selbst in einen günstigen emotionalen Zustand zu versetzen und die eigenen Verhaltensweisen bewusst und flexibel einzusetzen (vgl. das Zustandsmanagement bei von Hertel 2003). Auf diesen Teil bezieht sich schwerpunktmäßig das Kapitel 3.1 „Emotionsmanagement".

2. Andere Menschen sind nicht zwangsläufig durch Fremdeinwirkung veränderbar – wir können sie jedoch durch eine Veränderung des eigenen Vorgehens dazu einladen, das Zusammenleben und -arbeiten angenehmer zu gestalten.

als Beteiligter eine innere Haltung des Abstands einnehmen

3. Als unparteiischer, unbeteiligter Dritter stehen uns noch weitere Interventionsmethoden zur Verfügung. Es ist jedoch auch möglich, diese innere Haltung des Abstands als Beteiligter einzunehmen.

Wenngleich bei jeder Intervention alle Ebenen eine Rolle spielen, beziehen sich die nachfolgenden Kapitel in ihrer Darstellung von grundlegenden, weiterführenden und systemischen Interventionen schwerpunktmäßig auf diese letzten beiden Ebenen. Den Abschluss bilden in Kapitel 3.5 Systemlösungen, die eine Integration der gesamten Unternehmung in den Konfliktlösungsprozess zum Gegenstand haben.

3.1 Emotionsmanagement und emotionale Kompetenz

Konflikte werden nicht als belastend erlebt, wenn es sich um rein sachlich verarbeitbare Differenzen handelt, sondern dann wenn Gefühle von Ärger, Wut, Angst, Enttäuschung, Resignation oder Verzweiflung im Spiel sind.

Menschliches Verhalten wird überwiegend durch Gefühle, Stimmungen und unbewusste Impulse getrieben

Menschliches Verhalten ist zu einem überwiegenden Teil nicht vernunftorientiert („kopfgesteuert"), sondern wird überwiegend durch Gefühle, Stimmungen und unbewusste Impulse getrieben („bauchgesteuert"). So werden verschiedenen Untersuchungen zufolge (z.B. Harvard Business School) Entscheidungen zu ca. 90 – 95 Prozent aus dem Gefühl heraus getroffen und nur 5 – 10 Prozent aus dem Verstand heraus. Das bekannte „Eisbergmodell" veranschaulicht dies (siehe Abb. 6): Die Spitze des Eisbergs sind die rationalen sichtbaren Äußerungen auf der Sachebene, die getragen werden von einem verdeckten Berg von Gefühlen auf der Beziehungsebene. Verkaufsstrategien machen sich dies längst zur Beeinflussung des Kunden zunutze.

In Konflikten ist eigentlich klar, dass Gefühle eine große Rolle spielen. Dennoch wird die emotionale Seite oft unterschätzt, obwohl jeder von uns selbst schon erfahren hat, insbesondere in Stresssituationen geladen, ängstlich und wütend zu sein oder einfach unangemessen zu reagieren.

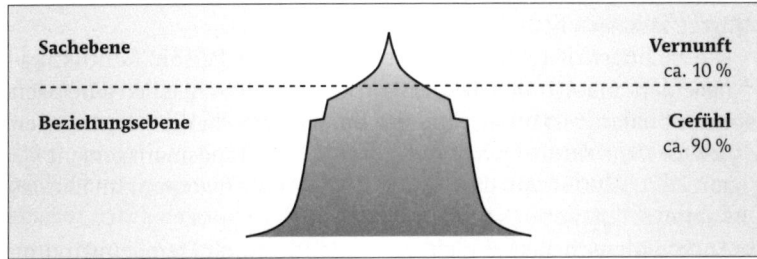

Abb. 6: Eisbergmodell

Wie emotional geprägt Ihre Haltung in einem Konflikt ist (oder die der Gegenseite) können Sie anhand der folgenden Checkliste prüfen:

Checkliste 9: Gefühlspotenzial in Konflikten	
Der Konfliktpartner ist mir sympathisch/unsympathisch.	❏
Ich habe Angst (vor der Sache, der Entscheidung …).	❏
Ich ärgere mich.	❏
Ich freue mich.	❏
Ich fühle mich in meiner Autorität bedroht.	❏
Ich fühle mich infrage gestellt, nicht akzeptiert.	❏
Meine Erwartungen sind enttäuscht worden.	❏
Ich habe Angst um meine Zukunft, meine Existenz, meine berufliche Situation.	❏
Ich fühle mich bloßgestellt, ertappt.	❏
Ich habe ein schlechtes Gewissen.	❏
Ich bin müde, gestresst.	❏
Ich fühle mich überfordert.	❏
Mein Gesprächspartner erscheint mir inkompetent.	❏
Mein Gesprächspartner erscheint mir übermächtig.	❏

Jedoch sind Gefühle auch in Konfliktsituationen nicht etwa etwas Negatives. Gerade in den wissenschaftlichen Disziplinen wurde lange Zeit lediglich das abgeklärte, objektive, von keinem Gefühl beeinflusste Denken hochgehalten. Inzwischen ist sowohl in der sozialwissenschaftli-

Gefühle enthalten wichtige Informationen für die Konflikterkennung und -bearbeitung

chen und psychologischen Forschung (z.B. Goleman 1995, 2003; Steiner 1997), als auch aus der neurophysiologischen und Hirnforschung (z.B. Spitzer 2000 oder Roth 2001) deutlich geworden, dass Gefühle wichtige Informationen für die Konflikterkennung und -bearbeitung enthalten. Sie sind als Handlungsimpulse normalerweise für die rationale Problemlösung unerlässlich, denn *„sie weisen uns zunächst in die richtige Richtung, wo dann die nüchterne Logik von größtem Nutzen sein kann"* (Goleman 1995, S. 48).

emotionale Kompetenz und emotionale Intelligenz

Unter „emotionaler Kompetenz" versteht Steiner (1997, S. 21) *„die Fähigkeit, die eigenen Gefühle zu verstehen, anderen zuzuhören und sich in deren Gefühle hineinzuversetzen, und die Fähigkeit, Gefühle sinnvoll zum Ausdruck zu bringen."* Goleman (2003) fasst unter „emotionaler Intelligenz" die Fähigkeit sich selbst durch Selbstwahrnehmung und Selbstmanagement zu steuern und die Fähigkeit, Beziehungen durch soziales Bewusstsein und Beziehungsmanagement zu steuern. Emotionale Kompetenz besteht aus verschiedenen Phasen: angefangen von emotionaler Bewusstheit bzw. der grundlegenden Wahrnehmung von Gefühlen, der Fähigkeit zur bewussten Steuerung von Gefühlen durch die Kenntnis ihrer Auslöser und Gründe, der Einfühlung in andere Menschen bis hin zu der Fähigkeit interaktiv Beziehungen zu gestalten.

Skala emotionaler Bewusstheit

Sehr gut dargestellt ist dieser Prozess in der Skala emotionaler Bewusstheit (Abb. 7) nach Steiner (1997, S. 50), die Anhaltspunkte für den eigenen Grad an Bewusstheit über Gefühle gibt.

- Dabei wird die unterste **Stufe der emotionalen Taubheit** im klinischen Sinne auch Alexithymie genannt. Menschen auf dieser Ebene haben keine Gefühle oder Empfindungen, emotionale Unbewusstheit ist der Normalfall. Diese Menschen werden dann gelegentlich durch sporadische, im Extremfall auch gewalttätige Ausbrüche überrascht.
- Im **Stadium körperlicher Empfindungen** (Somatisierung) empfinden Menschen zwar Dinge wie beschleunigten Herzschlag oder ein Kribbeln, aber nicht die dazugehörigen Gefühle. Diese Menschen bekämpfen körperliche Symptome, die von Gefühlen ausgelöst werden, mit Alkohol oder Drogen.
- In der **Phase der rudimentären Wahrnehmung** erleben Menschen ihre Gefühle als ein diffuses verstörendes Energiepotenzial, sie sind impulsiv, leicht verletzlich oder neigen zu Depressionen.
- Die **Sprachbarriere** ist der Übergang zur Fähigkeit, Gefühle ausdrücken zu können und stellt einen wichtigen Schritt für den bewussten Umgang mit Gefühlen dar.
- In der **Phase der Differenzierung** ist jemand in der Lage, unterschiedliche Gefühle sowie deren Intensität wahrzunehmen.
- Wenn wir dann die Beschaffenheit unserer Gefühle kennen gelernt haben, lernen wir, auch ihren Ursprung besser zu begreifen – dabei meint **Kausalität** sowohl die Gründe für Gefühle, nämlich unsere Bedürfnisse als auch ihre Auslöser zu erkennen.

- In der **Stufe der Spontaneität** gelingt es, den echten Ausdruck von Gefühlen nicht mit Impulsivität zu verwechseln. Oft wird hier in der deutschen Sprache kein Unterschied gemacht, der im Wortursprung jedoch vorhanden ist: „*Impulsivität*" (von lateinisch „*impulsus*": „*äußerer Antrieb*") bedeutet von „*außen gesteuert*" und „*Spontaneität*" (von lateinisch „*spontaneus*": „*freiwillig*", „*frei*") heißt „*aus eigenem Antrieb heraus*".
- **Empathie** bedeutet dann Einfühlungsvermögen, eine Art Intuition für die Gefühle anderer zu besitzen und die Gefühle anderer zu verstehen. Um diese Stufe zu erreichen helfen Methoden des aktiven Zuhörens und des Fragenstellens.
- In der höchsten Stufe emotionaler Bewusstheit ist ein Mensch in der Lage, **Interaktivität zwischen sich und anderen Personen** herzustellen und die Wechselwirkungen eigener und fremder Gefühle zu erkennen. Hier ist dann die Fähigkeit vorhanden, durch Inspiration und die positive Beeinflussung der eigenen Stimmung Beziehungen positiv zu gestalten (siehe auch Goleman 2003 über die Fähigkeiten des Beziehungsmanagements).

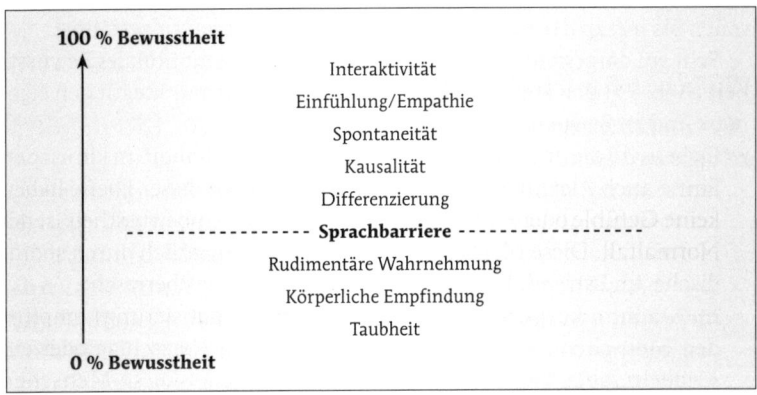

Abb. 7: Skala für emotionale Bewusstheit (nach Steiner, 1997, S. 50)

Übung für emotionale Bewusstheit: Nehmen Sie sich eine Zeit lang jeden Abend fünf Minuten, um sich über die im Laufe des Tages empfundenen Gefühle bewusst zu werden. Als Grundlage mögen Ihnen die bei Goleman (1995) definierten Grundgefühle dienen: Wut/Zorn, Angst/Furcht, Glück/Freude, Liebe/Zuneigung, Überraschung, Abscheu, Trauer. Tragen Sie auf einer Skala von 1 bis 10 die Intensität der Gefühle auf und geben Sie diesen einen Namen. So können Sie z.B. leichte Verärgerung (1) oder übermächtige Wut (10) empfunden haben.

Für den Umgang mit Gefühlen in Konfliktsituationen haben sich in der Praxis zwei Strategien bewährt: Wutmanagement und das Modell zum Überbringen schlechter Botschaften, welche ich im Folgenden erläutere.

3.1.1 Wutmanagement

Umgang mit eigener und fremder Wut

Das am häufigsten und am unangenehmsten erlebte Gefühl in Konflikten bezeichnen die Beteiligten als Wut, Ärger oder Zorn, welches beim Empfänger auch oft als Angriff erlebt wird. Die beiden hauptsächlichen Fragen sind hier: Wie gehe ich mit meiner eigenen Wut um? Und: Wie gehe ich damit um, wenn jemand wütend ist?

Vor der Beantwortung dieser Fragen eine generelle Empfehlung: Ob Sie selbst oder jemand anders Wut haben – was brauchen Sie dann? Erinnern Sie sich vielleicht an die letzte Kundenreklamation, die letzte Beschwerde beim Amt, als Sie so richtig unzufrieden mit einem Produkt oder einer Dienstleistung waren. Was hat oder hätte Ihnen da geholfen? Was nicht hilft, haben wir alle schon erfahren: Nicht beachten; abblocken; beschwichtigen; darüber lachen, wenn jemand einem die Wut ausreden will; Empfehlunge wie *„Jetzt regen Sie sich doch nicht so auf"* oder *„Ist ja nicht so schlimm"*. Hilfreich dagegen ist es, den Ärger ernst zu nehmen. Wut oder Ärger versetzen uns – physiologisch gesehen – in die Lage, aktiv zu werden, einen Zustand zu verändern, den wir nicht haben wollen.

Wut oder Ärger versetzen uns – physiologisch gesehen – in die Lage, einen Zustand zu verändern, den wir nicht haben wollen

NEHMEN SIE ERLEBEN UND ÄUSSERUNGEN VON WUT UND ÄRGER ERNST!

Wie gehe ich mit meiner eigenen Wut um?

„Gelassenheit siegt" – so lautet ein Buchtitel (Fey 2000). Hier einige Praxistipps zu diesem Thema:

- **Bewusstheit:** Werden Sie sich darüber klar, welche Situationen Sie aus der Fassung bringen. Hilfreich hierzu sind die Präventionsstrategien in Teil B, Kap. 1.4. Üben Sie, in konkreten Situationen innere und äußere Auslöser für Ihren Ärger zu identifizieren. Werden Sie sich darüber klar, dass nur Sie alleine Ihre Gefühle „machen". Gefühle werden verursacht durch Ihre Bedürfnisse, äußere Ereignisse sind nur Auslöser dafür (Rosenberg 2003). Beispielsweise werden wir nur dann ärgerlich, wenn jemand anderes Kleidungsstücke herumliegen lässt, wenn wir selbst ein Bedürfnis nach Ordnung haben. Werden Sie sich klar: Je mehr Sie impulsgesteuert auf äußere Auslöser reagieren, desto mehr sind Sie manipulierbar.

sich darüber klar werden, welche Situationen einen aus der Fassung bringen

- **Bedürfnisse ausdrücken:** Wenn Sie die hinter dem Ärger liegenden Bedürfnisse identifiziert haben, drücken Sie diese aus und bitten Sie um das, was Sie brauchen (Achtung: keine Forderungen, das ist konfliktverschärfend). Machen Sie Ihrem Ärger in Form von Ich-Botschaften (Kap. 3.2.3) und gewaltfreier Kommunikation (Kap. 3.3.1) Luft.

Machen Sie Ihrem Ärger in Form von Ich-Botschaften und gewaltfreier Kommunikation Luft

- **Stimmungen beeinflussen:** Wenn Sie jemand sind, der sich oft ärgert, führen Sie regelmäßig folgende Übung durch: Lächeln Sie bei einem kleinen Ärger eine Minute lang. Kontrollieren Sie dabei die Uhr, denn Sie werden merken, wie lang diese Minute ist und wie untrainiert Ihre Gesichtsmuskeln sind (nach Fey 1994).

- **Sich Gutes tun:** Die meisten Menschen gehen nicht sehr freundlich mit sich um, wenn sie Fehler machen oder ärgerlich sind. Nehmen Sie sich deshalb jeden Tag drei Dinge vor, die Ihnen Spaß machen.
- **Adrenalin abbauen:** Herumtoben, Schreien oder Gewalttätigkeit verringert nicht die Wut, weil diese Verhaltensweisen nicht nur die Ursache nicht beseitigen können, sondern zu Schäden in der Beziehungsumgebung und zu weiteren Konflikten führen. Wenn Sie jedoch „geladen" sind, ist es gut, diesen physiologischen Sprengstoff in Form von Stresshormonen wie z.B. Adrenalin wieder abzubauen. Unsere Vorfahren haben dies durch Kampf oder Flucht erreicht – Möglichkeiten, die uns, z.B. bei einem Streit mit dem Vorgesetzen zumindest körperlich kaum möglich sind. Nutzen Sie deshalb andere Möglichkeiten des Abreagierens wie Joggen, Fitnessstudio, Holzhacken, Boxen, Schwimmen, Rad fahren ... *Stress körperlich abreagieren*
- **Entspannung:** Nutzen Sie Entspannungsmethoden (Teil B, Kap. 1.4.4) und suchen Sie Ruhe, Stille und Einsamkeit, um wieder zu sich zu kommen. Üben Sie sich in Humor (Kap. 3.3.2): Lachen ist die beste Medizin, auch bei Ärger.

Wie gehe ich damit um, wenn jemand wütend ist?

- **Pausentechnik:** Reagieren Sie nicht sofort. Schweigen Sie, halten Sie Blickkontakt und hören Sie zu. Es ist wissenschaftlich nachgewiesen, dass Menschen im Schnitt nach drei, höchstens nach sieben Minuten mit ihrem „Wutausbruch" aufhören, ihnen geht dann buchstäblich „die Puste aus". *Reagieren Sie nicht sofort*
- **Aktiv zuhören** (Kap. 3.2.2): Versachlichen Sie den Ärger, indem Sie die Wutpunkte inhaltlich zusammenfassen und die Bedürfnisse und Wünsche formulieren, die Sie dahinter vermuten. Trennen Sie Ihre Wahrnehmung des Gehörten von Ihrer Interpretation und gefühlsmäßigen Reaktion darauf. *Wahrnehmung von Interpretation und gefühlsmäßiger Reaktion trennen*
- **Entschuldigen:** An der Stelle, an der die Kritik einen berechtigten Kern hat, stimmen Sie zu, entschuldigen sich und sorgen Sie für eine sachliche Problemlösung, beispielsweise bei Kundenbeschwerden. Widersprechen Sie nie direkt, das heizt die negative Stimmung nur an. Greifen Sie die Punkte auf, denen Sie zustimmen können und stellen Sie die Punkte zurück, die Sie anders sehen. Sprechen Sie sie an, wenn sich der Partner beruhigt hat – er würde Ihnen jetzt sowieso nicht zuhören.
- **Ziel im Auge behalten:** Überlegen Sie, was Ihnen wichtiger ist: Wollen Sie mal „so richtig" explodieren oder wollen Sie Ihr Ziel erreichen?
- **Energiepotenzial sehen:** Wenn es Ihnen gelingt, den Ärger des Konfliktpartners ernst zu nehmen und das hinter der Aggression liegende Energiepotenzial zu sehen, können Sie sich mit den grundlegenden Bedürfnissen des Anderen verbinden.
  Vorwürfe und Angriffe sind der verunglückte Ausdruck von Wünschen und Bedürfnissen.

Nutzen Sie das Energiepotenzial der Kontrahenten, indem Sie es kontrolliert zulassen

- **Bei zwei wütenden Parteien vermitteln:** Wenn Sie als Vermittler (siehe Moderation, Kap. 2.2.1 und Mediation, Kap. 2.2.2) tätig sind, können Sie das Energiepotenzial der Kontrahenten nutzen, indem Sie es kontrolliert zulassen.

    Hier bieten sich Techniken an wie in von Hertel (2003, S. 110 ff.) geschildert: z.B. die Vereinbarung, dass jeder mit Redezeitbegrenzung ungestört alles loswerden kann was er will, aber nacheinander („Zwei Vulkanausbrüche"). Sie nehmen Abstand und beobachten die Konfliktpartner („Gewitter zum Abgewöhnen") und stellen anschließend zwei Fragen: *„Kennen Sie das soeben gezeigte Kommunikationsmuster?"* Wenn dies bejaht wird, fragen Sie: *„Soll das so bleiben?"* Weitere Möglichkeiten sind: „Dampfkochtopf" (Sie gestatten den Parteien in geschütztem und moderierten Rahmen, „Dampf" abzulassen, indem Sie Bedeutungen, Ideen und Veränderungswünsche herausfiltern) oder „Frischluftpause" (Regen Sie an, frische Luft zu schnappen und die Aggressionen gegen den Konfliktpartner abkühlen zu lassen und verbinden Sie das ggf. mit einer Reflexionsaufgabe).

Darüber hinaus mögen Ihnen die ab Kapitel 3.2 vorgestellten Interventionsmethoden helfen, Abstand zu gewinnen und einen klaren Kopf zu behalten.

3.1.2 Überbringen unangenehmer Botschaften

Für Veränderungsprozesse gilt eine verstärkte emotionale Belastung

Häufig versuchen Führungskräfte Gefühle in Krisensituationen ganz zu vermeiden. Für Veränderungsprozesse (vgl. Teil A, Kap. 3.1 sowie Teil C, Kap. 3.5) gilt jedoch eine verstärkte emotionale Belastung. Diese wird insbesondere dadurch verursacht, dass Menschen neue und oft für sie schlechte oder unangenehme Botschaften aufnehmen und verarbeiten müssen. So folgen dann z.B. Umstrukturierungen überwiegend sachlichen Prinzipien, die die irrational erscheinenden gefühlsbasierten Verarbeitungsweisen von Menschen nicht berücksichtigen.

„Entweder Sie machen mit oder Sie lassen es", so sagte wortgetreu vor kurzem eine Führungskraft zu ihrem Mitarbeiter. Oft wird unterstellt, dass Führungskräfte dieser Couleur Mitarbeiter wie Maschinen behandeln, die genauen technischen Anweisungen folgen. Doch selbst ein Computer funktioniert so nicht und benötigt sorgfältige Programmierung, „Updating" etc. Natürlich kann man ihn auch neu formatieren, doch dann ist der Zeitaufwand für die Neueinrichtung ebenfalls erheblich.

Also: Selbst wenn man so gewagt ist, die Computermetapher auf den Menschen zu übertragen, funktioniert der einfache Anweisungsstil nicht. Und Menschen sind keine Maschinen. Menschen kann man als lebendige biologische Systeme begreifen, die wie auch komplizierte Maschinen genaue Anweisungen und Behandlungsformen und vor allem eine „artgerechte Wartung" brauchen. Darüber hinaus sind sie im Gegensatz zu Maschinen nicht berechenbar. Trotz aller erfolgten Anpassungsleistungen durch Erziehung, Lob, Tadel, Beurteilungs- und Anreizsysteme wird ein Mensch niemals hundertprozentig eindimensional berechenbar reagieren. Das Problem ist jedoch immer wieder, Modelle zur Vereinfachung der menschlichen Komplexität zu finden.

Ein solches Komplexität reduzierendes Anleitungsmodell ist das Modell zur Verarbeitung unangenehmer Botschaften, das aufzeigt, mit welchen Reaktionen zu rechnen ist, wenn Menschen eine schlechte Nachricht erhalten und gleichzeitig Hinweise für die Begleitung in einem solchen Prozess gibt (Checkliste 10).

Anleitungsmodell zur Verarbeitung unangenehmer Botschaften

Wenn Menschen eine für sie negative Botschaft erhalten, können sie in der Regel nicht sofort zur Tagesordnung übergehen. Wie ist die erste Reaktion, wenn Sie erfahren, dass – um es einmal extrem zu veranschaulichen – Sie Ihren Arbeitsplatz oder Partner verloren haben? Sie werden es erst einmal „nicht fassen" können. Aber auch bei „kleineren" Anlässen, wie z.B. einer Umstrukturierung, Versetzung, Entsendung, einem Markteinbruch etc. (und übrigens in verkürzter Form auch bei extrem positiven Nachrichten wie Lottogewinn, Geburt eines Kindes etc.) schalten Menschen nicht sofort auf rationale Problemlösung.

In der Regel finden folgende Reaktionsweisen statt:

Reaktionsweisen auf unangenehme Botschaften

- **Nicht verstehen:** Auf für sie unverständliche, weil schockierende Nachrichten reagieren Menschen mit Ablehnung und Ausblendung: Das ist eine biologische Schutzreaktion, so wie das Schmerzempfinden bei schweren Verletzungen ausgeblendet wird, damit der Körper funktionsfähig bleibt. Menschen blenden dann nach dem Motto der drei weisen Affen, „Nichts hören, nichts sehen, nichts sagen", relevante Informationen aus ihrem Bezugsrahmen (vgl. Teil B, Kap. 1.2.1) aus. Und so kann es sein, dass, wenn Sie z.B. als Führungskraft eine negative Information weitergeben müssen, diese erst einmal gar nicht gehört wird. Dann ist es wichtig, verschiedene Informationskanäle zu nutzen (gemeinsam, individuell, schriftlich, mündlich ...), selbst sehr klar zu sein und eben nicht nur ein allgemeines E-Mail-Rundschreiben zu starten, sondern persönliches Feedback zu geben.

persönliches Feedback geben

- **Nicht glauben:** Nach dem Motto „Was nicht sein darf, das nicht sein kann" verfallen Menschen dann oft in eine Art inneres Koma. Sie können „es nicht fassen" oder verfahren nach dem Motto „Abwarten und Tee trinken." Auch dies ist ein archaischer „Sich-Stillstellen"-Reflex, durch den wir hoffen, dass nicht wir es sind, die diese Information betrifft. Dieser Ungläubigkeit kann man begegnen (als Führungskraft, Kollege oder Berater) durch aktives Zuhören, Kontakt aufrecht erhalten und durch Wiederholen der Information und Herausstellung der Bedeutung der Information.
- **Schock:** Erst wenn die Nachricht durch die normalen menschlichen Schutzschichten durchgedrungen ist, wenn das Erkennen und Begreifen, dass wirklich man selbst gemeint ist, Raum findet, spüren Menschen ihre Gefühle. Sie sind schockiert, sie empfinden vielleicht erst

Viele Menschen spüren Gefühle erst relativ spät

einmal gar nichts oder sind sehr wütend oder enttäuscht, panisch, frustriert, traurig etc. Insbesondere Führungskräfte, die ja von ihrer Aufgabenstellung her den Fokus auf die Problemlösung legen müssen, machen hier oft den Fehler, die Gefühle zu schnell „wegwischen" oder beenden zu wollen. Von größter Bedeutung ist hier zu begreifen, dass der Überbringer schlechter Nachrichten zunächst gar nicht zu Handlungen aufgefordert ist, sondern nur ein klein wenig Zeit und Empathie aufwenden muss. Zuhören, dabeibleiben und vielleicht ein kleines Zeichen des Verständnisses (z.B. ein *„Das ist jetzt schwer für Sie"*) sind hier hilfreich.

Gefühle beachten und nicht mit sachlichen Argumenten wegwischen

- **Problemlösung:** Erst wenn die emotionale Phase ihren Ausdruck gefunden hat – nicht wenn sie völlig überwunden ist, das dauert häufig länger – und die Gefühle des Gegenübers gesehen oder gehört wurden, sind viele Menschen zur rationalen Problemlösung in der Lage. Und das gilt übrigens nicht nur für Frauen – auch Männer brauchen diese Phasen, sie gehen nur eher in den Kampf und die Wut als in die Trauergefühle. Jetzt kann rationale Problemlösung in Form von Dialog, Verhandlungen und Vereinbarungen stattfinden.

Erst wenn die emotionale Phase ihren Ausdruck gefunden hat, kann die Problemlösung beginnen

Checkliste 10: Verarbeitung unangenehmer Botschaften		
1. Nicht verstehen	➡	• Rückmeldung geben • informieren • klar sein
2. Nicht glauben	➡	• zuhören • am Ball bleiben • wiederholen
3. Emotionale Reaktion (Schock)	➡	• zuhören • da sein • Trost geben
4. Lösungen	➡	• im Dialog verhandeln • Ziele vereinbaren

Diese Phasen finden nicht bei jedem Menschen gleich und notwendig in dieser Reihenfolge statt. Sie stellen ein übliches Muster dar, von dem aber viele Menschen abweichen. So gibt es z.B. Menschen, die erst einmal rational verhandeln und dann zusammenbrechen, solche, die überhaupt keinen Zugang zu ihren Gefühlen haben und dann vielleicht später mit somatischen Reaktionen dafür zahlen oder solche, die die Phasen in anderer Reihenfolge oder sehr schnell durchlaufen.

Bei Veränderungsprozessen ist zu berücksichtigen, dass sich die Betroffenen gleichzeitig in unterschiedlichen Verarbeitungsphasen befinden. Hier besteht die Kunst darin, durch zielgerichtete Einbeziehungsprozesse eine Bewegung in die gleiche Richtung zu ermöglichen (vgl. auch Organisations- und Personalentwicklung in Kap. 3.5.1).

durch zielgerichtete Einbeziehungsprozesse eine Bewegung in die gleiche Richtung ermöglichen

3.2 Grundlegende Kommunikationsmethoden

Um Konflikte zu lösen, ist Kommunikation unser wichtigstes Werkzeug. Durch unsere Sprache können wir Konflikte verursachen, beilegen und uns versöhnen. Wie Glasl (in der Einführung zu Rosenberg 2003) sagt:

DER KERN JEDER KONFLIKTBEHANDLUNG IST IMMER DAS DIREKTE GESPRÄCH VON MENSCH ZU MENSCH.

Ich werde oft gefragt, wann denn der richtige Zeitpunkt ist, einen Konflikt anzusprechen. Meine generelle Empfehlung dazu lautet:

KONFLIKTE KÖNNEN SIE NICHT FRÜH GENUG ANSPRECHEN.

Die meisten Menschen warten zu lange, bevor sie etwas ansprechen, das sie bedrückt oder stört. Das liegt daran, dass sie oft Angst haben, die richtigen Worte zu finden oder sich nicht sicher sind, ob sie ein Recht darauf haben, diese Dinge anzusprechen. Und in der Tat ist es auch wichtig, Konflikte ihrer Größe und ihrem Anlass entsprechend anzugehen, also nicht „aus einer Mücke einem Elefanten zu machen" oder gleich mit der Keule zuzuschlagen.

DER TON MACHT DIE MUSIK.

In verständlicher Sprache hat Schulz von Thun (1981) ein Modell der Kommunikation entwickelt, das die grundlegenden Probleme zwischenmenschlicher Kommunikation zeigt und aus dem sich grundlegende Kommunikationsmethoden ableiten: Die vier Seiten einer Nachricht.

Modell der Kommunikation, das die grundlegenden Probleme zwischenmenschlicher Kommunikation zeigt

Dieses Modell geht davon aus, dass es beim Sprechen wie in der Nachrichtentechnik einen Sender und einen Empfänger gibt. Der Sender verschlüsselt seine Botschaft durch seine Sprache und der Empfänger dekodiert sie durch die Bedeutung, die er dem Gehörten gibt. Bei diesem Kodierungs- und Dekodierungsvorgang kann es zu Missverständnissen kommen, die auf vier Ebenen liegen: Sach-, Beziehungs-, Selbstausdrucks- und Appellebene (Abb. 8). Eine gute Kommunikation dient sowohl dazu, unnötige Konflikte zu vermeiden, als auch entstandene Missverständnisse wieder aufzuklären.

Die vier Seiten einer Nachricht: Sach-, Beziehungs-, Selbstausdrucks- und Appellebene

Wann immer jemand etwas sagt, fragt sich der Empfänger – oft mehr oder weniger unbewusst und in unterschiedlicher Intensität – auf den vier Ebenen:

Sachebene: Wie ist der Sachverhalt zu verstehen?

Beziehungsebene: Wie steht er zu mir? Was hält er von mir? Wen glaubt er vor sich zu haben? Wie fühlt er sich von mir behandelt?
Selbstausdrucksebene: Was ist das für einer? Was sagt er über sich aus? Was ist mit ihm?
Appellebene: Was will er von mir? Was soll ich tun, denken, fühlen? Wo will er mich hinhaben?

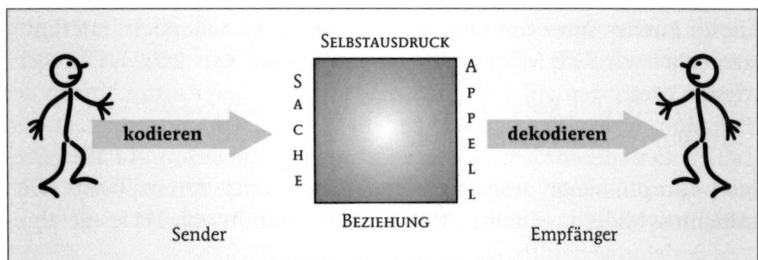

Abb. 8: Die vier Seiten einer Nachricht

Der Sender hat verschiedene Möglichkeiten, seine Nachricht zu übermitteln. In Checkliste 11 sind die wesentlichen kommunikationsförderlichen und -hinderlichen Methoden dargestellt.

Checkliste 11: Grundlegende Kommunikationsmethoden		
Ebene	**Kommunikationsmethoden**	
	förderliche ☺	hinderliche ☹
Sachebene	• Verständlichkeit (Einfachheit, Gliederung, Kürze/Prägnanz, Anschaulichkeit) • Thema benennen und zu einer besseren Lösung beitragen • Sachlichkeit • Schlüsselwörter aufgreifen • Zusammenfassungen	• Unklarheit • Thema bleibt unausgesprochen • nicht zu einer Lösung beitragen
Beziehungs-ebene	• Beziehung aktiv herstellen • empathisches aktives Zuhören • Wertschätzung • Feedback geben und nehmen	• Beziehung gar nicht ansprechen • abwertend und abschätzig sein
Selbstaus-drucksebene	• Ich-Botschaften senden • Ziele und Absichten klären • Ehrlich und unverhüllt eigene Meinung aussprechen	• Verdeckt und kaschiert agieren • Man- oder Wir-Botschaften senden
Appellebene	• Fragen stellen (offene oder geschlossene) • überzeugend argumentieren • Wünsche ausdrücklich äußern • fair lenken	• versteckte Andeutungen • manipulativ suggerieren • „über den Tisch ziehen"

Im folgenden Teil dieses Kapitels (3.2.1 – 3.2.5) werde ich auf die wesentlichen Basismethoden eingehen: Das A und O der Kommunikation ist es, eine positive Beziehung insbesondere durch den Einsatz nichtsprachlicher Mittel herzustellen. Einer Klärung der Beziehungs- und der Selbstausdrucksebene dienen die Techniken des aktiven Zuhörens, das Verwenden von Ich-Botschaften und das Geben und Nehmen von Feedback. Auf der Sachebene geht es um Klarheit und Verständlichkeit in der Sache – rhetorische und Präsentationstechniken würden den Rahmen dieses Buches sprengen und werden hier nicht behandelt. Hierunter zählen jedoch auch Moderationsmethoden (vgl. Kap. 2.2.1). Die wichtigsten Methoden auf der Appelebene wurden bereits im Rahmen der Behandlung des Themas „Verhandeln" (Kap. 2.1.2) aufgezeigt. Fragen stellen dient der Informationsgewinnung und Steuerung auf allen Ebenen – Fragen bieten deshalb einen der wichtigsten Ansatzpunkte. Den Abschluss bildet das Thema „Metakommunikation", die bei festgefahrenen Beziehungen hilfreich ist.

insbesondere durch den Einsatz nichtsprachlicher Mittel eine positive Beziehung herstellen

3.2.1 Beziehung herstellen und Körpersprache einsetzen

Konflikte sind dadurch gekennzeichnet, dass auf der Beziehungsebene etwas nicht stimmt. Wir sind dann nicht mehr auf der gleichen Wellenlänge. Das Herstellen einer guten Beziehung ist nicht nur im Arbeitsleben und in der Konfliktbehandlung wichtig, sondern die zentrale und tragfähige Grundlage aller Therapien, guter Ehen, aber auch von Verhandlungen, Beratungen oder erfolgreichen Verkäufen, in Besprechungen etc. Das Bedürfnis nach Kontakt ist ein sehr grundlegendes. Schon als Säugling ist es eine unserer ersten Fähigkeit, Kontakt herzustellen – durch einfache Gesten wie Schreien, später Lächeln und Arme ausstrecken machen Säuglinge auf sich aufmerksam. Auch im späteren Leben zeichnet sich ein guter Kommunikator dadurch aus, dass er aktiv Kontakt aufnimmt und eine Bindung herstellt.

Konflikte sind dadurch gekennzeichnet, dass auf der Beziehungsebene etwas nicht stimmt

GRUNDSATZ: WIR MÖGEN MENSCHEN, DIE SO SIND WIE WIR.

Im Wirtschaftsleben wird die Fähigkeit zur Kontaktaufnahme häufig in Form von Smalltalk-Trainings und Übungen trainiert. Plaudern, scherzen, die Etikette kennen und durch kleine Gespräche große Wirkungen erzielen (siehe Schäfer-Ernst 2000) ist eine Kunst, die es nach fachspezifischen Karrieren oft erst wieder zu erlernen gilt.

Guter Kontakt entsteht durch die in der Transaktionsanalyse so genannten parallelen Transaktionen (Teil A, Kap. 1.3.5), im Rahmen der neurolinguistischen Programmierung (NLP) spricht man davon, Rapport herzustellen (z.B: Trageser u. von Münchhausen 2000) und von „Pacing" (= im gleichen Schritt mit jemandem gehen), das von den meisten Menschen unbewusst zur Kontaktaufnahme eingesetzt wird und insbesondere als bewusste Technik dann hilfreich ist, wenn man Kontakt auch zu eigentlich unsympathischen Menschen aufnehmen will oder muss.

Guter Kontakt entsteht durch die in der Transaktionsanalyse so genannten parallelen Transaktionen

Rapport und Pacing Rapport und Pacing können den anderen dazu bringen, sich zu öffnen, zu entspannen und die Hitze des Gefechts wieder abzukühlen. Methoden für die Herstellung eines Kontakts liegen darin, den anderen in seiner Art und Weise zu spiegeln und so einen positiven „Draht" zu ihm aufzubauen, z.B. durch:

Methoden, einen „guten Draht" zu anderen aufzubauen
- **Blickkontakt herstellen:** Im Zuwenden des Blicks zeigt sich Aufmerksamkeit und Interesse. Menschen sind visuelle Wesen – wir empfangen durchschnittlich ca. 80 Prozent der Informationen, die wir verarbeiten, über die Augen. So ist der Pupillenreflex ein Indikator für Interesse (große Pupillen, man spricht auch von einem Aufblitzen der Augen) oder Desinteresse (kleine Pupillen). Ein guter Blickkontakt zeigt sich jedoch nicht in einem starren Fixieren. Wenn der Partner den Blickkontakt unterbricht, so kann dies Verlegenheit, Unwohlsein oder Nachdenklichkeit signalisieren. Blickkontakt im Tempo und in der Art des Anderen aufzunehmen, ist hier die Kunst des „Pacing".
- **Körperhaltung:** Hier geht es darum, ähnliche Körperhaltungen einzunehmen, indem man sich so hinsetzt oder -stellt, dass die eigene Körperposition in etwa ein Spiegelbild der Haltung des Anderen ist – ohne ihn jedoch nachzuäffen oder stupide zu kopieren.
- **Atem:** Wenn Sie im gleichen Atemrhythmus atmen oder beim Sprechen den Atemrhythmus des Anderen spiegeln, kann das sogar hypnotische Wirkungen haben.
- **Sprache:** Eine Anpassung im Sprachstil erfolgt über die Art und Weise der Wortwahl (ähnliche Wörter, Expertensprache, gleiche oder ähnliche Schlüssel- und Lieblingswörter und allgemeine Ausdrücke), des Repräsentationssystems (visuell, auditiv, kinästhetisch) und der Sprechweise (Tonlage, Lautstärke, Geschwindigkeit, Sprachrhythmus)
- **Mimik und Gestik:** Mimik (z.B. Lachen, Erstaunen, Bestürzung) kann direkt gespiegelt werden. Gesten und Körperbewegungen können auch angepasst werden, aber vorsichtig, nicht direkt, sondern zeitversetzt oder indirekt (z.B über Kreuz).
- **Inhaltliche Übereinstimmungen:** Man kann z.B. auf Hobbys, Überzeugungen, Werte, Fähigkeiten, ähnliche Zugehörigkeiten Bezug nehmen und solche Angebote aufgreifen.

3.2.2 Aktives Zuhören und Spiegeln

Das aktive Zuhören wurde von vielen Vertretern der nondirektiven Gesprächsmethoden (z.B. Gordon 1979, Thomann 2002) beschrieben. Auch als Technik des empathischen Zuhörens oder Spiegelns (siehe z.B. Besemer 1999) oder als Paraphrasieren bezeichnet, bedeutet es ein ein-

einfühlendes Zuhören fühlendes Zuhören, bei dem man zu verstehen versucht, was die andere Person fühlt und zum Ausdruck bringen möchte und dabei das Gesagte wiederholt.

Wie wenig wir im Alltag wirklich zuhören, hat der Kabarettist Wolfgang Neuss in seiner bekannten Geschichte von der inneren Führungskettenreaktion karikiert, in der ein mündlich weitergegebener Befehl sämtliche militärischen Ränge durchläuft und dabei bis zu Unkenntlichkeit entstellt wird.

Insbesondere in verfahrenen Situationen, in denen die Beteiligten immer und immer wieder ihre Argumente wiederholen, weil sie sich nicht verstanden fühlen oder wenn Vielredner kein Ende finden, ist das aktive Zuhören eine hervorragende Technik, um wieder auf eine gute Beziehungs- und Sachebene zurückzukehren. Sie setzt das Herstellen eines guten Kontakts (Kap. 3.2.1) voraus.

Normalerweise bringen wir in einem Gespräch unsere Meinungen und Erfahrungen ein. Beim aktiven Zuhören ist das anders: Man lässt den anderen reden und schweigt. Das hört sich zunächst eher passiv an, ist aber äußerst aktiv, weil man

Vorgehensweise des aktiven Zuhörens

- sich voll und ganz auf die Aussage des anderen konzentriert,
- spontane Reaktionen aktiv unterlässt,
- kontrolliert, ob man den Anderen richtig verstanden hat, indem man seine Aussage kurz und knapp zusammenfasst,
- insbesondere Schlüsselbegriffe wiederholt,
- auch die Gefühlsebene anspricht. Dabei ist es nicht so wichtig, den Gefühlszustand genau zu treffen, sondern ihn überhaupt auszudrücken. Ist der Kontakt gut, kann man auch die Gefühle übertreiben oder extrapolieren (neue Empfindungen feinfühlig vermuten).

Beim aktiven Zuhören stellt man sich immer wieder die Grundfrage:

WAS BEDEUTET DAS GESAGTE FÜR DEN SPRECHER SELBST?

Aktives Zuhören bedeutet nicht, die Meinung des Anderen zu teilen. Es signalisiert Interesse und Verständnis, nicht Einverständnis.

Aktives Zuhören ermutigt zum Mehr-Erzählen. Das Gespräch gewinnt an Tiefe und die berichtende Person wird ruhiger. Bei Vielrednern, die häufig deshalb nicht aufhören, weil sie sich nicht verstanden fühlen, kann man den Teufelskreis oft auch durch aktives Zuhören unterbrechen.

Aktives Zuhören signalisiert Interesse und Verständnis, nicht Einverständnis

Verboten beim aktiven Zuhören ist:

Verbote beim aktiven Zuhören

- **Sich selbst einzubringen:** Der aktive Zuhörer sagt nichts über sich selbst. Insbesondere das Wort „aber" zeigt an, dass jemand seine eigene Meinung einbringt. Es ist ein Spaltwort und signalisiert damit das Gegenteil von Einfühlung, z.B. *„Ich sehe das aber anders", „Aber so können Sie doch nicht argumentieren"*.
- **Konkrete Sachfragen zu stellen,** wie z.B. *„Wie ist denn das passiert?", „Wo war das?"*.
- **Werten, qualifizieren, kritisieren, moralisieren, generalisieren,** wie z.B. *„So ein Unsinn", „Da haben Sie was falsch gemacht", „Klasse"*.

- **Beruhigen, beschwichtigen, trösten, bagatellisieren,** wie z.B. „*Ist doch nicht so schlimm*", „*Wird schon wieder werden*", „*Es gibt Schlimmeres*".
- **Ratschläge erteilen, belehren, warnen, appellieren,** wie z.B. „*Da machen Sie am besten Folgendes ...*", „*Passen Sie auf ...*", „*Man müsste jetzt ...*".
- **Vordenken,** d.h. sich eine Antwort zurechtlegen, während der Andere spricht und das Gehörte in selbst Erlebtes pressen.

Echo-Antworten als abgeschwächte Form

Eine kleine abgeschwächte Form des „aktiven Zuhörens" sind die sog. Echo-Antworten (siehe z.B. Besemer 1999). Wenn Menschen im Gespräch sehr im Fluss sind und man sie nicht unterbrechen will, so wird ein Satz oder auch nur ein Wort des Sprechers wiederholt, um die Aufmerksamkeit unaufdringlich auf das zu richten, was einem noch unklar ist und wo ggf. eine Konkretisierung hilfreich ist.

A: „*Immer liefert mir Herr Meyer die Besprechungsunterlagen zu spät.*"
B: „*Immer ... ?*"
A: „*Ja neulich, als ich auf die Messe musste ...*"

Echo-Antworten erlauben es insofern, den Gang des Gesprächs feinfühlig zu lenken, ohne es zu unterbrechen.

Dem „aktiven Zuhören" eng verwandt ist das „Doppeln" (auch als Mediationsmethode, Kap. 2.2.2), das ein Mediator als „Übersetzungshilfe" zwischen den Parteien im Konfliktlösungsprozess einsetzen kann.

3.2.3 Ich-Botschaften und Feedback geben

Du-Botschaften werden vom anderen als Vorwurf, Angriff oder Beschuldigung wahrgenommen

Eine konfliktaufheizende, oft unbewusst und aus Gewohnheit angewandte Strategie in schwierigen Situationen sind die so genannten Du-Botschaften, die vom Anderen als Vorwurf, Angriff oder Beschuldigung wahrgenommen werden. Sie sind der Hauptbestandteil von Killerphrasen, die in Teil A (Kap. 1.1.6) als wesentliche Konfliktsymptome identifiziert wurden und deren Vermeidung auch in der Konfliktprävention eine große Rolle spielt (siehe „Dialogblockaden vermeiden", Teil B, Kap. 2.2.2). Auch Formulierungen wie „man" oder „wir" beziehen den Anderen ungefragt mit ein und verbrämen die eigenen Ansichten mit einem Schutzschild von Allgemeinheiten.

Um solchen negativen Phänomenen aktiv entgegenzutreten, ist es günstig, Ich-Botschaften einzusetzen. Ich-Botschaften sind Meinungs- oder Gefühlsäußerungen in einer angriffsfreien offenen Form, die in der Konfliktlösung als „ungeschützte" Formulierung hilfreicher sind.

Als die berühmte Kommunikationsexpertin Virginia Satir einmal gefragt wurde, was sie für den allerbesten Kommunikationstrick halte, antwortete sie mit folgendem Satz:

SAGE, WAS IST!

Das hört sich einfacher an als es ist – doch die Technik der Ich-Botschaften hilft dabei. Eine Ich-Botschaft besteht aus einem Tatsachenteil (Information) und einem Gefühlsteil (Emotion). Erst dann schließt sich der Wunsch oder die Bitte an, mit der wir sonst oft als Vorwurf oder Forderung ins Haus fallen.

Statt sein Anliegen in die Du-Botschaft „Unterbrechen Sie mich doch nicht ständig!" zu kleiden, würde die entsprechende konfliktvermeidende Ich-Botschaft in Kurzform lauten: „Im letzten Meeting haben Sie mich dreimal unterbrochen. Ich fühle mich unsicher, weil ich dann den Faden verliere. Könnten Sie mich bitte ausreden lassen?"

Die Form der Ich-Botschaft hat sich auch für das Geben von Feedback bewährt. Feedback dient dazu, dem Anderen eine Information darüber zu geben, wie sein Verhalten wirkt und ankommt. Feedback hat zum Ziel, die Beziehung zu klären und eine sachliche Problemlösung zu fördern. Bevor Sie ein Feedback geben, ist es wichtig, vorher die Bereitschaft des Gegenübers zu erfragen und sicherzustellen, dass der andere das Feedback hören möchte. Insbesondere wenn es sich um ein Feedback über kritische Dinge handelt, gibt der Feedbackgeber dem -nehmer fairerweise die Gelegenheit, sich vorbereiten und die eigene Einstellung zu überprüfen. Dann erfolgt das Feedback wie in Abb. 9 dargestellt.

Feedback in Form von Ich-Botschaften

Außerdem hat Feedback in der Regel das Ziel, einen Dialog (Teil B, Kap. 2.2.2) einzuleiten. Deshalb ist die abschließende Kontrollfrage *„Wie sehen Sie das?"* eine gute Einleitung in ein Gespräch.

Feedback hat immer die Gefahr als „Fiesback" anzukommen. Gehen Sie davon aus, dass Menschen so oft die Erfahrung von Bestrafung und Kritik gemacht haben, dass sie dazu neigen, auch bei einem aufrichtigen Feedback ihren Bezugsrahmen infrage gestellt zu erleben. Prüfen Sie deshalb vor jedem Feedback Ihre Haltung. Wenn Sie eigentlich lieber Ihren „Frust ablassen", jemandem „den Kopf waschen", „endlich mal etwas loswerden" wollen oder „vor Wut platzen" könnten, sind erst einmal Methoden der Entspannung (Teil B, Kap. 1.4.4) oder des Wutmanagements (Teil C, Kap. 3.1.1) angebracht.

1.	**Wahrnehmung: Zahlen-Daten-Fakten (ZDF)**
↓	*Ich nehme wahr, höre, bekomme mit ...*
2.	**Gefühl und/oder Wirkung:**
↓	*Ich erlebe, empfinde, denke mir, ziehe die Schlussfolgerung ...*
3.	**Wunsch/Bitte:**
	Ich wünsche mir, würde empfehlen ...

Abb. 9: Feedback als Ich-Botschaft

Damit ein Feedback beim Empfänger als konstruktiv erlebt wird und eine Chance hat, anzukommen, muss es „undramatisch" sein. Dazu sind folgende Regeln hilfreich:

Regeln für ein konstruktives Feedback

- Maximal 2-3 Sätze
- kurz und knackig
- einfach und klar (für einen Achtjährigen verständlich)
- zeitnah
- nicht abwertend oder beleidigend

3.2.4 Fragen stellen

Fragen sind das zentrale Steuerungsinstrument

Um Informationen auf der Sach- und der Beziehungsebene zu erhalten und Konfliktgespräche, Moderationen, Mediationen, aber auch Schlichtungsverfahren oder Gerichtsurteile zu lenken, sind Fragen das zentrale Steuerungsinstrument.

WER FRAGT, DER FÜHRT.

Im Folgenden stelle ich Grundformen für Fragen vor: Typen von offenen und geschlossenen Fragen und verschiedene Fragestrategien.

Geschlossene Fragen

das Gespräch auf einen ganz bestimmten Inhalt hinlenken oder abschließen

Geschlossene Fragen enthalten den Inhalt der Antwort in der Frage. Als Antwort wird eine Bestätigung, Verneinung oder Auswahl aus den vorgegebenen Inhalten erwartet. Geschlossene Fragen bringen also nicht viele Informationen ins Gespräch. Sie können eingesetzt werden, wenn man das Gespräch auf einen ganz bestimmten Inhalt lenken oder abschließen will. Geschlossene Fragen sind:

- **Entscheidungsfragen:** Die mögliche Antwort lautet „Ja" oder „Nein". Beispiel: *„Möchten Sie auch bei dem Projekt mitmachen?"*
- **Alternativfragen:** Es wird eine Auswahl zwischen zwei oder mehr Alternativen angeboten. Beispiel: *„Fahren Sie morgen nach Köln oder nach Münster?"*
- **Suggestivfragen:** Der Frager erwartet eine Zustimmung zu seiner Meinung. Beispiel: *„Sie sind doch sicher auch der Meinung, dass man das so anpacken sollte?"*
- **Kontrollfragen:** Das Verständnis oder Einverständnis des Anderen wird überprüft. Beispiel: *„Sind wir uns einig, dass wir so und so vorgehen?"*
- **Sokratische Fragen:** Sokrates bezweifelte einen Inhalt oft nicht durch direkten Widerspruch, sondern durch die Frage nach der Richtigkeit. Er vermied damit eine direkte Konfrontation, sondern lenkte seinen Gesprächspartner vorsichtig durch eine Frage in die intendierte Richtung. Beispiel: *„Ist es wirklich richtig, so und so vorzugehen?"*
- **Weiterführende Fragen:** Es wird überprüft, ob sich ein Dissens auf eine bestimmte Sache bezieht. Beispiel: *„Wenn wir diesen Punkt klären können, sind Sie dann einverstanden?"*
- **Provokative Fragen:** Die provokative Frage fordert den anderen heraus. Beispiel: *„Trauen Sie sich wirklich zu, das Projekt zu realisieren?"*

Offene Fragen

Offene Fragen bringen neue Inhalte ins Gespräch. Man nennt sie auch W-Fragen, da sie in der Regel mit einem Fragewort beginnen: Wer, was, wann, wo, wie, warum, womit, wie viel, woher etc. Offene Fragen bringen neue Aspekte ins Spiel und können als Steuerungsinstrument genutzt werden.

Offene Fragen bringen neue Inhalte ins Gespräch und können als Steuerungsinstrument genutzt werden

- **Sachfragen:** Es geht darum, auf einer Sachebene neue Inhalte ins Gespräch zu bringen. Beispiel: *„Was meinen Sie dazu?"*
- **Steuerungsfragen:** Wenn Sie eine Frage nach einem anderen Zusammenhang stellen, können Sie das Gespräch in eine andere Richtung lenken. Beispiel: *„Wie haben die Kollegen das eigentlich damals gelöst?"*
- **Projektive Fragen:** Die Antwort wird auf eine dritte Person verlagert. Manchmal verraten Menschen ihre Meinung unterschwellig, wenn sie diese in einem Dritten spiegeln. Beispiel: *„Was würde Herr oder Frau XY dazu sagen?"*
- **Gegenfragen:** Die Gegenfrage vertauscht die Rollen und irritiert den Anderen. Beispiel: *„Warum fragen Sie das? Wie meinen Sie diese Frage?"*
- **Unterstellende Fragen:** Der Frager setzt einen Sachverhalt voraus. Beispiel: *„Welche Schwierigkeiten haben Sie?"*
- **Wertfragen:** Wenn Sie nicht nur Sachinformationen bekommen, sondern auch wissen wollen, wie ein Partner die Sache einschätzt, können Sie in bestimmte Richtungen nach seiner Meinung fragen:
  - Prioritäten: *„Was halten Sie für besonders wichtig?"*
  - Analogien: *„Wie sind ähnliche Fälle gelöst worden?"*
  - Gründe: *„Warum, glauben Sie, ist das so?"*
  - Ergänzungen: *„Was spielt Ihrer Meinung nach außerdem noch eine Rolle?"*
  - Probleme: *„Wo könnten in dem Projekt Probleme auftreten?"*
  - Vorschläge: *„Was sind Ihre Ideen? Was schlagen Sie vor?"*

Fragestrategien

Fragen können sowohl zur Steigerung von Kooperation und Konsensfindung eingesetzt werden als auch zu Suggestion und Manipulation. Weitere Fragearten finden sich in dem Kapitel über systemische Interventionen (Kap. 3.4.2).

- **Kettenfragen:** Der Frager stellt mehrere Fragen hintereinander. Beispiel: *„Wie sehen Sie das?" „Was schlagen Sie vor?" „Wie soll das verwirklicht werden?"* Neben dem Vorteil, dass eine klare Antwortstruktur vorgegeben wird, bringt diese Strategie die Gefahr mit sich, dass der Partner von den vielen Fragen verwirrt und erschlagen wird.

klare Antwortstruktur

- **Balkonfragen:** Zunächst wird ein Sachverhalt festgestellt. Dann wird – wie ein Balkon an ein Haus – die Frage angeschlossen. Beispiel: *„Die Umsätze sind letztes Jahr gesunken. Was sollten wir Ihrer Meinung nach tun?"* Hier besteht die Gefahr, dass die Frage bei entsprechender Einfärbung wie eine Suggestivfrage wirken kann.

- **Trichterfragen:** Der Antwortspielraum ist zu Beginn weit und wird dann immer enger. Zu Beginn wird ziemlich weit gefragt. Der Antwortende soll viel erzählen. Beispiel: *„Was wissen Sie darüber?" „Was halten Sie davon?"* Danach fragt man erst gezielt nach Ergänzungen, füllt Lücken durch Nachfragen, fragt auch gelegentlich Bestätigungen oder Verneinungen ab. Diese Strategie hat den Vorteil, dass man eine umfassende Information und Meinungsdarstellung erhält. Diese Strategie eignet sich zur Konsensfindung in Gruppendiskussionen. Wichtig ist hier, ausreichend Zeit einzuplanen.

umfassende Information und Meinungsdarstellung

3.2.5 Metakommunikation

Angesichts im Kreis verlaufender oder auf der Stelle tretender Kommunikation, in Sackgassen oder verfahrenen Konflikten oder wenn Sie schon einige andere Methoden erfolglos probiert haben, können Sie zu einer Methode greifen, die die Art und Weise, wie man miteinander umgeht zum Gesprächsthema macht (Abb. 10). Das kann zu Aha-Effekten führen und zu einem neuen Verständnis für den Anderen. Metakommunikation ist ein hervorragendes Instrument sowohl für die Konfliktprävention, bei der wie in der vorbeugenden Wartung eines Autos präventiv die Beziehung überprüft wird (vgl. Teil B, Kap. 3.2.2), als auch zum Ausstieg aus verfahrenen Situationen, in denen sich das Gespräch im Kreis dreht und der Konflikt verhärtet ist.

Abstand wahren und eine wirklich unabhängige Vogelperspektive einnehmen

Voraussetzung dafür ist, dass Sie selbst in der Lage sind, Abstand zu wahren und eine wirklich unabhängige Vogelperspektive einzunehmen. Wenn das nicht funktioniert, setzt sich der Streit schnell im Gespräch über das Gespräch/den Konflikt fort. Ein Seminarteilnehmer veranschaulichte diese Problematik einmal humorvoll, indem er in einem Rollenspiel auf die Bitte *„Lass uns auf die Metaebene gehen"* entgegnete: *„Auf deine oder auf meine?"*.

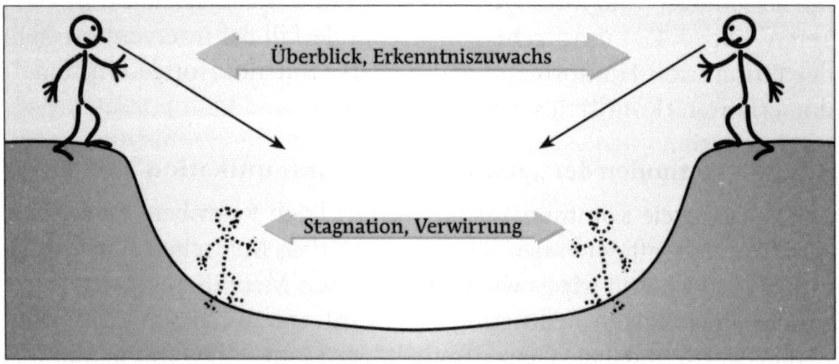

Abb. 10: Metakommunikation

Bevor Sie also auf die Metaebene gehen, legen Sie am besten eine kleine innere oder äußere Pause ein und stellen Sie sich selbst folgende Fragen:

- „Wie habe ich mich während des Gesprächs gefühlt?"
- „Was waren Auslöser für diese Gefühle?"
- „War ich mir darüber im Klaren, welche Botschaft ich übermitteln wollte?"
- „Habe ich sie vermitteln können?"
- „Was hat mich daran gehindert?"
- „Was würde ich jetzt, nach dem Gespräch, gerne noch sagen?"
- „Wie würde wohl mein Partner die Fragen beantworten?"

Fragen vor dem Beschreiten der Metaebene

Erst dann können Sie die Metakommunikation einleiten, indem Sie z.B. sagen:

Einleitung der Metakommunikation

- „Ich habe den Eindruck, dass wir uns im Kreis drehen (so nicht weiterkommen)... Lassen Sie uns doch einmal gemeinsam überlegen, wie wir da wieder herauskommen."
- „Wenn ich da jetzt einen Schritt zurückgehe, sehe ich dass ..."
- „Ich würde das Problem gerne gemeinsam mit Ihnen lösen - könnten wir da mal einen Break machen und neu beginnen?"

Zum Schluss noch eine Warnung: Setzen Sie die Metakommunikation nicht ständig ein. Sie kann dann als Manipulation oder Ausweichen verstanden werden.

3.3 Weiterführende Interventionen

Im Folgenden führe ich einige Interventionsmethoden an, die aus komplexen Modellen resultieren und auf den vorherigen Methoden aufbauen: Die „gewaltfreie Kommunikation" ist ein Modell von Rosenberg (2003), das viele der zuvor genannten Einzelmaßnahmen fokussiert, integriert und weiterentwickelt. Neben der aktiven eigenen Konfliktbearbeitung geht es in Konflikten darüber hinaus oft darum, sich vor Angriffen zu schützen und mit psychologischen und Machtspielen (vgl. auch Teil A, Kap. 2.4.3) umzugehen. Einen Sonderfall der Intervention stellt der Einsatz von Humormethoden dar, der nur für „fortgeschrittene", d.h. erfahrene Konfliktlöser zu empfehlen ist.

3.3.1 Methoden der „gewaltfreien Kommunikation"

Die „gewaltfreie Kommunikation" (GFK) nach Rosenberg (2003) beschäftigt sich mit der Frage, wie es kommt, dass Menschen sich gewalttätig verhalten und wie es wiederum anderen Menschen gelingt, selbst unter schwierigsten Bedingungen einfühlsam zu bleiben. Rosenberg (2003) versteht dabei „Gewaltfreiheit" im Sinne von Gandhi, nämlich als unser „*einfühlsames Wesen, das sich wieder entfaltet, wenn die Gewalt in unserem Herzen nachlässt*" (Rosenberg 2003[4], S. 18).

Warum reagieren einige Menschen gewaltsam, während es anderen gelingt einfühlsam zu bleiben?

Übung: Denken Sie an etwas mit dem Sie in den letzten 24 Stunden dazu beigetragen haben, dass es anderen Menschen besser geht ... Lassen Sie sich einen Moment Zeit dabei ... Wenn Sie es gefunden haben – wie haben Sie sich dabei gefühlt?

Rosenberg (2003) hat diese Übung weltweit durchgeführt und dabei festgestellt, dass fast alle Menschen bei der Beantwortung dieser Frage lächeln und die damit einhergehenden Vorstellungen ganz offensichtlich genießen.

Von Natur aus tragen Menschen gerne zu ihrem Wohlergehen und dem anderer bei

Der Ansatz der GFK ist eine ganzheitliche Methode, die sich darauf gründet, dass es Bestandteil unserer menschlichen Natur ist, gerne zu unserem Wohlergehen und dem anderer beizutragen und wir uns wieder auf diese menschlichen Fähigkeiten zurückbesinnen müssen. Sie ist von der Technik her sehr einfach, doch die Durchführung erfordert viel Übung. Rosenberg (2003), der auch in Gebieten arbeitet, in denen Krieg und Gewalt vorherrschen, wie Ruanda, Israel und Sri Lanka, führt Gewalttätigkeit darauf zurück, dass wir seit über 8000 Jahren im Mythos der Schlechtigkeit der Menschheit und in einer Sprache von Dehumanisierung und moralischen Urteilens erzogen wurden.

Zielsetzung der GFK ist es, statt zu analysieren zu diagnostizieren, zu kategorisieren und zu beurteilen, unser Einfühlungsvermögen wieder zu entdecken. Im Zusammenspiel von Gedanken, Sprache und Kommunikation richten wir uns dabei auf die Klärung von Beobachtung, Gefühl und Bedürfnissen.

WORTE KÖNNEN FENSTER SEIN – ODER MAUERN.

Die GFK richtet ihren Aufmerksamkeitsfokus auf zwei Fragen:
- Was ist lebendig in uns (dir und mir)?
- Was können wir tun, um unser Leben zu bereichern?

Übung: *Denken Sie an eine reale Situation, in der sich jemand in einer Art und Weise verhalten hat, die Ihnen nicht gefällt.*
1. Was konkret hat er/sie getan, das Sie stört?
2. Wie fühlen Sie sich? Was ist lebendig in Ihnen?
3. Welches Bedürfnis haben Sie in dieser Situation?
4. Welchen Wunsch, welche Bitte haben Sie an den Anderen?

Die Methodik der GFK besteht aus vier Stufen

Die GFK umfasst und erweitert die bisher in diesem Kapitel angeführten Methoden des Emotionsmanagements und der Kommunikation und integriert sie in ein Modell. Die Methodik der GFK besteht aus vier Stufen:

Verhalten möglichst klar und konkret beschreiben

1. **Beobachtungen und Bewertungen trennen:** Zuschreibungen und Werturteile führen meistens nicht dazu, dass wir erhalten, was wir brauchen, sondern enden in Self-fullfilling-prophecies. Die Kunst besteht darin, möglichst konkret und klar Verhalten zu beschreiben.

2. **Gefühle ausdrücken:** Hierzu ist es nötig, sich selbst überhaupt erst einmal bewusst zu machen, "was in uns lebendig" ist (*"what´s alive in*

us" – heißt es im amerikanischen Original) und ein Vokabular für diese Gefühle zu finden. Wenn wir unsere Gefühle nennen, ist es wichtig, diese nicht auf das Tun des Anderen zurückzuführen. Die Handlungen anderer können immer nur ein Auslöser für unsere Gefühle sein, die Ursache dafür sind unsere Bedürfnisse. Eigentlich wissen das schon Kinder – Rosenberg nennt hierfür den schönen amerikanischen Kinderreim *„Sticks and stones can break my bones, but names can never hurt me"* (Stöcke und Steine können mir die Beine brechen, aber Namen/Beschimpfungen können mich nicht verletzen) als Beispiel.

ein Vokabular für unsere Gefühle

WIR FÜHLEN ETWAS, WEIL WIR ETWAS BRAUCHEN, NICHT WEIL DER ANDERE ETWAS TUT.

3. **Bedürfnisse nennen:** Zu sagen, was wir brauchen, kostet nicht nur Überwindung, sondern setzt auch eine Innensicht und eine Bewusstheit über eigene Bedürfnisse voraus. Die eigentliche Verbindung zum Anderen wird hierdurch hergestellt, denn menschliche Bedürfnisse ähneln sich überall auf der Welt und sind für das Gegenüber verstehbar. Viele Menschen können keine Bedürfnisse äußern, weil sie erzogen wurden, diese mit Bedürftigkeit und Schwäche zu verwechseln (vgl. auch das „Lebensskript" in Teil B, Kap. 1.1 und das Trennen von Positionen und Interessen/Bedürfnissen bei Verhandlungen in Kap. 2.1.2).

Menschliche Bedürfnisse ähneln sich überall auf der Welt und sind für das Gegenüber verstehbar

VORWÜRFE UND URTEILE SIND UNGESCHICKTE BEDÜRFNISÄUSSERUNGEN.

4. **Bitten äußern:** Wenn wir uns etwas von einer anderen Person wünschen, so ist es wichtig, zwei Fragen im Auge zu behalten:
   - Was wollen wir, was die andere Person tut? Eine Bitte muss konkret, positiv und handlungsorientiert sein. Sie darf keine negativen oder „Abstellen"-Formulierungen enthalten.
   - Was wollen wir, das die Gründe der anderen Person sind, uns diese Bitte zu erfüllen? Wann immer andere Personen Dinge aus Pflichtgefühl, Scham, Schuld oder Angst für uns tun, müssen wir irgendwann einmal dafür zahlen. Bitten unterscheiden sich von Forderungen durch die Behandlung, die wir dem Gegenüber zukommen lassen, wenn dieser unsere Bitte nicht erfüllt.

Eine Bitte muss konkret, positiv und handlungsorientiert sein

Eine Laborantin sagt zu ihrer Kollegin: „Ich habe gesehen, dass in der letzten Woche zwei mal nach 17.00 Uhr, als du schon nach Hause gegangen bist, der Versuch, den du gefahren hast, noch nicht beendet war. Ich war noch da und habe mich erschrocken, weil ich Angst hatte, dass etwas passieren könnte. Ich brauche Gewissheit und Sicherheit, bevor ich die Firma verlasse. Könntest du mich bitte vorher informieren, ob du mich bei solchen Gelegenheiten brauchst?"

Jedoch dient die GFK nicht nur dazu, die eigenen Wahrnehmungen, Gefühle, Bedürfnisse und Wünsche auszudrücken, sondern auch dazu, sich besser in die andere Person hineinzuversetzen. Hier geht es dann darum,

sich in die andere Person hineinversetzen

diese Ebenen beim Anderen einfühlsam und mit Fingerspitzengefühl zu erfragen. Wie dieses Vorgehen auch in sehr konfliktären und gewalttätigen Situationen eingesetzt werden kann, veranschaulicht Rosenberg (2003, S. 26 f.) sehr beeindruckend an einem Beispiel:

Als amerikanischer Jude präsentierte Rosenberg die GFK in Bethlehem vor einer großen Gruppe von palästinensischen, männlichen Moslems und wurde zu Beginn mit Schimpfwörtern wie „Mörder" und „Attentäter" angegriffen. Nachdem Rosenberg ihm über zwanzig Minuten lang einfühlsam zugehört hatte, lud ihn der gleiche Mann, der ihn zuvor als Mörder bezeichnet hatte, zu einem Ramadan-Essen nach Hause ein.

Einen Überblick über das Vorgehen der GFK sowohl als „Sender" als auch als „Empfänger" von Botschaften gibt Checkliste 12.

Eine Spezialform der GFK ist es, Ärger vollständig auszudrücken. Nach Rosenberg (2003) ist es dabei zentral, wirklich allem Ärger auf die Spur zu kommen. Auch hier können äußere Begebenheiten nur Auslöser sein, nicht aber die Ursache für individuellen Ärger.

Ärger vollständig ausdrücken

Mit dem Ziel, wieder eine tragfähige Beziehung herzustellen und das anstehende Problem zu lösen, können Sie Ihren Ärger vollständig in vier bis fünf Schritten ausdrücken:

1. **Stopp:** Halten Sie beim kleinsten Anzeichen von Ärger inne und tun Sie nichts außer atmen. Lassen Sie die Stille zu.
2. **Glaubenssätze erkennen:** Welche Glaubenssätze über den Anderen und darüber, „wie es sein müsste", können Sie identifizieren? Welche Ihrer Vorannahmen, Gedanken und Urteile führen zu dem Ärger?

Erkennen Sie Ihre eigenen Bedürfnisse und haben Sie Mitgefühl mit sich selbst

3. **Bedürfnisse wahrnehmen:** Erkennen Sie Ihre eigenen Bedürfnisse und haben Sie Mitgefühl mit sich selbst. Was sind Ihre tieferen Bedürfnisse? Lassen Sie Verletzungen, Ängste, Schmerz und Wut in sich selbst zu. Je verletzter Sie sind, desto stärker ist wahrscheinlich Ihr Ärger. Lassen Sie die gewalttätigen Gedanken in Ihrem Kopf sich vollständig austoben, ohne dabei gleichzeitig ein Urteil über den Anderen zu fällen.

Eventuell ist es notwendig, an dieser Stelle einen Zwischenschritt einzulegen, nämlich Empathie für den Anderen, der oft erst selbst gehört werden muss, bevor er zuhören kann. Der Andere kann Ihren Schmerz erst wirklich hören, wenn er nicht glaubt, er hätte einen Fehler gemacht.

JE MEHR SIE IHREM KONFLIKTPARTNER WIRKLICH ZUHÖREN, DESTO EHER WIRD ER SIE HÖREN.

Wandeln Sie Ihren Ärger in unerfüllte Bedürfnisse und dazugehörige Gefühle um

4. **Gefühle und Bedürfnisse aussprechen:** Wandeln Sie Ihren Ärger in unerfüllte Bedürfnisse und dazugehörige Gefühle um. Senden Sie Ich-Botschaften und vermeiden Sie Vorwürfe.

Checkliste 12: Die Stufen der „gewaltfreien Kommunikation"		
Sender: sich ehrlich ausdrücken		**Empfänger: emphatisch zuhören**
	Beobachtungen	
Konkrete beobachtbare Handlungen mitteilen: „Wenn ich sehe, höre, mich erinnere, mir vorstelle ..."	↓	Konkrete Handlungen ansprechen, die der Andere wahrnimmt: „Als du gesehen, gehört hast ..."
	Gefühle	
So fühle ich mich in Verbindung mit diesen Handlungen: „ ... fühle ich mich ..."	↓	So vermute ich, fühlst du dich in Verbindung mit diesen Handlungen: „ ... da hast du dich ... gefühlt?"
	Bedürfnisse	
Darunter liegende Bedürfnisse, Werte und Erwartungen, durch die meine Gefühle erzeugt werden: „Weil ich ... brauche, gerne hätte, möchte, mir wünsche/wichtig ist ..."	↓	Bedürfnisse, Werte und Erwartungen, die ich dahinter vermute: „Weil du ... brauchst, dir wünschst, dir am Herzen liegt ..."
	Bitten	
Klare Bitten um das, was mein Leben bereichert, ohne Forderungen. Konkrete Handlungen, die ich gerne hätte: „ ... und würdest du bitte ... ?"	↓	Emphatisch heraushören, was dein Leben bereichern würde, ohne selbst eine Forderung zu hören. Konkrete Handlungen, die ich heraushöre: „ ... und hättest du gerne, dass ich ...?"

Weitere Methoden bietet die GFK z.B. darin, Wertschätzung und Anerkennung als Dank und nicht als Bewertung auszudrücken (Rosenberg 2003 S. 177 f.) oder einzelne Bausteine zu üben (Holler 2003).

Wertschätzung und Anerkennung als Dank und nicht als Bewertung ausdrücken

3.3.2 „Psychospiele" und unfaire Vorgehensweisen abwehren

Psychologische Spiele sind wiederkehrende ungute Kommunikationsmuster, die unbewusst und ungewollt ablaufen, mit der Ausblendung vorhandener Möglichkeiten beginnen und mit unguten Gefühlen enden. Machtspiele sind ähnlich strukturierte, jedoch mehr oder weniger bewusste Kommunikationsmuster, in denen eine Person Tricks und Manöver verwendet, um das Verhalten einer anderen Person den eigenen Zwecken entsprechend zu kontrollieren, statt direkt danach zu fragen. Solche Manöver und Tricks werden auch als unfaire Dialektik bezeichnet. Grundlage für ihre Vermeidung und Lösung ist zunächst die Analyse solcher Muster (siehe Teil A, Kap. 2.4.3). Hier geht es um allgemeine Möglichkeiten, aus psychologischen Spielen und Machtspielen auszusteigen. Den Abschluss bilden Empfehlungen für die Behandlung bei konkreten unfairen Taktiken.

wiederkehrende ungute Kommunikationsmuster

Möglichkeiten, aus psychologischen Spielen und Machtspielen auszusteigen

Die Drei-Schritt-Strategie zur Abwehr psychologischer und Machtspiele besteht in Erkennen – Konfrontieren – Aussteigen:

1. Erkennen: Wehret den Anfängen!

subtile und offene Signale für Macht, Ohnmacht und Machtmissbrauch erkennen

Im ersten Schritt geht es darum, subtile und offene Signale für Macht, Ohnmacht und Machtmissbrauch zu erkennen. Hilfreich sind hierzu auch die Erläuterungen von Johnstone (1995) über „Hochstatus und Tiefstatus". Johnstone beschreibt insbesondere die nonverbalen Signale für Hochstatus/die Mächtigen und Tiefstatus/die Ohnmächtigen.

Als Hilfestellung kann hier die Beschreibung des Ablaufs psychologischer und Machtspiele (Teil A, Kap. 2.4.3) dienen – insbesondere ist hilfreich:

- **Von Beginn an auf die Ausblendung und die Abwertung von Möglichkeiten achten.**
  In einem Konflikttraining berichtete eine Teilnehmerin von einem Fall, in dem sie als Kollegin von der Vertrauensfrau gemeinsam mit anderen Kolleginnen zu einem Gespräch eingeladen wurde, in dem in Abwesenheit einer Kollegin über das Vorgehen gegen diese Kollegin gesprochen wurde. Die Falle lag für die Teilnehmerin darin, aus Verständnis für die anderen Kolleginnen, überhaupt an diesem Gespräch teilzunehmen. Der erste Mobbing-Schritt, Ausübung von Macht gegen Schwächere, war damit getan. Der erste Schritt zur Deeskalation des Mobbings wäre dagegen ein „Stopp" gewesen, ein Nicht-Mitspielen.
- **Auf die verdeckte Ebene achten,** nämlich auf geheime Botschaften über eigentliche Ziele und Bedürfnisse: Was will ich vom Gesprächspartner – was er von mir?
- **Psychologische Rollen im Dramadreieck identifizieren:** Opfer, Retter, Verfolger (Teil B, Kap. 1.3.5).
- **Gefühle bei sich und beim Anderen wahrnehmen und Intuition ernst nehmen.**
  Übung zur Schulung der Intuition: Erinnern Sie sich daran, wann Sie in den letzten Monaten eine intuitive Eingebung gehabt oder eine erfolgreiche intuitive Entscheidung getroffen haben. Wie hat sich die Intuition geäußert (Bauchgefühl, Kribbeln, innere Stimme, Geistesblitz ...)? Mit welchen Gefühlen hat sich die Intuition angekündigt (z.B. Aufregung als Startsignal oder Verspannung als Warnsignal)? Wenn Sie eine Zeitlang diese intuitiven Momente sammeln, können Sie möglicherweise Muster erkennen.
- **Zu Beginn vor allem zuhören, reden lassen, nachfragen**

2. Konfrontieren: Den Schlag abwehren!

Neutralisierung von Machtspielen und Umwandlung in ein kooperatives Miteinander

Bei der Neutralisierung von Machtspielen und deren Umwandlung in ein kooperatives Miteinander kommt es hauptsächlich auf die eigene Einstellung und Wahrnehmung an. Indem wir dem Anderen keine Kooperationsfähigkeit zutrauen, konstruieren wir eine Wirklichkeit, die allzu leicht zur selbsterfüllenden Prophezeiung wird. Um wirkliche Kooperation zu schaffen, hilft der Glaube, dass in allen Beteiligten der Keim zur Kooperation steckt und dass es darum geht, geeignete Bedingungen zu schaffen, unter denen er wachsen kann. Oft genügt es nachzufragen, bestehende Machtverhältnisse aufzuklären und offen zu legen. Wichtig ist, dass hier die gleiche Energie eingesetzt wird, die auch der Machtspieler benutzt. So empfiehlt Steiner (1987, S. 101): *„Eine Antithese muss wie eine Mauer funktionieren, die die Energie des power play abfängt ohne einzustürzen … eine Kraft zweiter Art … : Ungehorsam, Freundlichkeit, emotionale Reife und Stärke, Hier-und-Jetzt-Sein, Erklären und Verstehen (communication), freundlich-bestimmtes Abklären der Lage (loving confrontation), Transzendenz, Klugheit und Kooperation."*

positive Annahme, dass in allen Beteiligten der Keim zur Kooperation steckt

Generell kommen hier je nach Situation die bisher angeführten Interventionen zum Tragen, hier die wesentlichen zusammengefasst:

die wesentlichsten Interventionen

- Ich-Botschaften senden
- Verträge und Vereinbarungen schließen, Verdecktes explizit machen
- Gemeinsame Ziele erarbeiten und im Auge behalten
- Beobachtungen und Bewertungen trennen
- Feedback geben
- Sich in die andere Person hineinversetzen, einfühlen
- Bedürfnisse des Anderen ernst nehmen und ansprechen
- Sich der eigenen Gefühle und Ich-Zustände bewusst werden
- Bedürfnisse und Wünsche äußern, auch Gefühle aussprechen
- Das negative Ende vorwegnehmen

3. Aussteigen: Kreative Lösungen finden!

Im dritten Schritt geht es darum, kreative Lösungen zu finden. Sehr schön ist diese Option bei Steiner (1987, S. 104) beschrieben: *„Wann immer du nur zwischen Schwarz und Weiß wählen kannst, nimm keines von beiden. Entspanne dich. Geh' ein paar Schritte zurück und schaue dir die Sache nochmals an. Lass dich vom Glauben leiten, dass der Mensch von Natur aus kooperativ ist. Nimm das Problem, wie es ist, und nicht, wie ein anderer es dir vor die Nase hält. Stelle Fragen. Taste die ganze Geschichte noch mal mit den eigenen Händen ab, und verlasse dich nicht auf die Vorstellungen, die du davon hast. Eine kreative Lösung ergibt sich nur, wenn wir ganz viele Möglichkeiten durchspielen."*

Häufig ist es wichtig, die hinter der unangenehmen Kommunikation liegenden Bedürfnisse zu erkennen und ihnen adäquat zu begegnen (vgl. „gewaltfreie Kommunikation", Kap. 3.3.1).

die hinter der unangenehmen Kommunikation liegenden Bedürfnisse erkennen und ihnen adäquat begegnen

Zwei Projektmitarbeiter verweigern ihrem Projektleiter die weitere Mitarbeit, wenn ihr Linienchef auch in dem Projekt bleibt. Der Projektleiter, der sich auf sie angewiesen fühlt, gerät so unter Druck. Dieses Ohnmachtspiel kann erst neutralisiert werden, als der Projektleiter die hinter der Verweigerung seiner Projektmitarbeiter liegenden Ängste erkennt, behutsam anspricht und so neues Vertrauen aufbaut.

kreative Strategien zur Verringerung von psychologischen und Machtspielen

Weitere kreative Strategien zur Verringerung von psychologischen und Machtspielen sind je nach Situation beispielsweise:
- Strategie bewusst wechseln
- Verlangsamen und Distanz einnehmen: „*Was machen wir hier eigentlich?*"
- Lösungsverantwortung bewusst machen und zwischen den Beteiligten aufteilen
- Unabhängig von einzelnen ungünstigen Kommunikationssituationen Anerkennung und Wertschätzung geben und Grundbedürfnisse nach Struktur, Stimulation, Anerkennung anders befriedigen
- Ab- oder Unterbrechen, eine Pause einlegen, einen Spaziergang machen
- Eigene Fehler erkennen und zugeben
- Paradox intervenieren (z.B. übertreiben, bewusst mitspielen)

Konkrete Beschreibungen unfairer Verhaltensweisen in konfliktären Situationen und in Verhandlungen finden sich z.B. in Ruede-Wissmann (1996) oder von Hertel (2003). Wenn Haie (Lynch u. Kordis 1998), die ihr Gegenüber nicht als Partner, sondern als Feind sehen, mit schmutzigen Tricks arbeiten, ist es gut, Abwehrstrategien zu kennen. Die häufigsten unfairen Strategien und ihre Antithese habe ich in Checkliste 13 aufgeführt.

Checkliste 13: Unfaire Verhaltensweisen und wie man sich dagegen wehrt	
Unfaire Verhaltensweise	**Antithese**
Provokation	• Machen Sie sich Ihre Verführbarkeit bewusst: Welche Provokation wäre bei Ihnen erfolgreich? • Legen Sie eine Pause ein, bevor Sie reagieren. • Bleiben Sie gelassen.
Übertriebene Forderungen und Basargefeilsche	• Erkennen und entlarven Sie die Taktik des „200 Prozent Verlangens und 20 Prozent Wollens". • Konkretisieren Sie sachliche realistische Ziele und führen Sie wieder auf die Ziele zurück. • Entlarven Sie Phantasiezahlen und -forderungen. • Achten Sie auf eine Balance von Leistung und Gegenleistung.
Verunsicherungsmanöver, Drohungen	• Sind und bleiben Sie selbstbewusst, freundlich, aber bestimmt. • Lassen Sie sich nicht beeindrucken oder aus der Ruhe bringen. • Stellen Sie kurze, knappe, konkrete Sachfragen. • Trainieren Sie Ihre Schlagfertigkeit.
Schweigen	• Bieten Sie Resonanz, fühlen Sie sich ein. • Halten Sie Blickkontakt, lächeln Sie (nicht grinsen!) und warten Sie ab: Mehr als eine Minute schafft es kaum jemand zu schweigen.

Scheinzustim-mungsmanöver (Einlullen, Bluff)	• Spüren Sie Unstimmigkeiten auf. • Überprüfen Sie eigene Vermutungen (Achtung: Self-fullfilling-prophecy). • Bleiben Sie aufmerksam und behalten Ihre Ziele im Auge. • Lassen Sie sich nicht durch Tricks zu einem ungewollten Verhalten drängen. • Konkretisieren Sie Vereinbarungen und machen Sie diese überprüfbar. • Vereinbaren Sie Konsequenzen bei Nichteinhaltung.
Nebenkriegs-schauplätze	• Rufen Sie mit souveränen Fragen Ziele und Zuständigkeiten in Erinnerung.
Verfahrenstricks (Formalien, Agenda, Zeitverschiebungen, unklare Vollmachten)	• Schaffen Sie klare Strukturen (Gespräch, Mediation ...). • Reduzieren Sie Komplexität. • Vereinbaren Sie Ziele, formulieren Sie ggf. zu hohe Ziele neu. • Beziehen Sie sich auf den gemeinsamen Vertrag/Ziele.
Schiefe Vergleiche	• Fragen Sie: Wenn wir eine Lösung fänden, die die Qualitäten dieses Vergleichs hätte, was wäre dann für Sie gewährleistet?

3.3.3 Einsatz von Humor

Ein menschlicher Verarbeitungsmechanismus für unangenehme Situationen ist Humor. Der Duden versteht Humor als die Fähigkeit, über sich selbst zu lachen. In Konfliktsituationen hat Humor mehrere Funktionen:

Funktion von Humor in Konfliktsituationen

- **Entlastung, (Er)-Lösung und Abstand:** Durch Humor entlasten sich Menschen in kritischen Situationen. Extrem erlebt habe ich das auf der Beerdigung einer Cousine, deren Grundschulkinder bei diesem Anlass ununterbrochen Witze erzählten. Wir Erwachsenen waren verwundert und zwangen uns zum angebrachten Ernst. Erst später erkannte ich, dass das Lachen für diese Kinder eine Entlastungsfunktion hatte. In Organisationen erleben wir, dass Galgenhumor, schräger Humor und Sarkasmus in schwierigen Situationen auftritt und so beispielsweise auch Ängste verarbeitet werden (siehe z.B. Neuberger 1988).

Galgenhumor, schräger Humor und Sarkasmus treten in schwigrigen Situationen auf

WER ÜBER SICH UND SEIN SCHICKSAL LACHEN KANN, LEIDET WENIGER.

Hier als Beispiel ein Witz, der im Rahmen eines Reorganisationsprozesses entlastend wirkte: Steht ein Kaninchen vorm Werkstor, kommt ein anderes und fragt: „Warum gehst du nicht da rein?" Sagt das andere: „Da ist grade eine Unternehmensberatung drin – die schneiden dir glatt dein fünftes Bein ab." Das erste betrachtet sich rundum aufmerksam und sagt: „Aber das macht doch nichts, ich habe doch nur vier." „Tja", sagt das andere, „Zählen tun die erst nachher."

Humor drückt sich in Pfiffigkeit und Kreativität aus, mit denen sich Probleme leichter und besser gelaunt lösen lassen.

positive Auswirkungen des Lachens auf das Immunsystem

- **Abwehr stärken:** Biochemiker haben längst die positiven Auswirkungen des Lachens auf das Immunsystem erkannt. Auch in Spannungssituationen schützen uns eine humorvolle Einstellung, gute Laune und die Fähigkeit, über uns selbst lachen zu können, vor unnötigen Konflikten. Im angemessenen Rahmen und auf der Grundlage eines guten Verständnisses von Frotzeln und Witzen kann Humor die Abwehrkräfte stärken wie eine Impfung. Wer gemeinsam mit seinem Konfliktpartner über seine eigenen Schwächen und Fehler lachen kann, hat es nicht mehr nötig, in die Defensive zu gehen oder aggressiv zu werden.

Humor wirkt als Katalysator für eine gelungene Kommunikation

- **Kontakt:** Lachen verbindet. Humor wirkt als Katalysator für eine gelungene Kommunikation (vgl. Holtbernd 2002). Nicht nur bei „Dick und Doof" folgt einem heftigen Streit ein schenkelklopfendes heftiges Lachkonzert. In verschiedenen Kulturen sind Humor, Lachen und Witze ein kultur- und kontaktstiftendes Element: so im Kölner oder Mainzer Karneval, beim jährlichen Latter Dag (Lachtag) auf dem Kopenhagener Rathausplatz, in den Laughter-Clubs von Bombay, Bengalore und Kalkutta oder beim Lachfest zu Ehren der Göttin Niutsuhime im japanischen Kawabe.

Humor verändert die Sicht auf die Dinge

- **Perspektivenwechsel und Lernen:** Humor entsteht, wenn Dinge zusammengebracht werden, die nicht zusammenpassen. Durch den dadurch entstehenden Abstand können die zuvor nicht zu bewältigenden Sachverhalte aus einer anderen Perspektive gesehen werden. Dies ermöglicht es, auch aus schwierigen Situationen zu lernen. Häufig brauchen wir dazu Zeit – Konflikte und Abenteuer, die lange Zeit zurückliegen, werden heute oft verulkt und dienen der Belustigung auf Partys. Slapsticks bedienen sich dieser Komponente. Wenn es uns gelingt, die Zeitspanne zwischen Drama oder Peinlichkeit und dem Moment, in dem wir uns über etwas „schlapp lachen" können, zu verkürzen, lösen wir Konflikte schneller und haben die Chance, uns mit unseren eigenen Unzulänglichkeiten zu versöhnen.

Ein treffendes Beispiel findet sich bei von Hertel (2003, S. 158): Eine Mitarbeiterin hadert damit, dass sie für eine neue Idee zu lange gebraucht hat. Beschwichtigungen des Chefs bewirkten nichts. Humorvolle Lösungen könnten sein: Übertreibungen („Ich sehe es ein. Ich kenne niemand, aber auch niemand, der so langsam ist wie Sie."), Vergleiche („Schämen Sie sich nicht, dass Sie fast so langsam sind wie Edison mit seiner Glühbirne!"), ungewohnte Kombinationen („Jetzt fangen Sie aber nicht an, künftige Geniestreiche im Renntempo zu erledigen, sonst brauchen wir noch einen Hochgeschwindigkeitstrakt!"), Umdeutung („Wir sollten alle Mitarbeiter zu Ihnen ins Langsamkeitstraining schicken. Die zu schnell fahren, Kunden, die die Ware gestern haben wollten, Trainees, die sofort Vorstand werden wollen ...").

Doch bei Menschen in Konfliktsituationen liegen die Nerven oft blank. Der Einsatz von Humor zur Konfliktlösung erfordert Fingerspitzengefühl, Behutsamkeit und Gespür für die Situation. Daher empfiehlt es sich, in Beratungen oder als Betroffener in Konfliktsituationen nur dann mit Humor zu arbeiten, wenn man selbst welchen hat, d.h. über sich selbst lachen kann und ihn stilsicher anzuwenden weiß. Wenn humorvolle Interventionen zu schwach sind, wirken sie belanglos und sind dann weder witzig, noch wirksam. Wenn sie zu heftig sind, hat man das sog. „Fettnäpfchen" erwischt, sie werden als Beleidigung erlebt und man erntet Abwehr und Blockade. Auch deuten Witze „unter der Gürtellinie" und Sarkasmus auf eine ungünstige Konfliktlösungskultur – da ist es wichtig, als Berater oder Führungskraft nicht einzusteigen und mitzulachen.

Der Einsatz von Humor zur Konfliktlösung erfordert Fingerspitzengefühl

Vier Grundregeln für humorvolle Interventionen:

- Niemals über, immer mit den Menschen lachen..
- Über sich selbst lachen können
- Humor auf die Situation einstellen können.
- Nicht auf abwertende Witze und Galgenlachen einsteigen.

Wer seine eigene Humorfähigkeit erweitern möchte, findet bei von Hertel (2003, S. 161 f.) pfiffige Übungen.

3.4 Systemische Interventionen: Unterschiedsmanagement

Kernpunkt für die Lösung von Konflikten ist neben den bisher genannten Kommunikationsmethoden die Einbettung des Konflikts in seinen Kontext und die Berücksichtigung der in Teil A (Kap. 2.1) genannten Prinzipien von lebendigen Systemen. In erster Linie bedeut dies eine Prävention (vgl. Teil B, Kap. 3). In der Bewältigung von Konflikten berücksichtigen systemische Interventionen die Komplexität und Vernetzung von Organisationen. Sie sind sowohl bei Konflikten zwischen zwei Personen als auch in Gruppen oder auch in systemischen Maßnahmen wie Organisationsentwicklung (siehe Systemlösungen in Kap. 3.5) anwendbar. Möglichkeiten der Vorgehensweise bei systemischen Interventionen für Berater und Veränderungsmanager finden sich z.B. bei Königswieser u. Exner (1998).

Systemische Interventionen berücksichtigen die Komplexität und Vernetzung von Organisationen

Ziel systemischer Interventionen ist es, Unterschiede zu machen, die einen Unterschied machen, also qualitativ unterschiedliche Lösungen zu erzielen – Transformationen bzw. so genannte Lösungen zweiter Ordnung (siehe Kap. 1.3). Für die Konfliktlösung in Systemen ist das Change Portfolio als grundlegendes Interventionsmodell relevant. Darüber hinaus wirksame Interventionen können sein: systemisches Fragen, Umdeuten, paradoxe Interventionen, die Arbeit mit Metaphern und Aufstellungsarbeit.

3.4.1 Change Portfolio

Betrachtung von zwei Dimensionen: Systemfokus und Art der Veränderung

Systemisch gesehen betrifft eine grundsätzliche Unterscheidung die Betrachtung von zwei Dimensionen: den Systemfokus und die Art der Veränderung (nach einem unveröffentlichten Modell von Rolf Balling, dem Change Portfolio, Abb.11). Einerseits unterscheidet die Systemfokussierung, ob es sich um eine strukturelle Orientierung handelt („hartes" System, in dem strukturelle, konstruktive Eingriffe überwiegen) oder andererseits um eine kulturelle Orientierung („weiches" System, in dem kulturelle, stimulierende, erklärende, informative oder kommunikative Eingriffe erfolgen).

„hartes" System

Manager sind oft Experten für den „harten" Bereich, in dem es um Regelungen und Vorschriften, Umstrukturierungen oder darum geht, Risiken eines Unternehmens vorzubeugen (siehe z.B. Pastors 2002).

„weiches" System

Die „weiche" Seite wird oft als unkonkret und ungreifbar erlebt und dementsprechend vernachlässigt. Wenn die – oft erst langfristigen – Konsequenzen der Vernachlässigung deutlich werden, steigt das Interesse an einer Beeinflussung des „weichen" Bereichs. In Zeiten, in denen ein kurzfristiger Profit notwendig wird, sinkt meistens das Interesse an den „weichen" Faktoren.

Irreführend und förderlich für unterschwellige Konflikte ist es jedoch ebenfalls, wenn Führungskräfte sich ausschließlich auf die „soft facts" konzentrieren, indem sie etwa strukturelle Schieflagen vernachlässigen oder sich auf „Sündenböcke" konzentrieren. Zentral für das Konfliktmanagement ist es zu überlegen, welche Fokussierung notwendig ist und wie die beiden Bereiche aufeinander ausstrahlen.

Der Geschäftsführer eines Produktionsbetriebes drängt sehr umsatzorientiert auf die personelle Umsetzung einer Umstrukturierung. Ein engagierter Betriebsleiter setzt diese Vorgaben von oben relativ schnell um. Als Konsequenz hat er zu wenig Personal auf den Schichten, weil er den Effekt nicht einberechnet hatte, dass die guten Leute woandershin gegangen sind, was sich sowohl auf eine Reduzierung der Produktivität, als auch eine Erhöhung der Unzufriedenheit und betriebsinternen Konflikte auswirkt.

Da der Betriebsleiter eigentlich auch großen Stellenwert auf eine Einbeziehung und Zufriedenheit der Mitarbeiter legt (Win-win-Situation), ist er erleichtert, als zwei Faktoren eintreten: Zum einen wechselt sein Chef und der neue Geschäftsführer achtet weniger auf kurzfristigen Erfolg, sondern stärker auf langfristige Lösungen. Zum zweiten macht sich der Betriebsrat für die Mitarbeiter stark und entlastet damit den Betriebsleiter, der sich auf eine mittelfristige Umsetzung der Veränderungsstrategien unter Einbeziehung der Mitarbeiter und der kulturellen Veränderungen konzentrieren kann.

Die zweite Unterscheidung betrifft die Frage, ob es sich um eine Translation (Veränderungen innerhalb der Systemlogik, reversible Veränderungen, z.B. werden neue Regelungen eingeführt oder Meetings anberaumt) oder Transformation (Änderungen, die über Variationen des gleichen Themas hinausgehen und zu Lösungen zweiter Ordnung und neuen Systemqualitäten führen, vgl. auch Kapitel 1.3; irreversible Veränderungen, z.B. Auflösung der Matrixstruktur und Einführung neuer Geschäftsbereiche) handelt. Auch hier ist wichtig zu reflektieren, was welcher Eingriff bewirkt. So kann es z.B. sein, dass nur Translationen durchgeführt werden, also Variationen innerhalb der Systemlogik. Das ist oft ein „mehr desselben", z.B. werden Mitarbeiter dazu angehalten, schneller zu arbeiten, statt grundlegende Prozesse zu verändern. Andererseits wird bei eingreifenden Veränderungen nicht immer berücksichtigt, welche Auswirkungen das hat. Wenn z.B. eine Entwicklungsabteilung zum Profitcenter wird und Aufträge selbst hereinholen soll, dafür aber nicht geschult ist, kann das ebenfalls zu Konflikten führen.

Translation oder Transformation

reflektieren, was welcher Eingriff bewirkt

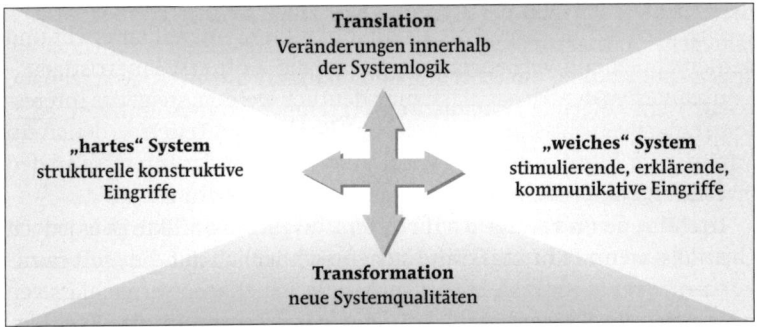

Abb. 11: Change Portfolio nach Balling

3.4.2 Systemische Fragen

Systemische Fragen stellen, richtig eingesetzt, die wirksamste Form systemischer Interventionen dar, da sie mit einem Überraschungselement arbeiten, das Unterschiede, Auflösungen und Fokussierungen ermöglicht. Um die Beziehungsstrukturen eines Systems und deren komplexe Handlungsabläufe und selbstregulierende Mechanismen zu erkennen, braucht man Informationen. Für die Gewinnung dieser Art Information sind systemische Fragen besonders geeignet (vgl. auch Königswieser u. Exner 1999). Systemische Fragen werden von systemischen Organisations- bzw. Konfliktberatern und Mediatoren eingesetzt. Sie können jedoch auch Führungskräften und Betroffenen als Reflexion in der Arbeit mit Konflikten dienen.

Überraschungselement, das Unterschiede, Auflösungen und Fokussierungen ermöglicht

Systemische Fragen haben folgende Funktionen:
- Systemische Fragen liefern Informationen über Beziehungsgefüge, Widerstände und Sackgassen.

- Durch eine nicht-wertende Formulierung wird eine neutrale Haltung erleichtert. Durch Fragen kann man Informationen erzeugen und die Kompetenz, Autonomie und Entscheidungsfähigkeit des Systems unterstützen.
- Durch Fragen werden Denkgewohnheiten irritiert und das erwachsene Denken erleichtert (Erweiterung des Bezugsrahmens und Enttrübung).
- Aufeinander bezogene Verhaltensweisen der Beteiligten werden sichtbar und erhöhen das Gefühl von Verantwortung.
- Es werden willkürlich vorgenommene Interpunktionen sichtbar und die Wahrnehmung verschiedener Sichtweisen oder Landkarten gefördert, die dann nicht länger als einzig richtig oder falsch bewertet werden können.
- Es werden Unterschiede sichtbar, die anregend wirken. Die Energie wird dadurch vom Problem- in den Lösungsbereich bewegt.

Formen der systemischen Fragestellung

Verschiedene Formen der systemischen Fragestellung können in verschiedenen Phasen der Konfliktberatung und Organisationsentwicklung angewandt werden, um effiziente und qualitativ hochwertige Ergebnisse zu erzielen. Folgende systemischen Fragetypen können unterschieden werden:

Vertragsgestaltung und Ausrichtung von Beratungen auf bestimmte Ergebnisse

- **Zielfragen:** Zielfragen dienen der Vertragsgestaltung und der Ausrichtung von Beratungen auf bestimmte Ergebnisse. Sie werden meist zu Beginn einer Konfliktberatung gestellt oder auch bei der Überprüfung oder Neugestaltung von Verträgen.
  Beispiele: *„Angenommen, wir könnten zaubern, was wäre das Beste, was nach dieser Maßnahme passiert sein könnte?"* *„Wenn Sie in zwanzig Jahren auf diesen Konflikt zurückschauen werden, was werden Sie im Erfolgsfalle darüber erzählen?"* *„Wenn ein Mitarbeiter/Kollege mit diesem Problem zu Ihnen käme, was würden Sie ihm dann raten zu unternehmen?"* *„Wenn wir keine Beratung machen würden, was würden Sie dann tun?"*

Beziehungen, Verknüpfungen von Verhaltensweisen, Interaktionen, Deutungen und wechselseitige Reaktionen sichtbar machen

- **Zirkuläre Fragen:** Ursprünglich wurden unter systemischen Fragen hauptsächlich zirkuläre Fragen verstanden – eine Methodik, die von der Mailänder Schule (Selvini Palazzoli und andere, siehe auch Imber-Black 1990) zur Exploration und als erste Intervention zur Einleitung von Veränderungen entwickelt wurde. Es handelt sich dabei um Fragen, die Beziehungen und damit die spezifischen Verknüpfungen von Verhaltensweisen, Interaktionen, Deutungen und wechselseitigen Reaktionen sichtbar machen (siehe auch Simon u. Rech-Simon 1999). Mit ihnen wird dem Grundanliegen systemischen Beratens Rechnung getragen, Probleme oder Symptome zirkulär und kontextbezogen zu beschreiben. Durch die Einnahme unterschiedlicher Perspektiven wird auf der Metaebene eine Systemstruktur eingeführt, die der Zirkularität Rechnung trägt. So können Konfliktmuster ohne die

Gefahr eines Vorwurfs oder einer Anschuldigung bewusst und handhabbar gemacht werden.

Konfliktmuster ohne die Gefahr eines Vorwurfs bewusst und handhabbar machen

Beispiele: *„Angenommen, ich würde Ihren Chef/Mitarbeiter/Kunden fragen, was würde dieser dazu sagen? „Angenommen, Sie würden sich genauso verhalten wie B, was würde passieren? „Wie reagiert A, wenn B dies und jenes tut?" „Wie würde sich die Beziehung zwischen Ihnen verändern, wenn einer von Ihnen das Gegenteil von dem machen würde, was er bisher gemacht hat?"* An C gerichtet: *„Was müsste A tun, um B auf die Palme zu bringen?" „Wenn Sie sicherstellen wollen, dass A das unerwünschte Verhalten zeigt, was müssten Sie vorher tun?" „Wer von Ihnen wird als Erster den zweiten Schritt machen?"*

- **Hypothetische Fragen:** Hypothetische oder reflexive Fragen sind auf die Zukunft gerichtete Fragen, die zirkulär funktionieren. Sie implizieren die Möglichkeit einer Veränderung, versuchen, vorhandene Realitätskonstruktionen zu verflüssigen und neue Perspektiven zu schaffen. Hypothetische Fragen fangen in der Regel mit „angenommen…" an.

Möglichkeit einer Veränderung ausdeuten, vorhandene Realitätskonstruktionen verflüssigen und neue Perspektiven schaffen

Beispiele: *„Angenommen … Sie machen noch mehr von dem, was Sie bisher gemacht haben, was hätte das für Auswirkungen?" „… Sie würden das Gegenteil von dem tun, was Sie bisher getan haben, wie sähe das aus und was würde dann geschehen?" „… wir würden das Problem verschlimmern wollen, was müssten wir dann tun?" „… Ihr Verhalten führt dazu, dass xyz passiert – was wäre das Schlimmste, was passieren könnte?" „… Sie würden sich entscheiden, das Problem ein paar Monate ruhen zu lassen, was würden Sie dann tun?" „… dieses Problem wäre gelöst, was würden Sie dann tun?" „… es würde noch schlimmer, was würden Sie dann tun?"*

- **Ressourcenorientierte Fragen:** Um die Lösungsenergie vom Problem zur Lösung zu bewegen, sind ressourcenorientierte Fragen hilfreich. Statt nach Schwierigkeiten und Hindernissen zu fragen, fokussiert der systemische Ansatz auf Möglichkeiten, Chancen und Ausnahmen. Vieles aus dem ressourcenorientierten Ansatz entspringt der Hypno-Therapie und dem NLP, bei dem die Ankerung positiver Erfahrungen im Vordergrund steht.

auf Möglichkeiten, Chancen und Ausnahmen fokussieren

Beispiele: *„Welche Wandlungsherausforderung steckt in diesem Problem?" „Welche ähnlichen Situationen haben Sie mit Erfolg gemeistert?" „Wenn ich Ihre Mitarbeiter/Kollegen/Chefs fragen würde, was würden die mir sagen, was sie an Ihnen schätzen?" „Wenn alle Schwachstellen Stärken wären, wie würden diese dann aussehen?" „Angenommen, eine gute Fee kommt und Sie könnten sich wünschen, was Sie wollen, was wäre dann anders?"*

- **Skalierungsfragen:** In der systemischen Beratung geht es darum, Unterschiede zu finden, die einen Unterschied machen (nach Bateson 1987). Häufig ist es auch notwendig, Skalierungen einzuführen, um Entwicklungen überhaupt wahrnehmen zu können. Das ist dann

Skalierungen einführen, um Entwicklungen überhaupt wahrnehmen zu können mit dem Wachstum eines Kindes vergleichbar, das man nicht im täglichen Miteinander bemerkt, sondern das nur durch die Markierungen an der Küchentür festgestellt werden kann.

Beispiele: *„Auf einer Skala von 0 bis 100 (oder 0 bis 10): Wie zufrieden sind Sie im Moment?" „Wie zufrieden können/wollen Sie sein?" „Auf einer Skala von 0 bis 10, wie weit waren Sie da schon mal?" „Was war anders als Sie bei 6 waren?" „Was wäre das Beste, was passieren könnte, was wäre die größte Katastrophe?"*

- **Abschließende Fragen:** Systemische Fragen greifen meistens auf den Fragetypus „Offene Fragen" zurück. Im Sinne der antithetischen Komplexitätssteuerung werden jedoch realitätsverflüssigende, wirklichkeitsirritierende (offene oder öffnende) von realitätsverfestigenden (geschlossene oder schließende) Fragen unterschieden. (Ab-)schließende Fragen ähneln der Kristallisationstechnik von Berne (1966) und sollen Veränderungen auf den Punkt bringen, Reflexion fördern und die Selbstverantwortung am Ende einer Beratung fördern.

Veränderungen auf den Punkt bringen, Reflexion fördern und die Selbstverantwortung am Ende einer Beratung fördern

Beispiele: *„Was nehmen Sie mit?" „Angenommen, wir setzen die Beratung so fort, denken Sie, Sie werden Ihre Ziele erreichen?" „Wie müssten Sie jetzt weiter vorgehen, damit Sie nie wieder eine Beratung brauchen?"*

3.4.3 Umdeuten

Etwas aus einem anderen Blickwinkel heraus zu sehen, die Wahrnehmung zu schärfen, die verschiedenen einem Streit innewohnenden Wahrheiten zu erfassen, auch das halbvolle Glas zu sehen und die Dinge auf einer tieferen Ebene zu begreifen ist von großem Nutzen für die Erweiterung von Konfliktlösungsfähigkeiten. Bewertungs- bzw. Wahrnehmungskonflikte spielen bei den meisten sozialen Konflikten eine große Rolle (vgl. Teil A, Kap. 1.3.2). Hier greift die Methode des Umdeutens, die das Ziel hat, auf ungewohnte Sinnzusammenhänge hinzuweisen und zu neuen Sichtweisen zu verhelfen. Der eigene Bezugsrahmen wird erweitert, indem man bisher als selbstverständlich angenommene Dinge infrage stellt. Diese Technik wird im NLP „Reframing" genannt – das bedeutet, etwas in einen anderen Rahmen zu stellen. Unterschieden werden hier zwei Arten des Reframing (nach Trageser u. Münchhausen 2000):

Reframing: bisher als selbstverständlich angenommene Dinge infrage stellen

- **Kontext-Reframing** (= Kontext suchen, in dem X nützlich ist): Hier werden Eigenschaften, Aussagen oder Erfahrungsberichte mit negativer Bedeutung in einen neuen Kontext überführt, in dem diese Attribuierungen nützlich sind. So können Probleme in einen positiven Kontext gestellt werden und die positive Seite von Konflikten oder Verhaltensweisen betont werden.

Zwischen zwei Kollegen in einem Jugendheim kommt es zu einem Streit. A schreibt B „Gefühlskälte" zu, da dieser bei der Frage der Aufnahme eines neuen Kindes in erster Linie die Belegungszahlen im Auge hat. Im Rahmen einer Mediation stellt sich dann heraus, dass die Funktion

von B als Controller neu installiert wurde und A im Grunde nun anerkennt, dass Bs Handeln in diesem Rahmen von hoher Bedeutung für die Erhaltung des Heims und damit für jedes einzelne Kind ist.
- **Inhalts-Reframing** (= Wie wäre es, wenn Y nun Z bedeutet?): Hier geht es darum, die inhaltliche Bedeutung einer Aussage konstruktiv zu verändern und damit Teufelskreisläufe, die durch ein „immer wenn, dann ..." negative Beziehungen stabilisieren (vgl. Teil A, Kap. 2.4.1), zu unterbrechen. Insbesondere wenn ein Mediator eingeschaltet ist, kann dieser die positiven Bedeutungen hinter scheinbar negativen Aussagen herausfiltern, böse Absichten als noble Intentionen deuten, Bedürfnisse hinter den Anschuldigungen oder die Verletzung hinter einem Angriff benennen.

die inhaltliche Bedeutung einer Aussage konstruktiv verändern und damit Teufelskreisläufe unterbrechen

In einer Mediation sagt A: „Nie haben Sie Zeit, Sie sind ein ziemlich egoistischer Mensch." B: „Immer kritisieren Sie mich, das lasse ich mir nicht bieten, da habe ich Besseres zu tun." So ergibt sich ein Muster von: B hat keine Zeit, weil er sich kritisiert fühlt und A kritisiert B, weil er nie Zeit hat. Der Mediator arbeitet hier die Bedürfnisse heraus, die hinter den Vorwürfen liegen, nämlich bei A der Wunsch nach Kontakt und Anerkennung und bei B, dass A seine Arbeit respektiert und seine guten Ergebnisse würdigt.

Die Technik des Umdeutens ist Bestandteil bei Verhandlungen, in denen in der Regel die Interessen hinter Positionen gesucht werden. Im „Verhandlungsreframing" werden im Rahmen von inneren Konflikten sich widersprechende Anteile innerhalb einer Person oder die scheinbar widersprüchlichen Anliegen zwischen Verhandlungspartnern identifiziert und in Bezug auf die jeweils positive Absicht oder Funktion neu bewertet. Umdeuten findet zudem in allen Humormethoden statt (vgl. Kap. 3.3.2).

Die Methodik des Umdeutens oder Reframing eignet sich insbesondere bei festgefahrenen Situationen, Denkblockaden und zum Unterbrechen von Teufelskreisläufen. Ziemlich universal einsetzbar als Umdeutungstechnik ist z.B. die paradox wirkende „Kopfstandmethode" (Kap. 3.4.4). Methoden und Übungen zur Erweiterung des Blickwinkels finden sich auch bei De Bono (1987), in den dort dargestellten rationalen Verfahren zur Entscheidungsfindung:

Methoden und Übungen zur Erweiterung des Blickwinkels

- PMI (Plus-Minus-Interesting): Richten Sie die Aufmerksamkeit zunächst drei Minuten auf alle positiven, dann drei Minuten auf die negativen Aspekte des Problems, dann auf alle interessanten Gesichtspunkte, die bisher noch wenig Berücksichtigung fanden.
- ADI (Agreement-Disagreement-Irrelevance): Die Parteien kartographieren Bereiche der Übereinstimmung, Nichtübereinstimmung und Nebenkriegsschauplätze.
- EBS (Examine Both Sides): Rollentausch, bei der jede Seite den Konflikt aus Sicht der anderen Seite darlegen muss.

- OVP (Other Peoples View): Es werden außenstehende Parteien identifiziert und deren Sicht auf den Konflikt betrachtet.

Neben verbalen Aussagen und Steuerungstechniken bieten auch Feedback- und Wahrnehmungsübungen sowie Rollenspiele Übungsmöglichkeiten zu einer neuen Bedeutungsgebung. Außerdem ist der Einsatz von geeigneten Modellen sinnvoll, die zuvor negativ belegten Verhaltensweisen positive Bedeutungen zuschreiben, wie z.B. der MBTI, die Riemann-Typologie oder die Kommunikationsstile nach Antreibern (Teil B, Kap. 1.3.2 – 1.3.4).

3.4.4 Paradoxe Interventionen

Die Einnahme provokativer Standpunkte kann Widerstand vermeiden bzw. Blockaden auflösen

Paradoxe Interventionen dienen wie die Methode des Umdeutens der Erweiterung von Perspektiven. Sie beruhen auf pragmatischen Paradoxien (nach Watzlawik et. al. 1980, vgl. Kap. 1.3) und sind eine Möglichkeit, Widerstand zu vermeiden bzw. Blockaden aufzulösen, indem sie zur Einnahme provokativer Standpunkte einladen. Ursprünglich als negative Suggestion im therapeutischen Kontext angewandt (Dunlap 1928, in Watzlawik et. al. 1980, S. 223), geht es hierbei darum, ein bestimmtes Verhalten in der Form zu verbieten, dass das Gegenüber veranlasst wird, gerade das zu tun.

In der Therapie spricht man von der „Symptomverschreibung" als einer wesentlichen paradoxen Intervention. Klassischerweise wird hier *„eine Verhaltensaufforderung gegeben, die so zusammengesetzt ist, dass sie a) das Verhalten verstärkt, das der Patient ändern möchte, b) diese Verstärkung als Mittel der Änderung hinstellt und c) eine Paradoxie hervorruft, weil der Patient dadurch aufgefordert wird, sich durch Nichtändern zu ändern"* (Watzlawik et. al. 1980, S. 225).

In den Rahmen der Konfliktbewältigung kann man diese Technik als Konfliktverschreibung übertragen. Entgegen der Erwartungshaltung des Klientensystems wird dabei signalisiert: *„Sie können sich nur ändern, wenn sie so bleiben, wie Sie sind"* oder umkehrt *„Sie können nur so bleiben, wie Sie sind, indem Sie sich ändern"* (Königswieser u. Exner 1998, S. 37).

sinnvoll, wenn die Beteiligten die Situation als unbeherrschbar oder willentlich unveränderbar erleben

Paradoxe Interventionen im Konfliktgeschehen sind dann sinnvoll, wenn die Beteiligten die Situation als unbeherrschbar oder willentlich unveränderbar erleben. „Es" passiert einfach – genau diese Mischung aus impulsivem, unkontrolliertem und doch fast zwanghaftem Auftreten des Problems macht die Paradoxie aus.

Die „Verschreibung" wirkt dadurch, dass sie auch unerwünschtes Verhalten unter die eigene Kontrolle der Beteiligten stellt, Bewusstheit und Verwirrung gleichzeitig erzeugt und Gewohnheitsmuster stört. Die Aufforderung, das Unerwünschte zu tun, zu beobachten oder zu verstärken, hat außerdem oft den erleichternden Effekt einer Erlaubnis, nämlich die unerwünschten Muster zu würdigen und wertzuschätzen. Oft verschwinden sie dann von selbst.

In einem Mediationsprozess befinden sich die beteiligten Führungskräfte A und B in einer Sackgasse, da sie das Verhalten des Anderen wechselseitig als gewissermaßen angeboren beschreiben („So einer ist das eben"). Die paradoxe Intervention der Mediatorin lautet: „Bis zur nächsten Sitzung möchte ich Ihnen zwei Aufgaben mitgeben: Bitte finden Sie erstens ein bis zwei Gelegenheiten, in der Sie eigentlich keinen emotionalen Streit haben und XYZ (das zuvor als „angeboren" beschriebene Verhalten) möglichst ein bisschen stärker als vorher zeigen. Die zweite Aufgabe lautet: Bitte erraten Sie, wann der Partner dieses soeben aufgetragene Verhalten gezeigt hat."

Im Unterschied zu Umdeutungen ist bei paradoxen Interventionen in der Regel ein Moderator oder Mediator nötig, der auf der Grundlage einer stabilen Beziehung (eine ganz wichtige Voraussetzung!) und mit genug Abstand und Beratermacht diese Intervention durchführen kann. Paradoxe Interventionen können nicht nur als Verschreibungen gegeben werden, sondern auch als zirkuläre oder hypothetische Fragen, wie z.B. *„Was müssten Sie tun, damit der Partner so richtig in die Luft geht?"*, als positive Konnotation oder Splitting, bei dem die Widersprüche im Klientensystem im Beratersystem gespiegelt werden (vgl. Königswieser u. Exner 1998).

bei paradoxen Interventionen ist in der Regel ein Moderator oder Mediator nötig

Als „Selbstverschreibung" können paradoxe Methoden zur Reflexion eingesetzt werden, z.B. in Form der Kopfstandmethode (nach Höher u. Höher 2000), die in vier Schritten die „Kehrseite" eines Problems herausarbeitet und als als Entscheidungsmethode eingesetzt werden kann:

Die Kopfstandmethode arbeitet in vier Schritten die „Kehrseite" eines Problems heraus

1. Notieren Sie sich die Frage, die sich aus Ihrem Problem ergibt, schriftlich und in der Ich-Form des Handelnden.
2. Nun formulieren Sie die Fragen so um, dass die Antworten genau das Gegenteil dessen, was gewollt ist, beinhalten. Schreiben Sie die Antworten auf: Die Negativfrage schreiben Sie auf die linke, die positive Ausgangsfrage auf die rechte Seite. Beginnen Sie nun mit den Negativfragen.
3. Nun nehmen Sie sich jede Idee der linken Seite nacheinander vor. Die Vorschläge formulieren Sie so ins Positive um, dass sie die positive Ausgangsfrage beantworten helfen.
4. Zuletzt wählen Sie aus der Fülle der gefundenen Lösungsideen diejenigen aus, die am interessantesten bzw. realistisch zu verwirklichen sind.

Ebenfalls auf Paradoxien beruht die „Anleitung zum Unglücklichsein" von Watzlawick (1986). Hilfreich ist es auch, wenn immer negative, scheinbar nicht veränderbare Erscheinungen auftreten, diese bis zur Absurdität und dem damit verbundenen erlösenden Witz zu steigern. Übertreibt man eine negative Verhaltensweise in Gedanken, so fällt es einem oft „wie Schuppen" von den Augen und die Lösung liegt auf der Hand. Dieses Prinzip macht sich die ironisch gemeinte Checkliste 14 „Tipps zum Konfliktverschärfen" zu Eigen (auf der Grundlage eines unveröffentlichten Handouts von Rolf Balling und Gunthard Weber, 1995).

negative, scheinbar nicht veränderbare Erscheinungen bis zur Absurdität steigern

Checkliste 14: Tipps zum Konfliktverschärfen

- **Verhalten Sie sich grundsätzlich symmetrisch!** Reagieren Sie auf die Kommunikation Ihres Gegenübers mit der gleichen Qualität (also: Frage – Gegenfrage, Beschuldigung – Gegenbeschuldigung, Ich Armer – Ich auch Armer). Experten nennen das „**Spiegeln**".
- **Verhalten Sie sich nach dem Muster „Mehr desselben"!** Wenn die Reaktion Ihres Gegenübers unbefriedigend für Sie ist, steigern Sie Ihre bisherigen Aktivitäten: Werden Sie noch ärgerlicher, noch lauter, noch hilfloser, noch enthusiastischer etc. Experten nennen das „**Ich-Botschaften**".
- **Sorgen Sie für Intransparenz!** Behalten Sie alles im Griff, beteiligen Sie niemanden, schon gar nicht die, die es angeht. So sichern Sie Ihre Macht. Experten nennen das „**Kommunikationsmanagement**".
- **Suchen Sie die Schuld stets beim Anderen!** Fordern Sie den Konfliktpartner auf, sich zu ändern, nach dem Motto: „*Einer muss sich ja ändern und bei Ihnen fangen wir an*". So durchbrechen Sie Teufelskreisläufe. Experten nennen das „**Interpunktionstechnik**".
- **Interpretieren Sie jede Äußerung des Gegenübers!** Klären Sie Ihren Konfliktpartner darüber auf, was wirklich in ihm vorgeht, was er eigentlich denkt, fühlt und will. Experten nennen das „**Empathie**".
- **Schauen Sie ausschließlich auf das noch nicht Erreichte!** Blicken Sie niemals auf Stärken oder Erfolge zurück. Was hinter uns liegt zählt nicht. Erkennen Sie auf keinen Fall Erfolge und Fortschritte des Partners an. Experten nennen das „**Management by Objectives**".
- **Seien Sie sorgfältig mit Definitionen!** Klären Sie vor jeder inhaltlichen Aussage, was eigentlich „Zuhören" oder „Ablenken" bedeutet. Experten nennen das „**Aktives Zuhören**".
- **Drücken Sie Ihre Gefühle ungefiltert aus!** Wenn Ihnen danach zumute ist, schreien Sie, beleidigen Sie Ihr Gegenüber, machen Sie Vorwürfe. Sie zeigen damit Offenheit, Direktheit und Authentizität. Experten nennen das „**Emotionale Kompetenz**".
- **Bleiben Sie immer sachlich!** Die beste Zusammenarbeit ist eine sachliche Zusammenarbeit. Damit es reibungslos klappt, sollte sich jeder dem großen Ganzen unterordnen. Das Zeigen von Gefühlen bedeutet Entgleisung oder Schwäche. Experten nennen das „**sachgerecht verhandeln**".
- **Generalisieren Sie!** Sie verleihen damit dem Gespräch über den Augenblick hinaus Bedeutung. Gut geht das mit Worten wie „*immer*", „*nie*", „*alles*" oder „*entweder – oder*". Experten nennen das „**Metakommunikation**".
- **Spielen Sie Hase und Igel!** Wechseln Sie den Gesprächsfokus, sobald Ihr Gegenüber sich auf Ihren Punkt bezieht. Lassen Sie sich auf keinen Fall festlegen, sondern zeigen Sie die Weite Ihres Kommunikationsrepertoires. Experten nennend das „**Reframing**".
- **Tun Sie nichts, wirklich rein gar nichts!** Sie können dann den Lauf der natürlichen Konfliktdynamik im Überblick behalten und am Ende den Beteiligten ggf. den Konfliktverlauf in seiner Logik und Größe erklären. Experten nennen das „**Aktives Stressmanagement**".
- **Sorgen Sie für Aufregung!** Spielen Sie psychologische Spiele wie „*Ich will Ihnen doch nur helfen*", „*Ich bin überlastet*" oder „*Jetzt habe ich Sie erwischt*". Die Kommunikation sollte nicht weniger aufregend sein als die Arbeit selbst. Experten nennen das „**kreative Problemlösung**".
- **Bilden Sie Koalitionen!** Verbünden Sie sich mit Kollegen auf anderen Hierarchieebenen gegen Konfliktpartner auf diesen Ebenen. Das macht Hierarchien beweglicher. Experten nennen das „**Networking**".
- **Trauen Sie keinem!** Zeigen Sie sich pessimistisch, wenn es um das Erreichen eines Konsenses geht und streuen Sie negative Statements wie „*Eigentlich hätte ich mehr von Ihnen erwartet*". Sie verhindern so das Abdriften in Visionen. Experten nennen das „**Realitätsbewusstsein**".

3.4.5 Arbeit mit Metaphern

Metaphern (griechisch „metaphérein = übertragen) sind nach einer Definition des Brockhaus Redewendungen, die statt der eigentlichen Bezeichnung uneigentliche oder übertragene Bezeichnungen verwenden. Metaphern können Bilder sein oder Geschichten, Illustrationen, Analogien (Gleichnisse, Vergleiche), Metaphern sind wie Spiegel mit einem neuen Rahmen, die bestimmte Aspekte mit einem neuen Fokus wiedergeben. Im Organisationskontext ist die Arbeit mit Metaphern und auch mit Geschichten sehr hilfreich (siehe z.B. Shah 1994 über den „Mulla Nasrudin"). Metaphern sprechen eine andere Ebene der Verarbeitung an und regen vielfältig die Lösung an. Sie haben folgende Funktionen (vgl. von Hertel 2003): *Funktionen von Metaphern*

- **Metaphern öffnen.** Sie regen die Fantasie an und öffnen verkrustete Kommunikationsschleifen. Durch harmlose Bilder öffnen Sie Ohren, Augen und Herzen. Beispiel: A: *„Immer muss ich alles alleine machen."* B.: *„Und wenn du ein Raumschiff im All wärst, wo wärst du dann, wo ich?"* *verkrustete Kommunikationsschleifen öffnen*
- **Metaphern erweitern den Blickwinkel.** Durch Verfremdungseffekte ermöglichen Metaphern Abstand einzunehmen. Durch humorvolle „Aha-Effekte", wird häufig Energie freigesetzt und ein befreiendes Lachen provoziert. *Verfremdungseffekte ermöglichen Abstand einzunehmen*
- **Metaphern setzen Ressourcen frei.** Indem sie eine andere unbewusste Ebene ansprechen, wirken Bilder über den Moment hinaus und richten die Energie auf Lösungen.
- **Metaphern laden zu Interesse ein.** Märchen, Bilder und Geschichten unterstellt man, dass sie in unterschiedlicher Weise interpretiert werden können. Insbesondere Metaphern, die weit genug von der Realität wegbleiben, machen neugierig und laden zur Überprüfung von Vermutungen und zu mehr Verständnis ein.
- **Metaphern fokussieren.** Sie können nie die gesamte Komplexität des Konfliktes abbilden, sondern lassen einige Aspekte pointiert hervortreten. Oft kommt der Kern des Konflikts und der Lösung fast wie von selbst zum Vorschein. *einige Aspekte pointiert hervortreten lassen*

Übung: *Stellen Sie ihren Konflikt bildlich dar. Benutzen Sie Farben, möglichst keine Organigramme. Lassen Sie Ihrer Fantasie freien Lauf. Wenn Sie glauben, Sie sind unbegabt, benutzen Sie Ihre linke Hand, da ist Ihr Anspruch nicht so hoch. Lassen Sie anschließend das Bild auf sich wirken. Entdecken Sie Lösungsansätze. Malen Sie ein zweites Bild, ein Lösungsbild. Lassen Sie dies ebenfalls weiter wirken. Nehmen Sie es nach ein paar Wochen wieder hervor und schauen Sie, was sich in Ihrem realen Konflikt verändert hat.*

Beispiel zur Übung: *Eine neue Führungskraft stellte ihren Konflikt mit einem Mitarbeiter bildlich dar, den sie wie „hinter einem Tisch verschanzt" erlebte. Sie selbst erlebte sich als unterlegen und hatte auch das Gefühl, den*

Abb. 12:
„Die Blockade"

„Tisch" zu brauchen, um sich damit zu schützen. Die Lösung lag darin, genau hinzuschauen und das Kippbild zu sehen: Der „Tisch" konnte auch als Mauer gesehen werden, über die die Führungskraft überlegen hinüber schaute (Abb. 12).

Bei zwei Personen oder Gruppen kann man diese Methode ebenfalls anwenden. Dann malt jeder sein Bild. Anschließend wird auf Gemeinsamkeiten, Unterschiede und Lösungsansätze fokussiert.

Beispiel: *In einem Gruppenkonflikt erlebt ein Mitglied dieser Gruppe einen als „schwierig" bezeichneten Kollegen als weit entfernt, nicht engagiert genug, „auf der Insel". Sein Problembild lud ihn und die Kollegen dazu ein, „Schiffe zu bauen" und den „Glückseligen" auf seiner Insel zu besuchen (Abb. 13).*

Abb. 13: „Insel der Glückseligen"

In Seminaren, Coaching oder kollegialen Beratungsgruppen kann man auch demjenigen, der einen Konflikt einbringt, um ihn zu lösen, statt Ratschlägen Lösungsbilder mitgeben. Diese Bilder können entweder aus gemalten Problembildern abgeleitet werden oder in einer Intuitionsübung assoziativ erfunden werden. Dabei kann es sich um richtige „Bilder" handeln oder auch nur um das Aufgreifen bildlicher Worte.

Ein Teilnehmer beschreibt mit seinem Konfliktbild seine Situation als „zwischen den Stühlen". Lösungsangebote liegen darin, sich auf den einen und dann den anderen Stuhl zu setzen und zu schauen, was angenehmer ist und darin, einen dritten Stuhl hinzuzumalen.

Ein Teamleiter beschreibt zwei Streithähne in den Teammeetings als „aufgebläht", was in die Richtung führt, „die Luft rauszulassen" und die anderen Teammitglieder zu stärken.

Der Beteiligte eines Konflikts bezeichnet die gegenseitige Arbeitsbeziehung als „Sackgasse". Sein Partner fragt, welche „Wege" er beschreiten könnte, um aus dieser Sackgasse „herauszukommen".

3.4.6 Aufstellungsarbeit

Aufstellungsarbeit bedient sich der Grundmethode der Externalisierung: Gedanken, Probleme und Konfliktpotenziale in den Köpfen der Beteiligten werden nach draußen verlagert – von Hertel (2003) nennt diese Arbeit auch Gedankenimport und -export. Das kann man mit Gegenständen machen oder mit realen Personen.

Aufstellungen verdeutlichen bildlich, welche Dynamik vielen Fragestellungen in Organisationen zugrunde liegt und dass Eindrücke, Stimmungen und Gefühle zu einem bestimmten Thema nicht nur intern erzeugt werden, sondern sehr stark mit dem Platz im System verbunden sind. Die innere Sicht der Konfliktparteien kann auf spielerische Weise verdeutlicht werden und zu verblüffenden AHA-Effekten führen.

In Organisationen ist die Unterscheidung zentral, ob es sich um ein Organisationsmuster handelt, um ein persönliches Muster oder um ein Organisationsmuster, das sich in persönlichen Mustern zeigt. Manchmal werden z.B. fälschlicherweise Organisationslösungen gesucht, wenn eigentlich ein kritisches Personalproblem gelöst werden müsste (Vermeidungslösungen).

In anderen Fällen wird die Lösung auf der Beziehungsebene gesucht, statt sich mit unangenehmen neuen Aufgaben oder Strukturen auseinander zu setzen oder es werden organisatorische Probleme personalisiert (Sündenbock-Phänomene). Im Prozess der Aufstellung wird plastisch deutlich, auf welcher Ebene die problemverursachende bzw. -aufrechterhaltende Dynamik liegt.

In der Aufstellungsarbeit werden Personen oder Figuren so zueinander aufgestellt, dass entweder die Organisation oder die organisationsbezogene Fragestellung präsentiert wird. Die zentrale Frage bei Aufstellungen ist: Wie entsteht das, was jemand von einem Team, einer Fragestellung, einem Problem etc. als Bild in sich trägt, in der äußeren Welt?

Dabei kann es sich z.B. um folgende Fragestellungen handeln:
- Führungsthemen oder Situationen im eigenen Team
- Konflikte, Probleme oder Hindernisse
- Aspekte von etwas Unklarem
- Lösungsmöglichkeiten oder Ziele
- Entscheidungssituationen und Tetralemma (nach Sparrer u. von Kibed 1998)
- Intrapsychisch verschiedene Eigenschaften einer Person (inneres Team, vgl. Teil B, Kap. 1.4.1)
- Glaubenssätze (dabei wird für jeden Kernsatz ein Stellvertreter gestellt oder auch für jedes Wort eines Satzes)

Aufstellung mit Personen

Stellt man Menschen auf, so sind Aufstellungen in gemischten, offenen Führungskräfteseminaren oder in Supervisionsgruppen im Rahmen von

Stellvertreter fühlen sich bezogen auf die Fragestellung des Klienten in dessen Platz hinein

Praxisberatungen am günstigsten, da hier der persönliche Schutz am leichtesten aufrecht zu erhalten ist. In diesen offenen Seminaren werden Stellvertreter gesucht, die sich bezogen auf die Fragestellung des Klienten in den Platz hineinfühlen. Die Vorgehensweise bei der Aufstellung hängt von der Fragestellung und vom Anwendungsfeld ab. Allgemein wird zunächst ein „Problem"-Bild gestellt, anschließend wird mit Lösungsansätzen experimentiert.

Das Ende ist oft nicht abgeschlossen, sondern wirkt später weiter. Insgesamt sollte eine Aufstellung nicht länger als eine halbe bis Dreiviertelstunde dauern. Besser wirken kurze Aufstellungen, die gebündelt, konzentriert und vereinfacht stattfinden.

Die Vorgehensweise umfasst in der Regel folgende Schritte:
- **Vertragsklärung mit dem Klienten:** Der Berater oder die Kollegen in der kollegialen Beratung erarbeiten einen Arbeitsvertrag über das Ziel, das der Klient mit der Aufstellung verfolgt. Der Berater prüft, ob die Methode Sinn macht oder besser eine andere zur Anwendung kommt. Dabei ist es wichtig, nicht zu viele Informationen zu erfragen, die sonst nachher die Stellvertreter in ihrem unmittelbaren Einfühlen behindern.

die für die Fragestellung des Klienten relevante Ebene und die relevanten Personen bestimmen

- **Bestimmung des relevanten Systems:** In Organisationen ist – im Gegensatz zu Familien – das relevante System nicht im Vorfeld definiert. Unterschieden werden müssen die für die Fragestellung des Klienten relevante Ebene und die relevanten Personen. Dabei gilt die Regel, dass nicht zu viele Personen aufgestellt werden – nicht mehr als 5 bis 7 Stellvertreter. Gegebenenfalls wird nach Gruppen (z.B. Sachbearbeiter, Kunden, Aufgaben ...) zusammengefasst.

Der Klient wählt die Stellvertreter intuitiv aus, berührt sie an den Schultern und führt sie an ihren Platz

- **Auswahl der Stellvertreter:** Der Klient wählt die Stellvertreter intuitiv aus, berührt sie an den Schultern und führt sie an ihren Platz. Dabei gilt nur der Platz, die Nähe und die Zuwendung, die dadurch ausgedrückt wird. Der Klient stellt schweigend, konzentriert und gesammelt auf. Er gibt möglichst wenig Erklärungen und sollte sich nicht innerlich von Sollvorstellungen, aktuellen Situationen oder Phantasien irreführen lassen. Wichtig ist nur das innere Bild. In der Regel stellt er auch einen Stellvertreter für sich selbst.
- **Stellen des „Problem"-Bildes:** Wenn die Stellvertreter an ihren Platz geführt werden, ist es gut, wenn sie sich innerlich sagen: *„Ich gehe aus meinem System heraus und gehe jetzt in das fremde System."* In der Regel nimmt der Stellvertreter problemlos den ihm zugedachten Platz ein. Hinweise, dass er das nicht tut, sind dramatische Äußerungen oder nicht stimmige Gefühle. Dann kann es sinnvoll sein, einen Stellvertreter auszuwechseln. Auch er erhält den Hinweis, sich von Ideen über den Platz zu lösen und sich stattdessen nur gefühlsmäßig hineinzugeben. Der Berater fragt dann die einzelnen Stellvertreter, wie sie sich an ihrem Platz fühlen.

- **Experimentieren mit Lösungsbildern:** Bei der Frage, wie sich die Einzelnen fühlen, kann der Berater auch nach Verhaltenstendenzen fragen. Diese geben erste Hinweise auf Lösungen oder aber auch auf tiefere Verwicklungen, die vom System oder dysfunktionalen Dynamiken einzelner Personen ausgehen. Insbesondere die Rolle oder das Fehlen von Führung wird hier sichtbar.

    Verhaltenstendenzen der Stellvertreter geben erste Hinweise auf Lösungen oder aber auch auf tiefere Verwicklungen

    Wenn das Problembild abgeschlossen ist, wird ein erstes Lösungsbild gestellt. Hierbei sind die Impulse der Stellvertreter wichtig. Deren Innenperspektive ist bedeutsamer als das, was von außen als funktional angedacht wird. Der Stellvertreter gibt auch die Orientierung für das Tempo – hier ist es oft wichtig, langsam und behutsam vorzugehen. Auch stellt der Berater nach seinen inneren Bildern von Funktionalität und Ordnung. Oft werden auch – insbesondere bei Familienunternehmen – Verwicklungen zwischen Privatem und Professionellem deutlich, die Lösungen behindern und problemstabilisierende Dynamiken erzeugen. Beispielsweise kann es bei der Umstellung eine für die Organisation eigentlich sinnvolle Lösung geben, die dem Stellvertreter deshalb nicht passt, weil er persönlich etwas anderes braucht. In der Regel stellt sich zum Schluss der Klient an den Platz seines Stellvertreters und schaut, wie sich das anfühlt. Manchmal sind hier auch dann noch Veränderungen nötig.

    Für das Stellen des Lösungsbildes sind die Impulse der Stellvertreter wichtig

- **Abschluss:** Zum Schluss sind oft Anregungen und Hinweise wichtiger als wasserdichte Lösungen. Manchmal werden Lösungen nur angedacht und wirken beim Klienten weiter. Der Berater sollte an dieser Stelle den Mut haben, die Bilder wirken zu lassen. Für die Stellvertreter ist es wichtig, das System wieder zu verlassen und dem Klienten sein Schicksal zu lassen.

Auch mit einem geschlossenen Team sind Aufstellungen möglich, wenngleich Abhängigkeiten und aktuelle Beziehungen hemmend wirken können. Die Teammitglieder können sich oft nicht so frei äußern, wie die Stellvertreter es könnten. Dennoch können Nähe, Distanz, Koalitionen, Führung und Beziehungsstrukturen sichtbar werden. Es zählen hier weniger die einzelnen Äußerungen, sondern eher der Gesamteindruck und die zugrunde liegende Dynamik. Der Gewinn liegt meist nicht in der optimalen Sofortlösung in Form eines abgeschlossenen Bildes, sondern eher in einem Perspektivenwechsel und erhöhtem gegenseitigem Einblick und Verständnis. Team-Aufstellungen sind tendenziell eher psychodynamisch geprägt, man kann auch mit Bewegungen, Sprechchören oder Utensilien arbeiten.

Aufstellungen mit einem geschlossenen Team

Vorbereitend ist es oft hilfreich, dass jedes Teammitglied sein Bild vom Team malt. Aufgestellt wird dann ein Bild – man lässt hier die Gruppe entscheiden, welches Bild aufgestellt werden soll. Da selten alle Organisationsmitglieder dasselbe Bild haben, ist es außerdem günstig, eine Außenperspektive hineinzubringen. Wenn möglich, sollte jemand Neutrales sein inneres Bild aufstellen – z.B. jemand aus einer anderen Abteilung oder jemand Neues. Man kann auch zwei bis drei verschiedene Teambilder stellen und reflektieren lassen. Ungünstig ist es jedes Mitglied sein Bild aufstellen zu lassen, da hierbei die Dynamik zäh wird.

Arbeit mit Gegenständen

Man kann hierzu alles nehmen, was sich in Reichweite befindet und klein genug ist, um damit zu arbeiten, z.B. Taschenrechner, Schreibtischutensilien oder Bestecke und Salzstreuer im Restaurant. Berater nutzen auch Holzfiguren oder vorbereitete Gegenstände. In einer Zweier-Beratungssituation, z.B. in einem Coaching, fordert dann die Beraterin den Klienten auf, das Thema, um das es ihm geht, zu schildern und dabei mit Gegenständen aufzustellen. Der Klient kann entweder das gesamte Bild auf sich wirken lassen oder er versetzt sich in die Gegenstände hinein.

ein Thema mit Gegenständen aufstellen

Die Befragung der einzelnen gegenständlichen „Stellvertreter" kann auch der Diagnose blinder Flecken dienen: Wenn jemand sich nicht hineinversetzen kann, kann sich auch der Berater in den Platz versetzen und die Methode für Rückmeldungen und Hypothesenbildungen nutzen. Anschließend kann mit verschiedenen Lösungsbildern experimentiert werden, mit Bildern, zu denen es den Klienten drängt oder mit Bildern, die den Rahmen sprengen. Wichtig ist hierbei zu wissen, dass insbesondere Bausteine, die zunächst eher nur negativ erscheinen, oft das größte Lösungspotenzial und die stärksten Veränderungsenergien in sich bergen.

3.5 Systemlösungen

Wenn man die verschiedenen Tendenzen eines Systems ganzheitlich betrachtet, ist im Rahmen der Konfliktbehandlung die Grenze zwischen Präventions- und Bewältigungsstrategien fließend. Die in Teil B, Kap. 4 beschriebenen Maßnahmen zur strukturellen und kulturellen Konfliktprävention bilden die Grundlage für Interventionsstrategien zur Bewältigung von Konflikten. Globalisierung, Liberalisierung, Technologisierung sind Stichpunkte, die die neue Komplexität von Unternehmen kennzeichnen und zu zahlreichen Spannungen und Widersprüchen führen. Rationalisierung und Organisationsentwicklung laufen zunehmend nicht mehr sequenziell, sondern gleichzeitig ab (Königswieser et. al. 2001). Übergreifend geht es darum, *„die oft grausame, unmenschliche Logik der Wirtschaft mit den Bedürfnissen der verängstigten, im Unternehmen verbliebenen oder der hoffnungslosen, gekündigten Mitarbeiter verbinden zu können"* (Königswieser et. al. 2001).

Rationalisierung und Organisationsentwicklung laufen zunehmend nicht mehr sequenziell, sondern gleichzeitig ab

NICHTS UNTERSCHEIDET FÄHIGE VON UNFÄHIGEN MANAGERN SO SEHR WIE IHRE FÄHIGKEIT, MIT WIDERSPRÜCHEN UMZUGEHEN."
(Peter Drucker)

Der Schwerpunkt dieses Kapitels liegt auf einem Überblick über Maßnahmen der Organisationsentwicklung und Prozessberatung sowie Personalentwicklung zur Bewältigung von Konflikten und spezifische systemische Maßnahmen zur Konfliktverarbeitung: Der Einführung von Anti-Mobbing-Systemen, Wirtschaftsmediation und kollegialer Beratung als Alternativen für Systemlösungen.

3.5.1 Organisations- und Personalentwicklung

Wann immer es um Veränderungsprozesse in größeren Systemen geht, tun Sie gut daran, die durch die Veränderung zwangsläufig entstehenden Konflikte als Chance zu begreifen (vgl. Teil A, Kap. 3.) und aktiv zu steuern.

Solche Anlässe für Organisationsentwicklungsmaßnahmen sind meistens aufgrund von notwendigen Neuausrichtungen oder Neustrukturierungen gegeben wie z.B.:

Anlässe für Organisationsentwicklungsmaßnahmen

- Zentralisierung oder Dezentralisierungen
- Liberalisierung
- Einführung von prozess- und kundenorientierten Organisationsstrukturen
- Generationenwechsel in mittelständischen Unternehmen
- Einführung von Projektmanagement
- Einführung der Balance-Score-Card
- Entwicklung von wertorientierter Führung
- Einführung neuer Personalinstrumente (z.B. Leistungs- oder Beurteilungssysteme)
- Einführung von neuen EDV-Systemen
- Konzentration auf Kernarbeitsgebiete und damit verbundenen Personalabbau
- Strategische Neuausrichtung
- Umstellung der Verkaufsorganisation (z.B. auf Branchenstrukturen)
- Einführung einer neuen Produktionstechnologie oder -anlage
- Fusionen und Post-Merger-Integration

Organisationsentwicklung setzt hier auf. Insbesondere die systemische Organisationsentwicklung greift die in Teil A (Kap. 2.1) behandelte Komplexität von Organisationen auf und begreift Unternehmen als soziale lebendige Systeme.

systemische Organisationsentwicklung begreift Unternehmen als soziale lebendige Systeme

Nach Baumgartner et. al. (1996) definiere ich Organisationsentwicklung (OE) im Rahmen des Konfliktmanagements folgendermaßen:

> OE IST EIN VERÄNDERUNGSPROZESS EINER ORGANISATION UND DER DARIN TÄTIGEN MENSCHEN UND BEDEUTET DAS AKTIVE UMWANDELN VON KONFLIKTEN UND KONFLIKTPOTENZIALEN IN KONSTRUKTIVE VERÄNDERUNGSENERGIE.

In der Regel erfolgt die Organisationsentwicklung als Organisationsberatung durch Hinzuziehung von externen Fach- und Prozessberatern. Die systemische Organisationsentwicklung (nach Königswieser et. al. 2001) basiert dabei auf der integrativen Berücksichtigung von Struktur, Strategie und Kultur als integriertes Ganzes.

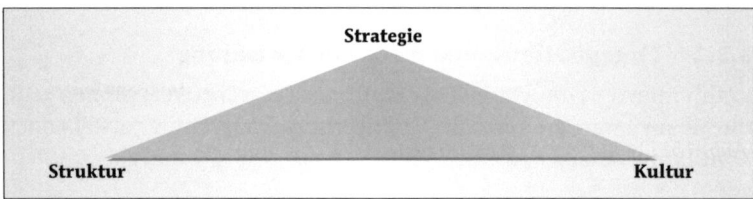

Abb. 14: Dreieck der Unternehmensentwicklung

Kriterien systemischer Organisationsentwicklungsprozesse

Veränderung im Rahmen systemischer Organisationsentwicklungsprozesse findet dabei (vgl. Baumgartner et. al. 1996, Königswieser et. al. 2001) nach folgenden Prinzipien statt:

- **Betroffene zu Beteiligten machen:** Die betroffenen Mitarbeiter werden aktiv und umfassend in die Weiterentwicklung und Neuorientierung der Organisation eingebunden.

Visionen integrieren persönliche Perspektiven von Mitarbeitern mit der Organisation und den Märkten

- **Ausrichtung an Visionen:** Visionen integrieren persönliche Perspektiven von Mitarbeitern mit der Organisation und den Märkten. Visionen bilden als Kraftquellen die Grundlage für Innovation und Entwicklung (Senge 1995).
- **Menschen und Organisationen verbinden:** Es geht darum, Interessen auszugleichen und Unternehmenszweck und -ziele mit den individuellen und sozialen Zielsetzungen der Mitarbeiter zu verbinden. Ziele müssen tragbar und konsensfähig sein (keine Verlierer-Gewinner-Situationen).

unterschiedliche Sichtweisen und Perspektiven zulassen

- **Komplexität ermöglichen:** Wichtig ist es, unterschiedliche Sichtweisen und Perspektiven zuzulassen. Statt Pauschallösungen wird das Zusammenwirken von Subsystemen beschrieben und gefördert.

lernende, sich selbst entwickelnde Organisationen

- **Lernen in Prozessen:** Überlebensfähig sind vor allem lernende, sich selbst entwickelnde Organisationen. Evolutionäre Lernstrategien ermöglichen Anpassungsfähigkeit und Flexibilität. Normen und Handlungsweisen werden permanent auf ihre Marktaktualität abgeglichen. In dynamischen Schleifen (Abb. 15) von Informationssammlung, in der die unterschiedlichen notwendigen Perspektiven zusammengeführt werden, Hypothesenbildung und der Ableitung von Interventionen, wird gemeinsames Lernen ermöglicht. Der Weg ist so wichtig wie das Ziel.
- **Ressourcenorientierung:** Die Fokussierung liegt auf der Wertschätzung von Fähigkeiten, Stärken, Chancen und Zielen.
- **Umsetzungsorientierung und -begleitung:** Probleme und konkrete Entwicklungsanliegen sind der Ausgangspunkt von Veränderungen.

Die Nähe zum Arbeitsplatz und die Umsetzung vor Ort stehen im Vordergrund.

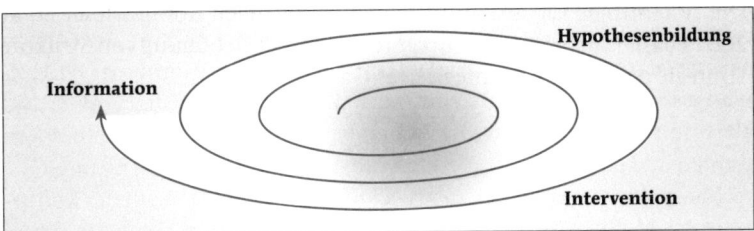

Abb. 15: Dynamische Lernschleifen

Im Fallbeispiel aus Teil A, Kap. 1 und 1.3 fand eine systemische Organisationsberatung des Integrationsprozesses statt. Hier eine kurze Zusammenfassung: In einem Kick-off-Workshop wurden die Abteilungen auf gemeinsame Visionen und Strategien ausgerichtet. Die Prozessgestaltung umfasste weiterhin die Festlegung von Zielprozessen, die Einführung einer Projektorganisation und Erarbeitung einer Konfliktkultur. Ein Steuerungsgremium auf Unternehmensseite und ein Beraterteam unterstützten die Umsetzung durch zielführende Beratungen und Workshops.

In der Regel umfasst OE folgende Phasen (vgl. Doppler u. Lauterburg 1994, S. 91; Baumgartner et. al. 1996, S. 92 f.):

Phasen der Organisationsentwicklung

- **Orientierung:** sich ortskundig machen, Kraftfeldanalyse, Diagnose
- **Situationsklärung:** Ist-Zustand analysieren und Visionen erarbeiten
- **Zielfindung und Auftragsklärung:** Veränderungsziele ableiten
- **Steuerungsstruktur installieren:** OE-Prozess strukturell und personell verankern, Projekte initiieren
- **Information des Gesamtsystems:** Transparenz und Auseinandersetzung fördern
- **Experimente:** in Praxistests erste Projekte ausprobieren
- **Teilprojekte:** Umsetzen der geplanten Veränderung, Zielkorrekturen, Integration aktueller Themen
- **Evaluation:** absichern des Integrationsprozesses

In der systemischen Organisationsentwicklung umfasst die Interventionsarchitektur (Königswieser u. Exner 1998) sowohl die Schaffung von Strukturen, die auf einer Metaebene gewünschte Kommunikationsabläufe erleichtern als auch die Prozessplanung für das konkrete Interventionsdesign. Über die in Kapitel 3.4 beschriebenen grundlegenden systemischen Interventionen hinaus können dann Prozesselemente eingesetzt werden (vgl. Königswieser et. al. 2001) oder weitere Interventionen wie z.B. das Reflecting Team, das die Beobachtung von Prozessen ermöglicht oder das Konfliktlösungstreffen (Doppler u. Lauterburg 1994, S. 289 f.) sowie spezifisch wirksame Interventionen für die Überwindung von

auf einer Metaebene gewünschte Kommunikationsabläufe erleichtern

Reflecting Team
Konfliktlösungstreffen

Schnittstellen zwischen Abteilungen (Schütz 2003, S. 116 f.). Zum State of the art in anspruchsvollen Veränderungsprojekten zählen inzwischen auch Großgruppenmethoden, wie z.B. die Search Conference, Open Space, Real Time Strategic Change (RTSC) oder Appreciative Inquiry (AI), in denen es darum geht, das ganze System in einen Raum zu bringen (vgl. Holman u. Devane 1999, Königswieser u. Keil 2000). Das hat den Vorteil, dass alle Informationen gleichzeitig vorhanden sind, die Beteiligten einbezogen werden und positive Veränderungsenergie freigesetzt werden kann.

Großgruppenmethoden: Search Conference, Open Space, Real Time Strategic Change (RTSC), Appreciative Inquiry (AI)

Maßnahmen der Personalentwicklung (PE) ergänzen auf der Kultur-Seite die Maßnahmen der Organisationsentwicklung. Auch als „One-Party-Mediation" (von Hertel 2003) beschrieben, kann Coaching eine sinnvolle PE-Maßnahme sein, die Führungskräfte personen-, system- und situationsspezifisch qualifiziert, Konflikte konstruktiv zu bewältigen und als Chance zu nutzen. Als Tandemcoaching kann diese Qualifikation, ähnlich einer Mediation, auf Führungstandems in komplexen Organisationen übertragen werden.

Maßnahmen der Personalentwicklung (PE) ergänzen die Maßnahmen der Organisationsentwicklung

Nicht zuletzt ist eine bewährte Form des Lernens von Interesse: Konfliktmanagement-Trainings, in denen in spezifischer Fallarbeit Lösungen gesucht, Modelle und Konfliktlösungsinstrumente vermittelt und durch Rollenspiele Probehandeln und Verhaltensänderungen ermöglicht werden. Solche Seminare sind einerseits als integrativer Bestandteil einer Konfliktkultur vorbeugend (gegen destruktive Konflikte wie z.B. Mobbing) wirksam, andererseits bieten sie insbesondere in veränderungsintensiven Zeiten die Gelegenheit, losgelöst vom Alltagsstress die Kreativität und Energie zu finden reale Konflikte zu lösen.

Konfliktmanagement-Trainings

3.5.2 Anti-Mobbing-Systeme

In Teil A (Kap. 2.4.4) wurde das Thema Mobbing behandelt. Fazit aus verschiedenen Studien ist, dass Mobbing nur selten individuell gelöst werden kann, sondern unternehmensübergreifende Interventionsstrategien erforderlich sind, die sowohl präventiv, als auch kurativ wirken. Dazu gehört z.B. die Einführung einer Betriebsvereinbarung zum Thema Mobbing oder „Faires Verhalten am Arbeitsplatz", die beinhalten sollte:
- Definition von Mobbing
- Sanktionen im Falle eines Verstoßes gegen die Vereinbarung
- Maßnahmen zur konkreten Bewältigung von Konflikten
- Maßnahmen zur präventiven Verbesserung des Betriebsklimas
- Einrichtung eines betrieblichen Beschwerderechts und des Verfahrensablaufs bei Beschwerden

Einführung einer Betriebsvereinbarung zum Thema Mobbing

Ein Beispiel für eine solche Betriebsvereinbarung ist nach Empfehlung der Bundesanstalt für Arbeitsschutz und Arbeitsmedizin im Anhang aufgeführt (BAuA 2003). Zur Prüfung Ihrer Mobbing-Gefährdung kann der Fragebogen „Stimmungscheck" der BAuA (2003) dienen (ebenfalls im Anhang).

Ebenso umfasst ein Anti-Mobbing-System Empfehlungen in Form eines Anti-Mobbing-Ratgebers und Schulungen für Führungskräfte, Kollegen und Betroffene. Solche Ratgeber können z.B. die in Checkliste 15 aufgeführten Empfehlungen beinhalten (vgl. BAuA 20032, S. 28 f. und Checkliste 13: „Unfaire Verhaltensweisen und wie man sich dagegen wehrt" in Kap. 3.3.3).

Checkliste 15: Anti-Mobbing-Ratgeber		
Für Führungskräfte	**Für Betroffene**	**Für Kollegen**
• Sprechen Sie offensiv über Mobbing im eigenen Verantwortungsbereich. • Beziehen Sie eindeutig Position. • Führen Sie klare Strukturen und Aufgabenverteilungen ein. • Informieren Sie über das Thema und Ansprechpartner. • Machen Sie einen Stimmungscheck (Fragebogen im Anhang). • Führen Sie Mediation oder Schlichtungsmodelle ein. • Beziehen Sie Betroffene bei Entscheidungen mit ein. • Seien Sie gesprächsbereit. • Seien Sie sensibel für Ihr Betriebsklima und greifen Sie bei Meinungsverschiedenheiten moderierend ein.	• Wehren Sie sich frühzeitig. • Suchen Sie Kontakt mit den Tätern. • Analysieren Sie die Konfliktursachen und machen Sie sachliche Lösungsvorschläge. • Suchen Sie Verbündete. • Nutzen Sie inner- und außerbetriebliche Hilfsangebote (Führungskräfte, Beratungen, Betriebsrat, Fortbildungen, Selbsthilfegruppen). • Dokumentieren Sie Ihre Arbeitsleistung und Mobbing-Vorgänge. • Bauen Sie Stress ab (Sport, Entspannung, Urlaub, Kur ...).	• Sprechen Sie die betroffene Person direkt an! • Beachten Sie Regeln der sachgerechten Verhandlung und der gewaltfreien Kommunikation. • Nehmen Sie das „Opfer" ernst. • Analysieren Sie die Situation sachlich und vorurteilsfrei. • Klären Sie, welche Unterstützung der Betroffene will und machen Sie ggf. Angebote (Handlungsalternativen, Gespräche, Rechtsbeistand). • Arbeiten Sie aktiv Intrigen und Gerüchten entgegen. • Sprechen Sie mögliche Täter/Mitläufer an.

3.5.3 Einführung von Wirtschaftsmediation

Um eine konstruktive Konfliktkultur im Spannungsfeld der Anforderungen einer Organisation einzuführen bietet sich auch die Installation von Wirtschaftsmediation auf verschiedenen Ebenen an. Mediation ist dabei nicht nur reine Methode – sie stellt auf der Ebene der Ethik einen Paradigmenwechsel dar, indem sie Alternativen zu autoritätsorientier-

Mediation bietet Alternativen zu autoritätsorientierten Modellen der Konfliktlösung

ten Modellen der Konfliktlösung bietet (vgl. Risto 2003). Durch ihre Philosophie der konsensorientierten Konfliktlösung verändert sie die Unternehmenskultur in Richtung einer konstruktiven Konfliktkultur. In unserer kleinen Umfrage (vgl. Teil A, Kap. 2.2.2) nutzten alle befragten Unternehmen einen Mediator, nur 25 Prozent jedoch interne Ressourcen. Die übrigen 75 Prozent führten Mediation mithilfe externer Experten durch. Dabei berichteten die befragten Institutionen über eine ziemlich hohe Erfolgsquote der Mediation: 66 Prozent geben eine Erfolgsquote von 80 Prozent oder höher an.

Einsatzbereiche

Mediation lässt sich im Unternehmen sinnvoll einsetzen (vgl. Altmann et. al. 1999) zur:
- Klärung innerbetrieblicher zwischenmenschlicher Auseinandersetzungen,
- Lösung von Konflikten zwischen Unternehmensleitung und Mitarbeitervertretung,
- Prävention und Lösung von Mobbing,
- Bearbeitung von Konflikten zwischen Gruppen und Abteilungen.

Im Rahmen der in Kap. 3.5.1 genannten Vorgehensweisen von Organisationsentwicklungen ist die Einführung von Wirtschaftsmediation als unternehmensübergreifendes Konfliktlösungsinstrument in folgenden Stufen sinnvoll:

Phasen der Einführung

- Analyse und Diagnose des Konfliktpotenzials (vgl. Teil A, Kap. 2.2) durch Interviews und Fragebögen
- Vereinbarung von Zielen und Einsatzgebieten der Mediation
- Schulung von internen Mediatoren in der Personalentwicklung, und von Mediationskompetenzen bei Führungskräften und ausgewählten Schnittstellenfunktionen
- Begleitung des Prozesses durch Einzel- und Gruppencoaching
- Evaluation durch die Analyse des Konfliktpotenzials

Wenn ein Mediationssystem implementiert ist, können Personen, Teams oder Abteilungen sowohl auf ihre diesbezüglich schon trainierten Kompetenzen zurückgreifen, als auch auf interne Ressourcen zur Konfliktlösung.

3.5.4 Implementierung von kollegialer Beratung

Förderung der Entwicklung gemeinschaftlicher Problemlösungen

Kollegiale Beratung ist ein Instrument, das die Entwicklung gemeinschaftlicher Problemlösungen fördert. Dieses Instrument stellt eine starke Personenqualifizierung und darüber hinaus Systemqualifizierung durch Vermittlung und Stabilisierung von Beratungskompetenz und hierarchieübergreifende Kompetenzvermittlung dar. Die Ziele der Einführung von „kollegialer Beratung" sind:

Ziele

- Kurzfristig zu aktuellen Problemen angemessene und umsetzbare Lösungen finden

- Führungs-, Team- und Beratungskompetenzen erhöhen
- Langfristig die Konfliktmanagementkompetenz in Form von konsensorientierter Problemlösung als Bestandteil der Unternehmenskultur installieren
- Wissenstransfer bzw. -management als Kultur in der Firma installieren: Die kollegialen Gruppen sind ein Spiegel und eine Sonde für Prozesse im Unternehmen
- Organisationales Lernen durch die Bildung von Peergroups, Vernetzung und Flexibilisierung fördern

In Gruppen von ca. 5 bis 8 Personen treffen sich Teilnehmer aus verschiedenen Organisationseinheiten und bearbeiten aktuelle Praxisfälle. Dabei wechselt die Moderation. Jeweils ein Fallgeber stellt einen Konflikt vor, die Fallberater geben Rückmeldungen und Lösungsideen oder sind Sparringpartner in Rollenspielen. Vielfältige kreative Methoden der kollegialen Beratung finden sich bei Schulz von Thun (1998) und Tietze (2003). Kollegiale Beratungsgruppen werden am besten zunächst im offenen Trainingsprogramm als kostengünstige Alternative zu Seminaren angeboten: Dabei trifft sich eine feste Gruppe über ein halbes bis Dreivierteljahr hinweg ein mal monatlich für ca. einen halben Tag – oft bietet sich auch die Zeit nach Feierabend an. Anschließend treffen sich dann die Teilnehmer ohne Berater weiter.

Teilnehmer aus verschiedenen Organisationseinheiten bearbeiten aktuelle Praxisfälle

Ist das Instrument als effizientes Modell für Konfliktlösung und Problembearbeitung im Unternehmen bekannt geworden, kann eine systematische Einführung mit Methoden der Organisationsentwicklung überlegt werden. Bewährt haben sich dabei folgende Stufen:
- Workshops zur Einführung des Verfahrens (vgl. Franz u. Kopp 2003)
- Schulung von internen Moderatoren und Multiplikatoren
- Installation von festen Gruppen mit Unterstützung von Blended Learning Instrumenten, d.h. Austausch von Informationen und Erfahrungen, Fortschritten, Erfolgen und Problemen zwischen den Meetings über E-Mail, eines Ansprechpools von internen Moderatoren bei Themen, in denen die Gruppe nicht weiter kommt, sowie eines Feedbacksystems für gruppenübergreifende Themen.
- Begleitangebote in Form von Trainings und Coaching
- Begleitende Evaluation durch die Personalentwicklungsabteilung.

systematische Einführung mit Methoden der Organisationsentwicklung

Darüber hinaus sind Methoden der kollegialen Beratung inzwischen integraler Bestandteil von Trainings zum Konfliktmanagement.

3.6 Überblick: Konfliktinterventionen

Einen Überblick über die dargestellten Interventionsformen bietet Checkliste 16.

Checkliste 16: Interventionen zur Konfliktlösung und Konsensfindung

Emotionsmanagement

- Machen Sie sich Ihre Gefühle und die Ihres Konfliktpartners bewusst.
- Erkennen Sie Gefühlspotenziale in Konflikten.
- Drücken Sie Bedürfnisse aus.
- Beeinflussen Sie Ihre Stimmungen positiv.
- Nehmen Sie Äußerungen von Wut und Ärger ernst.
- Rechnen Sie in der Verarbeitung unangenehmer Botschaften mit Unverständnis, Unglaube und Schock.

Grundlegende Kommunikationsmethoden

- Werden Sie sich der vier Seiten von Nachrichten bewusst und setzen Sie kommunikationsförderliche Methoden auf der Sach-, Beziehungs-, Selbstausdrucks- und Appelebene ein.
- Stellen Sie immer als erstes eine gute Beziehung her.
- Setzen Sie Ihre Körpersprache positiv ein (Pacing).
- Hören Sie aktiv zu, indem Sie Verstandenes spiegeln.
- Geben Sie Feedback in Form von Ich-Botschaften: Ich nehme wahr – ich erlebe – ich wünsche mir.
- Stellen Sie lenkende und offene Fragen.
- Gehen Sie bei Sackgassen auf die Metaebene: Sprechen Sie über die Art und Weise, in der Sie miteinander sprechen.

Weiterführende Interventionen

- Richten Sie Ihre Aufmerksamkeit darauf, was in Ihnen und dem Anderen lebendig ist und was Sie tun können, um Ihr Leben gegenseitig zu bereichern.
- Setzen Sei die Methodik der gewaltfreien Kommunikation (GFK) ein: Beobachtungen und Bewertungen trennen – Gefühle ausdrücken – Bedürfnisse benennen – Bitten äußern.
- Wehren Sie „Psychospiele" und unfaire Vorgehensweisen im Drei-Schritt-Modell ab: Erkennen – Konfrontieren – Aussteigen.
- Trainieren Sie Ihren Humor und setzen Sie ihn sensibel ein.

Systemische Interventionen

- Unterscheiden Sie harte und weiche Faktoren, Translationen und Transformationen (Change Portfolio).
- Stellen Sie rückbezügliche, reflektive systemische Fragen.

- Deuten Sie negative Eigenschaften oder Verhaltensweisen (X) um: Suchen Sie einen Kontext in dem X nützlich ist und suchen Sie andere inhaltliche Bedeutungen von X.
- Intervenieren Sie paradox: Ändern Sie sich, indem Sie bleiben, wie Sie sind oder umgekehrt. Nutzen Sie kreativ die Tipps zum Konfliktverschärfen.
- Setzen Sie mit Metaphern, Bildern, und Geschichten Energien und Ressourcen frei.
- Externalisieren Sie unklare Konflikte durch Aufstellungen.

Systemlösungen

- Nutzen Sie bei Veränderungsprozessen und zur Integration von Spannungsfeldern Möglichkeiten der Organisations- und Personalentwicklung.
- Führen Sie passend zu Ihrem Unternehmen Anti-Mobbingsysteme, Wirtschaftsmediation und/oder kollegiale Beratung ein.

Zusammenfassung von Teil C
Grundmuster, Lösungsverfahren und Interventionen

Grundmuster der Konfliktlösung
- **Flucht:** vermeiden, weglaufen, unter den Teppich kehren
- **Vernichtung:** kämpfen, konkurrieren, angreifen
- **Unterordnung:** nachgeben, unterwerfen, ausweichen, anpassen
- **Delegation:** richten, schlichten, vermitteln, moderieren
- **Kompromiss:** feilschen, Teileinigung erzielen, tauschen
- **Konsens:** Lösungen zweiter Ordnung finden, entwerfen, integrieren

Konfliktlösungsverfahren nach Eskalationsgrad
- **Konfliktlösung zwischen den Beteiligten:**
  - Konfliktlösungsgespräche
  - Verhandlungen
- **Vermittlungsverfahren:**
  - Moderation
  - Mediation

- **Schlichtungsverfahren**
  - Schlichter
  - Schiedsrichter
- **Machteingriff**
  - Faires Trennungsmanagement
  - Abmahnung, Kündigung

Interventionen zur Konfliktlösung und Konsensfindung

- **Emotionsmangement:** Gefühle bewusst machen und Bedürfnisse ausdrücken, Ärger ernst nehmen, mit emotionalen Reaktionen rechnen
- **Kommunikationsfördernde Gesprächsmethoden einsetzen:** Beziehung herstellen, Körpersprache positiv einsetzen, aktives Zuhören, Feedback in Form von Ich-Botschaften, Fragen stellen, Metakommunikation
- **Weiterführende Methoden:** Gewaltfreie Kommunikation, Humor einsetzen, Psychospiele und unfaire Dialektik abwehren
- **Systemische Interventionen:** Unterschiede managen, Change Portfolio nutzen, systemisch fragen, Reframing, paradox intervenieren, mit Metaphern arbeiten, Methoden der Aufstellungsarbeit nutzen
- **Systemlösungen:** systematische Organisations- und Personalentwicklung betreiben, Anti-Mobbing-Systeme, Wirtschaftsmediation oder kollegiale Beratung einführen

Anhang

1 Zum Thema Mobbing

1.1 Auszüge aus den Leitsätzen des LAG Thüringen

Gerichtsurteil Mobbing (I)

URL: http://www.jurawelt.com/gerichtsurteile/sonstige/arbeitsrecht/lag/1933
Gericht: LAG Thüringen 5. Kammer
Aktenzeichen: 5 Sa 403/00
Datum der Entscheidung: 10.04.2001
Datum der Veröffentlichung im Internet: 24.04.2001

Leitsätze:

1. Der Arbeitgeber ist verpflichtet, das allgemeine Persönlichkeitsrecht der bei ihm beschäftigten Arbeitnehmer nicht selbst durch Eingriffe in deren Persönlichkeits- oder Freiheitssphäre zu verletzen, diese vor Belästigungen durch Mitarbeiter oder Dritte, auf die er einen Einfluss hat, zu schützen, einen menschengerechten Arbeitsplatz zur Verfügung zu stellen und die Arbeitnehmerpersönlichkeit zu fördern. Zur Einhaltung dieser Pflichten kann der Arbeitgeber als Störer nicht nur dann in Anspruch genommen werden, wenn er selbst den Eingriff begeht oder steuert, sondern auch dann, wenn er es unterlässt, Maßnahmen zu ergreifen oder seinen Betrieb so zu organisieren, dass eine Verletzung des Persönlichkeitsrechts ausgeschlossen wird.

2. Eine Verletzung des allgemeinen Persönlichkeitsrechts des Arbeitnehmers kann nicht nur im Totalentzug der Beschäftigung, sondern auch in einer nicht arbeitsvertragsgemäßen Beschäftigung liegen. Eine solche Rechtsverletzung liegt vor, wenn der Totalentzug oder die Zuweisung einer bestimmten Beschäftigung nicht bloß den Reflex einer rechtlich erlaubten Vorgehensweise darstellt, sondern diese Maßnahmen zielgerichtet als Mittel der Zermürbung eines Arbeitnehmers eingesetzt werden, um diesen selbst zur Aufgabe seines Arbeitsplatzes zu bringen.

3. Aus dem Umstand, dass bloß für einen vorübergehenden Zeitraum in das allgemeine Persönlichkeitsrecht des Arbeitnehmers eingegriffen wird oder dem Arbeitnehmer dadurch keine finanziellen Nachteile entstehen, kann kein diesen Eingriff rechtfertigendes, überwiegendes schutzwürdiges Interesse des Arbeitgebers hergeleitet werden.

4. Bei dem Begriff „Mobbing" handelt es sich nicht um einen eigenständigen juristischen Tatbestand. Die rechtliche Einordnung der unter diesen Begriff zusammenzufassenden Verhaltensweisen beurteilt sich ausschließlich danach, ob diese die tatbestandlichen Voraussetzungen einer Rechtsvorschrift erfüllen, aus welcher sich die gewünschte Rechtsfolge herleiten lässt. Die juristische Bedeutung der durch den Begriff „Mobbing" gekennzeichneten Sachverhalte besteht darin, der Rechtsanwendung Verhaltensweisen zugänglich zu machen, die bei isolierter Betrachtung der einzelnen Handlungen die tatbesthandlichen Voraussetzungen von Anspruchs-, Gestaltungs- und Abwehrrechten nicht oder nicht in einem der Tragweite des Falles angemessenen Umfang erfüllen können.

5. Ob ein Fall von „Mobbing" vorliegt, hängt von den Umständen des Einzelfalles ab. Dabei ist eine Abgrenzung zu dem im gesellschaftlichen Umgang im Allgemeinen üblichen oder rechtlich erlaubten und deshalb hinzunehmenden Verhalten erforderlich. Im arbeitsrechtlichen Verständnis erfasst der Begriff des „Mobbing" fortgesetzte, aufeinander aufbauende oder ineinander übergreifende, der Anfeindung, Schikane oder Diskriminierung dienende Verhaltensweisen, die nach Art und Ablauf im Regelfall einer übergeordneten, von der Rechtsordnung nicht gedeckten Zielsetzung förderlich sind und jedenfalls in ihrer Gesamtheit das allgemeine Persönlichkeitsrecht oder andere ebenso geschützte Rechte, wie die Ehre oder die Gesundheit des Betroffenen verletzen. Ein vorgefasster Plan ist nicht erforderlich. Eine Fortsetzung des Verhaltens unter schlichter Ausnutzung der Gelegenheiten ist ausreichend. Zur rechtlich zutreffenden Einordnung kann dem Vorliegen von falltypischen Indiztatsachen (mobbingtypische Motivation des Täters, mobbingtypischer Geschehensablauf, mobbingtypische Veränderung des Gesundheitszustands des Opfers) eine ausschlaggebende Rolle zukommen, wenn

eine Konnexität zu den von dem Betroffenen vorgebrachten Mobbinghandlungen besteht. Ein wechselseitiger Eskalationsprozess, der keine klare Täter-Opfer-Beziehung zulässt, steht regelmäßig der Annahme eines Mobbingsachverhaltes entgegen.

Gerichtsurteil Mobbing II

URL: http://www.jurawelt.com/gerichtsurteile/
  sonstige/arbeitsrecht/lag/2821
LAG Thüringen 5. Kammer
AZ 5 Sa 102/2000
Datum der Entscheidung: 15.2.2000
Datum der Veröffentlichung im Internet: 26.7.2001

Leitsätze

1. Der Staat, der Mobbing in seinen Dienststellen und in der Privatwirtschaft zulässt oder nicht ausreichend sanktioniert, kann sein humanitäres Wertesystem nicht glaubwürdig an seine Bürger vermitteln und gibt damit dieses Wertesystem langfristig dem Verfall preis. Entsprechend dem Verfassungsauftrag des Art. 1 Abs. 1 GG muss die Rechtsprechung in Ermangelung einer speziellen gesetzlichen Regelung, in Verantwortung gegenüber dem Bestandsschutz der verfassungsmäßigen Wertordnung und zur Gewährleistung der physischen und psychischen Unversehrtheit der im Arbeitsleben stehenden Bürger gegenüber Mobbing ein klares Stopp-Signal setzen.

2. Auch die Arbeitnehmer sind in der Konsequenz des von der Verfassung vorgegebenen humanitären Wertesystems verpflichtet, das durch Art. 1 und 2 GG geschützte Recht auf Achtung der Würde und der freien Entfaltung der Persönlichkeit der anderen bei ihrem Arbeitgeber beschäftigten Arbeitnehmer nicht durch Eingriffe in deren Persönlichkeits- und Freiheitssphäre zu verletzen.

3. Zur Achtung der Persönlichkeitsrechte der ArbeitskollegInnen sind die Arbeitnehmer eines Betriebes unabhängig von den Ausstrahlungen der Verfassung auf die zwischen den Bürgern bestehenden Rechtsverhältnisse auch deshalb verpflichtet, weil sie dem Arbeitgeber keinen Schaden zufügen dürfen.

4. Aufgrund von Mobbinghandlungen kann ein solcher Schaden für den Arbeitgeber u.a. deshalb entstehen, weil für den von dem Mobbing betroffenen Arbeitnehmer – abhängig von den Umständen des Einzelfalles – nach § 273 Abs. 1 BGB die Ausübung eines Zurückbehaltungsrechts an seiner Arbeitsleistung, die Ausübung des Rechts zur außerordentlichen Kündigung mit anschließendem Schadensersatzanspruch nach § 628 Abs. 2 BGB, unabhängig von der Ausübung eines solchen Kündigungsrechts die Inanspruchnahme des Arbeitgebers auf Schadensersatz wegen dessen eigener Verletzung von Organisations- und Schutzpflichten (positive Vertragsverletzung, § 823 Abs. 1 BGB) oder nach den hierfür einschlägigen Zurechnungsnormen des Zivilrechts (§§ 278, 831 BGB) für das Handeln des Mobbingtäters in Betracht kommen und bei Vorliegen der Zurechnungsvoraussetzungen des § 831 BGB grundsätzlich auch Schmerzensgeldansprüche gegen den Arbeitgeber gerichtet werden können.

5. Das so genannte Mobbing kann auch ohne Abmahnung und unabhängig davon, ob es in diesem Zusammenhang zu einer Störung des Betriebsfriedens gekommen ist, die außerordentliche Kündigung eines Arbeitsverhältnisses rechtfertigen, wenn dadurch das allgemeine Persönlichkeitsrecht, die Ehre oder die Gesundheit des Mobbingopfers in schwer wiegender Weise verletzt werden. Je intensiver das Mobbing erfolgt, um so schwer wiegender und nachhaltiger wird die Vertrauensgrundlage für die Fortführung des Arbeitsverhältnisses gestört. Muss der Mobbingtäter erkennen, dass das Mobbing zu einer Erkrankung des Opfers geführt hat und setzt dieser ungeachtet dessen das Mobbing fort, dann kann für eine auch nur vorübergehende Weiterbeschäftigung des Täters regelmäßig kein Raum mehr bestehen.

6. Für die Einhaltung der für den Ausspruch einer außerordentlichen Kündigung bestehenden zweiwöchigen Auschlussfrist des § 626 Abs. 2 BGB kommt es bei einer mobbingbedingten außerordentlichen Kündigung entscheidend auf die Kenntnis desjenigen Ereignisses an, welches das letzte, den Kündigungsentschluss auslösende Glied in der Kette vorangegangener

weiterer, in Fortsetzungszusammenhang stehender Pflichtverletzungen bildet.

7. Die juristische Bedeutung der durch den Begriff „Mobbing" gekennzeichneten Sachverhalte besteht darin, der Rechtsanwendung Verhaltensweisen zugänglich zu machen, die bei isolierter Betrachtung der einzelnen Handlung die tatbestandlichen Voraussetzungen von Anspruchs-, Gestaltungs- und Abwehrrechten nicht oder nicht in einem der Tragweite des Falles angemessenen Umfang erfüllen können. Wenn hinreichende Anhaltspunkte für einen Mobbingkomplex vorliegen, ist es zur Vermeidung von Fehlentscheidungen erforderlich, diese in die rechtliche Würdigung mit einzubeziehen. Kündigungsrechtlich bedeutet dies, dass die das Mobbing verkörpernde Gesamtheit persönlichkeitsschädigender Handlungen als Bestandteil einer einheitlichen Arbeitsvertragsstörung sowohl den sachangemessenen Anknüpfungspunkt und Grund für den Ausspruch einer Kündigung als auch die Grundlage für deren gerichtliche Überprüfung bildet.

8. Da es aus rechtlicher Sicht bei Mobbing um die Verletzung des allgemeinen Persönlichkeitsrechts und/oder der Ehre und/oder der Gesundheit geht und die in Betracht kommenden Rechtsfolgen das Vorliegen eines bestimmten medizinischen Befundes nicht in jedem Fall voraussetzen, ist jedenfalls für die juristische Sichtweise nicht unbedingt eine bestimmte Mindestlaufzeit oder wöchentliche Mindestfrequenz der Mobbinghandlungen erforderlich.

9. Unabhängig davon, ob es bei der gerichtlichen Prüfung um eine Kündigung, Abwehr- oder Schadensersatzansprüche geht, kann allerdings das Vorliegen eines „mobbingtypischen" medizinischen Befundes erhebliche Auswirkungen auf die Beweislage haben: Wenn eine Konnexität zu den behaupteten Mobbinghandlungen feststellbar ist, muss das Vorliegen eines solchen Befundes als ein wichtiges Indiz für die Richtigkeit dieser Behauptungen angesehen werden. Die jeweilige Ausprägung eines solchen Befundes kann ebenso wie eine „mobbingtypische" Suizidreaktion des Opfers im Einzelfall darüber hinaus Rückschlüsse auf die Intensität zulassen, in welcher der Täter das Mobbing betrieben hat. Wenn eine Konnexität zu feststehenden Mobbinghandlungen vorliegt, dann besteht eine von der für diese Handlungen verantwortlichen natürlichen oder juristischen Person zu widerlegende tatsächliche Vermutung, dass diese Handlungen den Schaden verursacht haben, den die in dem medizinischen Befund attestierte Gesundheitsverletzung oder die Suizidreaktion des Opfers zur Folge hat.

10. Das Prinzip der Rechtsstaatlichkeit (Art. 20 Abs. 3 GG) und die Wahrung des Rechtsfriedens erfordern für die Durchführung von Gerichtsverfahren Regeln, die unabhängig von der Komplexität von Sachverhalten und ohne Ansehen der für die Justiz durch das Verfahren entstehenden Belastungen, der Durchsetzung des materiellen Rechts und damit der Gerechtigkeit Geltung verschaffen. Bei einem sich über einen unbestimmten Zeitraum erstreckenden Geschehen, wie es z.B. bei Mobbing der Fall ist, kann von dem Betroffenen nicht ohne weiteres erwartet werden, dass er ohne Rückgriff auf gegebenenfalls tagebuchartig zu führende Aufzeichnungen zu einer vollständigen und damit wahrheitsgemäßen Aussage in der Lage ist, sei es, dass er als Partei in einem von ihm selbst betriebenen Mobbingschutzprozess nach § 141 ZPO angehört oder nach § 448 ZPO vernommen wird oder sei es, dass er als Zeuge in einem den Täter des Mobbings betreffenden Kündigungsschutzprozess aussagen muss. Bei der Aussage über länger zurückliegende Ereignisse kann deshalb ein Zeuge oder eine Partei auf seine bzw. ihre im unmittelbaren zeitlichen Zusammenhang mit diesen Ereignissen zur Gedächtnisstütze gefertigten Notizen und erst recht auf eine zu diesem Zweck gefertigte eidesstattliche Versicherung Bezug nehmen, wenn die Nichtgestattung der Bezugnahme auf eine Verhinderung der Beweisführung hinausliefe und diese Schriftstücke zu den Akten gereicht werden oder sich bereits dort befinden. Zur Ausschließung der schriftlichen Vorbereitung einer zum Zwecke der Wahrheitsverschleierung dienenden „Aussagekosmetik" oder von dritter Seite vorformulierter Aussagen muss allerdings die vorzunehmende Glaubwürdigkeitsprüfung einem besonders strengen Maßstab unterworfen werden. Dabei kommt es insbesondere auf die Umstände des Zustandekommens der schriftlichen Aufzeichnungen

an, die gegebenenfalls durch gerichtliche Rückfragen und Vorhaltungen überprüft werden müssen.

1.2 Entwurf einer Musterbetriebsvereinbarung

(aus BAuA 2003, S. 43-45)

In dem Willen, das Betriebsklima in unserem Unternehmen zu verbessern, Konflikte produktiv zu nutzen und zu bearbeiten und negative Auswirkungen sozialer Konflikte auf Einzelne zu verhindern, schließen Betriebsrat/Personalrat und Geschäftsleitung folgende Vereinbarung:

§ 1 Geltungsbereich

Diese Betriebs-/Dienstvereinbarung gilt für alle Betriebsangehörige des ... Betriebes.

§ 2 Belästigungsverbot

Geschäftsleitung und Betriebsrat/Personalrat sind sich einig darüber, dass in dem Betrieb/Unternehmen/Dienststelle ... keiner Person wegen Abstammung, Religion, Nationalität, Herkunft, Alter, Geschlecht, sexueller Orientierung, politischer oder gewerkschaftlicher Betätigung oder Einstellung Nachteile entstehen dürfen. Geschäftsleitung und Betriebsrat/Personalrat sehen eine wichtige Aufgabe darin, die freie Entfaltung der Persönlichkeit der im Betrieb beschäftigten Arbeitnehmer zu schützen und zu fördern. Deshalb werden alle Betriebsangehörigen aufgefordert, Maßnahmen zu unterlassen, die die Entfaltung der Persönlichkeit Einzelner beeinträchtigen können oder als Belästigung und Beleidigung empfunden werden können. Insbesondere ist darauf zu achten, dass

- niemand in seinen Möglichkeiten, sich zu äußern oder mit seinen Kollegen und Vorgesetzten zu sprechen, eingeschränkt wird,
- niemand in seinen Möglichkeiten, soziale Beziehungen aufrechtzuerhalten, beschnitten wird,
- niemand in seinem sozialen Ansehen beschädigt wird,
- niemand durch Wort, Gesten oder Handlungen sexuell belästigt wird,
- niemand durch die ihm zugewiesenen Arbeitsaufgaben diskriminiert oder gedemütigt wird,
- niemand physischer Gewalt oder gesundheitsschädigenden Arbeitsbedingungen ausgesetzt wird.

§ 3 Sanktionen

Unabhängig von den im Folgenden genannten Vorgehensweisen zur Verhinderung von Belästigungen und Beeinträchtigungen kommen Geschäftsleitung und Betriebsrat/Personalrat überein, dass sie belästigende Handlungen nach § 2 als ernstliche Verletzung des Betriebsfriedens betrachten. Personen, die trotz Ermahnung solche Verhaltensweisen ausüben, müssen mit Versetzung oder Entlassung rechnen.

§ 4 Maßnahmen zur Verbesserung des Betriebsklimas

Zur Verbesserung des Betriebsklimas und zur Verhinderung von Belästigungen werden regelmäßig Vorgesetztenschulungen durchgeführt, und zwar alle drei Jahre. Der Betriebsrat/Personalrat ist an der Konzeption der Schulung und Auswahl der Schulungsträger beteiligt und hat das Recht, an den Schulungen teilzunehmen. In den Schulungen sind dem Thema: „Maßnahmen zur Verbesserung des Betriebsklimas und zur Verhinderung von Mobbing" besonderer Raum zu lassen.

§ 5 Betriebliches Beschwerderecht

Jeder Betriebsangehörige, der sich vom Arbeitgeber oder von Arbeitnehmern des Betriebes benachteiligt oder ungerecht behandelt oder in sonstiger Weise beeinträchtigt fühlt, hat das Recht zur Beschwerde. Nachteile dürfen ihm nicht daraus entstehen.

§ 6 Stufen der Beschwerdebehandlung

Ein Betriebsangehöriger, der eine Beschwerde nach § 5 vorbringt, kann zunächst ein Gespräch mit dem Konfliktgegner unter neutraler Leitung (Moderator) verlangen. Auf seinen Wunsch wird der Betriebsrat/Personalrat hinzugezogen. Der Beschwerdeführer hat das Recht, dass dieses Gespräch innerhalb von zwei Wochen nach seiner Beschwerde stattfindet.

Ergibt sich bei diesem Gespräch keine freiwillige Einigung, so muss innerhalb von zwei weiteren Wochen ein Vermittlungsgespräch stattfinden. Als Vermittler wird der nächsthöhere Vorgesetzte eingesetzt. Auf

Wunsch des Beschwerdeführers kann der Personalrat/Betriebsrat hinzugezogen werden.

Kommen beide Konfliktgegner in diesem Gespräch nicht zu einer Einigung oder besteht der ursprüngliche Missstand, der Anlass zur Beschwerde gab, weiter, so kommt die Angelegenheit innerhalb von zwei weiteren Wochen vor die betriebliche Beschwerdestelle. Sie entscheidet nach Anhörung beider Seiten verbindlich.

§ 7 Zusammensetzung der betrieblichen Beschwerdestelle

Die betriebliche Beschwerdestelle ist eine ständige Einrichtung. Sie setzt sich aus je drei Mitgliedern, die von der Geschäftsleitung und vom Personal-/Betriebsrat benannt werden, zusammen. Den Vorsitz übernimmt eine neutrale Person (eventuell eine externe Person). Sie entscheidet einstimmig.

Die betriebliche Beschwerdestelle hat das Recht, Maßnahmen zur Beilegung des Konfliktes zu beschließen. Die Geschäftsleitung und der Personal-/Betriebsrat sind zur Umsetzung der Entscheidung der Beschwerdestelle verpflichtet.

Kommt keine Einigung zustande, wird ein externer Vermittler hinzugezogen, dessen Vermittlungsvorschlag angenommen werden muss.

§ 8 Betriebliche Ansprechpartner

Um eine Eskalation von Konflikten zu verhindern, werden betriebliche Ansprechpartner benannt, die von den Beschwerdeführern angerufen werden können, wenn sie sich belästigt oder benachteiligt fühlen. Die Ansprechpartner werden von Geschäftsleitung und Betriebsrat im Einvernehmen benannt, und zwar in folgender Anzahl: pro 1.000 Mitarbeiter ein Ansprechpartner, mindestens aber zwei pro Dienststelle/Betrieb/Unternehmensteil.

Diese Ansprechpartner werden gesondert geschult und haben folgende Rechte:
- Gespräche zwischen zwei Konfliktgegnern einzuberufen und zu leiten, sofern noch keine Beschwerde nach § 6 geführt wurde,
- im Auftrag eines Beschwerdeführers Verhandlungen mit Vorgesetzten und Personalabteilung zu führen, um einen Missstand zu beseitigen oder eine einvernehmliche Lösung zu finden,
- in der betrieblichen Beschwerdestelle als Sachverständiger aufzutreten und Lösungen vorzuschlagen,
- gegen Entscheidungen der betrieblichen Beschwerdestelle ein Veto einzulegen, wenn sie den begründeten Verdacht haben, dass es sich um einen Fall von Mobbing handelt.

Wenn der betriebliche Absprechpartner ein Veto gegen die Entscheidung der betrieblichen Beschwerdestelle einlegt, muss diese einen externen Experten zum Thema Mobbing hören und dessen Vermittlungsvorschlag annehmen.

§ 9 Inkrafttreten, Kündigung

Diese Vereinbarung tritt am ... in Kraft. Die Vereinbarung gilt auf unbestimmte Zeit, sie kann mit einer halbjährlichen Frist zum jeweiligen Jahresende gekündigt werden. Widerspricht die andere Seite der Kündigung, so gilt die Vereinbarung fort, bis sie durch eine andere Abmachung ersetzt wird.

1.2 Fragebogen „Stimmungscheck" zur Analyse des Mobbing-Potenzials

(aus BAuA 2003, S. 46 - 47)

(bitte ankreuzen)

- Die Stimmung im Team, in der Abteilung ist unserem Vorgesetzten gleichgültig. Probleme zwischen Kollegen werden gar nicht angehört - Hauptsache, alles funktioniert.
- Im Betrieb herrscht starker Konkurrenzdruck - wer hinauf will, braucht Ellenbogen.
- In der Firma gibt es mindestens einen der folgenden Stressfaktoren: Zeitdruck, Unterbesetzung, Lärm, Hitze, Schmutz oder Ähnliches.
- Private Kontakte zwischen Kollegen zählen eher zur Ausnahme.
- Wenn der Chef/die Chefin auf einen Mitarbeiter zukommt, geht es meist um Überstunden oder Kritik. Lob, Anerkennung oder ein netter Satz zwischendurch kommen ihm/ihr kaum über die Lippen.
- In unserem Betrieb gelten starre Hierarchien. Eigenverantwortliches Arbeiten ist nicht gefragt, wichtige Informationen erfahren Mitarbeiter spät oder gar nicht.

- Konflikte, die in der täglichen Zusammenarbeit entstehen, werden oft unter den Teppich gekehrt. Keiner fühlt sich zuständig, Schwierigkeiten anzupacken.
- Die Fluktuation in der Firma/Abteilung ist hoch – viele Mitarbeiter sind frustriert und hoffen nur, möglichst schnell eine andere Stellung zu finden. In den letzten zwölf Monaten gab es eine Umwälzung (z.B. neues Firmenkonzept, Umstellung auf EDV), auf die die Mitarbeiter kaum oder nicht genügend vorbereitet wurden.
- Das Team spaltet sich häufig in feste Koalitionen. Die Grüppchen untereinander tauschen sich kaum aus.
- In den letzten zwölf Monaten ist es mindestens einmal vorgekommen, dass ein Mitarbeiter gekündigt hat oder „gegangen" wurde, weil er mit dem Team/der Führungskraft nicht zurechtkam.
- Gerüchte und Tuscheleien gehören zur Tagesordnung. Offene Gespräche finden kaum statt.
- In unserer Firma gibt es keinen bzw. keinen engagierten Betriebs-/Personalrat, an den sich jeder vertrauensvoll wenden könnte.
- Die Firma befindet sich wirtschaftlich derzeit in keiner günstigen Position. Stellenabbau wurde bereits durchgeführt, angekündigt oder kann nicht mehr ausgeschlossen werden.
- Wenn jemand im Team einen Fehler macht, sorgen bestimmte Kollegen dafür, dass es der Chef erfährt.
- Intrigen und Neid sind in der Abteilung sehr verbreitet.
- Der Chef ist oft launisch, unberechenbar oder duldet keinen Widerspruch.
- In der Abteilung arbeiten nur Männer. Einige davon scheinen von Kolleginnen/Mitarbeiterinnen wenig zu halten, was sie z.B. mit geringschätzigen Blicken, Äußerungen oder zweideutigen Anspielungen deutlich machen.
- Der Vorgesetzte mag ein exzellenter Fachmann sein – von seinen Mitarbeitern kapselt er sich allerdings soweit als möglich ab. An deren Meinung und Kompetenz scheint ihm nicht gelegen zu sein.
- Die Anweisungen von oben sind oft unklar oder widersprüchlich. Keiner weiß so recht, was er tun bzw. wie er sich verhalten soll.

Auswertung:

- 0 - 4 Punkte:

Mit dem Betriebsklima an Ihrem Arbeitsplatz dürfen Sie im Großen und Ganzen zufrieden sein. Die positive Stimmung scheint die meiste Zeit zu überwiegen. Kleine Spannungen oder Probleme sind im Arbeitsleben unvermeidlich und kein Grund zur Sorge, so lange man sie nicht ignoriert, sondern aufmerksam verfolgt, wie sich die Dinge entwickeln. Die wenigen Schattenseiten, die Sie im Test aufgespürt haben, lassen sich möglicherweise leicht aus der Welt schaffen. Das Betriebsklima in Ihrer Firma ist offensichtlich gut genug, um die Knackpunkte im Team oder mit dem Vorgesetzten zu besprechen und gemeinsam nach einer Lösung zu suchen.

- 5 bis 9 Punkte:

In Ihrer Firma zu arbeiten ist offensichtlich kein reines Vergnügen. Zu viele Reibungs- und Konfliktpunkte tauchen auf, die unter Umständen auch in Psychoterror ausarten können. Regen Sie – wenn möglich – Verbesserungen an. Versuchen Sie, Verbündete im Betrieb zu finden, denen ebenso an einer Entschärfung des Konfliktpotenzials gelegen ist. Seien Sie in jedem Fall wachsam.

- 10 und mehr Punkte:

Alarmstufe rot! Die Stimmung an Ihrem Arbeitsplatz ist offensichtlich äußerst gespannt. Dass es in diesem Betriebklima zu Aggressionen und verdeckten Konflikten kommt, ist unvermeidlich – der ideale Nährboden für Mobbing. Im Alleingang können Sie vermutlich nichts ändern. Überlegen Sie in Ruhe, wo es innerhalb der Firma noch Ansprechpartner gibt, denen Sie wirklich vertrauen können. Nur ihnen sollten Sie ihre Befürchtungen mitteilen und gemeinsam überlegen, welche Wege noch offen stehen.

2 Umfrage bei 20 Unternehmen zu Konfliktthemen, Konfliktpotenzialen und Beteiligten

(Institut für Coaching & Supervision
Mai – Okt. 2003)

Konflikt allgemein

- Welche Konfliktthemen kommen in Ihrem Unternehmen am häufigsten vor?
- Welche Mitarbeitergruppen sind hauptsächlich in Konflikte involviert?

Abmahnung

- Was sind die Hauptkonfliktthemen, die in eine Abmahnung münden?
- Wie läuft ein Abmahnungsprocedere ab?

Rechtsstreit

- Was sind Hauptkonfliktthemen, die in rechtliche Auseinandersetzungen münden?
- In welchen Fällen schaltet das **Unternehmen** die Rechtsabteilung / den Rechtsanwalt ein?
- Wann schaltet der **betroffene Mitarbeiter** die Rechtsabteilung / den Rechtsanwalt ein?

Mobbing

- Welche Erfahrungen liegen in Ihrem Unternehmen bezüglich Mobbing vor?
- Haben Sie eine Betriebsvereinbarung zu Mobbing? Welche Urteilstendenzen gibt es?

Mediation

- Gibt es bei Ihnen einen Mediator?
- In wieviel Prozent der Fälle kann der Mediator erfolgreich vermitteln?

Abschließende Frage

- Wie würden Sie die Tendenz des Konfliktpotenzials in Ihrem Unternehmen beschreiben – zunehmend oder abnehmend? Und auf welche Ursachen führen Sie dies zurück?

3 Adressen

Konfliktmanagement und Mediation

- INSTITUT FÜR COACHING UND SUPERVISION
  Jutta Kreyenberg
  Parkweg 2; 67269 Grünstadt
  Tel. 06359/92184
  Fax 06359/92185
  E-Mail: info@CoachingSupervision.de
  URL: www.CoachingSupervision.de
- PROFESSIO
  AKADEMIE FÜR DEN BEREICH HUMANRESSOURCEN
  Am Bocksberg 80; 91522 Ansbach
  Tel. 0981-4663690
  Fax 0981-63564
  E-Mail: office@professio.de
  URL: www.professio.de
- INSTITUT DR. BALDINGER
  Erbsengasse 26; 63654 Büdingen
  Tel. 06042-9630-0
  Fax: 06042-9630-20
  E-Mail: institut@baldinger-partner.de
  URL: www.baldinger-partner.de
- GEMEINSCHAFTSINITIATIVE GESÜNDER ARBEITEN E.V.
  Dr. Gottfried Richenhagen
  c/o Ministerium für Wirtschaft und Arbeit des Landes Nordrhein-Westfalen
  Horionplatz 1; 40213 Düsseldorf
  Tel. 0211/8618-3419
  Fax 0211/8618-53419
  E-Mail: gesuender@rbeiten.org
- BUNDESVERBAND MEDIATION E.V. (BM)
  Fachverband zur Verständigung in Konflikten
  Hauptgeschäftsstelle:
  Dipl.-Psych. Inge Thomas-Worm
  Kirchweg 80; 34119 Kassel
  Tel. 0561/7396413
  Fax 0561/7396412
  E-Mail: info@bmev.de
  URL: www.bmev.de

- AKADEMIE VON HERTEL
  Anita von Hertel u.a.
  Rolfinckstraße 12 a; 22391 Hamburg
  Tel: 040 536 79 11
  FAX: 040 536 79 90
  E-Mail: Anita@vonHertel.de
  URL: www.vonHertel.de
- BUNDESVERBAND MEDIATION IN WIRTSCHAFT UND ARBEITSWELT E.V. (BMWA)
  Geschäftsstelle c/o RAin Martina Wurl
  Severinstraße 4; 18209 Bad Doberan
  Tel. 038203/13134
  Fax 038208/13136
  E-Mail: geschaeftsstelle@bmwa.de
  URL: http://www.bmwa.de
- GESELLSCHAFT FÜR SCHLICHTUNG UND MEDIATION (GSM)
  Schulstr. 17; 33330 Gütersloh
  Tel. 05241 - 222 96 65, Fax 251 70
  E-Mail: info@schlichtung-und-mediation.de
  URL: www.schlichtung-und-mediation.de
- DEUTSCHE ANWALTAKADEMIE (DAA)
  Littenstr. 11; 10179 Berlin
  Tel. 030/726153-180
  Fax 030/726153-188
  E-Mail: daa@anwaltakademie.de
  URL: http://www.anwaltverein.de
- DEUTSCHE GESELLSCHAFT FÜR PERSONALFÜHRUNG E.V. (DGFP)
  Dr. Henning Keese
  Niederkasseler Lohweg 16, 40547 Düsseldorf
  Tel. 0211/5978-0, -142
  Fax 0211/5978-199, -149
  E-Mail: duesseldorf@dgfp.de
  URL: http://www.dgfp.de
- DEUTSCHE GESELLSCHAFT FÜR MEDIATION IN DER WIRTSCHAFT E. V. (DGMW)
  Vorsitz: Rechtsanwalt Michael Hemming
  Charlottenstr. 29-31; 70182 Stuttgart
  Tel. 0711/2376812
  Fax 0711/2376811
  E-Mail: info@dgmw.de
  URL: http://www.dgmw.de
- DEUTSCHE PSYCHOLOGEN AKADEMIE
  Fortbildungs-GmbH des BDP
  Heilsbachstr. 22; 53123 Bonn
  Tel. 0228/9873128
  Fax 0228/9873172
  E-Mail: dpaf@bdp-verband.org
  URL: http://www.bdp-verband.org/dpaf/home.html
- INSTITUT DR. MAUTSCH
  Bismarckstraße 60, 50672 Köln
  Tel. 0221/9514820
  Fax 0221/95148215
  E-Mail: info@mautsch.de
  URL: http://www.mautsch.de

Mobbing-Hilfe

- BUNDESANSTALT FÜR ARBEITSSCHUTZ UND ARBEITSMEDIZIN (BAuA)
  Friedrich-Henkel-Weg 1-25; 44149 Dortmund
  Tel. 0231/9071-0
  Fax 0231/9071-454
  E-Mail: dortmund@baua.bund.de
  URL: www.baua.de
- MOBBING-TELEFON DER AOK
  040/20230209
- DEUTSCHE ARBEITSGEMEINSCHAFT FÜR SELBSTHILFEGRUPPEN E.V.
  Bödekerstr. 85; 30161 Hannover
  Tel. 0511/391928
- SUCHADRESSEN FÜR ANWÄLTE:
  www.anwaltauskunft.de
  www.anwaltsuche.de
  www.rechtsfinder.de

4 Literatur

- ADLER, ALFRED, 1954: Menschenkenntnis
- ALTMANN, GERHARD; FIEBIGER, HEINRICH u. MÜLLER, ROLF, 1999, Mediation: Konfliktmanagement für moderne Unternehmen, Beltz
- ANDRZEJEWSKI, LAURENZ, 2003: Konstruktiv trennen, managerSeminare Heft 63 2/2003
- ANDRZEJEWSKI, LAURENZ, 2002: Trennungskultur, Luchterhand
- ATTEMS, RUDOLF u. HEIMEL, FRANZ, 1994: Typologie des Managers, Überreuter
- BACH, GEORGE R, u. WYDEN, PETER, 1990: Streiten verbindet, Fischer
- BALLING, ROLF, 1991: Metapher für die Funktionsweise lebender Systeme, unveröffentlichte Geschichte auf einem Workshop
- BATESON, GREGORY, 1987: Geist und Natur, Suhrkamp
- BAuA, BUNDESANSTALT FÜR ARBEITSSCHUTZ UND ARBEITSMEDIZIN, 2003: Wenn aus Kollegen Feinde werden
- BAUMER, THOMAS, 2002: Handbuch Interkulturelle Kompetenz, orell füssli
- BAUMGARTNER, IRENE; HÄFELE, WALTER; SCHWARZ, MANFRED u. SOHM, KUNO 1996: OE-Prozesse, Haupt
- BENIEN, KARL, 2003: Schwierige Gespräche führen, Rowohlt
- BERKEL, KARL, 2002: Konflikttraining, Reihe Arbeitshefte Führungspsychologie Bd. 15, Sauer
- BERNE, ERIC, 1966: Principles of group treatment, Shea books
- BERNE, ERIC 1967: Spiele der Erwachsenen, Rowohlt
- BERNE, ERIC, 1972:Was sagen Sie, nachdem Sie guten Tag gesagt haben, Fisher
- BERNE, ERIC, 2001: The Structure and Dynamics of Organizations and Gruops, Fremantle Publishing Australia
- BESEMER, CHRISTOPH, 1999: Mediation, Vermittlung in Konflikten, Stiftung gewaltfreies Leben
- BION, WILFRID R. 1968: Experiences in Groups, Taylor u. Francis
- BOHM, DAVID, 1998: Der Dialog, Klett-Cotta
- BONACKER, THORSTEN (Hrsg.), 2002: Sozialwissenschaftliche Konflikttheorien: Eine Einführung, Reihe Friedens- und Konfliktforschung Bd.5, Leske und Budrich
- BUCHANAN, MARK, 2002: Small Worlds, Campus
- BUCHINGER, KURT 1997: Supervision in Organisationen, Carl Auer
- CZICHO, REINER, 1993: Change Management, Ernst Reinhardt
- DAVIS, STAN u. MEYER, CHRISTOPHER, 1998: Das Prinzip Unschärfe, Gabler
- DE BONO, EDWARD, 1987: Konflikte – Neue Lösungsmodelle und Strategien, Econ
- DE GEUS, ARIE, 1998: Jenseits der Ökonomie, Klett-Cotta
- DEHNER, ULRICH, 2001: Die alltäglichen Spielchen im Büro, Campus
- DÖRNER, DIETRICH, 1989: Die Logik des Misslingens, Rowohlt
- DOPPLER, KLAUS u. LAUTERBURG, CHRISTOPH, 1994: Change Management, Campus
- DULABAUM, NINA L., 2003: Mediation: Das ABC, Beltz
- ERDMÜLLER, ANDREAS u. WILHELM, THOMAS, 2002: Moderation, Haufe
- ENGLISH, FANITA, 1988: Es ging doch gut, was ging denn schief, Kaiser
- ERIKSON, ERICK, 1959: Identität und Lebenszyklus, Suhrkamp
- ERNST, FRANKLIN, 1971: The OK Corral: The Grid for Get-On-With, Transactional Analysis Journal, Vol. 4
- FEY, GUDRUN, 2000: Gelassenheit siegt, Fit for business
- FISCHER, HANS RUDI, et. al. (Hrsg.) 1992: Das Ende der großen Entwürfe, Suhrkamp
- FISHER, ROGER u. BROWN, SCOTT, 1988: Gute Beziehungen, Heyne
- FISHER, ROGER; URY, WILLIAM u. PATTON, BRUCE, 1996: Das Harvard Konzept, Campus
- FOWLER, SANDRA M. u. MUMFORD, MONICA G.,1995: Intercultural Sourcebook: Vol 1 Cross-Cultural Training Methods, Intercultural Press Inc.

- FRANZ, HANS-WERNER u. KOPP, RALF, 2003: Kollegiale Fallberatung, EHP
- FREY, CHRISTEL, 2000: 30 Minuten für wirkungsvolle Konfliktlösungen, Gabal
- FUCHS-BRÜNNINGHOFF, ELISABETH u. GRÖNER, HORST, 1999: Zusammenarbeit erfolgreich gestalten, dtv
- GAMBER, PAUL, 1992: Konflikte und Aggressionen im Betrieb, mvg
- GERKE, FRANK, 2003: Mediation in der Wirtschaft, Dr. Müller
- GERTSEN, MARTINE CARDEL; SØDERBERG; ANNE-MARIE u. TORP, JENS ERIK (Hrsg.), 1998: Cultural Dimensions of International Mergers and Acquisitions, de Gruyter
- GLASL, FRIEDRICH, 1990: Konfliktmanagement, Haupt
- GLASL, FRIEDRICH, 2002: Selbsthilfe in Konflikten, Haupt
- GOLEMANN, DANIEL, 1995: Emotionale Intelligenz, Carl Hanser
- GOLEMANN, DANIEL, 2000: Leadership That Gets Results, Harvard Business Review, March-April (P. 79 - 90)
- GOLEMANN, DANIEL, 2003: Emotionale Führung, Ullstein
- GOMMLICH, FLORIAN u. TIEFTRUNK, ANDREAS, 1999: Mut zur Auseinandersetzung: Konfliktgespräche, Falken
- GORDON, THOMAS, 1979: Managerkonferenz, Rowohlt
- GOTTMAN, JOHN M.; 2000: Die 7 Geheimnisse einer glücklichen Ehe, Marion von Schröder
- GOULDING, MARY, 1991: „Kopfbewohner" oder Wer bestimmt dein Denken?, Junferman
- HAUG, CHRISTOPH, V. 1994: Erfolgreich im Team, dtv
- HAY, JULIE, 1992: TA for Trainers. McGrawhill
- HIRIGOYEN, MARIE-FRANCE, 2003: Die Masken der Niedertracht: Seelische Gewalt im Alltag, dtv
- HOFMAN, KARSTEN; KÖHLER, FRIEDHELM u. STEINHOFF, VICTORIA, 1995: Vorgesetztenbeurteilung, Beltz
- HÖHER, PETER u. HÖHER, FRIEDERIKE, 2000: Konfliktmanagement, Haufe
- HOLLER, INGRID, 2003: Trainingsbuch Gewaltfreie Kommunikation, Junfermann
- HOLMAN, PEGGY u. DEVANE, TOM, 1999:The Change Handbook, Berret-Koehler
- HOLTBERND, THOMAS, 2002: Der Humorfaktor, Junfermann
- HOMANN u. DEVIANE, 1999: The Change Handbook
- IMBER-BLACK, EVAN, 1990: Familien und größere Systeme
- JOHNSTONE, KEITH, 1995: Improvisation und Theater, Alexander Verlag Berlin
- JAY, ROS, 2002: Teamkonflikte lösen, Financial Times
- JUNG, CARL GUSTAV, 1996: Gesammelte Werke, BD VI (Psychologische Typen), Walter
- JUNG, HANS, 2000: Persönlichkeitstypologie, Oldenbourg
- KÄLIN, KARL u. MÜRI, PETER, 1996: Sich und andere führen, Ott
- KAHLER, TAIBI, 1977: Das Miniskript, in BARNES et al., 1980, Transaktionsanalyse seit Eric Berne, Bd. 2, Institut für Kommunikationstherapie, Berlin
- KAPLAN, ROBERT, S. u. NORTON, DAVID P. 1997: Balanced Scorecard, Schäffer-Poeschel
- KARPMAN, STEPHEN 1986: Fairy tales and script drama analysis, Transactional Analysis Bulletin 7,26, p. 39 - 43
- KAUFFELD, SIMONE, 2001: Teamdiagnose, Verlag für Angewandte Psychologie
- KINDLER, HERBERT S. 1997: Konflikte konstruktiv lösen, manager Edition Überreuter
- KLEIN, HANS-MICHAEL, 2002: Konflikte am Arbeitsplatz, Cornelsen
- KLEINEBRINK, WOLFGANG, 2003: Abmahnung, Luchterhand
- KOCH, GERD, 1994: Weniger Ärger = Mehr Erfolg, mvg
- KÖNIGSWIESER, ROSWITA u. EXNER, ALEXANDER, 1998: Systemische Intervention, Klett-Cotta
- KÖNIGSWIESER, ROSWITA u. KEIL, MARION (Hrsg.): 2000, Das Feuer großer Gruppen, Klett-Cotta

- KÖNIGSWIESER, ROSWITA; CICHY, UWE u. JOCHUM, GERHARD (Hrsg.), 2001, SIMsalabim, Klett-Cotta
- KOHLS, L. ROBERT; KNIGHT, JOHN M., 1994: Developing Intercultural Awareness, Intercultural Press Inc.
- KOPPER, ENID u. KIECHL, ROLF, 1997: Methoden und Ansätze zur Entwicklung interkultureller Kompetenz, Versus
- KREYENBERG, JUTTA, 2003: Arbeitsstil- und Kommunikationsanalyse mithilfe des Konzepts „Antreiber" (AKA) in ZTA, Junfermann
- KREYENBERG, JUTTA, 2003: TA as a systemic constructivistiv approach, INTAND Vo. 11 Nr. 1
- LEYMANN, HEINZ, 1995: Der neue Mobbing-Bericht, Rowohlt
- LUHMANN, NICLAS, 1964: Funktion und Folgen formaler Organisation, Fischer
- LUHMANN, NIKLAS, 1992: Operationale Geschlossenheit psychischer und sozialer Systeme, Fischer
- LUMMA, KLAUS, 1992: Strategien der Konfliktlösung, Windmühle
- LYNCH, DUDLEY; KORDIS, PAUL, 1998: Delphinstrategien, Gerhard Henrich
- MALIK, FREDMUND, 2001: Führen, leisten, leben, Heyne
- MALORNY, CHRISTIAN u. LANGNER, MARC. A., 2002: Moderationstechniken, Hanser
- MARY, MICHEAL, 1996: Change Management als Chance, Orell Füssli
- MATURANA, HUMBERTO R. u. VARELA, FRANCISCO J., 1998: The Tree of Knowledge. The biological Roots of Human Understanding. Shambala Publications
- MINZBERG, HENRY, 1994: The rise and fall of strategic planning, The Free Press
- MITSCHKA, Ruth, 2000: Sich auseinandersetzen - miteinander reden, Veritas
- MYERS, KATHERINE C. u. BRIGGS MEYERS, ISABELL, 1991: MBTI, Beltz Test
- NEUBERGER, OSWALD, 1988: Was ist denn da so komisch? Psychologie heute
- NEUBERGER, OSWALD, 1995: Mobbing: Übel mitspielen in Organisationen, Schriftenreihe Organisation und Personal Bd.5, Rainer Hampp
- O'CONNOR, J. u. SEYMOUR, J. 1992: Neurolinguistisches Programmieren: Gelungene Kommunikation und persönliche Entfaltung,
- OPPERMANN-WEBER, URSULA, 2001: Handbuch Führungspraxis, Cornelsen
- PASTORS, PETER M. (HG),2002: Risiken des Unternehmens, 2002
- PULLIG, KARL-KLAUS, 2000: Innovative Unternehmenskulturen, Rosenberger
- QUISKE, FRIEDERICH, H.; SKIRL, STEFAN, J. u. SPIESS, GERALD, 1983: Arbeit im Team. Kreative Problemlösungen, Rowohlt
- RAMSEY, DOUGLES, R. 1987: The Corporate Warriors, Houghton Mifflin
- REDLICH, ALEXANDER, 1997: Konfliktmoderation, Windmühle
- REDLICH, ALEXANDER u. ELLING, JENS R., 2000: Potential: Konflikte, Windmühle
- RICHTER, HORST-EBERHARD, 1972: Patient Familie, Rowohlt
- RIEMANN, FRITZ, 1978: Grundformen der Angst, Reinhard
- RIGHT MANAGEMENT CONSULTING, 2003: Outplacement weit verbreitet, in Personalführung 7/2003, S. 13
- RISTO, KARL-HEINZ, 2003: Konflikte lösen mit System, Junfermann
- ROSENBERG, MARSHALL B., 2003: Gewaltfreie Kommunikation, Junfermann
- ROTH, GERHARD, 2001: Fühlen, Denken, Handeln, Suhrkamp
- RUEDE-WISSMANN, WOLF, 1996: Satanische Verhandlungskunst, Heyne
- RUNGE, THOMAS E. 2001: Veränderung der Firmenkultur mit Hilfe von 360-Grad-Verfahren, in FREIMUTH, JOACHIM u. ZIRKLER, MICHAEL (Hrsg.): Lizenz zum Führen, Windmühle
- SCHÄFER-ERNST, BARBARA, 2000: Vom Small Talk zum Netzwerken, study u. train Doppel-CD
- SCHEIN, EDGAR H., 1995: Unternehmenskultur, Campus
- SCHIFF, JAQUI LEE 1975: Cathexis reader, Harper u. Row, New York

- SCHLEGEL, LEONHARD, 1993: Handwörterbuch der Transaktionsanalyse, Herder
- SCHMID, BERND, 1986: Zwickmühlen, Zeitschrift für Transaktionsanalyse Heft 1, 3. Jahrgang
- SCHMID, BERND, 1994: Wo ist der Wind, wenn er nicht weht ... Junfermann
- SCHMID, BERND, 2003: Systemische Professionalität und Transaktionsanalyse, EHP
- SCHMID, BERND, 2004: Systemisches Coaching und Konzepte der Persönlichkeitsberatung, EHP
- SCHMIDT, RAINER, 1998: Immer richtig miteinander reden, Junferman
- SCHREYÖGG, ASTRID, 2002: Konfliktcoaching, Campus
- SCHÜTZ, PETER, 2003: Grabenkriege im Management, Ueberreuter
- SCHULZ VON THUN, FRIEDEMANN, 1981: Miteinander reden 1: Störungen und Klärungen, Rowohlt
- SCHULZ VON THUN, FRIEDEMANN, 1989: Miteinander reden 2: Stile, Werte und Persönlichkeitsentwicklung, Rowohlt
- SCHULZ VON THUN, FRIEDEMANN, 1998: Miteinander reden 3: Das innere Team und situationsgerechte Kommunikation, Rowohlt
- SCHULZ VON THUN, FRIEDEMANN, 1998: Praxisberatung in Gruppen, Beltz
- SCHWARZ, GERHARD, 1985: Die „heilige Ordnung" der Männer, Westdeutscher Verlag
- SCHWARZ, GERHARD, 1997: Konfliktmanagement, Gabler
- SEIWERT, LOTHAR L. 2001: Life-Leadership, Campus
- SENGE, PETER M., 1990: The fifth discipline, Century Business
- SHAH, IDRIES, 1994: Die fabelhaften Heldentaten des vollendeten Narren und Meisters Mulla Nasrudin, Herder
- SHERVINGTON, MARTIN, 2001: Denk nicht an Orangen mit Lila Punkten, Junfermann
- SIMON, FRITZ. B. u. RECH-SIMON, CHRISTEL, 1999: Zirkuläre Fragen, Carl-Auer-Systeme
- SIMON, FRITZ, B., 2001: Tödliche Konflikte, Auer
- SPACHTHOLZ, BARBARA, 1998: Intelligentes Stressmanagement, Fit for business
- SPACHTHOLZ, BARBARA, 2000: Gut drauf sein im Beruf, Fit for Business
- SPARRER, INSA u. VON KIBED, VARGA, 2000: Ganz im Gegenteil, Carl Auer
- SPITZER, MANFRED, 2000: The Mind Within the Net: Models of Learning, Thinking and Acting, Bradford Books
- SPRENGER, REINHARD, K., 1992: Mythos Motivation, Campus
- SPRENGER, REINHARD, K., 1995: Das Prinzip Selbstverantwortung, Campus
- SPRENGER, REINHARD, K., 2000: Aufstand des Individuums, Campus
- SPRENGER, REINHARD, K., 2001: Die Entscheidung liegt bei dir, Campus
- STEINER, CLAUDE, 1987: Macht ohne Ausbeutung, Junfermann
- STEINER, CLAUDE, 1997: Emotionale Kompetenz, Hanser
- STEWART, IAN u. JOINES, VANN, 1990: Die Transaktionsanalyse, Herder
- STÖSSEL, ANNETTE, 2002: Den Blickwinkel erweitern, managerSeminare Heft 53
- THOMANN, CHRISTOPH, 2002: Klärungshilfe: Konflikte im Beruf, Rowohlt
- TIETZE, KIM-OLIVER, 2003: Kollegiale Beratung, Rowohlt
- TRAGESER, WALTRAUD u. VON MÜNCHHAUSEN, MARCO, 2000: Die NLP-Kartei, Practitioner-Set, Junfermann
- TUCKMAN, B.W. u. JENSEN, M.A.C., 1977: Stages of small group development revisited, Group and Organizational Studies, 2, p 419 – 427
- TUMUSCHEIT 1999: Überleben im Projekt, Orell Füssli
- VAN DE WETERING, JANWILLEM, 1973: Der leere Spiegel, Rowohlt
- VESTER, FREDERIC, 1988: Leitmotiv vernetztes Denken, Heyne
- VON FOERSTER, HEINZ, 2002: Understanding Understanding. Essays on Cybernetics and Cognition. Springer-Verlag Telos
- VON HERTEL, ANITA, 2003: Professionelle Konfliktlösung, Campus

- VOPEL, KLAUS W., 2002: Kreative Konfliktlösung: Spiele für Lern- und Arbeitsgruppen, iskopress
- WATZLAWICK, PAUL; BEAVIN, JANET, H. u. JACKSON, DON, 1980: Menschliche Kommunikation, Huber
- WATZLAWICK, PAUL, 1986: Anleitung zum Unglücklichsein, Huber
- WATZLAWICK, PAUL; WEAKLAND, JOHN, H. u. FISCH, RICHARD, 1988: Lösungen, Huber
- WILLI, JÖRG, 1975: Die Zweierbeziehung, Rowohlt
- WOLF, ULRICH u. NEUMANN, BERND, 2001: Das Antistress Buch, Südwest
- WOODWARD, HARRY u. BUCHHOLZ STEVE, 1987: Aftershock, John Wiley u. Sons

Stichwortverzeichnis

Abhängigkeit 37 f.;
  linear-kausale 50;
  wechselseitige 39
Abmahnung 290 ff.
Absicherer 100
Abteilungsegoismus 191
Aktives Zuhören 308 ff.
Allianz, strategische 92
Alter 110
Ambiguitätstoleranz 219
Anbahnung 64
Änderungskündigung 291
Anti-Mobbing-System 344 f.
Antreiber 113, 139 ff.
Antreiberverhalten 141
Anwalt 284
Aporie 239
Appelebene 306
Arbeitsgestaltung, mangelhafte 86
Arbeitsgruppe 173
Arbeitsorganisation, gute 199;
  schlechte 86
Arbeitsschutzgesetz 294
Arbeitsstil, eigener 141 ff.
Argumentationsstrategie,
  überzeugende 261
Aristotelische Logik 211
Aufstellungsarbeit 337 ff.
Aussprache 250
Autonomie 206
Autonomieentwicklung 38
Axiome, grundlegende 211

Balanced Scorecard 52
Bedürfnis, verborgenes 98
Bedürfniskonflikt 32
Belastung, emotionale 302
Beratung externe 282 ff.

Beteiligtenlösung 245 ff.
Betriebsverfassungsgesetz 294
Beurteilungsmuster 132
Bewertungskonflikt 25, 27 f., 178
Beziehung, formelle 61;
  informelle 61
Beziehungsebene 306
Beziehungskonflikt
  26, 31 f., 164 ff.
Beziehungs-
  orientierung 213
Beziehungspflege 167 f.
Bezugsrahmen,
  individueller 122, 124;
  Verengung 80
Blockade 46, 323
Botschaft, elterliche 112 ff.;
  unangenehme 302 ff.

Change Management 101
Change Portfolio 326 f.
Contracting 170

Delegation 166, 232, 236
Denken 133
Dezentrale 191
Diade 164
Dialog 168 ff., 251
Distanz 34
Drama-Dreieck 145 f.
Dreieckskonflikt 164 ff.
Dreihundertsechzig-Grad-
  Feedback 175
Dritte Partei 235 ff.
Druck 99 ff.
Du-Botschaft 310;
  abwertende 18
Dynamik 50

Einigung, außergerichtliche 285
Eltern-Ich (EL) 30, 36, 119
Emotionale Intelligenz 182
Emotionalisierung 65, 169
Emotionsmanagement
  255, 296 ff.
Entscheidungskonflikt 118 ff.
Entscheidungsmanagement 160
Entspannungsmethoden 162
Entwicklungsprozess 97
Erfolgsmuster 158
Erhalter 100
Erlauber 113
Erwachsenen-Ich (ER)
  30, 36, 119
Eskalationsdynamik 68 ff.
Eskalationsphasen 246
Eskalationsprozess 74
Eskalationsstufen 89;
  Debatte 90;
  Drohung 94;
  Entgleisung 93;
  Gewalt 94 f.;
  Missstimmung 90;
  Misstrauen 91;
  Vernichtung 95
Existenz 109
Externe Beratung 282 ff.
Extraversion 136

Feedback 310 ff.;
  positives 256
Feedbackmechanismus,
  rückgekoppelter 70
Feindbildmechanismus 73
Formalisierungsphase 189
Fragen 312 ff.;
  systemische 327 ff.

Fragestrategie 313 f.
Frustrationstoleranz 219
Fühlen 133
Führer, informeller 181;
   offizieller 181
Führung, wirksame 181 f.
Führungsfeedback 185
Führungskonflikt 180 ff.
Führungskraft 182;
   charismatische 182;
   befehlende 183;
   beratende 183;
   beziehungsorientierte 182;
   demokratische 183;
   richtungsgebende 183
Führungsstil 182 ff.;
   autoritärer 86

Gefühl 19
Gegenabhängigkeit 38
Gemeinschaft 110
Generalisierungsmechanismus 70
Gesichtsverlust 93
Gesprächskultur, fehlende 86
Gewaltfreie Kommunikation
   (GFK) 315 ff.
Gewaltspirale 95
Gewinner 116
Gewinner-Gewinner-Haltung
   131 f.
Gewinner-Gewinner-Modell
   126 ff., 226 f.
Gewinner-Verlierer-Haltung 131
Glaubenssatz 114 ff.
Grundbedürfnisse 98
Grundbotschaft 113
Gruppe, selbstorganisierte 180
Gruppenbild 173 ff.
Gruppenbildung, informelle 195
Gruppenentwicklung 173;
   Phasen 174 ff.
Gruppenimago 173 ff.
Gruppenkonflikt 173 ff.
Gruppennorm 178
Gruppenzusammenhalt 91

Handlungsabsichten,
   unterschiedliche 24
Harward-Konzept 253
Hierarchie 180;
   Macht 79
Hierarchiespiel 82
Humor 323 ff.

Ich-Botschaft 310 ff.
Ich-Zustand 30
Ich-Zustandssystem 118 ff.

Identität 110
Ideologie 93
Indeterminismus 50
Inhalts-Reframing 331
Inneres Team 30, 146 ff.
Integrationsphase 190
Interpunktionsmechanismus 71 f.
Interrollenkonflikt 45
Intervention 296 ff.;
   paradoxe 323 ff.;
   systemische 325 ff.;
   weiterführende 315 ff.
Interventionsstrategie 68
Intransparenz 50
Intrarollenkonflikt 45
Introversion 133 ff.
Intuition 19 f., 133

Kampf, offener 65
Kartenabfrage 268
Kausalitätsdenken,
   mechanistisches 48
Kernperson 60
Killerphrase 18
Kind-Ich (K) 30, 36, 119
Klient 338
Koalition 91 ff., 166;
Körpersprache 307
Kollegiale Beratung 346 f.
Kommunikation, gewaltfreie
   (GFK) 315 ff.;
   nonverbale 214;
   unklare 147 f.
Kommunikationsdichte 33
Kommunikationskonflikt 32
Kommunikationsmethoden,
   grundlegende 305 ff.
Kommunikationsmuster,
   ungutes 76
Kommunikationsstil 139 ff.
Kompetenz, emotionale 296;
   (inter-)kulturelle 218 ff.
Komplexität erhalten 103
Kompromiss 232 f.
Konflikt, heißer 45 f.;
   innerer 109 ff.;
   interkultureller 200 ff.;
   kalter 45 f.;
   persönlicher 26, 30 f.;
   sozialer 20 f.;
   struktureller 190 ff., 239
   unabdingbare Bestandteile 24 f.;
   unterschwelliger 45
Konfliktanalyse 48 ff.;
   vergangenheitsorientierte 61 ff.;
   zukunftsorientierte 61 ff.
Konfliktarena 67

Konfliktarten 25 ff.
Konfliktdefinition 20 ff.
Konfliktdiagnose 13 ff., 19
Konfliktebene 55
Konfliktentwicklung,
   Muster 66;
   Phasen 64 ff.
Konflikteskalation,
   Phasenmodell 88 f.
Konfliktgegenstand 57
Konfliktgeschichte 67 f.
Konfliktkontext 95
Konfliktkultur 283
Konfliktlösung,
   Grundmuster 226 ff.;
   feilschen u. Kompromiss 232 ff.;
   integrieren u. Konsens 233 ff.;
   konkurrieren u.
      vernichten 228 f.;
   nachgeben u.
      unterwerfen 230 ff.;
   vermeiden u. fliehen 227 f.
Konfliktlösungsgespräch 247 ff.;
   Durchführung 249 ff.;
   Leitfaden 252 f.;
   Nachbereitung 253;
   Vorbereitung 247 ff.
Konfliktlösungsmuster,
   archaisches 94
Konfliktmoderation 266 ff.;
   Phasen 281;
   Struktur 273 ff.
Konfliktnutzen 96 ff
Konfliktpartei 24, 59 f.;
   Unterscheidungskriterien 60
Konfliktpotenzial 48, Analyse 52 ff.
Konfliktprävention 146 ff., 167 ff.;
   in Beziehungen 167 ff;
   in Gruppen 181 ff.;
   (inter-)kulturelle 215 ff.;
   durch Persönlichkeits-
      entwicklung 146 ff.;
   strukturelle 196 ff.
Konfliktrahmen 55 f.
Konfliktskript, persönliches 118
Konfliktspirale 75
Konfliktstil 125 ff.,
   eigener 128 f.
Konfliktsymptom 13 ff.;
   aktives – passives 15;
   bewusstes – unbewusstes 15;
   Dimensionen 16;
   frühzeitige Wahrnehmung 13;
   häufigste 16 f.;
   offenes – verdecktes 15;
   verbales – nonverbales 14
Konfliktthema 56 f.

Konfliktursache 26, 48
Konfliktverlauf 61 ff.
Konformitätsdruck 91
Konsens 232 ff.
Konsensfindungs-
  prozess 238 ff.
Kontext-Reframing 330 f.
Kultur 204 ff.;
  expressive 220;
  formelle 219;
  informelle 219;
  konfliktträchtige 207 ff.;
  reservierte 219
Kündigung 290 ff.;
  fristlose 292
Kurzschlusshandlung 92

Lebensentscheidung 114 ff.
Lebensplanung 154
Lebensskript 112 ff.
Lebensziel, eigenes 153 ff.
Leistungsminderung 147
Lernschleife, dynamische 343
Linienorganisation 192
Lösung erster Ordnung 240;
  zweiter Ordnung 238 ff.
Lösungsbild 339
Loyalitätskonflikt 177

Macht 60;
  der Ohnmächtigen 82 f.
Machtdistanz 215
Machteingriff 245, 286 ff.
Machtspiel 75, 78 ff.;
  strukturell bedingtes 79
Makrokonflikt 55
Manipulation 81 f., 230
MBTI (Myers-Briggs-Typen-
  Indikator) 133 ff.
Mediation 266, 271 ff.
Mediationskompetenz 272
Mediator 247, 282
Mehrparteien-
  Mediation 271
Mesokonflikt 55
Metakommunikation
  185, 314 f.
Metaphernarbeit 335 f.
Mikrokonflikt 55
Mobbing 83 ff., 146, 198,
  344, 351 ff.;
  auf Arbeitsebene 85;
  gesundheitliches 85;
  Kategorien 85;
  Prozess 84 f.;
  Rechtsgrundlagen 293 ff.;
  soziales 85

Mobbing-Handlungen,
  häufigste 85
Mobbing-Opfer 87
Moderation 236 f.
Moderator 282
Motivschaukel 202
Myers-Briggs-Typen-Indikator
  (MBTI) 133 ff.

Nachricht 305 f.
Nähe 34
Neutraler Dritter 236, 266
Nicht-Gewinner 116
Nicht-Gewinner-Haltung 131
Normenflexibilität 219
Normenkonflikt 178

Okay Corral 126 f.
Opfer 145
Organisation, lernende 102
Organisationsbewusstsein 197
Organisationsentwicklung (OE)
  340 ff.
Organisationslogik 198
Outplacement-Beratung 289

Paarkonflikt 164 ff.
Paradoxie 239
Personalentwicklung 200, 341 ff.
Persönlicher Konflikt 26, 30 f.
Persönlichkeit 34;
  konfliktträchtige 31
Persönlichkeitsanteile 36
Persönlichkeitsent-
  wicklung 146 ff.;
  vier Grunddimensionen 111
Persönlichkeitsentwick-
  lungsmodell 109
Persönlichkeitsfunktionen, nach
  C. G. Jung 132 ff.
Persönlichkeitsinstanzen,
  Konflikte zwischen 120
Persönlichkeitsmodell,
  nach Riemann 137 f.
Pionierphase 189
Proaktiver 100
Projektionskette 72
Projektions-
  mechanismus 72 f.
Projektorganisation 192
Psychologisches Spiel 57 ff.;
  Formen 77
Psychospiel 319 ff.

Rationalisierung 64, 169
Ratsversammlung, innere 150 f.
Rebellion 38, 206

Reframing 330 ff.
Ressource, knappe 24
Retter 145
Rivalität 166
Rolle, psychologische 145 f.
Rollendistanz 219
Rollenerwartung 44, 193
Rollenflexibilität 219
Rollenkonflikt 26, 42;
  systemimmanenter 193
Rollenmanagement 170 ff.
Rollenreflexion 170
Rollensymbiose 38
Rollenübergang 44
Rollenvielfalt 171
Rollenwelt 43
Rückkopplungskreislauf 51
Rückzug 65

Sachebene 305
Sackgasse, innere 120 f.
Schlichtung 236
Schlichtungsverfahren
  245, 284 ff.
Schuld 50
Selbstähnlichkeit 51
Selbstanalyse 128 f.
Selbstbewusstsein 152 f.
Selbstmanagement 158 ff.
Selbstreflexion,
  organisatorische 197
Selbstsicherheit 152 f.
Selbstwahrnehmung 19
Sich-selbst-erfüllende-
  Prophezeiung 74 f.
Sinneswahrnehmung 133
Sinnzirkel 123
Skript 112 ff.
Skriptentwicklung 117
Skriptverlauf 116
Sozialstruktur 195
Spannungsfeld 24, 196
Spiegeln 308
Spiel, psychologisches 75 ff.;
  Formen 77
Spielregeln, geheime 175
Standortbestimmung 155
Statuskonflikt 178 f.
Statussymbol 179
Stellvertreter 338
Stressmanagement 158 ff.
Struktur, formale 194;
  informelle 194
Subgruppenkonflikt 176 ff.
Suggestivfrage 312
Sündenbock 50
Sündenbockfunktion 62

Symbiose 35 ff., 205;
    gesunde 36;
    ungesunde 36
Symptomverschiebung 32
System, hartes 326;
    komplexes 49 ff.;
    lebendes 49;
    relevantes 338;
    weiches 326
Systemkonflikt 188 ff., 200 ff.
Systemkultur 204 ff.;
    konfliktträchtige 207 ff.
Systemlogik 197
Systemlösung 340 ff.

Team 173;
    inneres 30, 146 ff.;
    multikulturelles 220
Teamentwicklung 186 ff.
Teamfaktoren 187
Teamkonstellation,
    innere 148
Technik 195
Tetralemma 241
Teufelskreislauf,
    komplementärer 69;
    symmetrischer 69
Training, mentales 160
Transaktion 39 ff.;
    anguläre 40 f.;
    duplex 40 f.;
    gekreuzte 40 f.;
    parallele 40 f.;
    verdeckte 40 f.

Transaktionsanalyse
    39 ff., 118 ff.
Transformation 240
Trennungsgespräch 290
Trennungsmanagement,
    faires 288 ff.
Triade 164

Überanpassung 37
Übertragung 35
Umdeutung 330 ff.
Unternehmensgründer 202 f.
Unternehmenskontext 23
Unternehmenskultur 217 ff.
Unternehmenslebenszyklus 189
Unternehmenswirklichkeit 21
Unterschied, kultureller 212
Unterschiedsmanagement 325 ff.
Unvorhersagbarkeit 49

Veränderungsprozess 97 ff.
Veränderungstyp 101
Verantwortungsbereich,
    unklarer 33
Verfolger 145
Verfolgungsspiel, kollektives 84
Verhaltensweise, passive 35 ff.
Verhandeln, sachgerechtes 253 ff.
Verhandlungsbasis,
    willensunabhängige 263
Verhärtung 65
Verlierer 116
Verlierer-Gewinner-Haltung 131
Verlierer-Verlierer-Haltung 130

Vermittlungsverfahren
    245, 265 ff.
Vernetzung 49, 206
Verteilungskonflikt 26, 29
Vorgehen, analoges 19;
    digitales 19
Vorgehensweise, unfaire 319 ff.

Wahrheit, subjektive 52
Wahrnehmung, soziale 19
Wahrnehmungsmuster 132
Widersacher, innerer 151 f.
Widerstand 97
Wirtschaftsmediation 345 f.
Wutmanagement 300

Zeitmanagement 161
Zentrale 191
Ziel, unterschiedliches 24
Zielkonflikt 25, 27
Zirkularität 51
Zugehörigkeitskonflikt 176 ff.
Zurufabfrage 268
Zwang 80 f.
Zwickmühle 121 ff.
Zwickmühlendilemma 123

Wertpapier.

Das Standardwerk zur BWL erscheint erstmals in der Handbuch-Reihe. Die 4. Auflage präsentiert gründlich aktualisiert und erweitert in 15 Kapiteln alles Wesentliche zur praktischen Betriebswirtschaft und zum kaufmännischen Grundwissen – als griffige Einführung und als ausführliches Nachschlagewerk zugleich.

Teisman/Birker (Hrsg.)
Handbuch
Praktische Betriebswirtschaft

4. neu bearbeitete und aktualisierteAuflage
932 Seiten, Festeinband
ISBN 3-589-23682-5

Neben einem Basiskapitel zur BWL werden Rechnungswesen, Wirtschaftlichkeit, Marketing, Personal und Führung, Informationsverarbeitung, Steuern und Recht verständlich dargestellt.

Erhältlich im Buchhandel. Weitere Informationen zur **Handbuchreihe zu Wirtschaftsthemen** gibt es im Buchhandel, im Internet unter **www.cornelsen-berufskompetenz.de** oder direkt beim Verlag.

Cornelsen Verlag
14328 Berlin
www.cornelsen.de

Trainerlizenz.

Dieses Handbuch stellt zentrale praxisrelevante Grundlagen des Trainierens und der Leitung von Seminaren sowie das konkrete Handwerkszeug des Trainers zusammenhängend dar. Ziel des Autors ist es dabei, die richtige Balance von theoretischer Fundierung und der Darstellung praktischer Anwendungsmöglichkeiten zu finden.

Jochem Kießling-Sonntag
Handbuch
Trainings- und Seminarpraxis
450 Seiten, Festeinband
ISBN 3-589-23621-3

Erhältlich im Buchhandel. Weitere Informationen zur *Handbuchreihe zu Wirtschaftsthemen* gibt es im Buchhandel, im Internet unter *www.cornelsen-berufskompetenz.de* oder direkt beim Verlag.

Cornelsen Verlag
14328 Berlin
www.cornelsen.de